新工科

面向新工科的电工电子信息基础课程系列教材

教育部高等学校电工电子基础课程教学指导分委员会推荐教材

北京工业大学研究生创新教育系列教材

量子机器学习

基于Python的理论和实现

姜楠　王健　张蕊　编著

清华大学出版社

北京

内容简介

量子计算机具有天然的并行性，相比经典计算机能显著提高算法效率，是下一代智能计算的一个重要发展方向。随着量子计算机硬件的发展，通过本地或者云平台进行量子计算越来越容易，量子计算相关研究逐渐从理论走向实用。量子机器学习是机器学习和量子计算的交叉领域，它研究的是如何利用量子叠加、并行等特性降低经典机器学习算法的复杂度，以解决数据量大、数据维度高造成的训练困难等问题。

本书首先介绍量子计算的基础知识，然后将理论和实践相结合，介绍量子降维、量子分类、量子回归、量子聚类、量子神经网络及量子强化学习的算法理论，并提供部分算法的示例和代码，以帮助读者进一步理解量子机器学习算法。

本书可作为量子机器学习的入门书籍，供爱好者了解和学习量子机器学习算法；也可作为"量子机器学习"课程的教科书或参考书，供教师和学生阅读参考；还可作为对量子机器学习感兴趣的科研人员的参考书。

图书在版编目(CIP)数据

量子机器学习：基于 Python 的理论和实现/姜楠，王健，张蕊编著. —北京：清华大学出版社，2024.5
面向新工科的电工电子信息基础课程系列教材
ISBN 978-7-302-66256-3

Ⅰ. ①量… Ⅱ. ①姜… ②王… ③张… Ⅲ. ①量子计算机－机器学习－高等学校－教材
Ⅳ. ①TP385

中国国家版本馆 CIP 数据核字(2024)第 095619 号

责任编辑：文 怡
封面设计：王昭红
责任校对：韩天竹
责任印制：沈 露

出版发行：清华大学出版社
网 址：https://www.tup.com.cn，https://www.wqxuetang.com
地 址：北京清华大学学研大厦 A 座 **邮 编**：100084
社 总 机：010-83470000 **邮 购**：010-62786544
投稿与读者服务：010-62776969，c-service@tup.tsinghua.edu.cn
质量反馈：010-62772015，zhiliang@tup.tsinghua.edu.cn
课件下载：https://www.tup.com.cn，010-83470236
印 装 者：三河市龙大印装有限公司
经 销：全国新华书店
开 本：185mm×260mm **印 张**：16 **字 数**：370 千字
版 次：2024 年 6 月第 1 版 **印 次**：2024 年 6 月第1次印刷
印 数：1～1500
定 价：69.00 元

产品编号：103179-01

序言

从1911年第一次索尔维物理会议开始，量子力学成为一个重要的研究方向。1981年，费曼提出了以量子力学为基础的量子计算的概念，他指出，量子所具有的叠加、纠缠等物理特性使得量子计算具有天然的并行性，从而能够超越经典计算机的计算能力。随后，Shor算法、Grover算法等量子算法的提出，从理论上证实和展示了量子计算的计算能力。

量子计算的理论计算优势，激发研究人员实现量子计算机。最近量子计算机的硬件发展非常快，不管其实现技术是超导、离子阱，还是原子体系，都有飞速的发展。通用量子计算机的实现比人们想象的还要快，现在已经有多家公司可以交付商用的量子计算机或者提供量子计算云服务。

量子计算的理论基础有了，硬件也有了，下一步就是把量子计算机用起来，把量子计算机的优势发挥出来，其中很重要的一个内容是量子机器学习。在经典计算机上，很多机器学习算法的训练过程耗费大量的算力，尤其是随着大模型的流行，动辄数十亿个参数、动用上千个GPU、耗费几个月的时间才能完成训练。因此非常有必要运用量子计算机的计算能力解决机器学习复杂度高的问题。

早在1995年就提出了量子神经计算的概念，2013年第一次出现了“量子机器学习”这个术语。之后该领域加速发展，研究成果的数量呈指数增加。

但是由于量子计算以量子力学为基础，不容易观察，且有时与宏观世界相悖，因此较难理解。量子机器学习又是量子计算和机器学习的交叉学科，懂量子计算的不一定懂机器学习，懂机器学习的不一定懂量子计算。这造成量子机器学习的入门和创新比较困难，迫切需要一本由浅入深讲解量子机器学习的图书，供相关研究人员参考。

本书详细又全面地讲解了量子机器学习算法。在介绍了必要的量子计算基础和量子基本算法之后，介绍了量子降维、量子分类、量子回归、量子聚类、量子神经网络、量子强化学习六大部分。每部分均包含若干量子算法，几乎每个量子算法都包括原理、步骤、线路图等内容，从初始的全0态开始，一步一步地展示量子态的演化过程，直至最后得到结果。更难能可贵的是，书中给出22个实现案例，均给出完整代码。这些案例很多是首创，就连提出算法的论文中都没有给出实现，网络上也找不到对应的代码，是本书作者吃透论文之后自行设计实现的，非常不容易。

本书是最近几年难得的一本理论和实践相结合的量子机器学习的书籍。理论部分深入浅出，详尽而透彻；代码部分既能帮助读者进一步理解算法，也给出了进一步实验的参考范例。无论对于研究人员还是初学者，本书都非常有参考价值。

序言

希望更多的科研工作者、学生、企业加入量子计算领域，研究和利用我国自己的量子计算机和量子算法，推动国家技术和经济社会的发展。

郭光灿*

中国科学技术大学

2024年1月19日

* 郭光灿：中国科学院院士，中国量子光学和量子信息科学的开拓者。

前言

2022年诺贝尔物理学奖揭晓，法国科学家阿兰·阿斯佩、美国科学家约翰·克劳泽和奥地利科学家安东·蔡林格获奖，以表彰他们在量子信息科学研究方面做出的贡献，使得量子计算这门前沿技术受到了前所未有的关注。事实上，早在20世纪90年代，肖尔提出的量子因数分解算法和格罗弗提出的量子搜索算法就证明了量子计算强大的计算能力。之后越来越多的人关注量子算法，量子机器学习便是最受关注的领域之一。

近年来，经典机器学习算法得到了广泛研究，已经成为人们工作和日常生活的重要工具，极大地改变了人类的生活方式。但是随着数据量的急剧增加，经典计算机的存储性能和机器学习算法的效率已经不能很好地满足人们的需求。量子计算机利用量子计算的叠加、纠缠、并行等特性，能将计算机的存储性能和机器学习算法的运行效率进行指数级的提升。此外，随着人们在量子技术方面投入大量的人力和物力，该技术有了快速发展，进而越来越多的研究者投入到量子计算机的研发中，使得量子机器学习算法能够有效地实现。近年来，量子计算机的硬件实现手段从模拟退火、激光、离子阱等逐渐收敛到超导量子计算机，造价和生产门槛越来越低，有越来越多的公司能够交付商用量子计算机。量子计算也正在新药品和新材料研发、武器设计和模拟、金融模型计算和预测、应对气候变化和可持续发展、航空航天产品开发和人员训练、基础设施部署和保护等领域发挥着实际的作用。

本书作为一本融理论与实践于一体的量子机器学习书籍，旨在总结量子机器学习算法成果，对典型的量子机器学习算法进行详细介绍，使读者能够理解量子机器学习算法并能进行相关的研究和开发。

全书共分为9章：第1章为绪论；第2章为量子计算基础；第3章为量子基本算法，介绍了量子机器学习中常用的一些基础性算法；第4～9章从原理、算法以及实现等方面详细地介绍了量子机器学习算法，包括降维、分类、回归、聚类、神经网络和强化学习。

本书可作为计算机、数学、物理等专业本科生和研究生的教材，也可供量子计算、机器学习领域从业者以及想要了解量子机器学习算法的人士参考。

在每章的最后列出了该章节所用的参考文献，在此向所有文献的作者表示感谢，同时也向由于疏忽而未被列出的作者表示歉意。

本书是北京工业大学研究生创新教育系列教材，本书在编写过程中得到了北京工业大学和北京交通大学的大力支持，在此对以上单位表示感谢。同时，特别感谢王子臣、王海亮、程晓钰、李宏、关云方、李书奇、翟锦龙、徐冠宇、李川越等同学的积极参与，他们为

前言

本书的出版付出了努力。

由于作者的水平有限，加上时间紧张，书中难免会出现不足甚至错误之处，恳请读者不吝指正、多多赐教。

如果使用本书提供的原始代码或其改进版发表论文、出版图书、发表网络文章等，请引用本书。

作　者

2024 年 4 月

目录

资源下载

目录

目录

目录

目录

目录

第1章 绪论

近年来机器学习在诸多方面体现了强大的能力，然而目前流行的机器学习算法，特别是深度学习算法的复杂度随着问题规模的增加而快速增加。量子计算的叠加和并行等特性，在一些问题上可以显著降低求解问题的复杂度。因此，结合量子计算和经典机器学习优势的研究领域——量子机器学习应运而生。该研究领域探索如何利用量子态独特的叠加和纠缠等物理特性，融合经典机器学习算法，产生新型的数据分析工具，以降低机器学习越来越高的复杂度。

1.1 研究背景及意义

20 多年来，机器学习作为人工智能的一个重要分支给人们的生活和学习带来了诸多便利。但是在信息爆炸的当代，人类信息活动带来了海量数据，这些数据一方面增强了机器学习的能力，另一方面给使用机器学习处理信息带来了极大的压力。通过训练得到一个好的机器学习算法，需要耗费大量的算力和时间。信息处理的传统方法面临着巨大的挑战，需要新的智能处理技术来应对。

量子具有的叠加、纠缠等物理特性，使量子计算具有天然的并行性，这为量子计算机在存储性能和运行速度上超越经典计算机提供了理论基础。量子计算的概念最早由 Feynman 在 1981 年提出，1994 年 Shor 提出的因数分解算法、1996 年 Grover 提出的量子搜索算法等重要的研究成果推动着研究者用量子力学处理信息领域的复杂问题。近年来，量子科学发展越来越快，国内外很多科技公司和研究机构在量子领域取得了重大进展。2022 年诺贝尔物理学奖颁给了三位量子信息领域的科学家，他们的成果为研究基于量子信息的新技术提供了新的方法。

量子机器学习是量子计算和机器学习的交叉领域。根据数据和算法分别是经典的还是量子的，量子计算和机器学习的结合有四种方式，如图 1.1 所示。其中“经典”是和量子相对的计算环境，也就是现在常用的电子计算环境。

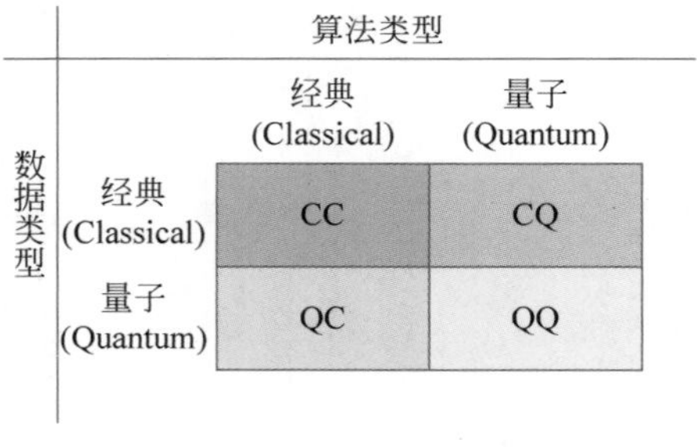

算法类型
经典 (Classical)
量子 (Quantum)
数据类型
经典 (Classical)
量子 (Quantum)
CC
CQ
QC
QQ

图 1.1 量子计算和机器学习的结合方式

图 1.1 中，CC 指数据和算法都是经典的，即通常所理解的经典机器学习；CQ 指数据是经典的而算法是量子的；QC 指数据是量子的而算法是经典的；QQ 指数据和算法都是量子的。本书涉及的范畴属于 CQ，也就是利用量子的特性提升经典机器学习的性能来处理经典数据，该领域是目前研究成果最多的领域。

“量子机器学习”最初是由 Lloyd 和 Rebentrost 在 2013 年提出的。之后，人们对这一领域的兴趣显著增加，提出量子支持向量机、量子神经网络、量子聚类等很多量子算法。之所以要研究量子机器学习算法，主要是因为量子具有的叠加、纠缠等特性可以大大提升经典机器学习算法的性能。例如：量子的并行性可以使机器学习算法并行运行，能够提升算法运行速度；量子的纠缠性可以有效地度量样本间的距离，减少算法的计算量。目前，量子机器学习算法已经应用于新药品和新材料研发、武器设计和模拟、金融模型计算和预测、应对气候变化和可持续发展、航空航天产品开发和人员训练、基础设施部署和保护等领域。

1.2 经典机器学习

经典机器学习（Classical Machine Learning，CML）是研究让计算机模拟或实现人类的学习行为，以获取新的知识或技能的学科。它能够重新组织已有的知识结构使之不断改善自身的性能，能够做到不需要外部明显的指示也可以自己通过数据学习和建模，并且利用建好的模型和新的输入进行预测。从 20 世纪 50 年代提出"机器学习"这一概念开始，机器学习经历了由"符号学习"到"连接主义"，再到"统计机器学习"，以及近年来兴起的"深度学习"的发展过程，同时也经历了起源、兴起、低潮、重新兴起的历程。

如图 1.2 所示，根据学习方式的不同，机器学习可以分为监督学习、无监督学习、半监督学习、强化学习和深度学习。

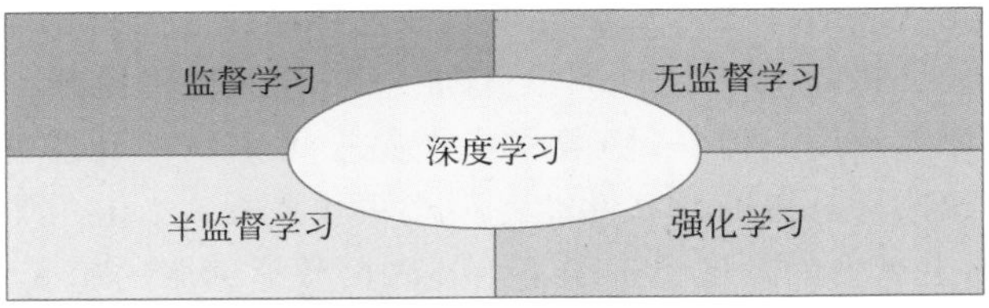

图 1.2　机器学习分类

监督学习通过已有的带有标签的训练数据训练得到一个最优模型，再利用这个模型将未知的输入数据映射为相应的输出，从而实现分类的目的，也就具有了对未知数据进行分类的能力。

无监督学习也称为非监督学习，与监督学习的不同之处是数据都没有标签，需要直接对数据进行建模。

半监督学习是结合监督学习和无监督学习的一种学习方法，此学习方法应用于只拥有少量有标签数据的情况，这些有标签数据因为数量较少不足以训练出好的模型，但是同时拥有大量没有标签的数据可供使用。

强化学习不要求预先给定任何数据，而是通过观察环境对动作的反馈获得学习信息并更新模型参数。

深度学习是在机器学习的基础上发展起来的，区别是深度学习的神经网络的层级比机器学习的多而复杂。

这些分类并不是相互无关的，类型之间也可以相互结合。例如，强化学习在相当长时期内是机器学习一个相对独立的分支，但是近期的深度强化学习就以深度神经网络作为其重要组成部分。

其实对机器学习分类的角度很多，除上述分类方法之外，还可以根据模型类型分为参数模型和非参数模型，根据模型的确定性分为确定性模型和概率模型，根据数据处理方式分为批处理方式、增量方式和在线学习等。

目前，机器学习已经成为一个系统性、全面性的学科，它在搜索引擎、计算机视觉、语音识别、垃圾邮件过滤、医学诊断、信息安全、金融等方面都有大量的应用，已经慢慢渗透到人们生活的各个方面。例如：使用生物特征数据，尤其是人脸数据，进行训练得到的模型，具有人脸识别能力，能够实现基于生物特征的身份识别及认证等功能；使用医疗数据训练得到的模型，能够实现医疗健康管理、提供疾病辨识和诊断、医学图像诊断以及个性化医疗分析等功能；使用金融数据训练得到的模型，能够实现资产管理、风险评估等功能。

机器学习虽然好，但是需要大数据作支撑，它既依赖大数据，又害怕大数据。一般来讲，数据越多，学习效果越好；但是数据越多，学习过程就越长。提高算法效率一直是机器学习领域的一个重要研究内容。

1.3 量子计算

1965年，Gordon Moore提出“摩尔定律”，该定律指出：当价格不变时，集成电路上可容纳的元器件的数目每隔18～24个月会增加1倍，性能也将提升1倍。这一定律揭示了信息技术进步的惊人速度。但是，随着集成电路上可容纳的元器件数目达到极限，摩尔定律将会失效。经典计算机的计算性能将很难再快速提高。在互联网时代，即便摩尔定律长期有效，实际上算力的发展也远跟不上互联网数据膨胀的速度。

信息化社会飞速发展，人类对信息处理能力的要求越来越高，提出了低延时、低能耗、高性能的计算需求。量子计算由于叠加、纠缠等特性具有强大的计算能力和存储能力，近年来得到了越来越多的关注，成为满足上述需求的一种潜在方法。

量子计算机具有强大计算能力，得益于量子天然具有的存储和运算并行性。经典计算机中最小的存储单元是比特(bit)，1bit中要么存储“0”，要么存储“1”；量子计算机中的最小存储单元是量子比特(qubit)，然而1qubit中可以同时存储“0”和“1”，这就是量子态的叠加。多个qubit纠缠在一起，可以表达更加复杂的信息。例如将两个qubit纠缠，就可以表达00、01、10、11四种信息。

量子态的叠加和纠缠可以显著降低空间复杂度。比如，存储从00…0到11…1的全部2^n种信息(其中n为序列长度)，在经典计算机上需要$2^n n$比特，即空间复杂度为$O(2^n n)$。而在量子计算机上只需要n个纠缠在一起的qubit就能解决问题，空间复杂度为$O(n)$。这是因为每个qubit同时存储0和1，n个qubit就能表示从00…0到11…1的全部2^n种信息。图1.3是$n=4$时的一个例子。

量子态的叠加和纠缠还可以降低时间复杂度。比如：要对前述的2^n种信息进行加1操作(为简单起见，不考虑进位)，经典计算机需要一条一条地处理信息，共需处理2^n

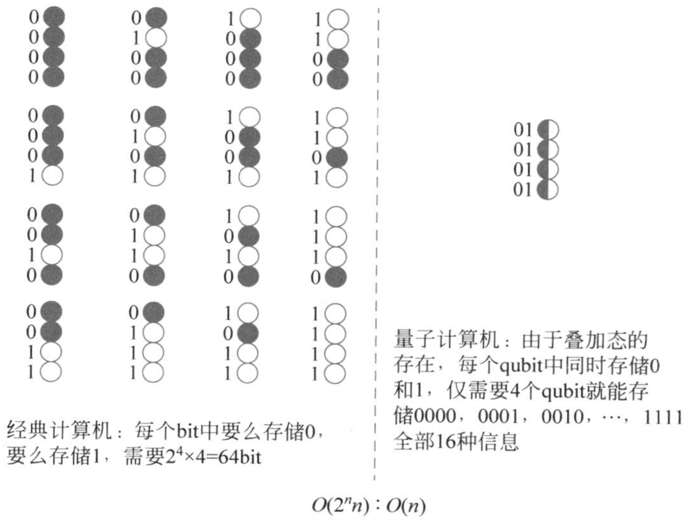
量子计算机：由于叠加态的存在，每个qubit中同时存储0和1，仅需要4个qubit就能存储0000，0001，0010，…，1111全部16种信息
经典计算机：每个bit中要么存储0，要么存储1，需要2^4×4=64bit
$O(2^n n):O(n)$

图 1.3 量子计算机降低空间复杂度的原理：以 $n=4$ 为例

次，时间复杂度为 $O(2^n)$；在量子计算机上，由于所有信息叠加存储，一次操作即可完成全部 2^n 条信息的加 1 操作，时间复杂度为 $O(1)$，是一个常数。

可见，无论是时间复杂度还是空间复杂度，量子计算机仅为经典计算机的 $1/2^n$，这是非常显著的降低。

量子计算的思想最早由 Feynman 在 20 世纪 80 年代提出，量子计算是一种遵循量子力学规律调控量子信息单元进行计算的新型计算模式。1985 年，Deutsch 定义并研究了量子图灵机和量子线路模型，给出了第一个量子算法——Deutsch 算法，执行一次该算法就能判断一个函数是平衡函数还是常函数。虽然 Deutsch 算法在现实生活中用处不大，但是该算法为后续量子算法的提出奠定了理论基础。1994 年，Shor 提出了量子大整数分解算法，相比于经典算法，量子算法的分解速度呈指数级上升。假设计算机每秒可以进行 10^{12} 次运算，要分解一个 300bit 的大数，理论上经典计算机需要 15 万年，而量子计算机只需要 1s。1996 年，Grover 提出了无序数组元素查找的快速量子算法，相比于经典算法，该算法达到了平方量级的加速。仍然假设计算机每秒可以进行 10^{12} 次运算，要从 10^{24} 个样本中搜索到目标，经典算法需要 2 万年，而量子计算机还是只需要 1s。这些工作都展示出了量子计算超越经典计算的能力。

之后提出了一些基础的量子算法，如量子傅里叶变换、交换测试、相位估计等。2009 年，Aram W. Harrow、Avinatan Hassidim 和 Seth Lloyd 提出的量子解线性方程组算法(HHL 算法)进一步促进了量子计算领域的快速发展。经过几十年的研究，量子计算已经发展成一个系统性的研究领域，针对各种任务场景提出了大量有效的量子算法。目前，量子计算已经成为研究热点之一。

此外，能够实现量子算法的量子计算机也在构建中，它是一类采用量子器件实现的、遵循和利用量子力学规律的、能够进行高效存储以及快速数学运算的物理设备。量子计算机处理的是量子信息，运行的是量子算法。2007 年，加拿大 D-Wave 公司研制出一台具有 16qubit 的量子计算机“猎户星座”。虽然此量子计算机只能解决一些最优化问题，与科学界公认的能运行各种量子算法的通用量子计算机有较大区别，但是“猎户星座”的诞生对量子计算机领域来说仍然具有里程碑的意义。此后，IBM 公司推出超导量子计算机 Eagle；霍尼韦尔公司发布第一台离子阱量子计算机 H1，谷歌公司推出量子计算机 Sycamore。2023 年 6 月，IBM 公司在《自然》杂志上发表文章，称其设计了一种特殊的误差缓解过程来补偿噪声带来的影响，解决了困扰量子计算机硬件发展的最主要问题。随着技术的不断进步，量子计算机的硬件实现手段从模拟退火、激光、离子阱等逐渐收敛到超导量子计算机，造价和生产门槛越来越低，有越来越多的公司能够交付商用量子计算机。但是，量子计算机和经典的电子计算机相比，造价仍然太高、体积仍然过大、对环境要求仍然苛刻、配套软件水平仍然过低，量子计算机的构建目前仍有巨大挑战，任重道远。

1.4 量子机器学习

作为量子计算和机器学习的交叉领域，量子机器学习（Quantum Machine Learning，QML）利用量子计算的天然并行性，使海量数据处理不再困难，为科学研究和生产生活提供强大的数据处理工具。

如图 1.4 所示，要使用量子机器学习来解决问题，主要分为三步：

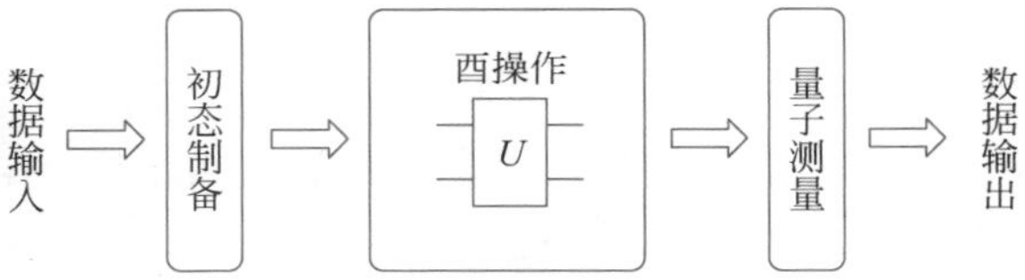

图 1.4 量子机器学习流程图

(1) 将经典数据以量子态的形式存储。量子机器学习中需要用量子计算机处理经典数据，这涉及经典数据在量子计算机中的表示和存储问题。这种将经典数据映射到量子计算机中的过程称为量子态的制备。

(2) 使用酉操作对数据进行处理得到末态。量子计算中的所有操作都是酉操作，这是由量子的物理特性决定的。酉操作又称为酉变换、幺正变换等，它是可逆操作，具体定义将在第 2 章介绍。在量子算法中利用酉操作来处理存储在量子态中的信息。

(3) 通过量子测量得到输出结果。经过前两步之后，信息存储在量子态中。但是，与经典计算不同，量子态中存储的信息不能直接获取，要通过量子测量来得到样本的分类结果和准确率等信息。

随着量子计算技术逐渐成熟，产生了大量基于量子计算的机器学习算法。图 1.5 是在谷歌学术上分别输入关键词“Quantum machine learning”（量子机器学习）、“Quantum neural network”（量子神经网络）和“Quantum deep learning”（量子深度学习）所检索到的文献数量变化的趋势图。可以看出，近 10 年来文献数量一直增长，显示出研究者对这三个领域的研究热情逐年增长。

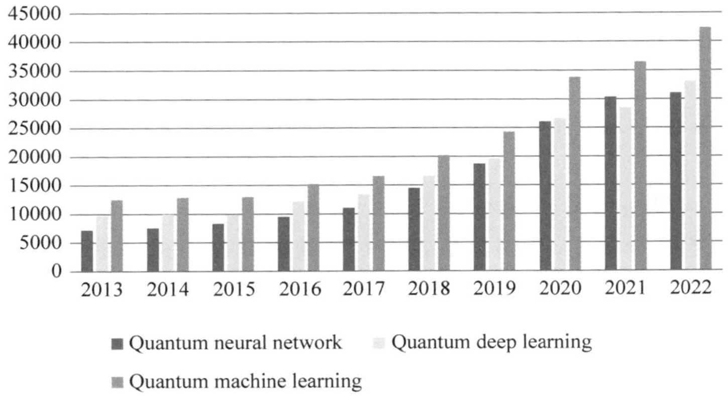

图 1.5　量子机器学习趋势图

下面对量子机器学习算法的发展过程和研究现状做简单的介绍。

1995 年，Kak 提出的量子神经网络算法是最早的量子机器学习算法。Kak 主要考虑到生物信息处理中存在量子效应，理论上提出了量子神经网络的概念。2000 年，Ventura 和 Martinez 提出了量子联想记忆模型，与经典存储方式相比，量子联想记忆存储拥有指数数量级的存储空间。但是上述量子神经网络模型无法完全描述神经网络的基本性质。2005 年，Kouda 等利用量子相位提出了量子比特神经网络，其工作方式与经典神经网络基本相同。2008 年，Zhou 等提出量子 Hopfield 神经网络模型，它在存储容量和记忆容量上得到了指数级的提高。2018 年和 2019 年，提出量子生成对抗网络和量子卷积网络，这两种量子算法相对于经典算法来说都达到了指数级加速。2020 年，Chen 等提出了用于深度强化学习的参数化量子线路，与经典神经网络相比，使用量子信息编码方案可以有效减少模型参数数量。之后，基于参数化量子线路的神经网络模型得到了广泛研究。

2002 年，提出量子聚类算法。Horn 等最早将量子力学特性引入传统聚类算法，将薛定谔方程与 Parzen 窗估算量的极大值求解联系起来，用于发现数据的聚类中心。2007 年，Aïmeur 等利用量子最小值搜索法找聚类中心，提出了量子分裂聚类算法和量子 K 中位数算法，相对经典算法来说达到了二次加速。2013 年，Lloyd 等将量子态的叠加特性应用到经典向量表示上，提出量子 K 均值算法，该算法理论上能够实现海量数据的高效聚类。2022 年，Li 等提出了量子谱聚类，该算法构造拉普拉斯矩阵对应的量子态，再利用已有的 K 均值算法进行量子化实验，比经典算法具有明显的速度优势。

2003 年，提出量子分类算法。Anguita 等提出了基于 Grover 搜索算法的量子支持向量机，该算法使得支持向量机分类算法的训练过程实现了二次加速。2014 年，Lloyd 等提出了基于 HHL 算法的最小二乘量子支持向量机，该算法达到了指数加速。之后，基于最小二乘量子支持向量机的多分类量子支持向量机、基于核函数的量子支持向量机等算法被提出。Wiebe 等提出量子 K 近邻算法，相对于经典算法来说，该算法达到了二次加速。此外，还有量子决策树算法。

2012 年，提出量子回归算法。Wiebe 等提出了一种量子线性回归算法，他们通过建立一种基于求解线性方程组的方法，高效地完成了最小二乘回归算法。2021 年，Yu 等提出了量子岭回归算法。

2014 年提出量子降维算法，Lloyd 等提出基于 HHL 算法的量子主成分分析，相比于经典主成分分析算法，量子算法达到指数加速。2016 年，Cong 等提出量子线性判别分析，该算法的结果和 Lloyd 等的量子主成分分析算法相似，能够得到一组以量子态形式存在的主成分。

提出强化学习算法的量子版本——量子强化学习。量子强化学习模型主要分为两种：一种是将智能体量子化，利用量子特性对传统强化学习的智能体的效率进行改进；另一种是将环境量子化，进而将智能体同环境间的交互量子化，设计更加高效的量子强化学习框架。

量子机器学习是一个新兴研究领域，不管是理论研究还是实际应用研究都还有很多工作有待完善。量子机器学习也是一个蓬勃发展的研究领域，随着量子机器学习算法得到越来越多的关注，在不远的将来该领域的相关研究将为人们提供更加强大的数据处理工具。

1.5 本书组织结构

本书在简要介绍量子计算基础知识的基础上，首先介绍量子计算中的一些基础量子算法，主要包括 Grover 搜索算法、量子傅里叶变换、量子相位估计、量子振幅估计、交换测试、哈达玛测试、HHL 等算法，这些量子算法为后续量子机器学习算法的实现打下基础；然后着重介绍量子机器学习算法，包括量子降维算法、量子分类算法、量子回归算法、量子聚类算法、量子神经网络算法、量子强化学习算法等。

具体的组织安排如下：

第 1 章绪论，首先介绍量子机器学习的研究背景及意义、经典机器学习和量子计算的基本知识，然后介绍量子机器学习算法的主要步骤、发展过程和研究现状。

第 2 章量子计算基础，首先介绍量子计算基础知识，包括单量子比特、张量积、多量子比特、内积、算子以及量子门；然后介绍量子计算的一些特性，包括并行性、纠缠性和不可克隆性；并介绍量子测量、密度算子和偏迹以及量子计算复杂性；最后对本书中用到的量子实验环境做介绍。

第 3 章量子基本算法，介绍量子计算中的一些基础算法。由于量子态的制备是使用量子计算机实现量子算法的基础，因此首先介绍量子态的制备方法，然后介绍在量子聚类算法常用的量子搜索算法，接着介绍极其重要的量子傅里叶变换、量子相位估计、量子振幅估计，并介绍用于计算量子相似度的交换测试和哈达玛测试，最后介绍量子机器学习中常用的线性方程组的求解算法——HHL 算法。

第 4 章量子降维，介绍量子机器学习中降低数据维度的方法。首先介绍两种无监督降维算法，即量子主成分分析和量子奇异值阈值算法；然后介绍量子线性判别分析，该算法是一种根据分类特征进行有监督学习的降维算法。

第 5 章量子分类，介绍量子支持向量机、量子 K 近邻以及量子决策树三个算法。量子支持向量机是二分类算法，在算法实现中将其应用于手写数字图像 6 和 9 的分类任务中。量子 K 近邻算法是基于量子最大值搜索算法的一个量子算法，首先使用量子振幅估计等基础算法计算出样本之间的距离，然后利用量子最大值搜索法找到最相近的样本点，最后使用量子期望熵给出了量子决策树的构建。

第 6 章量子回归，首先介绍最简单的线性回归算法，并在量子计算机上实现。但是有时由样本构成的矩阵不可逆或条件数过大，造成量子线性回归算法无法使用，因此 6.2 节介绍量子岭回归算法。最后介绍量子逻辑回归，该算法是结合量子线性回归和 Sigmoid 函数的一种量子算法。

第 7 章量子聚类，介绍无监督机器学习的量子形式——量子聚类算法。首先介绍经典-量子相结合的 K 均值聚类算法，该算法使用量子算法计算距离，而算法的迭代过程在经典计算机上实现；然后介绍两种量子层次聚类算法，即量子凝聚层次聚类和量子分裂层次聚类；接着介绍基于图分割理论进行聚类的量子谱聚类算法；最后介绍基于薛定谔方程的量子聚类算法。

第 8 章量子神经网络，首先介绍最简单的量子感知机模型；然后介绍一般的量子神经网络模型；接着介绍目前流行的量子生成对抗网络模型，该模型是一个结合量子和经典算法的混合模型；最后介绍其他神经网络模型，包括量子受限玻耳兹曼机、量子卷积神经网络和量子图神经网络。

第 9 章量子强化学习，包括基于经典环境的量子强化学习算法和基于量子环境的量子强化学习算法。

附录部分对本书中需要用到的一些知识进行阐述。

参考文献

第2章 量子计算基础

量子机器学习算法以量子计算为基础，研究可在量子计算机上运行的机器学习算法。它利用量子力学的基本性质，比经典机器学习更有效地解决分类、回归等问题。为了便于读者理解后续的量子机器学习算法，本章简要介绍量子计算的相关知识。

2.1 单量子比特

量子力学中所关注的是量子所处的状态，称为量子态。Paul Dirac 发明的狄拉克符号是量子力学中描述量子态的一套标准方法。在这套方法中，每个量子态都被描述为有限维希尔伯特空间(记为$\mathcal{H}$)中的一个列向量，用右矢表示，形如$|\varphi\rangle$。

在量子计算中，希尔伯特空间的维度 N 通常是 2^n，其中 n 是正整数。这是因为，量子计算是通过串联一系列大小为 2 的空间来构建更大的状态空间。二维的希尔伯特空间($\mathcal{H}^2$)有 2 个基向量，又称为 2 个基或者 2 个基态，分别用 0 和 1 表示，其狄拉克符号形式为

$$\{|0\rangle, |1\rangle\} \tag{2.1.1}$$

其向量表示方法为

$$|0\rangle=\begin{pmatrix}1\\0\end{pmatrix},\quad |1\rangle=\begin{pmatrix}0\\1\end{pmatrix} \tag{2.1.2}$$

信息领域中，比特是经典计算的基本单元，量子比特是量子计算的基本单元。但是，与经典比特要么存储 0 要么存储 1 的状态不同，一个单量子比特所处的状态可以是$|0\rangle$和$|1\rangle$的线性组合，通常称为叠加态。单量子比特表示为

$$|\varphi\rangle=\alpha|0\rangle+\beta|1\rangle=\alpha\begin{pmatrix}1\\0\end{pmatrix}+\beta\begin{pmatrix}0\\1\end{pmatrix}=\begin{pmatrix}\alpha\\\beta\end{pmatrix} \tag{2.1.3}$$

式中：α 和 β 为复数，且满足$|\alpha|^2+|\beta|^2=1$，$|\alpha|$和$|\beta|$分别为复数 α 和 β 的模。α 和 β 为$|0\rangle$和$|1\rangle$的振幅，体现了叠加态中$|0\rangle$和$|1\rangle$所占的比例。$|0\rangle$所占的比例为$|\alpha|^2$，$|1\rangle$所占的比例为$|\beta|^2$。也就是说当测量量子态$|\varphi\rangle$时，测得$|0\rangle$的概率为$|\alpha|^2$，测得$|1\rangle$的概率为$|\beta|^2$。测量是量子计算中必不可少的一个操作，将在 2.9 节详细描述。单量子比特又称为单量子态，任意单量子态都可以表示成$|0\rangle$和$|1\rangle$的线性组合。

经典计算中比特是用来存储信息的，同样量子比特也是用来存储信息的。那么$|\varphi\rangle=\alpha|0\rangle+\beta|1\rangle$中到底存储了哪些信息呢？这里有两种理解：一是$|\varphi\rangle=\alpha|0\rangle+\beta|1\rangle$中叠加存储了 0 和 1 两个信息，此时称为信息存储在基态中；二是$|\varphi\rangle=\alpha|0\rangle+\beta|1\rangle$中叠加存储了 α 和 β 两个信息，此时称为信息存储在振幅中。这两种理解进一步展示了量子计算的灵活性。

$|0\rangle$和$|1\rangle$并不是$\mathcal{H}^2$中唯一的一组基，常用的另外一组基是$|+\rangle$和$|-\rangle$：

$$|+\rangle=\frac{1}{\sqrt{2}}(|0\rangle+|1\rangle)=\frac{1}{\sqrt{2}}\begin{pmatrix}1\\1\end{pmatrix},\quad |-\rangle=\frac{1}{\sqrt{2}}(|0\rangle-|1\rangle)=\frac{1}{\sqrt{2}}\begin{pmatrix}1\\-1\end{pmatrix} \tag{2.1.4}$$

【例 2.1.1】 在二维希尔伯特空间中有一个量子态$|\varphi\rangle$，如果以$|0\rangle$和$|1\rangle$做一组基，那么$|\varphi\rangle$可以表示为

$$|\varphi\rangle=\sqrt{\frac{2}{3}}\ |0\rangle+\frac{\mathrm{i}}{\sqrt{3}}\ |1\rangle=\sqrt{\frac{2}{3}}\begin{pmatrix}1\\0\end{pmatrix}+\frac{\mathrm{i}}{\sqrt{3}}\begin{pmatrix}0\\1\end{pmatrix}=\begin{pmatrix}\sqrt{\frac{2}{3}}\\ \frac{\mathrm{i}}{\sqrt{3}}\end{pmatrix} \tag{2.1.5}$$

式中：i为虚数单位。

如果以 $|+\rangle$ 和 $|-\rangle$ 做一组基，那么有

$$\begin{aligned}\begin{pmatrix}\sqrt{\frac{2}{3}}\\ \frac{\mathrm{i}}{\sqrt{3}}\end{pmatrix}&=\frac{1}{\sqrt{2}}\left(\frac{1}{\sqrt{3}}+\frac{\mathrm{i}}{\sqrt{6}}\right)\begin{pmatrix}1\\1\end{pmatrix}+\frac{1}{\sqrt{2}}\left(\frac{1}{\sqrt{3}}-\frac{\mathrm{i}}{\sqrt{6}}\right)\begin{pmatrix}1\\-1\end{pmatrix}\\&=\left(\frac{1}{\sqrt{3}}+\frac{\mathrm{i}}{\sqrt{6}}\right)|+\rangle+\left(\frac{1}{\sqrt{3}}-\frac{\mathrm{i}}{\sqrt{6}}\right)|-\rangle\end{aligned} \tag{2.1.6}$$

可以看到，如果以 $|0\rangle$ 和 $|1\rangle$ 做一组基，量子态的表示更加简洁，且基的系数就是量子态所对应的向量中的两个元素。因此，$|0\rangle$ 和 $|1\rangle$ 这组基比其他基更加常用。后续章节中，如无特殊说明，则默认以 $|0\rangle$ 和 $|1\rangle$ 做一组基。

下面给出单量子态的几何表示方法——布洛赫球。由式(2.1.3)可以看出，任意量子态 $|\varphi\rangle$ 都处于 $|0\rangle$ 和 $|1\rangle$ 的叠加态中。而复数 α 可以表示为 $\alpha=a+b\mathrm{i}$，更进一步，α 的极坐标形式为 $\alpha=r_\alpha \mathrm{e}^{\mathrm{i}\phi_\alpha}$，其中 $r_\alpha=\sqrt{a^2+b^2}$，$\phi_\alpha=\arctan\frac{b}{a}$。同理，$\beta=c+d\mathrm{i}$ 的极坐标形式为 $\beta=r_\beta \mathrm{e}^{\mathrm{i}\phi_\beta}$，其中 $r_\beta=\sqrt{c^2+d^2}$，$\phi_\beta=\arctan\frac{d}{c}$，则

$$|\varphi\rangle=r_\alpha \mathrm{e}^{\mathrm{i}\phi_\alpha}\ |0\rangle+r_\beta \mathrm{e}^{\mathrm{i}\phi_\beta}\ |1\rangle=\mathrm{e}^{\mathrm{i}\phi_\alpha}(r_\alpha\ |0\rangle+r_\beta \mathrm{e}^{\mathrm{i}(\phi_\beta-\phi_\alpha)}\ |1\rangle) \tag{2.1.7}$$

因为 $|\alpha|^2+|\beta|^2=1$，所以 $r_\alpha^2+r_\beta^2=1$。令 $r_\alpha=\cos\frac{\theta}{2}$，$r_\beta=\sin\frac{\theta}{2}$，则

$$|\varphi\rangle=\mathrm{e}^{\mathrm{i}\phi_\alpha}\left(\cos\frac{\theta}{2}\ |0\rangle+\mathrm{e}^{\mathrm{i}\gamma}\sin\frac{\theta}{2}\ |1\rangle\right) \tag{2.1.8}$$

式中：$\gamma=\phi_\beta-\phi_\alpha$。

由于因子 $\mathrm{e}^{\mathrm{i}\phi_\alpha}$ 是一个全局相位，测量时是测不出来的，或者说不会影响测量，因此可以省去(在2.9.3节将详细说明可以省去的原因)。因此，式(2.1.8)可以等价地表示为

$$|\phi\rangle=\cos\frac{\theta}{2}\ |0\rangle+\mathrm{e}^{\mathrm{i}\gamma}\sin\frac{\theta}{2}\ |1\rangle \tag{2.1.9}$$

式中有 θ 和 γ 两个参数，这两个参数就确定了一个量子态 $|\phi\rangle$。

如图2.1所示，在三维坐标系中，先将与 x 轴重合的单位向量向 y 轴旋转 γ 弧度，再向 z 轴旋转 $\frac{\pi}{2}-\theta$ 弧度，可以得到单位球面上的一个点，这个点就对应量子态 $|\phi\rangle$。可以看到，当 θ 和 γ 取不同值时，单位球面上任意一个点都可以表示一个量子态。该球面通常称为布洛赫球面。它是使得单个量子比特可视化的有效方法，但是这种直观思想具有很大的局限性，因为将布洛赫球面推广到多量子比特的情形存在一定的困难。

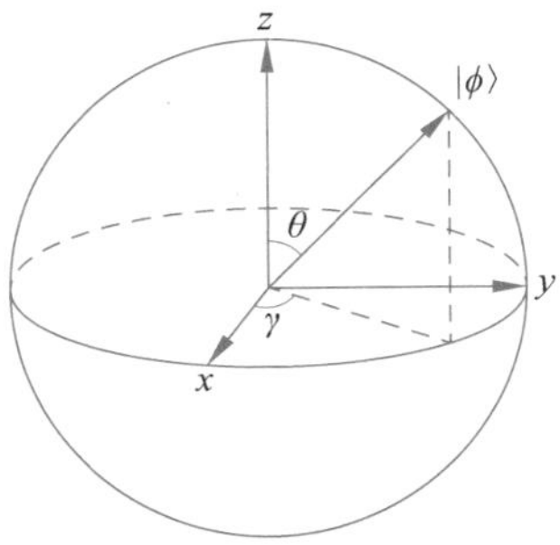

图 2.1 布洛赫球

2.2 张量积和多量子比特

一个量子比特表示的信息有限，只能表示$|0\rangle$和$|1\rangle$及其叠加。如果多个量子比特连在一起来表示更复杂的信息，这个时候就要用到张量积。张量积又称为克罗内克积或直积，是一种将空间、向量或者矩阵组合在一起的方法，能够用来构造多量子比特。

【定义 2.2.1】 假设 $\boldsymbol{A}=\{A_{ij}\}_{M\times N}$ 是一个 $M\times N$ 的矩阵，$\boldsymbol{B}=\{B_{ij}\}_{P\times Q}$ 是一个 $P\times Q$ 的矩阵，则 $\boldsymbol{A}$ 和 $\boldsymbol{B}$ 的张量积 $\boldsymbol{A}\otimes\boldsymbol{B}$ 是一个 $MP\times NQ$ 的矩阵

$$\boldsymbol{A}\otimes\boldsymbol{B}=\begin{pmatrix} A_{11}B_{11} & \cdots & A_{11}B_{1Q} & \cdots & A_{1N}B_{11} & \cdots & A_{1N}B_{1Q} \\ \vdots & \ddots & \vdots & \ddots & \vdots & \ddots & \vdots \\ A_{11}B_{P1} & \cdots & A_{11}B_{PQ} & \cdots & A_{1N}B_{P1} & \cdots & A_{1N}B_{PQ} \\ \vdots & \ddots & \vdots & \ddots & \vdots & \ddots & \vdots \\ A_{M1}B_{11} & \cdots & A_{M1}B_{1Q} & \cdots & A_{MN}B_{11} & \cdots & A_{MN}B_{1Q} \\ \vdots & \ddots & \vdots & \ddots & \vdots & \ddots & \vdots \\ A_{M1}B_{P1} & \cdots & A_{M1}B_{PQ} & \cdots & A_{MN}B_{P1} & \cdots & A_{MN}B_{PQ} \end{pmatrix} \tag{2.2.1}$$

更紧凑的写法为

$$\boldsymbol{A}\otimes\boldsymbol{B}=\begin{pmatrix} A_{11}\boldsymbol{B} & A_{12}\boldsymbol{B} & \cdots & A_{1N}\boldsymbol{B} \\ A_{21}\boldsymbol{B} & A_{22}\boldsymbol{B} & \cdots & A_{2N}\boldsymbol{B} \\ \vdots & \vdots & \ddots & \vdots \\ A_{M1}\boldsymbol{B} & A_{M2}\boldsymbol{B} & \cdots & A_{MN}\boldsymbol{B} \end{pmatrix} \tag{2.2.2}$$

式中

$$A_{ij}\boldsymbol{B}=\begin{pmatrix} A_{ij}B_{11} & A_{ij}B_{12} & \cdots & A_{ij}B_{1Q} \\ A_{ij}B_{21} & A_{ij}B_{22} & \cdots & A_{ij}B_{2Q} \\ \vdots & \vdots & \ddots & \vdots \\ A_{ij}B_{P1} & A_{ij}B_{P2} & \cdots & A_{ij}B_{PQ} \end{pmatrix}$$

简单地说，张量积就是矩阵 $\boldsymbol{A}$ 中每个元素都乘以矩阵 $\boldsymbol{B}$，然后组合在一起形成一个更大的矩阵。

若 $\boldsymbol{A}$ 是一个 M 维的向量，$\boldsymbol{B}$ 是一个 N 维的向量，则 $\boldsymbol{A}$ 和 $\boldsymbol{B}$ 的张量积 $\boldsymbol{A}\otimes\boldsymbol{B}$ 是一个 MN 维的向量。

在量子计算中张量积可以将多个量子比特连在一起。双量子比特量子态是由两个单量子比特张量得到的。单量子比特有两个基向量 $|0\rangle$ 和 $|1\rangle$，那么双量子比特有四个基向量，分别为

$$\begin{cases} |0\rangle\otimes|0\rangle=\begin{pmatrix}1\\0\end{pmatrix}\otimes\begin{pmatrix}1\\0\end{pmatrix}=\begin{bmatrix}1\times\begin{pmatrix}1\\0\end{pmatrix}\\0\times\begin{pmatrix}1\\0\end{pmatrix}\end{bmatrix}=\begin{bmatrix}1\\0\\0\\0\end{bmatrix},\ |0\rangle\otimes|1\rangle=\begin{pmatrix}1\\0\end{pmatrix}\otimes\begin{pmatrix}0\\1\end{pmatrix}=\begin{bmatrix}1\times\begin{pmatrix}0\\1\end{pmatrix}\\0\times\begin{pmatrix}0\\1\end{pmatrix}\end{bmatrix}=\begin{bmatrix}0\\1\\0\\0\end{bmatrix} \\ |1\rangle\otimes|0\rangle=\begin{pmatrix}0\\1\end{pmatrix}\otimes\begin{pmatrix}1\\0\end{pmatrix}=\begin{bmatrix}0\times\begin{pmatrix}1\\0\end{pmatrix}\\1\times\begin{pmatrix}1\\0\end{pmatrix}\end{bmatrix}=\begin{bmatrix}0\\0\\1\\0\end{bmatrix},\ |1\rangle\otimes|1\rangle=\begin{pmatrix}0\\1\end{pmatrix}\otimes\begin{pmatrix}0\\1\end{pmatrix}=\begin{bmatrix}0\times\begin{pmatrix}0\\1\end{pmatrix}\\1\times\begin{pmatrix}0\\1\end{pmatrix}\end{bmatrix}=\begin{bmatrix}0\\0\\0\\1\end{bmatrix} \end{cases} \tag{2.2.3}$$

通常将 $|0\rangle\otimes|0\rangle$、$|0\rangle\otimes|1\rangle$、$|1\rangle\otimes|0\rangle$、$|1\rangle\otimes|1\rangle$ 简写为 $|00\rangle$、$|01\rangle$、$|10\rangle$、$|11\rangle$，或者用十进制形式简写为 $|0\rangle$、$|1\rangle$、$|2\rangle$、$|3\rangle$。双量子比特系统中的任意一个量子态 $|\phi\rangle$ 都可以表示成这四个基向量的叠加，即

$$|\phi\rangle=\alpha_0|00\rangle+\alpha_1|01\rangle+\alpha_2|10\rangle+\alpha_3|11\rangle=\alpha_0|0\rangle+\alpha_1|1\rangle+\alpha_2|2\rangle+\alpha_3|3\rangle \tag{2.2.4}$$

式中：α_0、α_1、α_2 和 α_3 都是复数，且满足 $|\alpha_0|^2+|\alpha_1|^2+|\alpha_2|^2+|\alpha_3|^2=1$。

利用张量积可以进一步将双量子比特系统扩展为三量子比特系统、四量子比特系统，直至任意的 n 量子比特系统。n 量子比特的量子态有 $N=2^n$ 个基向量，分别为

$$|00\cdots00\rangle,|00\cdots01\rangle,\cdots,|11\cdots11\rangle \tag{2.2.5}$$

为了方便起见，也可以表示成十进制形式，即 $|0\rangle,|1\rangle,\cdots,|N-1\rangle$。$n$ 量子比特系统中的任意一个量子态 $|\phi\rangle$ 都可以表示为

$$|\phi\rangle=\sum_{i=0}^{N-1}\alpha_i|i\rangle \tag{2.2.6}$$

式中：α_i 为复数，且满足 $\sum\limits_{i=0}^{N-1}|\alpha_i|^2=1$。

量子态张量积有以下三个基本性质：

(1) 对于任意标量 c，量子态 $|v\rangle$ 和 $|w\rangle$，满足

$$c(|v\rangle\otimes|w\rangle)=(c|v\rangle)\otimes|w\rangle=|v\rangle\otimes(c|w\rangle) \tag{2.2.7}$$

(2) 对于量子态 $|w\rangle$、$|v_1\rangle$ 和 $|v_2\rangle$，其中 $|v_1\rangle$ 和 $|v_2\rangle$ 维度相同，满足

$$(|v_1\rangle+|v_2\rangle)\otimes|w\rangle=|v_1\rangle\otimes|w\rangle+|v_2\rangle\otimes|w\rangle \tag{2.2.8}$$

(3) 对于量子态 $|v\rangle$、$|w_1\rangle$ 和 $|w_2\rangle$，其中 $|w_1\rangle$ 和 $|w_2\rangle$ 维度相同，满足

$$|v\rangle\otimes(|w_1\rangle+|w_2\rangle)=|v\rangle\otimes|w_1\rangle+|v\rangle\otimes|w_2\rangle \tag{2.2.9}$$

2.3 内积

内积是机器学习中的一个重要概念，很多量子机器学习算法都需要计算内积。本节介绍量子计算中内积的定义及相关运算。

【定义 2.3.1】 设$|v\rangle$和$|w\rangle$是 N 维希尔伯特空间$\mathcal{H}^N$中的两个量子态，令

$$|v\rangle=(v_0 \quad v_1 \quad \cdots \quad v_{N-1})^{\mathrm{T}}, \quad |w\rangle=(w_0 \quad w_1 \quad \cdots \quad w_{N-1})^{\mathrm{T}} \tag{2.3.1}$$

则$|v\rangle$和$|w\rangle$的内积为

$$\begin{aligned}(|v\rangle,|w\rangle)&=(v_0^* \quad v_1^* \quad \cdots \quad v_{N-1}^*)(w_0 \quad w_1 \quad \cdots \quad w_{N-1})^{\mathrm{T}}\\&=\sum_{i=0}^{N-1}v_i^* w_i\end{aligned} \tag{2.3.2}$$

式中，$v_i^*(i=0,1,\cdots,N-1)$为 v_i 的共轭复数。

在量子力学中，内积$(|v\rangle,|w\rangle)$通常记为$\langle v \| w\rangle$或$\langle v|w\rangle$，其中$\langle v|$为$|v\rangle$的共轭转置，记为$\langle v|=|v\rangle^+$。通常称$\langle v|$为左矢，是一个行向量，也是$|v\rangle$的对偶向量。

量子态内积具有以下性质：

(1) $\langle v|v\rangle=1$；

(2) $\langle v|w\rangle=\langle w|v\rangle^*$；

(3) $\left\langle v \mid \sum_i \lambda_i w_i\right\rangle=\sum_i \lambda_i\langle v \mid w_i\rangle$，$\lambda_i$ 为任意复数。

式中：$\langle v \mid v\rangle=\sum_{i=0}^{N-1}v_i^* v_i=\sum_{i=0}^{N-1}|v_i|^2=1$。

【例 2.3.1】 考虑两个量子态

$$|v\rangle=\sqrt{\frac{2}{3}}|01\rangle+\frac{\mathrm{i}}{\sqrt{3}}|11\rangle, \quad |w\rangle=\sqrt{\frac{1}{2}}|10\rangle+\sqrt{\frac{1}{2}}|11\rangle \tag{2.3.3}$$

分别用列向量表示为

$$|v\rangle=\left(0 \quad \sqrt{\frac{2}{3}} \quad 0 \quad \frac{\mathrm{i}}{\sqrt{3}}\right)^{\mathrm{T}}, \quad |w\rangle=\left(0 \quad 0 \quad \sqrt{\frac{1}{2}} \quad \sqrt{\frac{1}{2}}\right)^{\mathrm{T}} \tag{2.3.4}$$

则它们的内积为

$$\begin{aligned}\langle v \mid w\rangle&=\left(0 \quad \sqrt{\frac{2}{3}} \quad 0 \quad -\frac{\mathrm{i}}{\sqrt{3}}\right)\left(0 \quad 0 \quad \sqrt{\frac{1}{2}} \quad \sqrt{\frac{1}{2}}\right)^{\mathrm{T}}\\&=0\cdot 0+\sqrt{\frac{2}{3}}\cdot 0+0\cdot\sqrt{\frac{1}{2}}-\frac{\mathrm{i}}{\sqrt{3}}\sqrt{\frac{1}{2}}\\&=-\frac{\mathrm{i}}{\sqrt{6}}\end{aligned} \tag{2.3.5}$$

若两个量子态的内积为 0，则称这两个量子态正交。

【例 2.3.2】 由于$|0\rangle=\begin{pmatrix}1\\0\end{pmatrix}$，$|1\rangle=\begin{pmatrix}0\\1\end{pmatrix}$，则$\langle 0|1\rangle=(1 \quad 0)\begin{pmatrix}0\\1\end{pmatrix}=0$，因此$|0\rangle$和$|1\rangle$正交。

2.4 算子

一个矩阵和一个向量相乘能够得到另一个向量，即矩阵能够将一个向量转换为另一个向量。在量子计算中，量子态就是向量，因此矩阵能将一个量子态转换为另一个量子态。此时矩阵就像是某种操作，对量子态进行了转换，因此量子计算中矩阵又称为算子或者量子算子。由于算子和矩阵完全等价，在之后的章节中将不加区分地使用这两种表述方法。

酉算子和厄米算子是量子计算中两类重要的算子。矩阵 $\boldsymbol{A}$ 的共轭转置记为 $\boldsymbol{A}^{+}$，若 $\boldsymbol{A}^{+}\boldsymbol{A}=\boldsymbol{I}$，则称算子 $\boldsymbol{A}$ 为酉算子。可以看出，酉算子的逆等于其共轭转置，即 $\boldsymbol{A}^{+}=\boldsymbol{A}^{-1}$。若 $\boldsymbol{A}^{+}=\boldsymbol{A}$，则称算子 $\boldsymbol{A}$ 为厄米算子。

酉算子是量子计算的核心，任何量子算法都是由一系列酉算子构成的。厄米算子在量子测量中起着关键的作用。

【例 2.4.1】 $\boldsymbol{Z}=\begin{pmatrix}1 & 0\\0 & -1\end{pmatrix}$算子是量子计算中的常用算子，证明 $\boldsymbol{Z}$ 算子既是酉算子也是厄米算子。

证明：由于$\begin{pmatrix}1 & 0\\0 & -1\end{pmatrix}^{+}=\begin{pmatrix}1 & 0\\0 & -1\end{pmatrix}$，且$\begin{pmatrix}1 & 0\\0 & -1\end{pmatrix}^{+}\begin{pmatrix}1 & 0\\0 & -1\end{pmatrix}=\boldsymbol{I}$，因此算子 $\boldsymbol{Z}$ 既是酉算子也是厄米算子。

在量子计算中，两个量子态 $|v\rangle$ 与 $\langle w|$ 的外积能够定义一个算子。

【定义 2.4.1】 设 $|v\rangle$ 是 N 维空间 V 中的向量，$|w\rangle$ 是 M 维空间 W 中的向量，令

$$|v\rangle=(v_0\quad v_1\quad \cdots\quad v_{N-1})^{\mathrm{T}},\qquad |w\rangle=(w_0\quad w_1\quad \cdots\quad w_{M-1})^{\mathrm{T}} \tag{2.4.1}$$

则 $|v\rangle$ 和 $|w\rangle$ 的外积 $|v\rangle\langle w|$ 定义为

$$\begin{aligned}|v\rangle\langle w| &= (v_0\quad v_1\quad \cdots\quad v_{N-1})^{\mathrm{T}}(w_0^*\quad w_1^*\quad \cdots\quad w_{M-1}^*)\\ &= \begin{pmatrix} v_0w_0^* & v_0w_1^* & \cdots & v_0w_{M-1}^*\\ v_1w_0^* & v_1w_1^* & \cdots & v_1w_{M-1}^*\\ \vdots & \vdots & \ddots & \vdots\\ v_{N-1}w_0^* & v_{N-1}w_1^* & \cdots & v_{N-1}w_{M-1}^*\end{pmatrix}\end{aligned} \tag{2.4.2}$$

当算子 $|v\rangle\langle w|$ 作用于量子态 $|\gamma\rangle$ 时，有

$$(|v\rangle\langle w|)\,|\gamma\rangle=|v\rangle(\langle w|\gamma\rangle)=(\langle w|\gamma\rangle)\,|v\rangle \tag{2.4.3}$$

也就是说，$|v\rangle\langle w|$ 将 W 空间中的 $|\gamma\rangle$ 映射到 V 空间，变成 $|v\rangle$，这里 $\langle w|\gamma\rangle$ 是全局相位，可以省略。

V 中的向量 $|v\rangle$ 与其自身的外积写作 $\boldsymbol{P}=|v\rangle\langle v|$，它是一个特殊的算子，当其作用于 $|\gamma\rangle$ 时，有

$$(|v\rangle\langle v|)\,|\gamma\rangle=|v\rangle(\langle v|\gamma\rangle)=(\langle v|\gamma\rangle)\,|v\rangle \tag{2.4.4}$$

也就是说，算子 $\boldsymbol{P}=|v\rangle\langle v|$ 将 V 空间中的 $|\gamma\rangle$ 映射到 V 空间，因此这种算子称为投影算子。投影算子满足 $\boldsymbol{P}^2=|v\rangle\langle v|v\rangle\langle v|=|v\rangle\langle v|=\boldsymbol{P}$。

算子特征值与特征向量的概念在机器学习中经常被用到,相应的概念在量子机器学习算法中也经常被用到,这里给出它们的定义。

【定义 2.4.2】 设 $\boldsymbol{A}$ 是一个算子,若 $\boldsymbol{A}$ 对某个量子态 $|v\rangle$ 的作用为

$$\boldsymbol{A} \mid v\rangle = \lambda \mid v\rangle \tag{2.4.5}$$

则 λ 称为 $\boldsymbol{A}$ 的特征值,$|v\rangle$ 是对应的特征向量。

【定义 2.4.3】 如果

$$\boldsymbol{A}\boldsymbol{A}^{+} = \boldsymbol{A}^{+}\boldsymbol{A} \tag{2.4.6}$$

成立,则算子 $\boldsymbol{A}$ 称为正规的。

显然,酉算子和厄米算子都是正规算子。关于正规算子有一个非常重要的谱分解定理,简称谱定理(参见附录 A)。谱定理在投影测量以及量子主成分分析、量子奇异值阈值等算法中起着关键的作用。谱定理指出,对于 $N \times N$ 的正规算子 $\boldsymbol{A}$ 都有

$$\boldsymbol{A} = \sum_{i=0}^{N-1} \lambda_i \mid v_i\rangle\langle v_i \mid \tag{2.4.7}$$

式中:λ_i 为矩阵 $\boldsymbol{A}$ 的特征值;v_i 为对应的特征向量。

【例 2.4.2】 求出正规算子 $\boldsymbol{X} = \begin{pmatrix} 0 & 1 \\ 1 & 0 \end{pmatrix}$ 的谱分解形式。

由于矩阵 $\boldsymbol{X}$ 的特征值为 1 和 -1,相应的特征向量为

$$\begin{pmatrix} \frac{1}{\sqrt{2}} \\ \frac{1}{\sqrt{2}} \end{pmatrix} = |+\rangle, \quad \begin{pmatrix} \frac{1}{\sqrt{2}} \\ \frac{-1}{\sqrt{2}} \end{pmatrix} = |-\rangle \tag{2.4.8}$$

因此,$\boldsymbol{X}$ 的谱分解为

$$\boldsymbol{X} = |+\rangle\langle+| - |-\rangle\langle-| \tag{2.4.9}$$

2.5 量子门

量子计算机是由包含量子比特和量子门的量子线路构造的,量子门能够把量子比特由一种态转换为另一种态,完成计算功能。一个量子门就是一个算子,一个算子由一个或多个量子门组成。量子门的唯一特性是酉性,即量子门都是由酉算子组成的。本节介绍常用的量子门,根据量子门作用的量子比特数量的不同,分为单量子比特门和多量子比特门。

2.5.1 单量子比特门

单量子比特门作用在一个量子比特上,主要包括泡利(Pauli)门(包括 $\boldsymbol{I}$ 门、$\boldsymbol{X}$ 门、$\boldsymbol{Y}$ 门、$\boldsymbol{Z}$ 门)、Hadamard 门(记为 $\boldsymbol{H}$ 门)和 $\frac{\pi}{8}$ 门(记为 $\boldsymbol{T}$ 门)。单量子比特对应于二维希尔伯特空间,因此单量子比特门是 2×2 的矩阵。图 2.2 是上述门的矩阵表示及其对应的量子线路。

$$-\boxed{I}- \equiv \begin{pmatrix} 1 & 0 \\ 0 & 1 \end{pmatrix} \quad -\boxed{X}- \equiv \begin{pmatrix} 0 & 1 \\ 1 & 0 \end{pmatrix} \quad -\boxed{Y}- \equiv \begin{pmatrix} 0 & -\mathrm{i} \\ \mathrm{i} & 0 \end{pmatrix} \quad -\boxed{Z}- \equiv \begin{pmatrix} 1 & 0 \\ 0 & -1 \end{pmatrix}$$

$$-\boxed{H}- \equiv \frac{1}{\sqrt{2}}\begin{pmatrix} 1 & 1 \\ 1 & -1 \end{pmatrix} \quad -\boxed{S}- \equiv \begin{pmatrix} 1 & 0 \\ 0 & \mathrm{i} \end{pmatrix} \quad -\boxed{T}- \equiv \begin{pmatrix} 1 & 0 \\ 0 & \mathrm{e}^{\frac{\mathrm{i}\pi}{4}} \end{pmatrix}$$

图 2.2　单量子比特门线路及其矩阵

$\boldsymbol{I}$ 门对输入量子比特不做任何改变，即

$$\boldsymbol{I}\mid 0\rangle=\begin{pmatrix} 1 & 0 \\ 0 & 1 \end{pmatrix}\begin{pmatrix} 1 \\ 0 \end{pmatrix}=\begin{pmatrix} 1 \\ 0 \end{pmatrix}=\mid 0\rangle,\quad \boldsymbol{I}\mid 1\rangle=\begin{pmatrix} 1 & 0 \\ 0 & 1 \end{pmatrix}\begin{pmatrix} 0 \\ 1 \end{pmatrix}=\begin{pmatrix} 0 \\ 1 \end{pmatrix}=\mid 1\rangle \tag{2.5.1}$$

$\boldsymbol{X}$ 门也称作“非门”，它的作用是把$|0\rangle$变成$|1\rangle$，把$|1\rangle$变成$|0\rangle$，即

$$\boldsymbol{X}\mid 0\rangle=\begin{pmatrix} 0 & 1 \\ 1 & 0 \end{pmatrix}\begin{pmatrix} 1 \\ 0 \end{pmatrix}=\begin{pmatrix} 0 \\ 1 \end{pmatrix}=\mid 1\rangle,\quad \boldsymbol{X}\mid 1\rangle=\begin{pmatrix} 0 & 1 \\ 1 & 0 \end{pmatrix}\begin{pmatrix} 0 \\ 1 \end{pmatrix}=\begin{pmatrix} 1 \\ 0 \end{pmatrix}=\mid 0\rangle \tag{2.5.2}$$

$\boldsymbol{H}$ 门对$|0\rangle$和$|1\rangle$的作用分别为

$$\begin{aligned} \boldsymbol{H}\mid 0\rangle&=\frac{1}{\sqrt{2}}\begin{pmatrix} 1 & 1 \\ 1 & -1 \end{pmatrix}\begin{pmatrix} 1 \\ 0 \end{pmatrix}=\frac{1}{\sqrt{2}}\begin{pmatrix} 1 \\ 1 \end{pmatrix}=\frac{\mid 0\rangle+\mid 1\rangle}{\sqrt{2}} \\ \boldsymbol{H}\mid 1\rangle&=\frac{1}{\sqrt{2}}\begin{pmatrix} 1 & 1 \\ 1 & -1 \end{pmatrix}\begin{pmatrix} 0 \\ 1 \end{pmatrix}=\frac{1}{\sqrt{2}}\begin{pmatrix} 1 \\ -1 \end{pmatrix}=\frac{\mid 0\rangle-\mid 1\rangle}{\sqrt{2}} \end{aligned} \tag{2.5.3}$$

即通过 $\boldsymbol{H}$ 门的作用能得到$|0\rangle$和$|1\rangle$等概率分布的量子态。其余量子门的作用自行推导。

在量子计算中，另一类重要且经常被用到的单量子比特门是量子旋转门，它们在后续的量子态制备中起着关键的作用。图 2.3 给出量子旋转门线路及其矩阵（方便起见，本书不加区分地使用指数函数的两种表达形式 $\exp(W)$ 和 e^W，其中 W 是任意的变量、矩阵等）。

$$-\boxed{\boldsymbol{R}_x(\theta)}- \equiv \begin{pmatrix} \cos\frac{\theta}{2} & -\mathrm{i}\sin\frac{\theta}{2} \\ -\mathrm{i}\sin\frac{\theta}{2} & \cos\frac{\theta}{2} \end{pmatrix} \quad -\boxed{\boldsymbol{R}_y(\theta)}- \equiv \begin{pmatrix} \cos\frac{\theta}{2} & -\sin\frac{\theta}{2} \\ \sin\frac{\theta}{2} & \cos\frac{\theta}{2} \end{pmatrix} \quad -\boxed{\boldsymbol{R}_z(\theta)}- \equiv \begin{pmatrix} \exp\left(\frac{-\mathrm{i}\theta}{2}\right) & 0 \\ 0 & \exp\left(\frac{\mathrm{i}\theta}{2}\right) \end{pmatrix}$$

图 2.3　旋转门线路及其矩阵

三种旋转门都是带有参数的，对基态$|0\rangle$和$|1\rangle$作用如下：

$$\boldsymbol{R}_x(\theta)\mid 0\rangle=\begin{pmatrix} \cos\frac{\theta}{2} & -\mathrm{i}\sin\frac{\theta}{2} \\ -\mathrm{i}\sin\frac{\theta}{2} & \cos\frac{\theta}{2} \end{pmatrix}\begin{pmatrix} 1 \\ 0 \end{pmatrix}=\begin{pmatrix} \cos\frac{\theta}{2} \\ -\mathrm{i}\sin\frac{\theta}{2} \end{pmatrix}=\cos\frac{\theta}{2}\mid 0\rangle-\mathrm{i}\sin\frac{\theta}{2}\mid 1\rangle \tag{2.5.4}$$

$$\boldsymbol{R}_x(\theta)\mid 1\rangle=\begin{pmatrix} \cos\frac{\theta}{2} & -\mathrm{i}\sin\frac{\theta}{2} \\ -\mathrm{i}\sin\frac{\theta}{2} & \cos\frac{\theta}{2} \end{pmatrix}\begin{pmatrix} 0 \\ 1 \end{pmatrix}=\begin{pmatrix} -\mathrm{i}\sin\frac{\theta}{2} \\ \cos\frac{\theta}{2} \end{pmatrix}=-\mathrm{i}\sin\frac{\theta}{2}\mid 0\rangle+\cos\frac{\theta}{2}\mid 1\rangle \tag{2.5.5}$$

$$\boldsymbol{R}_y(\theta)|0\rangle=\begin{pmatrix}\cos\frac{\theta}{2} & -\sin\frac{\theta}{2}\\ \sin\frac{\theta}{2} & \cos\frac{\theta}{2}\end{pmatrix}\begin{pmatrix}1\\0\end{pmatrix}=\begin{pmatrix}\cos\frac{\theta}{2}\\ \sin\frac{\theta}{2}\end{pmatrix}=\cos\frac{\theta}{2}|0\rangle+\sin\frac{\theta}{2}|1\rangle \tag{2.5.6}$$

$$\boldsymbol{R}_y(\theta)|1\rangle=\begin{pmatrix}\cos\frac{\theta}{2} & -\sin\frac{\theta}{2}\\ \sin\frac{\theta}{2} & \cos\frac{\theta}{2}\end{pmatrix}\begin{pmatrix}0\\1\end{pmatrix}=\begin{pmatrix}-\sin\frac{\theta}{2}\\ \cos\frac{\theta}{2}\end{pmatrix}=-\sin\frac{\theta}{2}|0\rangle+\cos\frac{\theta}{2}|1\rangle \tag{2.5.7}$$

$$\boldsymbol{R}_z(\theta)|0\rangle=\begin{pmatrix}\exp\left(\frac{-\mathrm{i}\theta}{2}\right) & 0\\ 0 & \exp\left(\frac{\mathrm{i}\theta}{2}\right)\end{pmatrix}\begin{pmatrix}1\\0\end{pmatrix}=\begin{pmatrix}\exp\left(\frac{-\mathrm{i}\theta}{2}\right)\\ 0\end{pmatrix}=\exp\left(\frac{-\mathrm{i}\theta}{2}\right)|0\rangle \tag{2.5.8}$$

$$\boldsymbol{R}_z(\theta)|1\rangle=\begin{pmatrix}\exp\left(\frac{-\mathrm{i}\theta}{2}\right) & 0\\ 0 & \exp\left(\frac{\mathrm{i}\theta}{2}\right)\end{pmatrix}\begin{pmatrix}0\\1\end{pmatrix}=\begin{pmatrix}0\\ \exp\left(\frac{\mathrm{i}\theta}{2}\right)\end{pmatrix}=\exp\left(\frac{\mathrm{i}\theta}{2}\right)|1\rangle \tag{2.5.9}$$

当量子门 $\boldsymbol{R}_x(\theta)$ 和 $\boldsymbol{R}_y(\theta)$ 作用于基态上时，通过设置不同的参数 θ，能够演化出 $|0\rangle$ 和 $|1\rangle$ 的任意叠加态；当量子门 $\boldsymbol{R}_z(\theta)$ 作用于基态上时，通过设置不同的参数 θ，能演化出任意振幅的量子态。这些旋转门在后续量子机器学习算法中经常被用到。

在 qiskit 量子计算环境（见 2.12 节）中还定义了两个常用的、带参数的单量子比特门：

$$\boldsymbol{U}_1(\theta)=\begin{pmatrix}1 & 0\\ 0 & \mathrm{e}^{\mathrm{i}\theta}\end{pmatrix},\quad \boldsymbol{U}_3(\theta,\varphi,\lambda)=\begin{pmatrix}\cos\frac{\theta}{2} & -\mathrm{e}^{\mathrm{i}\lambda}\sin\frac{\theta}{2}\\ \mathrm{e}^{\mathrm{i}\varphi}\sin\frac{\theta}{2} & \mathrm{e}^{\mathrm{i}\lambda+\mathrm{i}\varphi}\cos\frac{\theta}{2}\end{pmatrix} \tag{2.5.10}$$

假设 $\boldsymbol{A}$ 是一个酉算子，且满足 $\boldsymbol{A}^2=\boldsymbol{I}$，在后续的量子机器学习算法中，模拟形如 $\mathrm{e}^{\mathrm{i}\boldsymbol{A}t}$ 的矩阵是一个基本操作，通常会用到 $\boldsymbol{R}_x(\theta)$、$\boldsymbol{R}_y(\theta)$ 和 $\boldsymbol{R}_z(\theta)$ 门。为此给出下述定理。

【定理 2.5.1】 令 x 为任意实数，$\boldsymbol{A}$ 为满足 $\boldsymbol{A}^2=\boldsymbol{I}$ 的矩阵，则

$$\mathrm{e}^{\mathrm{i}\boldsymbol{A}x}=\cos x\boldsymbol{I}+\mathrm{i}\sin x\boldsymbol{A} \tag{2.5.11}$$

证明：由泰勒公式可得三个函数的展开式，即

$$\mathrm{e}^x=\sum_{n=0}^{\infty}\frac{1}{n!}x^n=1+x+\frac{1}{2!}x^2+\cdots+\frac{1}{n!}x^n+O(x^n) \tag{2.5.12}$$

$$\sin x=x-\frac{1}{3!}x^3+\frac{1}{5!}x^5+\cdots+(-1)^n\frac{1}{(2n+1)!}x^{2n+1}+O(x^{2n+1}) \tag{2.5.13}$$

$$\cos x=1-\frac{1}{2!}x^2+\frac{1}{4!}x^4+\cdots+(-1)^n\frac{1}{(2n)!}x^{2n}+O(x^{2n}) \tag{2.5.14}$$

则有

$$
\begin{aligned}
e^{i\boldsymbol{A}x} &= \sum_{n=0}^{\infty} \frac{1}{n!}(i\boldsymbol{A}x)^n \\
&= \boldsymbol{I} + (i\boldsymbol{A}x) + \frac{1}{2!}(i\boldsymbol{A}x)^2 + \frac{1}{3!}(i\boldsymbol{A}x)^3 + \frac{1}{4!}(i\boldsymbol{A}x)^4 + \cdots + \frac{1}{n!}(i\boldsymbol{A}x)^n + \cdots \\
&= \boldsymbol{I} + i\boldsymbol{A}x + \frac{i^2}{2!}(\boldsymbol{A}x)^2 + \frac{i^3}{3!}(\boldsymbol{A}x)^3 + \frac{i^4}{4!}(\boldsymbol{A}x)^4 + \cdots + \frac{i^{2n}}{(2n)!}(\boldsymbol{A}x)^{2n} + \\
&\quad \frac{i^{2n+1}}{(2n+1)!}(\boldsymbol{A}x)^{2n+1} + \cdots \\
&= \boldsymbol{I} + i\boldsymbol{A}x - \frac{1}{2!}(\boldsymbol{A}x)^2 - \frac{i}{3!}(\boldsymbol{A}x)^3 + \frac{1}{4!}(\boldsymbol{A}x)^4 + \cdots + \frac{i^n}{n!}(\boldsymbol{A}x)^n + \cdots \\
&= \boldsymbol{I} - \frac{1}{2!}(\boldsymbol{A}x)^2 + \frac{1}{4!}(\boldsymbol{A}x)^4 + \cdots + (-1)^n \frac{1}{(2n)!}(\boldsymbol{A}x)^{2n} + \cdots + \\
&\quad i\left(\boldsymbol{A}x - \frac{1}{3!}(\boldsymbol{A}x)^3 + \cdots + (-1)^n \frac{1}{(2n+1)!}(\boldsymbol{A}x)^{2n+1} + \cdots\right) \\
&= \boldsymbol{I} - \frac{1}{2!}\boldsymbol{I}x^2 + \frac{1}{4!}\boldsymbol{I}x^4 + \cdots + (-1)^n \frac{1}{(2n)!}\boldsymbol{I}x^{2n} + \cdots + \\
&\quad i\left(\boldsymbol{A}x - \frac{1}{3!}\boldsymbol{A}x^3 + \cdots + (-1)^n \frac{1}{(2n+1)!}\boldsymbol{A}x^{2n+1} + \cdots\right) \\
&= \cos x\boldsymbol{I} + i\sin x\boldsymbol{A}
\end{aligned}
\tag{2.5.15}
$$

定理得证。

其实，当 $\boldsymbol{A}$ 是酉算子，且满足 $\boldsymbol{A}^2=\boldsymbol{I}$ 时，$\boldsymbol{A}$ 就是厄米算子。

由于 $\boldsymbol{X}$ 门、$\boldsymbol{Y}$ 门、$\boldsymbol{Z}$ 门满足 $\boldsymbol{X}^2=\boldsymbol{Y}^2=\boldsymbol{Z}^2=\boldsymbol{I}$，令 $x=\frac{\theta}{2}$，则有

$$
e^{-i\boldsymbol{X}\frac{\theta}{2}} = \cos\left(\frac{\theta}{2}\right)\boldsymbol{I} - i\sin\left(\frac{\theta}{2}\right)\boldsymbol{X} = \begin{pmatrix} \cos\frac{\theta}{2} & -i\sin\frac{\theta}{2} \\ -i\sin\frac{\theta}{2} & \cos\frac{\theta}{2} \end{pmatrix} = \boldsymbol{R}_x(\theta) \tag{2.5.16}
$$

$$
e^{-i\boldsymbol{Y}\frac{\theta}{2}} = \cos\left(\frac{\theta}{2}\right)\boldsymbol{I} - i\sin\left(\frac{\theta}{2}\right)\boldsymbol{Y} = \begin{pmatrix} \cos\frac{\theta}{2} & -\sin\frac{\theta}{2} \\ \sin\frac{\theta}{2} & \cos\frac{\theta}{2} \end{pmatrix} = \boldsymbol{R}_y(\theta) \tag{2.5.17}
$$

$$
e^{-i\boldsymbol{Z}\frac{\theta}{2}} = \cos\left(\frac{\theta}{2}\right)\boldsymbol{I} - i\sin\frac{\theta}{2}\boldsymbol{Z} = \begin{pmatrix} \exp\left(\frac{-i\theta}{2}\right) & 0 \\ 0 & \exp\left(\frac{i\theta}{2}\right) \end{pmatrix} = \boldsymbol{R}_z(\theta) \tag{2.5.18}
$$

因此

$$
\boldsymbol{R}_x(\theta) = e^{-i\boldsymbol{X}\frac{\theta}{2}},\quad \boldsymbol{R}_y(\theta) = e^{-i\boldsymbol{Y}\frac{\theta}{2}},\quad \boldsymbol{R}_z(\theta) = e^{-i\boldsymbol{Z}\frac{\theta}{2}}
$$

2.5.2 多量子比特门

量子寄存器(简称寄存器)是由一个量子比特或多个量子比特组成的集合,用于存储某个信息。在介绍多量子比特门的过程中以及后续的章节中会经常用到这一概念。

多量子比特门作用在多个量子比特上。受控非(Controlled NOT,CNOT)门是常用的一种双量子比特门,图 2.4(a)是受控非门线路及其矩阵。该线路作用在两个量子比特上,分别是第一寄存器的控制位(用$|a\rangle$表示)和第二寄存器的目标位(用$|b\rangle$表示)。经过 CNOT 门的作用,控制位保持不变,目标位演化为$|a\oplus b\rangle$,其中"$\oplus$"表示模 2 加法,即异或。因此,受控非门的作用可以表示为 $\text{CNOT}|a\rangle|b\rangle=|a\rangle|a\oplus b\rangle$。也就是说,当控制位为$|0\rangle$时,目标位保持不变,当控制位为$|1\rangle$时,目标位翻转,即

$$\text{CNOT}|00\rangle=|00\rangle,\quad \text{CNOT}|01\rangle=|01\rangle,\quad \text{CNOT}|10\rangle=|11\rangle,\quad \text{CNOT}|11\rangle=|10\rangle \tag{2.5.19}$$

例如,当输入量子态为$|10\rangle$时,即控制位为$|1\rangle$,目标位为$|0\rangle$,经过受控非门,量子态演化为$|11\rangle$,用数学形式可以表示为

$$\text{CNOT}|10\rangle=\begin{pmatrix}1&0&0&0\\0&1&0&0\\0&0&0&1\\0&0&1&0\end{pmatrix}\begin{pmatrix}0\\0\\1\\0\end{pmatrix}=\begin{pmatrix}0\\0\\0\\1\end{pmatrix}=|11\rangle \tag{2.5.20}$$

交换(Swap)门线路及矩阵如图 2.4(b)所示,其作用是把第一寄存器和第二寄存器的位置互换,即

$$\text{Swap}|00\rangle=|00\rangle,\quad \text{Swap}|01\rangle=|10\rangle,\quad \text{Swap}|10\rangle=|01\rangle,\quad \text{Swap}|11\rangle=|11\rangle \tag{2.5.21}$$

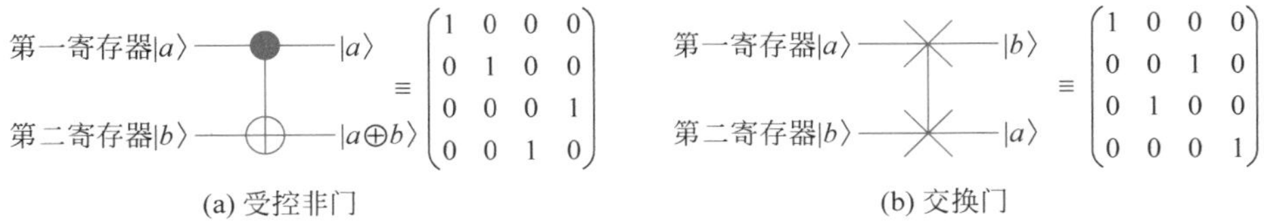

(a) 受控非门 (b) 交换门

图 2.4 双量子比特门线路及其矩阵

三量子比特门中最常见的是 Toffoli 门和 Fredkin 门。Toffoli 门线路及其矩阵如图 2.5(a)所示,第一寄存器和第二寄存器都是控制位,当且仅当它们的状态都是$|1\rangle$时,才对第三寄存器执行翻转操作。Fredkin 门线路及其矩阵如图 2.5(b)所示,第一寄存器是控制位,当它的状态为$|1\rangle$时,交换第二和第三寄存器中存储的状态。

在 CNOT 门、Toffoli 门和 Fredkin 门中都有控制位的概念,线路图上表示为"●"。它的含义是当控制位的状态是$|1\rangle$时,受控制位控制的量子门起作用;否则不起作用。这样的控制位称为 1 控制。除了 1 控制,还有 0 控制,线路图上用"○"表示。它的含义是当控制位的状态是$|0\rangle$时,受控制位控制的量子门起作用;否则不起作用。量子线路中这两种控制很常见。

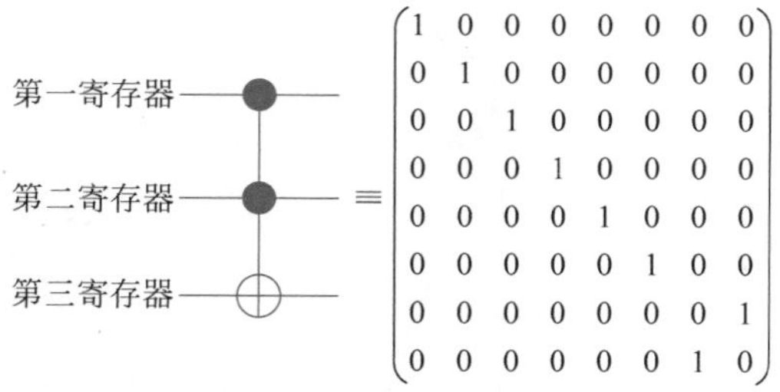

(a) Toffoli门

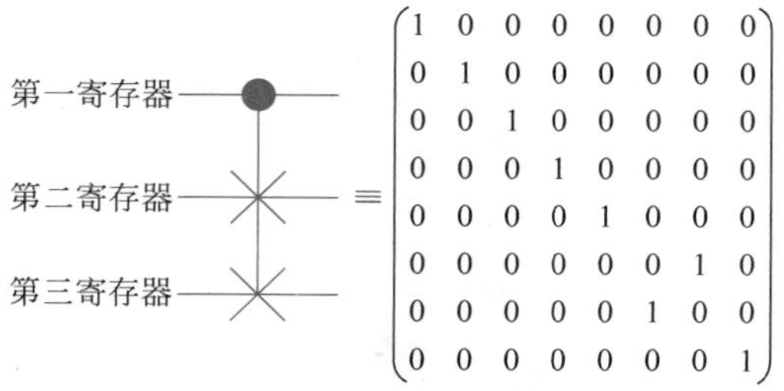

(b) Fredkin门

图 2.5　三量子比特门线路及其矩阵

比较门能够比较两个正整数 x 和 y 的大小，图 2.6 是比较门的线路。两个正整数 x 和 y 的二进制量子态分别为 $|x_1x_2\cdots x_n\rangle$ 和 $|y_1y_2\cdots y_n\rangle$，其中 $x_i, y_i \in \{0,1\}$，且 $x = x_1\times 2^{n-1} + x_2\times 2^{n-2} + \cdots + x_n\times 2^0$，$y = y_1\times 2^{n-1} + y_2\times 2^{n-2} + \cdots + y_n\times 2^0$。线路中除了表示 $|x_1x_2\cdots x_n\rangle$ 和 $|y_1y_2\cdots y_n\rangle$ 的量子比特之外，还有 $2n$ 个辅助量子比特 $|0\rangle$。图 2.6 中，最上边两个辅助量子比特为输出量子比特：当输出量子比特 $e_0e_1=10$ 时，有 $x>y$；当 $e_0e_1=01$ 时，有 $x<y$；当 $e_0e_1=00$ 时，有 $x=y$。

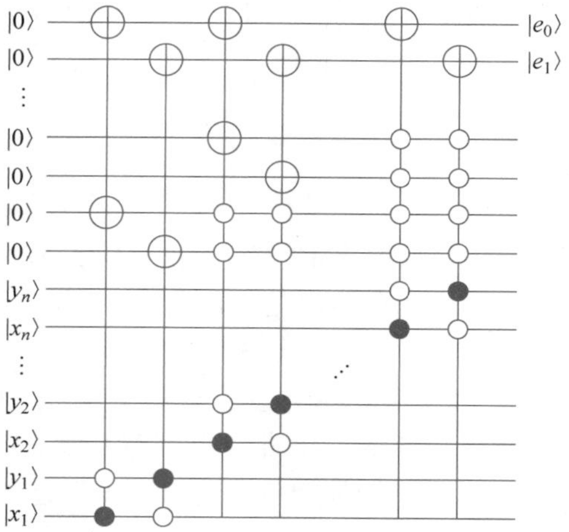

图 2.6　比较门

若 x 和 y 是小数，二进制形式为 $x=0.x_1x_2\cdots x_n$ 和 $y=0.y_1y_2\cdots y_n$，则

$$x=\frac{x_1}{2}+\frac{x_2}{4}+\cdots+\frac{x_n}{2^n},\quad y=\frac{y_1}{2}+\frac{y_2}{4}+\cdots+\frac{y_n}{2^n}$$

此时仍然可以用上述比较整数的方法比较两个小数。

可以看出比较门比较复杂，但是由于比较门经常被用到，且能够完成一个相对独立的功能，所以也称它为“门”。

不等门如图 2.7 所示，能够判断两个单量子比特量子态 $|a\rangle$ 和 $|b\rangle$ 是否相等。在图 2.7 中，当 a 和 b 都处于 $|1\rangle$ 态或者都处于 $|0\rangle$ 态时，辅助量子比特才会由 $|0\rangle$ 演化为 $|1\rangle$。也就是说，当且仅当辅助量子比特由 $|0\rangle$ 演化为 $|1\rangle$ 时，表示 $a=b$；否则，$a\neq b$。

在用量子门进行操作时，有时需要在 n 个量子比特上做同样的操作，作图和标记时都可以采用简记形式，图 2.8 给出一个例子。图 2.8(a)中，需要在 n 个量子比特上分别作用一个 $\boldsymbol{H}$ 门，则简记为图 2.8(b)中张量积 $\boldsymbol{H}^{\otimes n}$ 的形式。作图时，将 n 条横线合并为 1 条，并在其上标注“n”，以表示在这 n 个量子比特上做同样的 $\boldsymbol{H}$ 门操作。

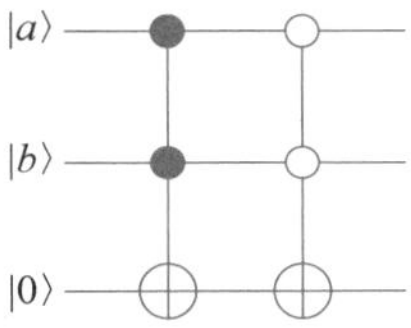

图 2.7　不等门

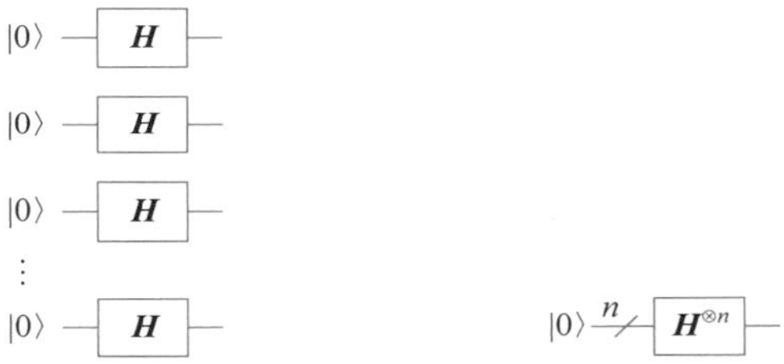

(a) 原始形式　(b) 简记形式

图 2.8　n 个量子比特做同样操作的线路及其简记形式

2.6 量子并行性和黑箱

在经典计算中，并行性是指由多个运算进程同时执行多次算法计算 $f(x)$ 在不同 x 处的值。不同于经典计算的并行性，量子并行性是指由一个运算器执行一次算法计算 $f(x)$ 在不同 x 处的值。量子并行性是量子计算的基本特性之一。

以 $f(x):\{0,1\}\rightarrow\{0,1\}$ 为例，$f(x)$ 是具有单比特定义域和值域的函数，在量子计算机上，计算该函数的一个简单方法是将定义域和值域分别存储在两个量子比特 $|x\rangle|y\rangle$ 中。第一个寄存器 $|x\rangle$ 称为数据寄存器，存储了定义域中的所有值；第二个寄存器 $|y\rangle$ 称为目标寄存器，初态为 $|0\rangle$，存储所有 x 对应的函数值。

黑箱是一个量子算子，又称为 Oracle，可以理解为一个量子程序模块，能完成一定的功能。黑箱能够完成的功能并不固定，不同量子程序中黑箱可能有不同的功能。黑箱的设计会受到整个量子程序中某些参数的影响，参数不同时，黑箱的设计可能会有很大差别。因此，通常只定义黑箱的功能，不给出黑箱的具体设计，这也是这种程序模块称为“黑箱”的原因。

在量子并行性中，定义黑箱 $\boldsymbol{O}$ 使得 $\boldsymbol{O}(|x\rangle|0\rangle)=|x\rangle|0\oplus f(x)\rangle=|x\rangle|f(x)\rangle$。

图 2.9 给出了能同时计算 $f(0)$和 $f(1)$的量子线路。第一寄存器和第二寄存器的初始态都为$|0\rangle$,经过 $\boldsymbol{H}$ 门作用之后第一寄存器的状态变为叠加态$\frac{|0\rangle+|1\rangle}{\sqrt{2}}$,也就是让第一寄存器存储定义域中的所有值$|0\rangle$和$|1\rangle$；再应用黑箱 $\boldsymbol{O}$,得到

$$\boldsymbol{O}\left(\frac{|0\rangle+|1\rangle}{\sqrt{2}}|0\rangle\right)=\boldsymbol{O}\left(\frac{|0\rangle|0\rangle+|1\rangle|0\rangle}{\sqrt{2}}\right)$$
$$=\frac{|0\rangle|0\oplus f(0)\rangle+|1\rangle|0\oplus f(1)\rangle}{\sqrt{2}} \tag{2.6.1}$$

由于$|0\oplus f(0)\rangle=|f(0)\rangle$,$|0\oplus f(1)\rangle=|f(1)\rangle$,所以得到状态

$$\frac{|0\rangle|f(0)\rangle+|1\rangle|f(1)\rangle}{\sqrt{2}} \tag{2.6.2}$$

可以看到,上式中同时存储了 $f(0)$ 和 $f(1)$,而且这两个值是通过单次执行量子操作同时得到的。

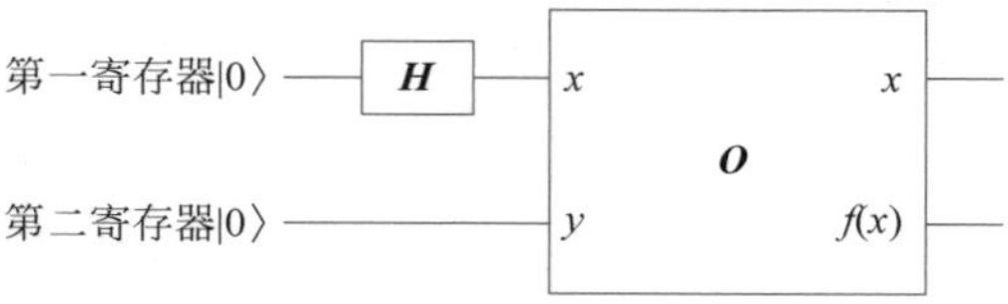

图 2.9 同时计算 $f(0)$和 $f(1)$的量子线路

从上述过程能够看到,黑箱在量子并行性中起到了重要作用。但是,这里无法给出黑箱的具体实现,原因是函数 $f(x)$本身也是一个抽象的符号,其具体形式未知。若$f(x)$有了具体的形式,则可以根据 $f(x)$给出黑箱的实现方式。

2.7 量子纠缠

若一个多量子比特组成的量子态可以写成量子态张量积的形式,则这个态称为可分离态；否则,称为不可分离态,也称为“纠缠态”。

【例 2.7.1】 量子态$\frac{|00\rangle+|01\rangle}{\sqrt{2}}$由两个量子比特组成,其中：$|00\rangle$表示第一个量子比特的状态为$|0\rangle$,同时第二个量子比特的状态也为$|0\rangle$；$|01\rangle$表示第一个量子比特的状态为$|0\rangle$,同时第二个量子比特的状态为$|1\rangle$。因此可以按照分配律将量子态$\frac{|00\rangle+|01\rangle}{\sqrt{2}}$写作$\frac{|0\rangle(|0\rangle+|1\rangle)}{\sqrt{2}}=|0\rangle\otimes\frac{|0\rangle+|1\rangle}{\sqrt{2}}$的形式,第一个量子比特$|0\rangle$和第二个量子比特$\frac{|0\rangle+|1\rangle}{\sqrt{2}}$写成了张量积的形式,所以它是一个可分离态,两个量子比特之间是可分离的。

量子态$\frac{|00\rangle+|11\rangle}{\sqrt{2}}$也由两个量子比特组成,其中：$|00\rangle$表示第一个量子比特的状态

为$|0\rangle$，同时第二个量子比特的状态也为$|0\rangle$；$|11\rangle$表示第一个量子比特的状态为$|1\rangle$，同时第二个量子比特的状态也为$|1\rangle$。因此无法写成张量积的形式，所以它是一个不可分离态，也就是纠缠态。

凡是可分离的量子态，量子比特之间不会互相影响，在其中部分量子比特上施加某种操作，不会影响另外的量子比特的状态。纠缠态正好相反，对其中的部分量子比特施加的操作，不仅会影响承受操作的这些量子比特的状态，而且会反映在其他量子比特上，改变其他量子比特的状态。

下面给出几个常见的纠缠态：

(1) 4个双量子比特的贝尔(Bell)态，每个都是一个纠缠态：

$$\begin{cases} |\beta_{00}\rangle = \dfrac{|00\rangle + |11\rangle}{\sqrt{2}} \\ |\beta_{01}\rangle = \dfrac{|00\rangle - |11\rangle}{\sqrt{2}} \\ |\beta_{10}\rangle = \dfrac{|01\rangle + |10\rangle}{\sqrt{2}} \\ |\beta_{11}\rangle = \dfrac{|01\rangle - |10\rangle}{\sqrt{2}} \end{cases} \tag{2.7.1}$$

以$|\beta_{00}\rangle = \dfrac{|00\rangle + |11\rangle}{\sqrt{2}}$为例，对$|\beta_{00}\rangle$中的第一个量子比特施加测量操作，若测得的结果为0，则第二个量子比特也会受到影响，同样坍缩为0。

(2) 8个三量子比特的GHZ态，每个都是一个纠缠态：

$$\begin{cases} |\alpha_{000}^{\pm}\rangle = \dfrac{|000\rangle \pm |111\rangle}{\sqrt{2}} \\ |\alpha_{001}^{\pm}\rangle = \dfrac{|001\rangle \pm |110\rangle}{\sqrt{2}} \\ |\alpha_{010}^{\pm}\rangle = \dfrac{|010\rangle \pm |101\rangle}{\sqrt{2}} \\ |\alpha_{100}^{\pm}\rangle = \dfrac{|100\rangle \pm |011\rangle}{\sqrt{2}} \end{cases} \tag{2.7.2}$$

量子纠缠与量子比特的物理距离无关，一旦多个量子比特相纠缠，即使它们相距遥远，纠缠状态仍然存在。很多操作都能将量子比特纠缠在一起，CNOT门、Toffoli门、Fredkin门、比较门、不等门等都能够产生纠缠态。纠缠态是量子计算中很重要的一种状态，是使得量子计算超越经典计算的性质之一。

2.8 量子不可克隆性

在经典计算中，“复制”是一个常见的操作，无论数据的长度如何，经典的复制都是一比特一比特完成的。经典比特的复制可以理解为一个经典的受控非门，如图2.10(a)所示。经典受控非门进行异或运算，可以将一个比特中存储的内容复制到另外一个初始值为 0 的比特中。复制完成之后，两个经典比特之间没有任何关系，可以分别对这两个经典比特进行处理。

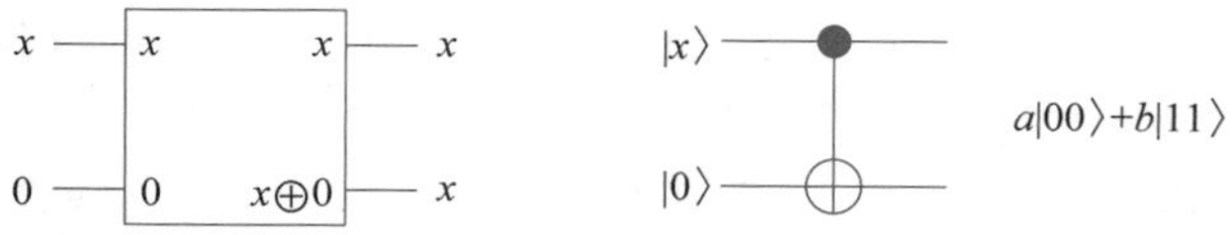

(a) 经典受控非门　　(b) 量子受控非门

图 2.10　经典复制和量子复制

设想同样使用受控非门来复制量子态：输入的是待复制的量子态 $|x\rangle=a|0\rangle+b|1\rangle$ 和初态为 $|0\rangle$ 的辅助比特；期望输出的量子态都处于 $|x\rangle$。

该操作能成功复制 $|x\rangle$ 吗？也就是说，是否得到了状态 $|x\rangle|x\rangle$？要回答这个问题，可以看看期望得到的量子态和实际得到的量子态是否一致。期望得到的量子态为

$$\begin{aligned}|x\rangle|x\rangle&=(a|0\rangle+b|1\rangle)\otimes(a|0\rangle+b|1\rangle)\\&=a^2|00\rangle+ab|01\rangle+ab|10\rangle+b^2|11\rangle\end{aligned}\tag{2.8.1}$$

根据图 2.10(b)，经过受控非门，实际得到的量子态为

$$\begin{aligned}\text{CNOT}(|x\rangle|0\rangle)&=\text{CNOT}((a|0\rangle+b|1\rangle)|0\rangle)\\&=\text{CNOT}(a|00\rangle+b|10\rangle)\\&=a|00\rangle+b|11\rangle\end{aligned}\tag{2.8.2}$$

比较式(2.8.1)和式(2.8.2)可以看出，期望得到的量子态和实际得到的量子态并不一致，因此量子态不能被复制。

之所以经典比特能够被复制，而量子比特不能被复制，是因为经典比特中存储的要么是 0 要么是 1，是确定的，因此可以被复制；而量子比特中存储的是 0 和 1 的叠加，既有 0 也有 1，不确定，因此不能被复制。量子比特不可复制的这一特性称为不可克隆性，它是量子计算和经典计算之间的主要区别之一。

对于量子态 $|x\rangle=a|0\rangle+b|1\rangle$，存在 $a=0,b=1$ 和 $a=1,b=0$ 两种特殊情况。以 $a=0,b=1$ 为例，此时期望得到的量子态为

$$|x\rangle|x\rangle=(a|0\rangle+b|1\rangle)\otimes(a|0\rangle+b|1\rangle)=|11\rangle\tag{2.8.3}$$

实际得到的量子态为

$$\begin{aligned}\text{CNOT}(|x\rangle|0\rangle)&=\text{CNOT}((a|0\rangle+b|1\rangle)|0\rangle)\\&=\text{CNOT}(|10\rangle)\\&=|11\rangle\end{aligned}\tag{2.8.4}$$

两者一致，说明量子态 $|x\rangle$ 被复制成功。之所以这个量子态能被复制，是因为此时量子态 $|x\rangle=|1\rangle$，其中存储的只有 1，实际上就是一个经典态，因此能够被复制。

2.9　量子测量

在经典计算机中，一个比特中存储的信息是非常明确的，要么是 0 要么是 1，因此可以读出经典比特中的信息，而且读的时候不会破坏比特中存储的内容。但是，量子计算

中信息以叠加态的形式存储，假设一个量子寄存器的状态为

$$|\varphi\rangle=\sum_{m=0}^{N-1}\beta_m|m\rangle \tag{2.9.1}$$

式中：$\sum_{m=0}^{N-1}|\beta_m|^2=1$。

可以看出，$|\varphi\rangle$中叠加存储的各个状态$|m\rangle$以及相应的振幅信息β_m都是未知的，像经典计算那样通过简单的读取是无法获得这些信息的，需要通过量子测量来获得。

2.9.1 一般测量

量子测量是由量子力学第三基本假设给出的。

【定义 2.9.1】 量子力学第三基本假设：对状态空间为$\mathcal{H}$的量子系统进行的测量可以通过一系列算子$\{\boldsymbol{M}_m\}$描述，这些算子满足归一化条件

$$\sum_m \boldsymbol{M}_m^+\boldsymbol{M}_m=I \tag{2.9.2}$$

式中：$\boldsymbol{M}_m$为测量算子；m表示测量后可能得到的结果。

这些算子作用在被测系统$|\varphi\rangle$上，则得到m的概率为

$$P(m)=\|\boldsymbol{M}_m|\varphi\rangle\|^2=\langle\varphi|\boldsymbol{M}_m^+\boldsymbol{M}_m|\varphi\rangle \tag{2.9.3}$$

该概率由量子力学中的伯恩规则决定。测量后系统的状态变为

$$\frac{\boldsymbol{M}_m|\varphi\rangle}{\sqrt{P(m)}} \tag{2.9.4}$$

测量算子需满足归一化条件，意味着所有测量结果的概率之和为1，即

$$\sum_m P(m)=\sum_m\langle\varphi|\boldsymbol{M}_m^+\boldsymbol{M}_m|\varphi\rangle=\langle\varphi|\sum_m\boldsymbol{M}_m^+\boldsymbol{M}_m|\varphi\rangle=\langle\varphi|\varphi\rangle=1 \tag{2.9.5}$$

以单量子比特的被测状态$|\varphi\rangle=\alpha|0\rangle+\beta|1\rangle$为例，由于其中只包含状态$|0\rangle$和$|1\rangle$，因此可以定义测量算子

$$\boldsymbol{M}_0=|0\rangle\langle 0|=\begin{pmatrix}1&0\\0&0\end{pmatrix},\quad \boldsymbol{M}_1=|1\rangle\langle 1|=\begin{pmatrix}0&0\\0&1\end{pmatrix}$$

满足$\boldsymbol{I}=\boldsymbol{M}_0^+\boldsymbol{M}_0+\boldsymbol{M}_1^+\boldsymbol{M}_1$，也就是满足归一化条件。则获得0的概率为

$$P(0)=\langle\varphi|\boldsymbol{M}_0^+\boldsymbol{M}_0|\varphi\rangle=\langle\varphi|\boldsymbol{M}_0|\varphi\rangle=(\alpha^* \quad \beta^*)\begin{pmatrix}1&0\\0&0\end{pmatrix}\begin{pmatrix}\alpha\\\beta\end{pmatrix}=|\alpha|^2 \tag{2.9.6}$$

测量后的状态为

$$\frac{\boldsymbol{M}_0|\varphi\rangle}{|\alpha|}=\frac{1}{|\alpha|}\begin{pmatrix}1&0\\0&0\end{pmatrix}\begin{pmatrix}\alpha\\\beta\end{pmatrix}=\frac{1}{|\alpha|}\begin{pmatrix}\alpha\\0\end{pmatrix}=\frac{\alpha}{|\alpha|}|0\rangle \tag{2.9.7}$$

类似地，获得1的概率以及测量后的状态分别为

$$P(1)=|\beta|^2,\quad \frac{\boldsymbol{M}_1|\varphi\rangle}{|\beta|}=\frac{\beta}{|\beta|}|1\rangle \tag{2.9.8}$$

$\frac{\alpha}{|\alpha|}|0\rangle$和$\frac{\beta}{|\beta|}|1\rangle$中，$\frac{\alpha}{|\alpha|}$和$\frac{\beta}{|\beta|}$为全局相位因子，可以忽略，因此测量后的有效状态为$|0\rangle$

和$|1\rangle$，被测得的概率分别为$|\alpha|^2$和$|\beta|^2$。回顾2.1节，$|\varphi\rangle=\alpha|0\rangle+\beta|1\rangle$中$|0\rangle$所占的比例为$|\alpha|^2$，$|1\rangle$所占的比例为$|\beta|^2$，这个比例也就是式(2.9.6)和式(2.9.8)给出的概率。因此，如果$|\varphi\rangle=\alpha|0\rangle+\beta|1\rangle$中存储的是$\alpha$和$\beta$，那么也可以说是存储在概率幅中，与前文介绍的存储在振幅中是一个意思。

当使用测量算子$\boldsymbol{M}_0$时，得到的结果为$|0\rangle$；当使用测量算子$\boldsymbol{M}_1$时，得到的结果为$|1\rangle$。也就是说，测量之后量子态$|\varphi\rangle=\alpha|0\rangle+\beta|1\rangle$发生了变化，从$\alpha|0\rangle+\beta|1\rangle$变为$|0\rangle$或者$|1\rangle$。在量子力学中，这种现象称为量子坍缩。

2.9.2 投影测量

投影测量是一般测量的特例，它不仅要满足一般测量的归一化条件，而且要求测量算子为投影算子，即形如$|m\rangle\langle m|$。

投影测量由一个可观测量$\boldsymbol{\Lambda}$来描述。量子力学中可观测量是一个厄米算子，即厄米矩阵，这点与经典力学有很大的不同。经典力学中，可观测量是可以被测量的动力学变量，如两点之间的距离。通常，在经典力学中，为了得到准确的距离，要进行多次测量，得到一组数据，并取这组数据的平均值作为最终的结果，这组数据可以看成一个向量。量子力学中，由于一个量子态中叠加存储了多个数据，因此可观测量是一个矩阵，而且是一个厄米矩阵。

设被测系统的状态为$|\varphi\rangle=\sum_m \beta_m|m\rangle$，则可观测量$\boldsymbol{\Lambda}$的谱分解为

$$\boldsymbol{\Lambda}=\sum_m \lambda_m \boldsymbol{P}_m \tag{2.9.9}$$

式中：$\boldsymbol{P}_m=|m\rangle\langle m|$是特征值$\lambda_m$对应的投影算子，则得到结果$\lambda_m$的概率为

$$P(m)=\langle\varphi|\boldsymbol{P}_m^{+}\boldsymbol{P}_m|\varphi\rangle=\langle\varphi|\boldsymbol{P}_m^2|\varphi\rangle=\langle\varphi|\boldsymbol{P}_m|\varphi\rangle \tag{2.9.10}$$

测量后量子系统的状态为

$$\frac{\boldsymbol{P}_m|\varphi\rangle}{\sqrt{P(m)}} \tag{2.9.11}$$

投影测量的一个重要特性是，对$|\varphi\rangle=\sum_m \beta_m|m\rangle$进行测量时，很容易计算可观测量$\boldsymbol{\Lambda}$的平均值$E(\boldsymbol{\Lambda})$，即

$$\begin{aligned}E(\boldsymbol{\Lambda})&=\sum_m \lambda_m P(m)\\&=\sum_m \lambda_m\langle\varphi|\boldsymbol{P}_m|\varphi\rangle\\&=\langle\varphi|\left(\sum_m \lambda_m\boldsymbol{P}_m\right)|\varphi\rangle\\&=\langle\varphi|\boldsymbol{\Lambda}|\varphi\rangle\end{aligned} \tag{2.9.12}$$

$E(\boldsymbol{\Lambda})=\langle\varphi|\boldsymbol{\Lambda}|\varphi\rangle$也可记为$\langle\boldsymbol{\Lambda}\rangle$。计算可观测量$\boldsymbol{\Lambda}$的平均值$E(\boldsymbol{\Lambda})$，跟经典力学中多次测量并取平均值作为最终结果的原理是类似的。

通常情况下，先给出一组满足关系$\sum_m \boldsymbol{P}_m=I$的正交投影算子$\boldsymbol{P}_m$，进而得到相应的

可观测量$\boldsymbol{\Lambda}=\sum_m \lambda_m \boldsymbol{P}_m$。

2.9.3 相位

量子力学中的相位分为全局相位和相对相位。全局相位在量子测量中不具有物理可观测的统计差别，简单地说通过测量测不出来。例如，对于量子态 $e^{i\theta}|\varphi\rangle$（$\theta$ 是任意常数）来说，θ 就是全局相位，$e^{i\theta}$ 称为全局相位因子。从测量的角度，$e^{i\theta}|\varphi\rangle$ 和 $|\varphi\rangle$ 这两个状态是相等的。这是因为，使用测量算子 $\boldsymbol{M}_m$ 分别对状态 $e^{i\theta}|\varphi\rangle$ 和 $|\varphi\rangle$ 进行测量，得到结果 m 的概率分别是 $\langle\varphi|e^{-i\theta}\boldsymbol{M}_m^{+}\boldsymbol{M}_m e^{i\theta}|\varphi\rangle$ 和 $\langle\varphi|\boldsymbol{M}_m^{+}\boldsymbol{M}_m|\varphi\rangle$，而 $\langle\varphi|e^{-i\theta}\boldsymbol{M}_m^{+}\boldsymbol{M}_m e^{i\theta}|\varphi\rangle=\langle\varphi|\boldsymbol{M}_m^{+}\boldsymbol{M}_m|\varphi\rangle$，因此概率相同。由于全局相位因子与物理系统的可观测性质无关，因此可以忽略。

另一种是相对相位。例如，对于状态 $\frac{|0\rangle+|1\rangle}{\sqrt{2}}$ 和 $\frac{|0\rangle-|1\rangle}{\sqrt{2}}$ 来说，$\frac{|0\rangle+|1\rangle}{\sqrt{2}}$ 中 $|1\rangle$ 的振幅为 $\frac{1}{\sqrt{2}}$，$\frac{|0\rangle-|1\rangle}{\sqrt{2}}$ 中 $|1\rangle$ 的振幅为 $-\frac{1}{\sqrt{2}}$，两种情况振幅大小是一样的，但是符号不同，可以表示为 $\frac{1}{\sqrt{2}}=e^{i\pi}\left(-\frac{1}{\sqrt{2}}\right)$，其中，$\pi$ 是 $\frac{1}{\sqrt{2}}$ 和 $-\frac{1}{\sqrt{2}}$ 之间相差的相位，称为相对相位；$e^{i\pi}$ 称为相对相位因子。更一般地，对于振幅 a 和 b，如果存在实数 θ 使得 $a=e^{i\theta}b$，那么它们之间的相对相位是 θ，相对相位因子是 $e^{i\theta}$。

当测量算子为 $|0\rangle\langle 0|$ 和 $|1\rangle\langle 1|$ 时，对 $\frac{|0\rangle+|1\rangle}{\sqrt{2}}$ 和 $\frac{|0\rangle-|1\rangle}{\sqrt{2}}$ 进行测量，得到 $|0\rangle$ 和 $|1\rangle$ 的概率是一样的，均为 $\frac{1}{2}$。也就是说，在 $|0\rangle$ 和 $|1\rangle$ 这两个测量基下，相对相位是观测不到的。当测量算子为 $|+\rangle\langle+|$ 和 $|-\rangle\langle-|$ 时，对 $\frac{|0\rangle+|1\rangle}{\sqrt{2}}$ 测量得到 $|+\rangle$ 和 $|-\rangle$ 的概率分别是 1 和 0，对 $\frac{|0\rangle-|1\rangle}{\sqrt{2}}$ 测量得到 $|+\rangle$ 和 $|-\rangle$ 的概率分别是 0 和 1。因此，与全局相位因子不同，在某个基下相对相位因子具有物理可观测的统计差别。

不论是全局相位还是相对相位，有时为描述方便，也可以将 $e^{i\theta}$ 称为相位。

2.10 密度算子和偏迹

前面用向量描述量子态，本节介绍一种新的描述量子力学系统所处状态的方法——密度算子。

一个量子力学系统可能处于不同量子态的统计集合中，即系统以概率 P_i 处于状态 $|\varphi_i\rangle$（i 是一个指标），则称 $\{P_i,|\varphi_i\rangle\}$ 为一个系综。密度算子定义为

$$\boldsymbol{\rho}=\sum_i P_i|\varphi_i\rangle\langle\varphi_i| \tag{2.10.1}$$

式中：$P_i \geqslant 0$，且$\sum_i P_i = 1$。显然，密度算子是一个矩阵，因此又称为密度矩阵。

若量子系统中只有一个量子态，则这个量子态称为纯态。例如，一个纯态$|\varphi\rangle$，则其密度矩阵$\boldsymbol{\rho} = |\varphi\rangle\langle\varphi|$，通常也称$\boldsymbol{\rho}$为纯态。若量子系统可以处于不同的量子态，则称这些态为混合态。例如，量子系统以P_1的概率处于状态$|\varphi_1\rangle$，以P_2的概率处于状态$|\varphi_2\rangle$，则密度矩阵$\boldsymbol{\rho} = P_1|\varphi_1\rangle\langle\varphi_1| + P_2|\varphi_2\rangle\langle\varphi_2|$，通常也称$\boldsymbol{\rho}$为混合态。

纯态可以使用向量和密度矩阵两种形式来表达，例如：如果量子系统处于确定的量子态$|\varphi\rangle = \alpha|0\rangle + \beta|1\rangle$，则其对应的向量为$\begin{pmatrix}\alpha \\ \beta\end{pmatrix}$，其密度矩阵为

$$\boldsymbol{\rho} = |\varphi\rangle\langle\varphi| = \begin{pmatrix} |\alpha|^2 & \alpha\beta^* \\ \alpha^*\beta & |\beta|^2 \end{pmatrix}$$

混合态只能使用密度矩阵来表示，例如量子系统以$|\alpha|^2$的概率处于$|0\rangle$态，以$|\beta|^2$的概率处于$|1\rangle$态，则量子系统的密度矩阵为

$$\boldsymbol{\rho} = |\alpha|^2|0\rangle\langle 0| + |\beta|^2|1\rangle\langle 1| = \begin{pmatrix} |\alpha|^2 & 0 \\ 0 & |\beta|^2 \end{pmatrix}$$

这两个例子中看上去好像都是$|0\rangle$的概率为$|\alpha|^2$、$|1\rangle$的概率为$|\beta|^2$，实际上它们所描述的系统状态是不一样的。对于纯态$|\varphi\rangle = \alpha|0\rangle + \beta|1\rangle$，$|\varphi\rangle$中虽然同时存储了$|0\rangle$和$|1\rangle$，但$|\varphi\rangle = \alpha|0\rangle + \beta|1\rangle$是一个态，是$|0\rangle$和$|1\rangle$的叠加态，$|0\rangle$和$|1\rangle$所占的比例分别为$|\alpha|^2$和$|\beta|^2$。混合态中$|0\rangle$和$|1\rangle$是两个独立的态，系统处于这两个态的概率分别为$|\alpha|^2$和$|\beta|^2$。

下述定理给出了判断量子态是纯态还是混合态的一个重要方法。

【定理 2.10.1】 令$\boldsymbol{\rho}$是一个密度算子，则$\mathrm{tr}(\boldsymbol{\rho}^2) \leqslant 1$（tr表示矩阵的迹，即主对角线元素之和），并且当且仅当$\boldsymbol{\rho}$是纯态时，等号成立。

证明：由量子态形式的柯西-施瓦兹不等式可得，对于任意两个量子态$|\gamma\rangle = \alpha_1|0\rangle + \cdots + \alpha_n|n\rangle$和$|\varphi\rangle = \beta_1|0\rangle + \cdots + \beta_n|n\rangle$，有

$$|\langle\gamma|\varphi\rangle|^2 \leqslant \langle\gamma|\gamma\rangle\langle\varphi|\varphi\rangle \tag{2.10.2}$$

当且仅当$|\gamma\rangle = |\varphi\rangle$时，等号成立。

对于密度算子$\boldsymbol{\rho}$，其对应的系综为$\{P_i, |\varphi_i\rangle\}$，即$\boldsymbol{\rho} = \sum_i P_i |\varphi_i\rangle\langle\varphi_i|$，则

$$\begin{aligned}
\mathrm{tr}(\boldsymbol{\rho}^2) &= \mathrm{tr}\left[\left(\sum_i P_i |\varphi_i\rangle\langle\varphi_i|\right)\left(\sum_j P_j |\varphi_j\rangle\langle\varphi_j|\right)\right] \\
&= \sum_{i,j} P_i P_j \mathrm{tr}(|\varphi_i\rangle\langle\varphi_i||\varphi_j\rangle\langle\varphi_j|) \\
&= \sum_{i,j} P_i P_j \langle\varphi_i|\varphi_j\rangle \mathrm{tr}(|\varphi_i\rangle\langle\varphi_j|) \\
&= \sum_{i,j} P_i P_j |\langle\varphi_i|\varphi_j\rangle|^2 \\
&\leqslant \sum_{i,j} P_i P_j \langle\varphi_i|\varphi_i\rangle\langle\varphi_j|\varphi_j\rangle
\end{aligned}$$

$$=\left(\sum_i P_i\langle\varphi_i\mid\varphi_i\rangle\right)\left(\sum_j P_j\langle\varphi_j\mid\varphi_j\rangle\right)$$

$$=\left(\sum_i P_i\right)\left(\sum_j P_j\right)=1 \qquad (2.10.3)$$

当且仅当对于所有的 i 和 j 都有 $|\varphi_i\rangle=|\varphi_j\rangle$ 时，也就是当 $\boldsymbol{\rho}$ 是纯态时，等号成立。综上，定理得证。

从定理 2.10.1 的证明过程中能够看到，若系综 $\{P_i, |\varphi_i\rangle\}$ 中只有一个态，也就是证明过程中所说的“对于所有的 i 和 j 都有 $|\varphi_i\rangle=|\varphi_j\rangle$”，则 $\boldsymbol{\rho}$ 就是纯态。

【例 2.10.1】 判断下列由密度算子所描述的量子态是纯态还是混合态：

$$\boldsymbol{\rho}_1=\begin{pmatrix}1 & 0\\0 & 0\end{pmatrix},\quad \boldsymbol{\rho}_2=\frac{1}{2}\begin{pmatrix}1 & 0\\0 & 1\end{pmatrix} \qquad (2.10.4)$$

由于

$$\operatorname{tr}(\boldsymbol{\rho}_1^2)=\operatorname{tr}\left(\begin{pmatrix}1 & 0\\0 & 0\end{pmatrix}\begin{pmatrix}1 & 0\\0 & 0\end{pmatrix}\right)=\operatorname{tr}\begin{pmatrix}1 & 0\\0 & 0\end{pmatrix}=1$$

因此 $\boldsymbol{\rho}_1$ 是纯态。

由于

$$\operatorname{tr}(\boldsymbol{\rho}_2^2)=\operatorname{tr}\left(\frac{1}{2}\begin{pmatrix}1 & 0\\0 & 1\end{pmatrix}\frac{1}{2}\begin{pmatrix}1 & 0\\0 & 1\end{pmatrix}\right)=\operatorname{tr}\begin{pmatrix}\frac{1}{4} & 0\\0 & \frac{1}{4}\end{pmatrix}=\frac{1}{2}<1$$

因此 $\boldsymbol{\rho}_2$ 是混合态。

复合系统由多个子系统组成，是更加复杂的系统。复合系统的密度算子是子系统密度算子的张量积。假设 $\boldsymbol{\rho}_A$ 是系统 A 的密度算子，$\boldsymbol{\rho}_B$ 是系统 B 的密度算子，则复合系统的密度算子为

$$\boldsymbol{\rho}_{AB}=\boldsymbol{\rho}_A\otimes\boldsymbol{\rho}_B \qquad (2.10.5)$$

复合系统也可以分解为子系统，偏迹是唯一可以根据复合系统密度算子得到子系统密度算子的运算。假设复合系统由子系统 A 和 B 构成，则偏迹定义为

$$\operatorname{tr}_B(|a_1\rangle\langle a_2|\otimes|b_1\rangle\langle b_2|)=|a_1\rangle\langle a_2|\operatorname{tr}(|b_1\rangle\langle b_2|)=|a_1\rangle\langle a_2|(\langle b_2|b_1\rangle) \qquad (2.10.6)$$

式中：$|a_1\rangle$ 和 $|a_2\rangle$ 为子系统 A 中的任意两个基向量；$|b_1\rangle$ 和 $|b_2\rangle$ 为子系统 B 中的任意两个基向量。

因此，复合系统 $\boldsymbol{\rho}_{AB}=\boldsymbol{\rho}_A\otimes\boldsymbol{\rho}_B$ 中子系统 A 和子系统 B 的密度算子分别定义为

$$\boldsymbol{\rho}_A=\operatorname{tr}_B\boldsymbol{\rho}_{AB}=\operatorname{tr}_B(\boldsymbol{\rho}_A\otimes\boldsymbol{\rho}_B) \qquad (2.10.7)$$

$$\boldsymbol{\rho}_B=\operatorname{tr}_A\boldsymbol{\rho}_{AB}=\operatorname{tr}_A(\boldsymbol{\rho}_A\otimes\boldsymbol{\rho}_B) \qquad (2.10.8)$$

如果一个复合系统的密度算子能够像式(2.10.5)那样写成子系统密度算子的张量积，那么此时复合系统称为可分的，复合系统中的量子态称为可分离态。纠缠态是复合系统中的另一种量子态，也是由多个量子比特组成，但是不能被分解成张量积的形式。

例如，双量子比特复合系统中的纯态$|\varphi\rangle=\frac{|00\rangle+|11\rangle}{\sqrt{2}}$不能被分解成任意两个单量子比特态的张量积，进而纯态$|\varphi\rangle$的密度算子$|\varphi\rangle\langle\varphi|$也不能被分解成任意两个密度算子的张量积。尽管$|\varphi\rangle\langle\varphi|$不能被分解，但是可以分别求得第一个量子比特和第二个量子比特的密度算子（分别称为第一个量子比特和第二个量子比特的约化密度算子）：

$$\boldsymbol{\rho}_1=\operatorname{tr}_2(|\varphi\rangle\langle\varphi|) \tag{2.10.9}$$

$$\boldsymbol{\rho}_2=\operatorname{tr}_1(|\varphi\rangle\langle\varphi|) \tag{2.10.10}$$

式(2.10.9)和式(2.10.10)中的约化密度算子同样使用式(2.10.6)定义的偏迹进行求解。下面的例子给出了具体的计算过程。

【例 2.10.2】 对密度算子$\boldsymbol{\rho}=|\varphi\rangle\langle\varphi|$的两个量子比特分别取偏迹，得到约化密度算子，其中$|\varphi\rangle=\frac{|00\rangle+|11\rangle}{\sqrt{2}}$。

解：

$$\begin{aligned}\boldsymbol{\rho}&=\left(\frac{|00\rangle+|11\rangle}{\sqrt{2}}\right)\left(\frac{\langle 00|+\langle 11|}{\sqrt{2}}\right)\\&=\frac{|00\rangle\langle 00|+|11\rangle\langle 00|+|00\rangle\langle 11|+|11\rangle\langle 11|}{2}\\&=\frac{|0\rangle\langle 0|\otimes|0\rangle\langle 0|+|1\rangle\langle 0|\otimes|1\rangle\langle 0|+|0\rangle\langle 1|\otimes|0\rangle\langle 1|+|1\rangle\langle 1|\otimes|1\rangle\langle 1|}{2}\end{aligned} \tag{2.10.11}$$

对第二个量子比特取偏迹可得

$$\begin{aligned}\boldsymbol{\rho}_1&=\operatorname{tr}_2(|\varphi\rangle\langle\varphi|)\\&=(\operatorname{tr}_2(|0\rangle\langle 0|\otimes|0\rangle\langle 0|)+\operatorname{tr}_2(|1\rangle\langle 0|\otimes|1\rangle\langle 0|)+\operatorname{tr}_2(|0\rangle\langle 1|\otimes|0\rangle\\&\quad\langle 1|)+\operatorname{tr}_2(|1\rangle\langle 1|\otimes|1\rangle\langle 1|))/2\\&=\frac{|0\rangle\langle 0|\langle 0|0\rangle+|1\rangle\langle 0|\langle 0|1\rangle+|0\rangle\langle 1|\langle 1|0\rangle+|1\rangle\langle 1|\langle 1|1\rangle}{2}\\&=\frac{|0\rangle\langle 0|+|1\rangle\langle 1|}{2}\end{aligned} \tag{2.10.12}$$

对第一个量子比特取偏迹可得

$$\begin{aligned}\boldsymbol{\rho}_2&=\operatorname{tr}_1(|\varphi\rangle\langle\varphi|)\\&=(\operatorname{tr}_1(|0\rangle\langle 0|\otimes|0\rangle\langle 0|)+\operatorname{tr}_1(|1\rangle\langle 0|\otimes|1\rangle\langle 0|)+\operatorname{tr}_1(|0\rangle\langle 1|\otimes|0\rangle\\&\quad\langle 1|)+\operatorname{tr}_1(|1\rangle\langle 1|\otimes|1\rangle\langle 1|))/2\\&=\frac{\langle 0|0\rangle|0\rangle\langle 0|+\langle 0|1\rangle|1\rangle\langle 0|+\langle 1|0\rangle|0\rangle\langle 1|+\langle 1|1\rangle|1\rangle\langle 1|}{2}\\&=\frac{|0\rangle\langle 0|+|1\rangle\langle 1|}{2}\end{aligned} \tag{2.10.13}$$

对于多个量子比特组成的更一般的纠缠态来说，也可以同样的方式定义约化密度算子，这里不再具体介绍，感兴趣的读者可参见文献[1]。

纯化是把纯态和混合态联系起来的一项技术。给定若干混合态构成的量子系统 A，其密度算子为$\boldsymbol{\rho}_A$，可以引入另一个系统 B，并为复合系统 AB 定义纯态$|AB\rangle$，使得$\boldsymbol{\rho}_A=\mathrm{tr}_B(|AB\rangle\langle AB|)$，则$|AB\rangle$是$\boldsymbol{\rho}_A$ 的纯化。下面给出将混合态转换为纯态的一个方法，也就是给出定义纯态$|AB\rangle$的方法。

设量子系统 A 的密度算子为

$$\boldsymbol{\rho}_A=\sum_i P_i|\varphi_i\rangle\langle\varphi_i| \tag{2.10.14}$$

式中：$|\varphi_i\rangle$为量子系统 A 中所有的混合态。

引入一个具有标准正交基$|i\rangle$的系统 B，则复合系统中的纯态可以定义为

$$|AB\rangle=\sum_i\sqrt{P_i}|\varphi_i\rangle|i\rangle \tag{2.10.15}$$

则

$$\begin{aligned}\mathrm{tr}_B(|AB\rangle\langle AB|)&=\mathrm{tr}_B\left[\left(\sum_i\sqrt{P_i}|\varphi_i\rangle|i\rangle\right)\left(\sum_j\sqrt{P_j}\langle\varphi_j|\langle j|\right)\right]\\&=\sum_{i,j}\sqrt{P_iP_j}\,\mathrm{tr}_B(|\varphi_i\rangle\langle\varphi_j||i\rangle\langle j|)\\&=\sum_{i,j}\sqrt{P_iP_j}|\varphi_i\rangle\langle\varphi_j|(\langle j|i\rangle)\\&=\sum_i P_i|\varphi_i\rangle\langle\varphi_i|=\boldsymbol{\rho}_A\end{aligned} \tag{2.10.16}$$

因此，$|AB\rangle=\sum_i\sqrt{P_i}|\varphi_i\rangle|i\rangle$是$\boldsymbol{\rho}_A=\sum_i P_i|\varphi_i\rangle\langle\varphi_i|$的纯化。

2.11 量子计算复杂性

量子算法的复杂度分为物理复杂度和逻辑复杂度。物理复杂度与量子系统的物理实现有关，本书不讨论。逻辑复杂度用量子线路中量子门的个数来衡量。但是由于各个量子门在实现时其本身的复杂度有较大差别，因此量子算法的逻辑复杂度与所选用的基本量子门有关。由于受控非门和单量子比特门是量子计算的通用量子门，即用这两类门可以组合出任意一种量子门，因此通常选用受控非门和单量子比特门作为基本量子门来计算量子线路的复杂度。

【例 2.11.1】 如图 2.11 所示，交换门等价于三个受控非门，因此交换门的复杂度为 3。

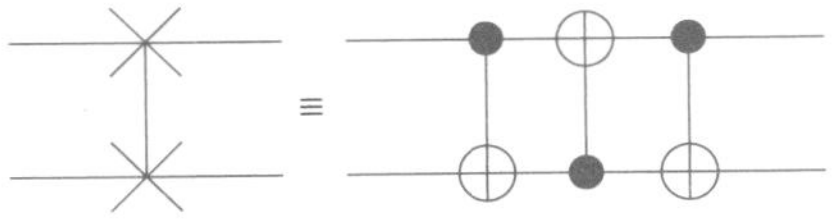

图 2.11 交换门的等价量子线路图

【例 2.11.2】 如图 2.12 所示，Toffoli 门的复杂度为 13。

【例 2.11.3】 如图 2.13 所示，一个 n-受控非门等价于 $2(n-1)$个 Toffoli 门和 1 个

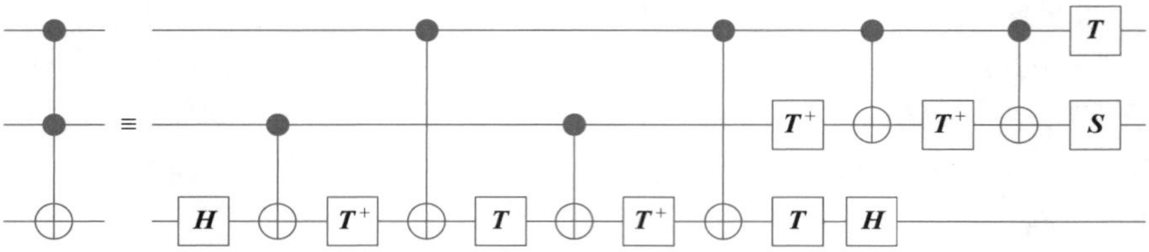

图 2.12 Toffoli 门的等价量子线路图

受控门,因此其复杂度为 $O(n)$。

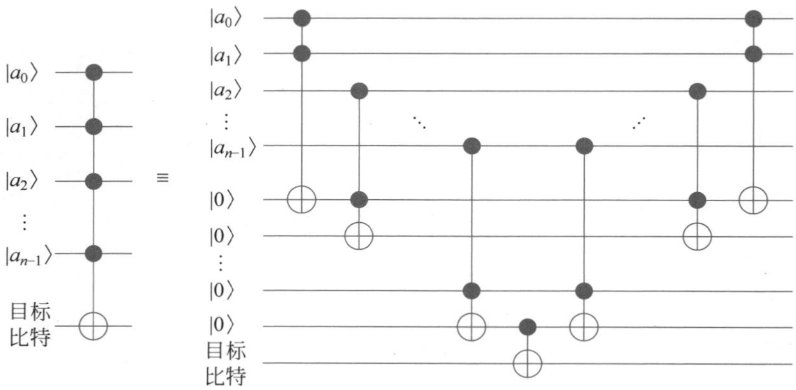

图 2.13 n-受控非门的等价量子线路图

2.12 量子实现环境

本书所用的量子实现环境是 qiskit,它能够通过网络连接 IBM 量子计算机的软件开发工具包,也能在本地模拟量子计算,是使用较为广泛的一个量子实现环境。qiskit 并不是一门独立的语言,它是基于 Python 的一个框架,而运行 qiskit 这个框架需要配套所需的环境。安装 qiskit 的具体方法如下:

(1) 安装 Anaconda,这一部分网络上教程很多,这里不再赘述。

(2) 打开 Anaconda Prompt,默认是基础环境,使用 pip 指令安装 qiskit,如图 2.14 所示。

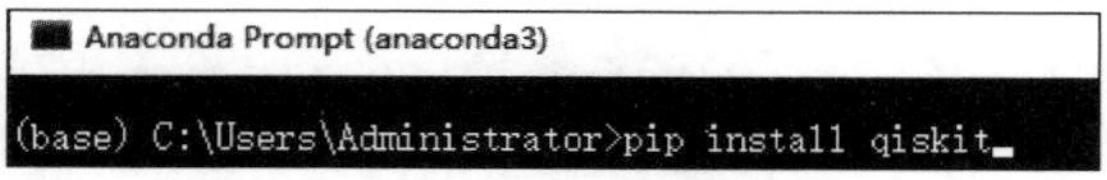

图 2.14 qiskit 安装指令

(3) 打开 Anaconda 的 Jupyter Notebook 来编写量子程序(如图 2.15 方框圈出的部分),也可以使用其他工具编写。

下面通过一个例子给出实现量子线路的具体步骤(其中(1)、(2)步是构建量子线路,(3)、(4)步是运行程序,(5)~(7)步是输出结果):

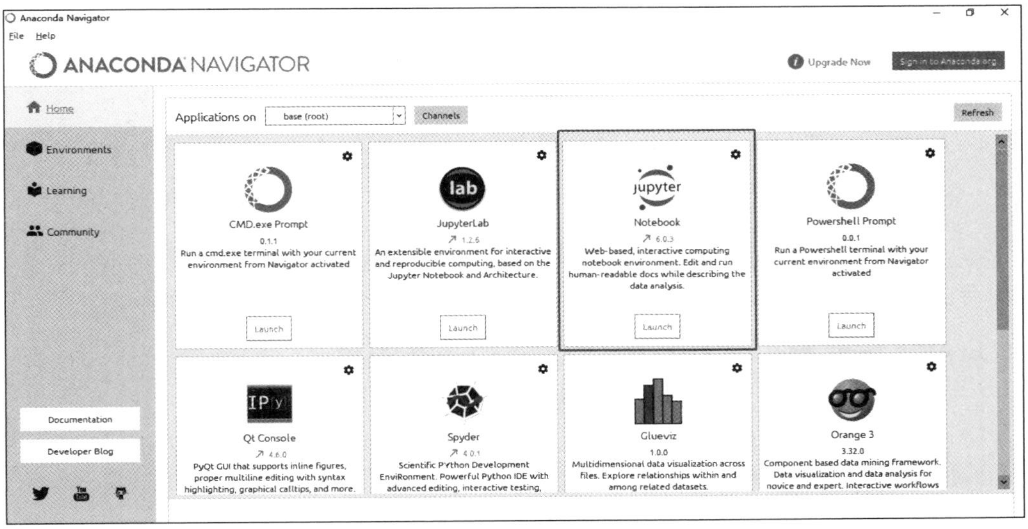

图 2.15 Anaconda 界面

(1) 用 import 导入 QuantumCircuit 包,该包中包含了构建量子线路的命令。

In [1]:
```
from qiskit import QuantumCircuit
```

(2) 用 QuantumCircuit 命令创建一个量子线路。

In [2]:
```
circuit=QuantumCircuit(2,2)
circuit.h(0)
circuit.measure(0,0)
circuit.draw()
```

QuantumCircuit 命令中有两个参数,第一个参数表示要创建的量子线路所包含的量子比特的个数,第二个参数表示要申请的经典比特的个数。经典比特是用来存储测量结果的,因为测量会引起坍缩,单个量子比特经过测量将坍缩为一个经典比特,因此要申请一定数量的经典比特来容纳测量结果。为了简便起见,避免发生不够用的情况,通常量子线路中有几个量子比特,就申请几个经典比特。线路中量子比特从上到下从 0 开始编号,2 个量子比特分别为 q_0 和 q_1,且所有量子比特的初态均为 $|0\rangle$。

第二行命令表示用一个 ***H*** 门作用于第一个量子比特 q_0,得到 $|0\rangle$ 和 $|1\rangle$ 等概率的叠加态。第三行命令表示对第一个量子比特 q_0 进行测量,结果放在第一个经典比特中。第四行命令表示画出上述操作的线路图。更多的量子门及说明可以参见文献[9]。

图 2.16 是 qiskit 绘制的量子线路图。

还可以通过给 draw 函数加参数来改变绘制的量子线路图的风格。

In [3]:
```
circuit.draw(output='mpl')
```

此时量子线路图的风格如图 2.17 所示。

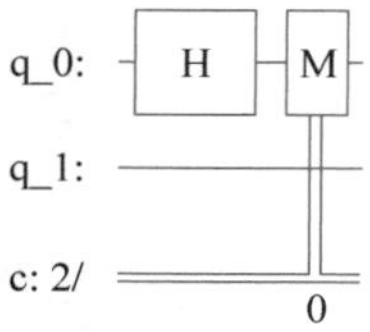

图 2.16 量子线路图的风格一

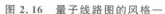

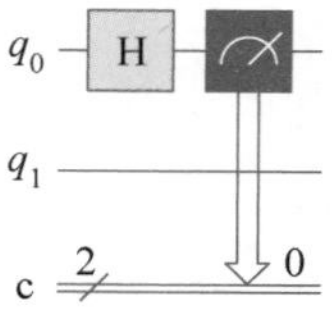

图 2.17 量子线路图的风格二

(3) 用 import 导入 Aer 包,这是模拟量子线路的软件包,为进行模拟提供了许多不同的后端。用 import 导入 execute 包,该包可以在指定的后端上运行量子线路。

In [4]:
```
from qiskit import Aer
from qiskit import execute
```

(4) 在本地使用 qasm_simulator 模拟器,运行上述量子线路 8192 次,每运行一次,都会通过测量得到叠加态中的一个。

In [5]:
```
backend=Aer.get_backend('qasm_simulator')
job_sim=execute(circuit,backend,shots=8192)
sim_result=job_sim.result()
```

(5) 用 print 打印输出结果。

In [6]:
```
print(sim_result.get_counts(circuit))
```

```
{'00': 4105, '01': 4087}
```

图 2.18 运行结果

图 2.18 给出运行结果。共两个结果 00 和 01,从左到右的排列顺序是 q_1q_0。因为线路中没有对 q_1 进行任何操作,所以其状态一直保持为初态 $|0\rangle$。可以看出,8192 次中测得 q_0 为 0 的次数为 4105 次,测得 q_0 为 1 的次数是 4087 次,说明 0 和 1 的出现概率均约为 $\frac{1}{2}$,这与 $\boldsymbol{H}$ 门的作用相吻合。

(6) 除了用图 2.18 的方式输出运行结果,还可以用直方图表示。方法是用 import 导入 plot_histogram 包,其中包含了绘制直方图的命令。

In [7]:
```
from qiskit.tools.visualization import plot_histogram
%matplotlib inline
```

(7) 输出测量结果的直方图。

In [8]:
```
plot_histogram(sim_result.get_counts(circuit))
```

图 2.19 给出运行结果。每个结果对应的比特,从左到右的排列顺序是 q_1q_0。每个柱子上面标出的数字是测得的概率。可以看出,q_0 为 0 的概率为 0.501,q_0 为 1 的概率为 0.499。

需要说明的是,0.501 和 0.499 均不完全等于概率 0.5。这是因为 0.501 和 0.499 是程序运行 8192 次的频率,而 0.5 是理论概率,频率不一定完全等于概率。可见,在观察量子程序的输出结果的时候,不能拘泥于较小的误差。提高程序运行精度,可以增加运行次数。

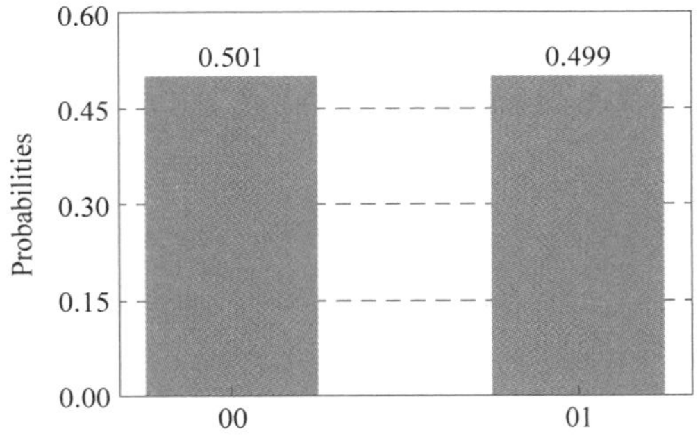

图 2.19 运行结果的柱状图表示

2.13 本章小结

本章首先介绍了量子计算的基础,包括量子比特、量子门等基本概念,并在中间穿插了张量积、内积、算子等基础知识;其次介绍量子的一些特性,如并行性、纠缠性以及不可克隆性;然后介绍量子测量,它是从量子系统中获取信息的关键步骤;接着介绍量子系统的另一种表示方法——密度算子和偏迹;最后介绍量子计算的复杂性分析。此外,还介绍了量子算法的实现环境。

参考文献

第3章 量子基本算法

从前两章已经了解了量子计算的基础理论和实现手段。本章介绍几种典型的量子算法，它们在量子机器学习算法中起着至关重要的作用。例如：量子态制备是量子机器学习的基础，利用它将样本数据存储在量子态中；量子搜索算法能够找到满足特定条件的目标；量子傅里叶变换能够将存储在基态和振幅中的信息相互转换；交换测试能够计算两个量子态的保真度，从而计算样本间的相似度；HHL 算法能够求解量子机器学习中的线性方程组。

3.1 量子态制备

3.1.1 4 维量子态制备

假设样本信息为

$$\boldsymbol{x}=(0.4 \quad 0.4 \quad 0.8 \quad 0.2)^{\mathrm{T}} \tag{3.1.1}$$

以这个样本为例说明如何将它制备到量子态中。因为该样本是 4 维的，即有 4 个特征，所以位置信息用 $\log 4=2$ 个量子比特表示，初始状态皆为 $|0\rangle$。制备量子态的目的是得到量子态 $|x\rangle=0.4|00\rangle+0.4|01\rangle+0.8|10\rangle+0.2|11\rangle$。该量子态将样本的 4 个特征存储在振幅中，$|00\rangle$、$|01\rangle$、$|10\rangle$、$|11\rangle$ 是位置信息，表示 $|00\rangle$ 位置存储的是第一个特征 0.4，$|01\rangle$ 位置存储的是第二个特征 0.4，$|10\rangle$ 位置存储的是第三个特征 0.8，$|11\rangle$ 位置存储的是第四个特征 0.2。

4 个特征的结合过程如图 3.1 所示，首先将向量 $\boldsymbol{x}$ 中的元素两两结合得到第一层的数据，进一步将第一层的数据结合得到第零层的数据。由于 $0.4^2+0.4^2=(\sqrt{0.32})^2$，$0.8^2+0.2^2=(\sqrt{0.68})^2$，$(\sqrt{0.32})^2+(\sqrt{0.68})^2=1^2$，因此第一层的两个数据分别为 $\sqrt{0.32}$ 和 $\sqrt{0.68}$。也就是说，第 k 层的第 i 个数据 p_i^k 是由第 $k+1$ 层的第 $2i-1$ 个数据 p_{2i-1}^{k+1} 和第 $k+1$ 层的第 $2i$ 个数据 p_{2i}^{k+1} 结合而成，即 $(p_i^k)^2=(p_{2i-1}^{k+1})^2+(p_{2i}^{k+1})^2$。

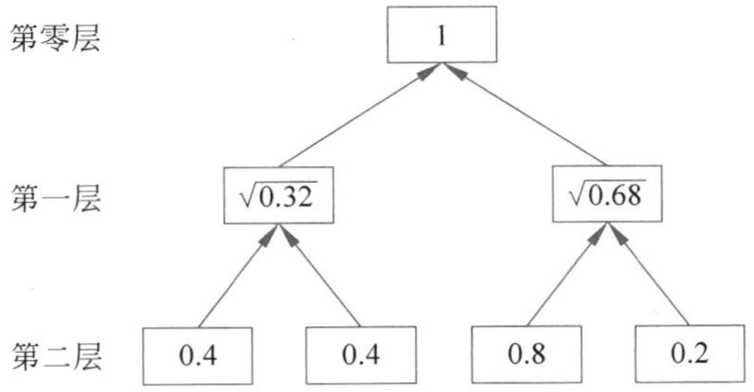

图 3.1 4 个特征的结合过程

量子线路的实现是由上到下的，先实现第一层的 $\sqrt{0.32}$ 和 $\sqrt{0.68}$，再分别实现第二层的 0.4 和 0.4、0.8 和 0.2。将 $\boldsymbol{x}$ 制备到量子态上的量子线路图如图 3.2 所示。

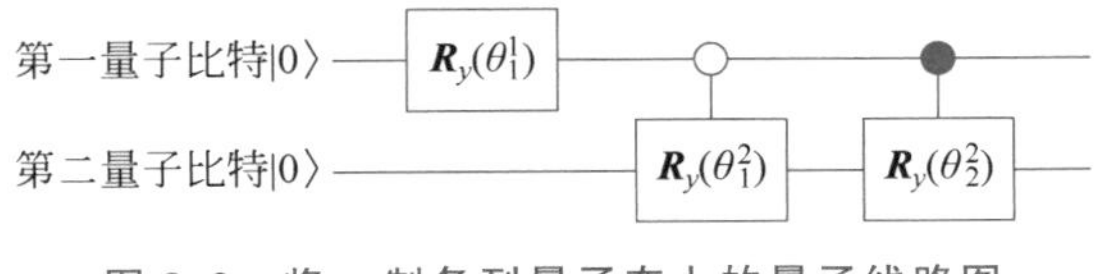

图 3.2 将 x 制备到量子态上的量子线路图

首先制备 2 个量子比特 $|0\rangle|0\rangle$，然后使用旋转门 $\boldsymbol{R}_y(\theta_1^1)$ 门作用于第一个量子比特 $|0\rangle$，得到

$$(\sqrt{0.32}\ |0\rangle + \sqrt{0.68}\ |1\rangle)\ |0\rangle \tag{3.1.2}$$

由于

$$\boldsymbol{R}_y(\theta)\ |0\rangle = \begin{pmatrix} \cos\dfrac{\theta}{2} & -\sin\dfrac{\theta}{2} \\ \sin\dfrac{\theta}{2} & \cos\dfrac{\theta}{2} \end{pmatrix}\begin{pmatrix}1\\0\end{pmatrix} = \begin{pmatrix} \cos\dfrac{\theta}{2} \\ \sin\dfrac{\theta}{2} \end{pmatrix} = \cos\frac{\theta}{2}\ |0\rangle + \sin\frac{\theta}{2}\ |1\rangle \tag{3.1.3}$$

因此，$\cos\dfrac{\theta_1^1}{2}=\sqrt{0.32}$，即 $\theta_1^1=2\arccos\sqrt{0.32}$。

再使用受控 $\boldsymbol{R}_y(\theta_1^2)$ 门和 $\boldsymbol{R}_y(\theta_2^2)$ 门作用于第二个量子比特。$\boldsymbol{R}_y(\theta_1^2)$ 受到 0 控制，当第一个量子比特处于状态 $|0\rangle$ 时，将 $\sqrt{0.32}$ 处理成 0.4 和 0.4，$\boldsymbol{R}_y(\theta_2^2)$ 受到 1 控制，当第一个量子比特处于状态 $|1\rangle$ 时，将 $\sqrt{0.68}$ 处理成 0.8 和 0.2，得到

$$0.4\ |00\rangle + 0.4\ |01\rangle + 0.8\ |10\rangle + 0.2\ |11\rangle \tag{3.1.4}$$

由于

$$\begin{aligned} & 0.4\ |00\rangle + 0.4\ |01\rangle + 0.8\ |10\rangle + 0.2\ |11\rangle \\ = & \sqrt{0.32}\ |0\rangle \left[\frac{1}{\sqrt{0.32}}(0.4\ |0\rangle + 0.4\ |1\rangle)\right] + \sqrt{0.68}\ |1\rangle \\ & \left[\frac{1}{\sqrt{0.68}}(0.8\ |0\rangle + 0.2\ |1\rangle)\right] \\ = & \sqrt{0.32}\ |0\rangle\left(\sqrt{\frac{1}{2}}\ |0\rangle + \sqrt{\frac{1}{2}}\ |1\rangle\right) + \sqrt{0.68}\ |1\rangle\left(\sqrt{\frac{16}{17}}\ |0\rangle + \sqrt{\frac{1}{17}}\ |1\rangle\right) \end{aligned} \tag{3.1.5}$$

因此，在运用 $\boldsymbol{R}_y(\theta_1^2)$ 和 $\boldsymbol{R}_y(\theta_2^2)$ 这两个门时，$\theta_1^2=2\arccos\sqrt{\dfrac{1}{2}}$，$\theta_2^2=2\arccos\sqrt{\dfrac{16}{17}}$。

3.1.2 *M* 维量子态制备

3.1.1 节给出了有 4 个特征的样本的制备过程，当样本有更多特征时，可以将上述过程扩展。

假设样本有 M 个特征，图 3.3(a)给出了这 M 个特征结合的过程，其中第 $m=\log M$ 层的 M 个数据对应于 $\boldsymbol{x}=(x_0\quad x_1\quad\cdots\quad x_{M-1})^{\mathrm{T}}$，即 $p_{i+1}^m=x_i(i=0,1,\cdots,M-1)$。制备它们的量子线路如图 3.3(b)所示，其中第 j 层的第 k 个参数 θ_j^k 的计算公式为

$$\theta_j^k=2\arccos\frac{p_{2j-1}^k}{p_j^{k-1}} \tag{3.1.6}$$

对于 $i(i=0,1,\cdots,m-1)$ 受控的量子线路来说，其复杂度为 $O(i)$。因此，图 3.3(b)中线路合计要用到的单量子门和受控旋转门的总数量为 $1+\sum\limits_{i=1}^{m-1}i\times 2^i=(m-2)\times 2^m+$

3，所以其复杂度为 $O(m2^m)$。

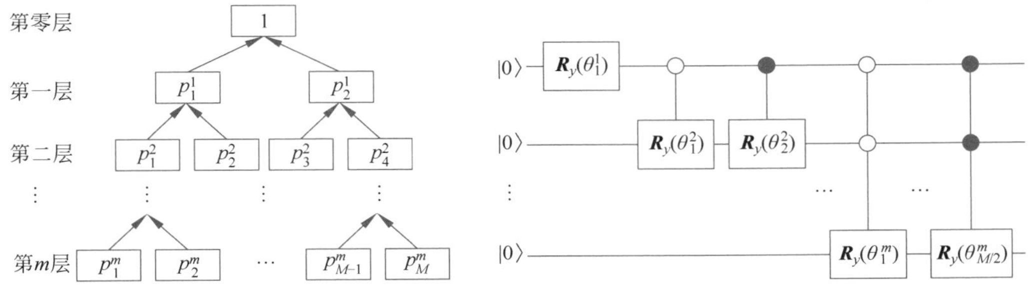

(a) M个特征的结合过程　　　　(b) 制备线路

图 3.3　M 个特征的结合过程及制备它们的量子线路图

3.1.3　实现

本实验将 3.1.1 节中的 $\boldsymbol{x}=(0.4\quad 0.4\quad 0.8\quad 0.2)^{\mathrm{T}}$ 制备到量子态中，量子线路如图 3.4 所示。根据 3.1.1 节的分析，第一步实施 $\boldsymbol{R}_y(\theta_1^1)$ 制备第一层的数据，其中 $\theta_1^1=2\arccos\sqrt{0.32}=1.939$。第二步和第三步实施受控 $\boldsymbol{R}_y(\theta_1^2)$ 门和 $\boldsymbol{R}_y(\theta_2^2)$ 门制备第二层的数据，其中 $\theta_1^2=2\arccos\sqrt{\dfrac{1}{2}}=1.571$，$\theta_2^2=2\arccos\sqrt{\dfrac{16}{17}}=0.490$。

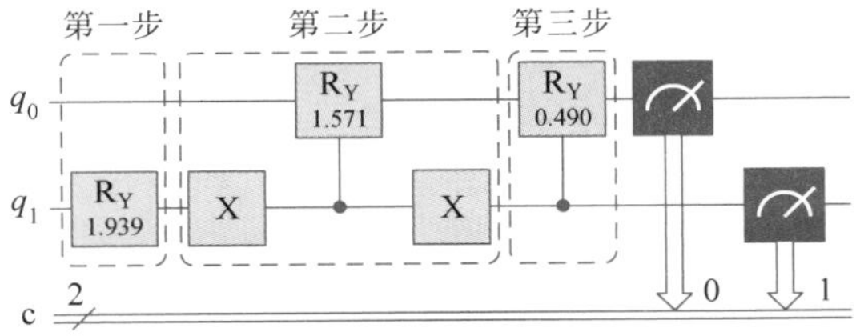

图 3.4　制备量子态的量子线路图

值得注意的是，在第二步中由于 qiskit 中只有 1 控制，无法直接实现 0 控制这一操作，因此在控制位的前后各增加了一个 $\boldsymbol{X}$ 门。第一个 $\boldsymbol{X}$ 门将 q_1 线路上的 $|0\rangle$ 变成 $|1\rangle$，这样 0 控制就变成了 1 控制。第二个 $\boldsymbol{X}$ 门将 q_1 线路上的 $|1\rangle$ 恢复成 $|0\rangle$，不影响程序的正确执行。在之后的量子线路中，如果出现 0 控制，那么都按照同样的操作进行处理。

实验结果如图 3.5 所示。图中横坐标的二进制序列从左到右按照 q_1q_0 的顺序排列，因此得到 00、01、10 和 11 的概率分别为 0.159、0.163、0.640 和 0.038。也就是说，00、01、10 和 11 的振幅分别为 $\sqrt{0.159}\approx 0.4$、$\sqrt{0.163}\approx 0.4$、$\sqrt{0.640}\approx 0.8$ 和 $\sqrt{0.038}\approx 0.2$，即最后得到的量子态为

$$0.4|00\rangle+0.4|01\rangle+0.8|10\rangle+0.2|11\rangle \tag{3.1.7}$$

正是需要制备的量子态。

量子态制备的代码如下：

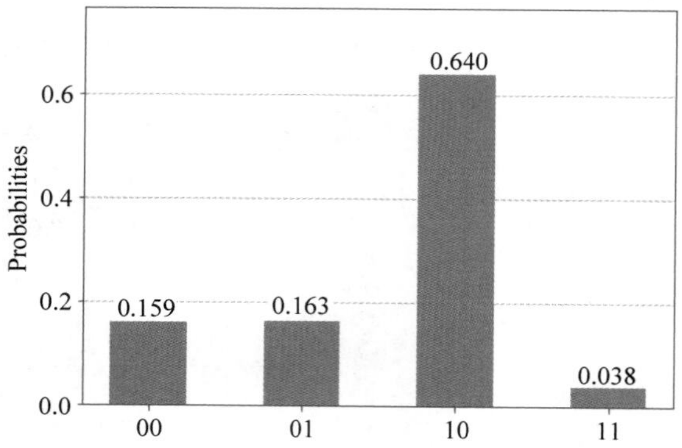

图 3.5　实验结果

```
%matplotlib inline
from qiskit import QuantumCircuit, ClassicalRegister, QuantumRegister
from qiskit import execute
from qiskit import Aer
from qiskit import IBMQ
from math import pi
import numpy as np
from qiskit.tools.visualization import plot_histogram
circuit = QuantumCircuit(2,2)

#第一步
circuit.ry(1.939,1)

#第二步
circuit.x(1)
circuit.cry(1.571,1,0)
circuit.x(1)

#第三步
circuit.cry(0.490,1,0)

#测量
circuit.measure(0,0)
circuit.measure(1,1)

#绘制线路图
circuit.draw(output = 'mpl')
backend = Aer.get_backend('qasm_simulator')
job_sim = execute(circuit,backend,shots = 20000)
sim_result = job_sim.result()

#绘制结果图
measurement_result = sim_result.get_counts(circuit)
plot_histogram(measurement_result)
```

3.2 量子搜索算法

假设数据集中有 N 个无序数据，搜索算法的任务是将符合条件的数据找出来。如果用经典计算机搜索符合条件的数据，那么需要将所有的数据检查一遍，即需要 N 次查询，因此其复杂度为 $O(N)$。

量子搜索算法是由 Grover 在 1996 年提出的一种算法，假设 N 个数据中符合条件的数据有 M 个，则量子搜索算法的复杂度为 $O\left(\sqrt{\frac{N}{M}}\right)$，远小于经典算法的复杂度。机器学习中经常需要从一堆数据中找到某些数据，如 K 近邻算法中要找到最相近的 K 个数据，因此量子搜索算法在量子机器学习中起着重要作用。

3.2.1 黑箱

2.6 节已经出现了黑箱的概念，量子搜索算法中也用到黑箱，此处黑箱的作用是将 N 个数据中符合条件的数据标记出来。

下面以 $N=2$ 为例介绍黑箱如何标记符合条件的数据。$N=2$ 意味着只有两个数据，可以用 0 和 1 来表示这两个数据，也就是只需要 1 个量子比特来表示。与 2.6 节一样，假设 $f(x): x\in\{0,1\}\rightarrow y\in\{0,1\}$是一个函数，若 x 是符合条件的数据，则 $f(x)=1$；若 x 不是符合条件的数据，则 $f(x)=0$。定义黑箱 $\boldsymbol{O}$ 具有如下功能：

$$\boldsymbol{O}(|x\rangle|y\rangle)=|x\rangle|y\oplus f(x)\rangle \tag{3.2.1}$$

式中：$|y\rangle$为辅助量子比特。

此处的辅助量子比特$|y\rangle$的初态不像 2.6 节那样为$|0\rangle$，而是$|y\rangle=\frac{|0\rangle-|1\rangle}{\sqrt{2}}$。此时，有

$$\begin{aligned}\boldsymbol{O}\left[|x\rangle\left(\frac{|0\rangle-|1\rangle}{\sqrt{2}}\right)\right]&=|x\rangle\frac{|0\oplus f(x)\rangle-|1\oplus f(x)\rangle}{\sqrt{2}}\\&=\begin{cases}|x\rangle\left(\frac{|0\rangle-|1\rangle}{\sqrt{2}}\right), f(x)=0\\|x\rangle\left(\frac{|1\rangle-|0\rangle}{\sqrt{2}}\right), f(x)=1\end{cases}\\&=(-1)^{f(x)}|x\rangle\left(\frac{|0\rangle-|1\rangle}{\sqrt{2}}\right)\end{aligned} \tag{3.2.2}$$

可以看出，黑箱 $\boldsymbol{O}$ 作用前后$|y\rangle$的状态都是$\frac{|0\rangle-|1\rangle}{\sqrt{2}}$，因此在书写 $\boldsymbol{O}$ 的功能时，通常省略$|y\rangle$，则黑箱 $\boldsymbol{O}$ 的作用记为

$$\boldsymbol{O}|x\rangle=(-1)^{f(x)}|x\rangle \tag{3.2.3}$$

当 x 不是符合条件的数据，即 $f(x)$为 0 时，$\boldsymbol{O}|x\rangle=|x\rangle$，$|x\rangle$没变，也就是未被标记；当 x 是符合条件的数据，即 $f(x)$为 1 时，$\boldsymbol{O}|x\rangle=-|x\rangle$，$|x\rangle$变为$-|x\rangle$，也就是用负号把

$|x\rangle$标记出来。因此黑箱将符合条件的数据标记了出来，有时也说黑箱标记了搜索问题的解。

图 3.6 是元素为 2 个时由黑箱标记符合条件的解的量子线路图。

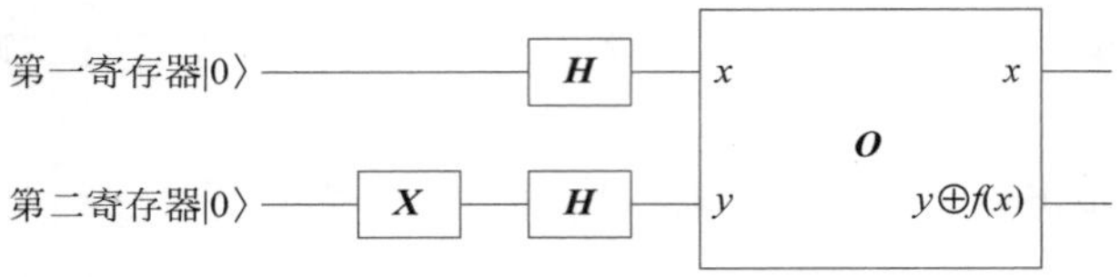

图 3.6　N＝2 时标记符合条件的解的量子线路图

当 $N=2$ 时，假设 $f(0)=1, f(1)=0$，即 0 是符合条件的解。标记符合条件的解的具体过程如下：

首先制备量子态

$$|\psi_0\rangle=|00\rangle \tag{3.2.4}$$

第一寄存器用于存储所有可能的解，即定义域集合；第二寄存器是辅助量子比特。

使用 $\boldsymbol{H}$ 门作用于第一寄存器得到所有可能的解，并使用 $\boldsymbol{X}$ 门和 $\boldsymbol{H}$ 门作用于第二寄存器得到量子态$\dfrac{|0\rangle-|1\rangle}{\sqrt{2}}$，则$|\psi_0\rangle$演化为

$$|\psi_1\rangle=\left(\frac{|0\rangle+|1\rangle}{\sqrt{2}}\right)\left(\frac{|0\rangle-|1\rangle}{\sqrt{2}}\right)=\frac{1}{\sqrt{2}}|0\rangle\left(\frac{|0\rangle-|1\rangle}{\sqrt{2}}\right)+\frac{1}{\sqrt{2}}|1\rangle\left(\frac{|0\rangle-|1\rangle}{\sqrt{2}}\right) \tag{3.2.5}$$

由式(3.2.1)可知，黑箱 $\boldsymbol{O}$ 作用于$|\psi_1\rangle$的过程如下：

$$\begin{aligned}\boldsymbol{O}(|\psi_1\rangle)&=\frac{1}{\sqrt{2}}\boldsymbol{O}\left[|0\rangle\left(\frac{|0\rangle-|1\rangle}{\sqrt{2}}\right)\right]+\frac{1}{\sqrt{2}}\boldsymbol{O}\left[|1\rangle\left(\frac{|0\rangle-|1\rangle}{\sqrt{2}}\right)\right]\\&=\frac{1}{\sqrt{2}}(-1)^{f(0)}|0\rangle\left(\frac{|0\rangle-|1\rangle}{\sqrt{2}}\right)+\frac{1}{\sqrt{2}}(-1)^{f(1)}|1\rangle\left(\frac{|0\rangle-|1\rangle}{\sqrt{2}}\right)\\&=-\frac{1}{\sqrt{2}}|0\rangle\left(\frac{|0\rangle-|1\rangle}{\sqrt{2}}\right)+\frac{1}{\sqrt{2}}|1\rangle\left(\frac{|0\rangle-|1\rangle}{\sqrt{2}}\right)\end{aligned} \tag{3.2.6}$$

由上式可以看出，0 前边的系数变为负值，1 的系数没有变，这说明标记了符合条件的解。

当有 $N=2^n$ 个元素时，需要 n 个量子比特来表示所有需要搜索的数据。辅助量子比特仍然只用一个比特。若某个数据 x 是符合条件的解，则 $f(x)=1$；若 x 不是符合条件的解，则 $f(x)=0$。此时黑箱的作用仍然是 $\boldsymbol{O}|x\rangle=(-1)^{f(x)}|x\rangle$，由黑箱标记符合条件的解的量子线路图如图 3.7 所示。

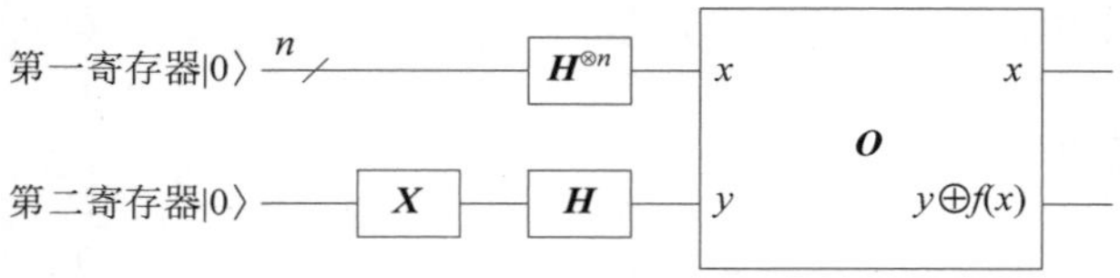

图 3.7　元素个数为 N 时标记符合条件的解的量子线路图

黑箱能够标记出符合条件的解，并不意味着找到了符合条件的解。这是因为用负号标记出符合条件的解，属于改变相对相位，但是目前常用的测量基为$|0\rangle$和$|1\rangle$，在这一组基下相对相位是不会引起可观测效应的，即观察不到。Grover 算法解决的正是如何将标记结果传递给外界的问题。

3.2.2 Grover 算法

Grover 量子搜索算法是一个迭代的过程，主要思路是从初始状态出发，重复进行多次变换，让符合条件的解的振幅越来越大，最后进行测量，就能以很高的概率得到正确的结果。假设要在 $N=2^n$ 个元素的搜索空间中进行搜索，元素编号为$\{0,1,\cdots,N-1\}$。这些编号存储在 n 个量子比特的量子态$|\psi\rangle$中：

$$|\psi\rangle=\frac{1}{\sqrt{N}}\sum_{x=0}^{N-1}|x\rangle \tag{3.2.7}$$

同时假设该搜索问题有 $M(1\leqslant M\leqslant N)$个符合条件的解。图 3.8 给出了 Grover 搜索算法的量子线路图，算法的目的是使用最少的 Grover 算子 $\boldsymbol{G}$ 搜索出问题的解。其原理是通过一次次使用 Grover 算子 $\boldsymbol{G}$，逐步提高符合条件的解的振幅，使得振幅最终能够接近 1 或者达到 1。这样在测量时就能够以接近 100%的概率将符合条件的解提取出来，即传递给外界。

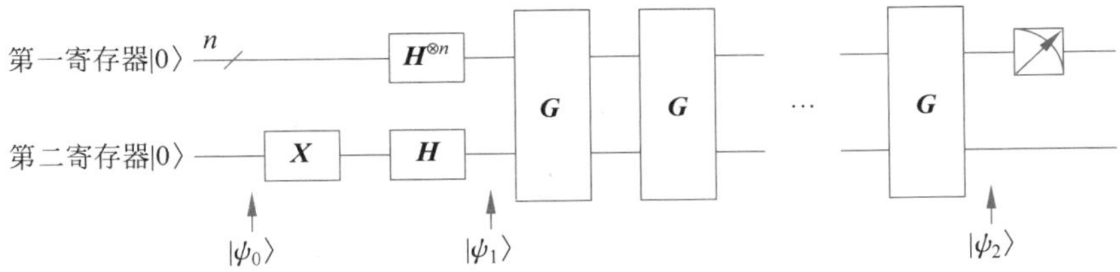

图 3.8 Grover 算法的量子线路

Grover 算法共需要 $n+1$ 个量子比特，初态为$|\psi_0\rangle=|0\rangle^{\otimes(n+1)}$。前 n 个量子比特组成第一寄存器，用于存储元素编号；另外 1 个构成第二寄存器，是辅助量子比特。Grover 算法步骤如下：

第一步：使用 n 个 $\boldsymbol{H}$ 门作用于第一寄存器演化出元素编号的叠加态，并使用 $\boldsymbol{X}$ 门和 $\boldsymbol{H}$ 门作用于第二寄存器演化出量子态$\frac{|0\rangle-|1\rangle}{\sqrt{2}}$。则$|\psi_0\rangle$演化为

$$|\psi_1\rangle=\frac{1}{\sqrt{N}}\sum_{x=0}^{N-1}|x\rangle\left(\frac{|0\rangle-|1\rangle}{\sqrt{2}}\right) \tag{3.2.8}$$

第二步：重复算子 $\boldsymbol{G}$ 以增大满足条件的解的概率，具体的重复次数将在 3.2.4 节算法分析中给出。每个算子 $\boldsymbol{G}$ 可分为以下 4 步，量子线路图如图 3.9 所示。

(1) 使用黑箱算子 $\boldsymbol{O}$ 将符合条件的解的符号取反；

(2) 使用 $\boldsymbol{H}^{\otimes n}$ 作用于第一寄存器；

(3) 使用条件相移算子 $2|0\rangle^{\otimes n}\langle 0|^{\otimes n}-\boldsymbol{I}$ 将$|0\rangle$以外的基态$|1\rangle,|2\rangle,\cdots,|N-1\rangle$

取反；

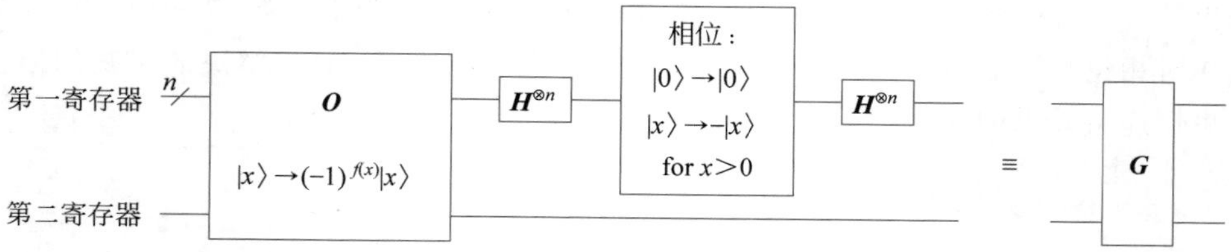

图 3.9　算子 G 的量子线路图

(4) 使用 $\boldsymbol{H}^{\otimes n}$ 作用于第一寄存器。

从图 3.9 能够看出，第二寄存器这个辅助量子比特仅用于黑箱算子 $\boldsymbol{O}$。根据 3.2.1 节的描述可知，辅助量子比特的状态在黑箱过程中保持不变，在讨论算法的过程中可以忽略。因此，在后续讨论算子 $\boldsymbol{G}$ 的过程中，乃至整个 Grover 算法中，都忽略辅助量子比特，仅讨论 $\boldsymbol{G}$ 算子和 Grover 算法对第一寄存器的影响。在此前提下，第(2)～(4)步可以总结为如下的演化算子：

$$\boldsymbol{H}^{\otimes n}(2|0\rangle^{\otimes n}\langle 0|^{\otimes n}-\boldsymbol{I})\boldsymbol{H}^{\otimes n}=2\boldsymbol{H}^{\otimes n}|0\rangle^{\otimes n}\langle 0|^{\otimes n}\boldsymbol{H}^{\otimes n}-\boldsymbol{H}^{\otimes n}\boldsymbol{I}\boldsymbol{H}^{\otimes n}=2|\psi\rangle\langle\psi|-\boldsymbol{I} \tag{3.2.9}$$

式中：$|\psi\rangle$见式(3.2.7)。

因此，Grover 算子可以表示为

$$\boldsymbol{G}=(2|\psi\rangle\langle\psi|-\boldsymbol{I})\boldsymbol{O} \tag{3.2.10}$$

式中只给出了算子 $\boldsymbol{G}$ 的定义，下一节详细解释 $\boldsymbol{G}$ 是如何增大满足条件的解的概率的。

3.2.3　G 算子的图形化解释

本节给出算子 $\boldsymbol{G}$ 的图形化解释，以说明算子 $\boldsymbol{G}$ 是如何增大满足条件的解的概率的。如式(3.2.7)所示，$|\psi\rangle$包含了所有数据的编号。假设 $f(x)=1$ 的所有 x 组成的量子态为

$$|\beta\rangle=\frac{1}{\sqrt{M}}\sum_{x\in\{x|f(x)=1\}}|x\rangle \tag{3.2.11}$$

$f(x)=0$ 的所有 x 组成的量子态为

$$|\alpha\rangle=\frac{1}{\sqrt{N-M}}\sum_{x\in\{x|f(x)=0\}}|x\rangle \tag{3.2.12}$$

则

$$|\psi\rangle=\sqrt{\frac{N-M}{N}}|\alpha\rangle+\sqrt{\frac{M}{N}}|\beta\rangle \tag{3.2.13}$$

由于$\langle\alpha|\beta\rangle=\langle\beta|\alpha\rangle=0$ 且$\langle\alpha|\alpha\rangle=\langle\beta|\beta\rangle=1$，因此$|\alpha\rangle$和$|\beta\rangle$可以看作一组基。令 $\sin\frac{\theta}{2}=\sqrt{\frac{M}{N}}$，则式(3.2.13)可以表示为

$$|\psi\rangle=\begin{pmatrix}\sqrt{\dfrac{N-M}{N}}\\ \sqrt{\dfrac{M}{N}}\end{pmatrix}=\begin{pmatrix}\cos\dfrac{\theta}{2}\\ \sin\dfrac{\theta}{2}\end{pmatrix} \tag{3.2.14}$$

黑箱算子 $\boldsymbol{O}$ 的作用是将符合条件的解的符号取反，$\boldsymbol{O}$ 算子作用于式(3.2.13)可得

$$\boldsymbol{O}|\psi\rangle=\sqrt{\frac{N-M}{N}}|\alpha\rangle-\sqrt{\frac{M}{N}}|\beta\rangle=\begin{pmatrix}\cos\dfrac{\theta}{2}\\ -\sin\dfrac{\theta}{2}\end{pmatrix} \tag{3.2.15}$$

由式(3.2.14)和式(3.2.15)可知，在基 $|\alpha\rangle$ 和 $|\beta\rangle$ 下，算子 $\boldsymbol{O}$ 的矩阵形式为 $\begin{pmatrix}1 & 0\\ 0 & -1\end{pmatrix}$，且

$$2|\psi\rangle\langle\psi|-\boldsymbol{I}=2\begin{pmatrix}\cos\dfrac{\theta}{2}\\ \sin\dfrac{\theta}{2}\end{pmatrix}\begin{pmatrix}\cos\dfrac{\theta}{2} & \sin\dfrac{\theta}{2}\end{pmatrix}-\boldsymbol{I}=\begin{pmatrix}\cos\theta & \sin\theta\\ \sin\theta & -\cos\theta\end{pmatrix} \tag{3.2.16}$$

因此算子 $\boldsymbol{G}$ 的矩阵形式为

$$\boldsymbol{G}=(2|\psi\rangle\langle\psi|-\boldsymbol{I})\boldsymbol{O}=\begin{pmatrix}\cos\theta & \sin\theta\\ \sin\theta & -\cos\theta\end{pmatrix}\begin{pmatrix}1 & 0\\ 0 & -1\end{pmatrix}=\begin{pmatrix}\cos\theta & -\sin\theta\\ \sin\theta & \cos\theta\end{pmatrix} \tag{3.2.17}$$

在 Grover 量子搜索算法中，对量子态 $|\psi\rangle$ 实施一次算子 $\boldsymbol{G}$ 得到

$$\boldsymbol{G}|\psi\rangle=\begin{pmatrix}\cos\theta & -\sin\theta\\ \sin\theta & \cos\theta\end{pmatrix}\begin{pmatrix}\cos\dfrac{\theta}{2}\\ \sin\dfrac{\theta}{2}\end{pmatrix}=\begin{pmatrix}\cos\dfrac{3\theta}{2}\\ \sin\dfrac{3\theta}{2}\end{pmatrix}=\cos\frac{3\theta}{2}|\alpha\rangle+\sin\frac{3\theta}{2}|\beta\rangle \tag{3.2.18}$$

由式(3.2.18)可以看出，经过一次算子 $\boldsymbol{G}$ 之后，得到满足条件的解 $|\beta\rangle$ 的振幅由 $\sin\dfrac{\theta}{2}$ 变成 $\sin\dfrac{3\theta}{2}$，不满足条件的解 $|\alpha\rangle$ 的振幅由 $\cos\dfrac{\theta}{2}$ 变成 $\cos\dfrac{3\theta}{2}$。由于在 $\left[0,\dfrac{\pi}{2}\right]$ 内正弦函数是增函数，余弦函数是减函数，因此满足条件的解的概率上升，而不满足条件的解的概率下降。下面给出更直观的几何变换过程。

图 3.10(a)～(c)给出在 $|\alpha\rangle$ 和 $|\beta\rangle$ 定义的平面内单次使用算子 $\boldsymbol{G}$，态 $|\psi\rangle$ 的变化情况。图 3.10(a)是初始态 $|\psi\rangle=\begin{pmatrix}\cos\dfrac{\theta}{2} & \sin\dfrac{\theta}{2}\end{pmatrix}^{\mathrm{T}}$，与 $|\alpha\rangle$ 轴的夹角是 $\dfrac{\theta}{2}$。图 3.10(b)是将黑箱算子 $\boldsymbol{O}$ 作用在 $|\psi\rangle$ 上的结果，由于 $\boldsymbol{O}|\psi\rangle=\begin{pmatrix}\cos\dfrac{\theta}{2} & -\sin\dfrac{\theta}{2}\end{pmatrix}^{\mathrm{T}}$，因此 $\boldsymbol{O}|\psi\rangle$ 与 $|\alpha\rangle$ 轴的夹角是 $-\dfrac{\theta}{2}$。$2|\psi\rangle\langle\psi|-\boldsymbol{I}$ 是一个镜像矩阵，即当 $2|\psi\rangle\langle\psi|-\boldsymbol{I}$ 作用在 $\boldsymbol{O}|\psi\rangle$ 上时，相当于得到 $\boldsymbol{O}|\psi\rangle$ 关于 $|\psi\rangle$ 的镜像。如图 3.10(c)所示，经过算子 $2|\psi\rangle\langle\psi|-\boldsymbol{I}$ 之后，$\boldsymbol{G}|\psi\rangle=\begin{pmatrix}\cos\dfrac{3\theta}{2} & \sin\dfrac{3\theta}{2}\end{pmatrix}^{\mathrm{T}}$ 与 $|\alpha\rangle$ 轴的夹角是 $\dfrac{3\theta}{2}$。可见，使用一次算子 $\boldsymbol{G}$，随着角度由 $\dfrac{\theta}{2}$ 增大为

$\frac{3\theta}{2}$，$|\beta\rangle$部分的概率增大为 $\sin^2\frac{3\theta}{2}$，而$|\alpha\rangle$部分的概率减小为 $\cos^2\frac{3\theta}{2}$。从图形上看，就是相比于$|\psi\rangle$，$\boldsymbol{G}|\psi\rangle$更接近满足条件的解$|\beta\rangle$。

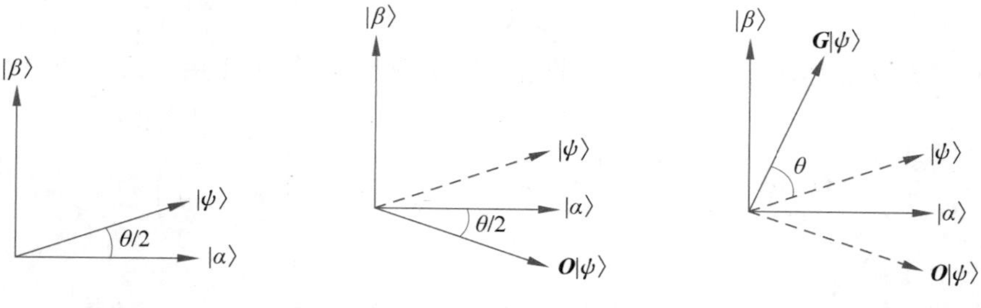

(a) 初始态　　(b) 黑箱算子$\boldsymbol{O}$的作用　　(c) $2|\psi\rangle\langle\psi|-\boldsymbol{I}$的作用

图 3.10　单次使用算子 G 的几何解释

实施 R 次算子$\boldsymbol{G}$ 可得

$$\boldsymbol{G}^R\ |\ \psi\rangle=\begin{pmatrix}\cos\frac{2R+1}{2}\\ \sin\frac{2R+1}{2}\end{pmatrix}=\cos\left(\frac{2R+1}{2}\theta\right)\ |\ \alpha\rangle+\sin\left(\frac{2R+1}{2}\theta\right)\ |\ \beta\rangle \tag{3.2.19}$$

当 $\sin\left(\frac{2R+1}{2}\theta\right)$接近 1 时，就可以以接近 1 的概率得到$|\beta\rangle$，即得到满足条件的解。基于此，算子 $\boldsymbol{G}$ 也称为振幅放大算子，能够逐渐增大满足条件的解的概率。

3.2.4　算法分析

用多少次算子 $\boldsymbol{G}$ 才能以较高的概率得到满足条件的解？即把$|\psi\rangle$移动到接近$|\beta\rangle$的地方需要重复多少次算子 $\boldsymbol{G}$？

因为系统的初态为

$$|\ \psi\rangle=\sqrt{\frac{N-M}{N}}\ |\ \alpha\rangle+\sqrt{\frac{M}{N}}\ |\ \beta\rangle \tag{3.2.20}$$

所以旋转 $\arccos\sqrt{\frac{M}{N}}$弧度，系统将进入$|\beta\rangle$状态。因为每重复一次 $\boldsymbol{G}$ 算子，弧度增加 θ，则需要重复算子 $\boldsymbol{G}$ 的次数为

$$R=\left\lfloor\frac{\arccos\sqrt{\frac{M}{N}}}{\theta}\right\rfloor \tag{3.2.21}$$

式中：$\lfloor\cdot\rfloor$表示下取整。

重复 R 次算子 $\boldsymbol{G}$ 得到的量子态为式(3.2.19)。此时得到$|\beta\rangle$的概率为 $\sin^2\left(\frac{2R+1}{2}\theta\right)$，也就是说算法成功的概率为

$$P=\sin^2\left(\frac{2R+1}{2}\theta\right) \tag{3.2.22}$$

下面分析当 $M\leqslant\frac{N}{2}$时 R 的下界,也就是找到 R 的最小值。由于 $\arccos\sqrt{\frac{M}{N}}\leqslant\frac{\pi}{2}$,结合式(3.2.21)可得

$$R\leqslant\left\lfloor\frac{\pi}{2\theta}\right\rfloor \tag{3.2.23}$$

由于 $M\leqslant\frac{N}{2}$,则

$$\frac{\theta}{2}\geqslant\sin\frac{\theta}{2}=\sqrt{\frac{M}{N}} \tag{3.2.24}$$

因此 $R\leqslant\left\lceil\frac{\pi}{4}\sqrt{\frac{N}{M}}\right\rceil$,即复杂度为 $O(\sqrt{N})$。

由式(3.2.23)可知 R 为属于$\left(\frac{\pi}{2\theta}-1,\frac{\pi}{2\theta}\right]$的整数,且$\left|R-\frac{\arccos\sqrt{\frac{M}{N}}}{\theta}\right|\leqslant\frac{1}{2}$,则

$$\arccos\sqrt{\frac{M}{N}}\leqslant\frac{2R+1}{2}\theta\leqslant\theta+\arccos\sqrt{\frac{M}{N}} \tag{3.2.25}$$

因为 $\cos\frac{\theta}{2}=\sqrt{\frac{N-M}{N}}$,所以 $\arccos\sqrt{\frac{M}{N}}=\frac{\pi}{2}-\frac{\theta}{2}$,且

$$\frac{\pi}{2}-\frac{\theta}{2}\leqslant\frac{2R+1}{2}\theta\leqslant\frac{\pi}{2}+\frac{\theta}{2} \tag{3.2.26}$$

又因为 $M\leqslant\frac{N}{2}$,所以

$$P=\sin^2\left(\frac{2R+1}{2}\theta\right)\geqslant\cos^2\frac{\theta}{2}=\frac{N-M}{N}\geqslant\frac{1}{2} \tag{3.2.27}$$

事实上,当$\frac{N}{2}<M\leqslant N$ 时,由式(3.2.22)的曲线图(可参见文献[2])可知执行一次算子 $\boldsymbol{G}$ 就能达到大于$\frac{1}{2}$的成功率。

综上,Grover 搜索算法执行 $O(\sqrt{N})$次算子 $\boldsymbol{G}$ 就能达到大于$\frac{1}{2}$的成功率。因此该算法的复杂度为 $O(\sqrt{N})$。

3.2.5 实现

本实验要从 $\boldsymbol{X}=(x_0\quad x_1)$ 的四个状态{(0 0),(0 1),(1 0),(1 1)}中找到(1 1)。图 3.11 是 Grover 算法的线路图,量子比特 q_0 和 q_1 分别对应 x_0 和 x_1,q_2 是辅助量子比特,用于黑箱算子中对目标量子态进行翻转。

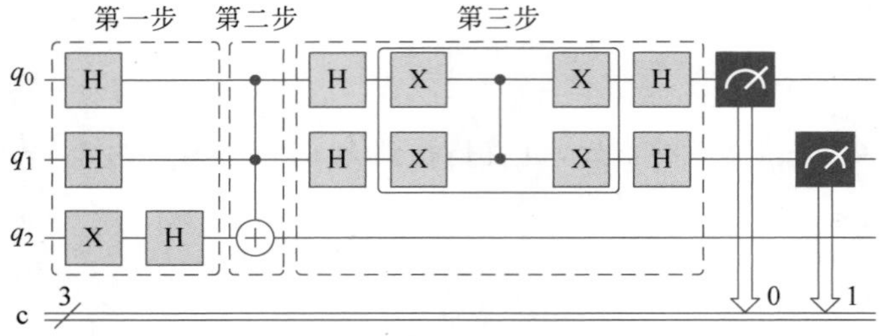

图 3.11 Grover 搜索算法量子线路图

第一步是制备量子态以及辅助量子比特初始状态；第二步实现黑箱算子 $\boldsymbol{O}$，将(1 1)的符号取反；第三步实现镜像矩阵 $2|\psi\rangle\langle\psi|-\boldsymbol{I}$。由式(3.2.9)可知，理论上镜像矩阵由 $\boldsymbol{H}^{\otimes 2}$、$2|0\rangle^{\otimes 2}\langle 0|^{\otimes 2}-\boldsymbol{I}$ 和 $\boldsymbol{H}^{\otimes 2}$ 组成：

$$2|\psi\rangle\langle\psi|-\boldsymbol{I}=\boldsymbol{H}^{\otimes 2}(2|0\rangle^{\otimes 2}\langle 0|^{\otimes 2}-\boldsymbol{I})\boldsymbol{H}^{\otimes 2} \tag{3.2.28}$$

式中

$$2|0\rangle^{\otimes 2}\langle 0|^{\otimes 2}-\boldsymbol{I}=2\begin{pmatrix}1\\0\\0\\0\end{pmatrix}(1\quad 0\quad 0\quad 0)-\boldsymbol{I}=\begin{pmatrix}2&0&0&0\\0&0&0&0\\0&0&0&0\\0&0&0&0\end{pmatrix}-\begin{pmatrix}1&0&0&0\\0&1&0&0\\0&0&1&0\\0&0&0&1\end{pmatrix}$$

$$=\begin{pmatrix}1&0&0&0\\0&-1&0&0\\0&0&-1&0\\0&0&0&-1\end{pmatrix}=\begin{pmatrix}\boldsymbol{Z}&\boldsymbol{0}\\\boldsymbol{0}&-\boldsymbol{I}\end{pmatrix} \tag{3.2.29}$$

在图 3.11 的第三步中，除去两边的 $\boldsymbol{H}^{\otimes 2}$，实线中的部分实现的就是 $2|0\rangle^{\otimes 2}\langle 0|^{\otimes 2}-\boldsymbol{I}$。其中两个点被一个竖线相连的门是受控 $\boldsymbol{Z}$ 门，又称为 $\boldsymbol{CZ}$ 门，即当 q_0 为 $|1\rangle$ 时，将 $\boldsymbol{Z}$ 门作用于 q_1。因此，第三步的实线框中实现的算子为

$$(\boldsymbol{X}\otimes\boldsymbol{X})(\boldsymbol{CZ})(\boldsymbol{X}\otimes\boldsymbol{X})=\left(\begin{pmatrix}0&1\\1&0\end{pmatrix}\otimes\begin{pmatrix}0&1\\1&0\end{pmatrix}\right)\begin{pmatrix}1&0&0&0\\0&1&0&0\\0&0&1&0\\0&0&0&-1\end{pmatrix}\left(\begin{pmatrix}0&1\\1&0\end{pmatrix}\otimes\begin{pmatrix}0&1\\1&0\end{pmatrix}\right)$$

$$=\begin{pmatrix}-1&0&0&0\\0&1&0&0\\0&0&1&0\\0&0&0&1\end{pmatrix}=-\begin{pmatrix}\boldsymbol{Z}&\boldsymbol{0}\\\boldsymbol{0}&-\boldsymbol{I}\end{pmatrix} \tag{3.2.30}$$

可以看到，这与式(3.2.29)中要实现的 $2|0\rangle^{\otimes 2}\langle 0|^{\otimes 2}-\boldsymbol{I}=\begin{pmatrix}\boldsymbol{Z}&\boldsymbol{0}\\\boldsymbol{0}&-\boldsymbol{I}\end{pmatrix}$ 存在一个负号的差别。这个负号是一个全局相位，作用于量子态之后不会引起测量结果的任何变化，因此负号可以忽略。

线路的最后是测量。由图 3.12 可以看出测量结果 011 出现的概率为 1，即以 100% 的概率找到(1 1)。需要说明的是测量结果 011 分别代表量子比特 $q_2q_1q_0$ 的值，q_2 其实

没有被测量,显示默认值 0,$q_1 q_0$ 测量结果为 11,表示成功找到$(1\ 1)$。

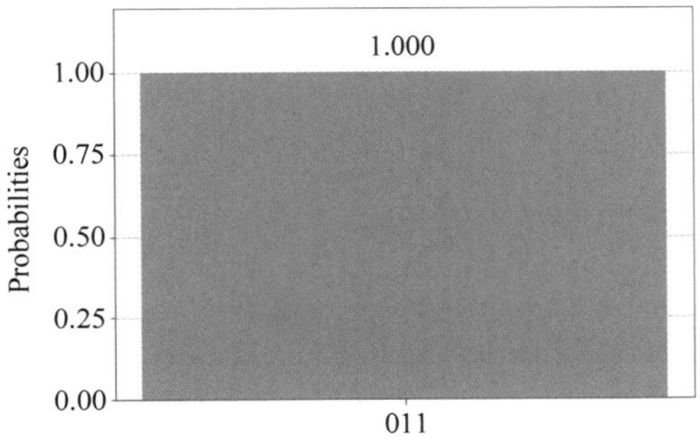

图 3.12　实验结果

Grover 搜索算法代码如下:

```
1.    % matplotlib inline
2.    from qiskit import QuantumCircuit, ClassicalRegister, QuantumRegister
3.    from qiskit import execute
4.    from qiskit import Aer
5.    from qiskit import IBMQ
6.    from math import pi
7.    import numpy as np
8.    from qiskit.tools.visualization import plot_histogram
9.
10.   circuit = QuantumCircuit(3,3)
11.
12.   #第一步
13.   circuit.x(2)
14.   for i in range(3):
15.       circuit.h(i)
16.
17.   #第二步
18.   circuit.ccx(0,1,2)
19.
20.   #第三步
21.   for i in range(2):
22.       circuit.h(i)
23.   for i in range(2):
24.       circuit.x(i)
25.   circuit.cz(0,1)
26.   for i in range(2):
27.       circuit.x(i)
28.   for i in range(2):
29.       circuit.h(i)
30.
31.   #测量
32.   circuit.measure(0,0)
33.   circuit.measure(1,1)
34.
35.   #绘制线路图
36.   circuit.draw(output = 'mpl')
```

```
backend = Aer.get_backend('qasm_simulator')
job_sim = execute(circuit,backend,shots = 20000)
sim_result = job_sim.result()

#绘制结果图
measurement_result = sim_result.get_counts(circuit)
plot_histogram(measurement_result)
```

3.3 量子傅里叶变换

经典傅里叶变换在信号处理、密码学、统计学等很多领域中都起着非常重要的作用。量子傅里叶变换(Quantum Fourier Transform,QFT)是由经典傅里叶变换衍生而来的,除了具有像经典傅里叶变换一样的频域变换功能,还具有了一些新的功能。

3.3.1 离散傅里叶变换原理

在经典的数学或计算机科学中,人们通常将要解决的问题转换为更容易解决的问题。离散傅里叶变换就是这样一个转换工具,能够把信号从时域变换到频域。本书对傅里叶变换原理不做过多的描述,只给出定义。在离散傅里叶变换中,输入是一个长度为N的复向量$(x_0 \quad x_1 \quad \cdots \quad x_{N-1})$,输出是相同长度的复向量$(y_0 \quad y_1 \quad \cdots \quad y_{N-1})$,$y_k(k=0,1,\cdots,N-1)$定义如下:

$$y_k = \frac{1}{\sqrt{N}}\sum_{j=0}^{N-1} x_j \mathrm{e}^{2\pi \mathrm{i} jk/N} \tag{3.3.1}$$

3.3.2 量子傅里叶变换算法

【定义3.3.1】 对于一组标准正交基$|0\rangle,|1\rangle,\cdots,|N-1\rangle$,量子傅里叶变换为作用于基态的线性组合。经过量子傅里叶变换之后,基态$|j\rangle(j=0,1,\cdots,N-1)$演化为

$$\mathbf{QFT}\,|j\rangle = \frac{1}{\sqrt{N}}\sum_{k=0}^{N-1} \mathrm{e}^{2\pi \mathrm{i} jk/N}\,|k\rangle \tag{3.3.2}$$

对于任意量子态$\sum_{j=0}^{N-1} x_j\,|j\rangle$来说,其量子傅里叶变换为$\sum_{k=0}^{N-1} y_k\,|k\rangle$,其中$y_k$就是$x_j$的离散傅里叶变换。推导过程:

$$\begin{aligned}
\mathbf{QFT}\Big(\sum_{j=0}^{N-1} x_j\,|j\rangle\Big) &= \sum_{j=0}^{N-1} x_j\,\mathbf{QFT}\,|j\rangle \\
&= \sum_{j=0}^{N-1} x_j\left(\frac{1}{\sqrt{N}}\sum_{k=0}^{N-1}\mathrm{e}^{2\pi \mathrm{i} jk/N}\,|k\rangle\right) \\
&= \sum_{k=0}^{N-1}\left(\frac{1}{\sqrt{N}}\sum_{j=0}^{N-1} x_j\,\mathrm{e}^{2\pi \mathrm{i} jk/N}\right)|k\rangle \\
&= \sum_{k=0}^{N-1} y_k\,|k\rangle
\end{aligned} \tag{3.3.3}$$

量子傅里叶变换是酉变换，可以用两种方法来证明：一种是通过矩阵的形式验证式(3.3.2)是酉变换；另一种是将其分解成简单的量子酉变换的张量积形式，从而验证量子傅里叶变换的酉性。下面介绍第二种方法。

令 $N=2^n$(n 是正整数)，则基态可以写为$|0\rangle,|1\rangle,\cdots,|2^n-1\rangle$。这样做便于将基态$|j\rangle$写成二进制的形式 $j=j_1j_2\cdots j_n$，即 $j=j_1\times 2^{n-1}+j_2\times 2^{n-2}+\cdots+j_n\times 2^0$。如果是小数，那么二进制小数 $0.j_1j_2\cdots j_n$ 可以表示为$\frac{j_1}{2}+\frac{j_2}{4}+\cdots+\frac{j_n}{2^n}$。因此，式(3.3.2)所示的量子傅里叶变换等价于以下张量积形式：

$$
\begin{aligned}
&\textbf{QFT}\mid j\rangle\\
&=\frac{1}{\sqrt{N}}\sum_{k=0}^{N-1}\mathrm{e}^{2\pi\mathrm{i}jk/N}\mid k\rangle\\
&=\frac{1}{\sqrt{2^n}}\sum_{k_1=0}^{1}\cdots\sum_{k_n=0}^{1}\mathrm{e}^{2\pi\mathrm{i}j\left(\sum\limits_{l=1}^{n}k_l2^{-l}\right)}\mid k_1\cdots k_n\rangle\\
&=\frac{1}{\sqrt{2^n}}\sum_{k_1=0}^{1}\cdots\sum_{k_n=0}^{1}\bigotimes_{l=1}^{n}\mathrm{e}^{2\pi\mathrm{i}jk_l2^{-l}}\mid k_l\rangle\\
&=\frac{1}{\sqrt{2^n}}\bigotimes_{l=1}^{n}\left(\sum_{k_l=0}^{1}\mathrm{e}^{2\pi\mathrm{i}jk_l2^{-l}}\mid k_l\rangle\right)\\
&=\frac{1}{\sqrt{2^n}}\bigotimes_{l=1}^{n}(\mid 0\rangle+\mathrm{e}^{2\pi\mathrm{i}j2^{-l}}\mid 1\rangle)\\
&=\frac{1}{\sqrt{2^n}}[(\mid 0\rangle+\mathrm{e}^{2\pi\mathrm{i}0.j_n}\mid 1\rangle)(\mid 0\rangle+\mathrm{e}^{2\pi\mathrm{i}0.j_{n-1}j_n}\mid 1\rangle)\cdots(\mid 0\rangle+\mathrm{e}^{2\pi\mathrm{i}0.j_1j_2\cdots j_{n-1}j_n}\mid 1\rangle)]
\end{aligned}
\tag{3.3.4}
$$

式中：“$\bigotimes\limits_{l=1}^{n}$”为 n 项的张量积。

式(3.3.4)表明，量子傅里叶变换的输出可以写成张量积的形式。因此，可以按照张量积形式构建量子傅里叶变换的量子线路图，如图 3.13 所示，其中相位变换算子 $\boldsymbol{R}_k$ 用于改变量子态的相位，定义为

$$\boldsymbol{R}_k=\begin{pmatrix}1 & 0\\ 0 & \mathrm{e}^{2\pi\mathrm{i}/2^k}\end{pmatrix}\tag{3.3.5}$$

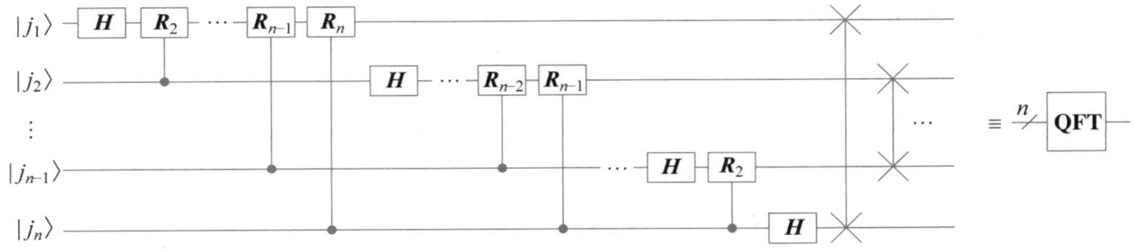

图 3.13　量子傅里叶变换的线路图

图 3.13 所示的量子线路图的输入为基态$|j_1j_2\cdots j_n\rangle$。

当$j_1=0$时,$\boldsymbol{H}$门作用于第一个量子比特产生量子态:

$$\boldsymbol{H}\mid j_1\rangle=\frac{\mid 0\rangle+\mid 1\rangle}{\sqrt{2}}=\frac{\mid 0\rangle+\mathrm{e}^{2\pi\mathrm{i}0.j_1}\mid 1\rangle}{\sqrt{2}} \tag{3.3.6}$$

当$j_1=1$时,$\boldsymbol{H}$门作用于第一个量子比特产生量子态:

$$\begin{aligned}\boldsymbol{H}\mid j_1\rangle&=\frac{\mid 0\rangle-\mid 1\rangle}{\sqrt{2}}=\frac{\mid 0\rangle+\mathrm{e}^{\pi\mathrm{i}}\mid 1\rangle}{\sqrt{2}}\\&=\frac{\mid 0\rangle+\mathrm{e}^{2\pi\mathrm{i}1/2}\mid 1\rangle}{\sqrt{2}}=\frac{\mid 0\rangle+\mathrm{e}^{2\pi\mathrm{i}0.j_1}\mid 1\rangle}{\sqrt{2}}\end{aligned} \tag{3.3.7}$$

因此,经过$\boldsymbol{H}$门之后,系统的状态变为

$$\frac{1}{\sqrt{2}}(\mid 0\rangle+\mathrm{e}^{2\pi\mathrm{i}0.j_1}\mid 1\rangle)\mid j_2\cdots j_n\rangle \tag{3.3.8}$$

经过受控$\boldsymbol{R}_2$门之后,系统的状态变为

$$\frac{1}{\sqrt{2}}(\mid 0\rangle+\mathrm{e}^{2\pi\mathrm{i}0.j_1}\mathrm{e}^{2\pi\mathrm{i}j_2/2^2}\mid 1\rangle)\mid j_2\cdots j_n\rangle=\frac{1}{\sqrt{2}}(\mid 0\rangle+\mathrm{e}^{2\pi\mathrm{i}0.j_1j_2}\mid 1\rangle)\mid j_2\cdots j_n\rangle \tag{3.3.9}$$

继续使用受控$\boldsymbol{R}_3$、$\boldsymbol{R}_4$直至$\boldsymbol{R}_n$门可得

$$\frac{1}{\sqrt{2}}(\mid 0\rangle+\mathrm{e}^{2\pi\mathrm{i}0.j_1j_2\cdots j_n}\mid 1\rangle)\mid j_2\cdots j_n\rangle \tag{3.3.10}$$

对第二个量子比特执行同样的操作。首先用$\boldsymbol{H}$门作用于第二个量子比特得到量子态

$$\frac{1}{\sqrt{2^2}}(\mid 0\rangle+\mathrm{e}^{2\pi\mathrm{i}0.j_1j_2\cdots j_n}\mid 1\rangle)(\mid 0\rangle+\mathrm{e}^{2\pi\mathrm{i}0.j_2}\mid 1\rangle)\mid j_3\cdots j_n\rangle \tag{3.3.11}$$

再使用受控$\boldsymbol{R}_2$、$\boldsymbol{R}_3$直至$\boldsymbol{R}_{n-1}$门可得

$$\frac{1}{\sqrt{2^2}}(\mid 0\rangle+\mathrm{e}^{2\pi\mathrm{i}0.j_1j_2\cdots j_n}\mid 1\rangle)(\mid 0\rangle+\mathrm{e}^{2\pi\mathrm{i}0.j_2\cdots j_n}\mid 1\rangle)\mid j_3\cdots j_n\rangle \tag{3.3.12}$$

对后面$n-2$个量子比特执行同样的操作得到量子态

$$\frac{1}{\sqrt{2^n}}(\mid 0\rangle+\mathrm{e}^{2\pi\mathrm{i}0.j_1j_2\cdots j_n}\mid 1\rangle)(\mid 0\rangle+\mathrm{e}^{2\pi\mathrm{i}0.j_2\cdots j_n}\mid 1\rangle)\cdots(\mid 0\rangle+\mathrm{e}^{2\pi\mathrm{i}0.j_n}\mid 1\rangle) \tag{3.3.13}$$

至此,除了量子比特的顺序颠倒之外,式(3.3.13)与式(3.3.4)完全相同。利用交换门将第一个量子比特和最后一个量子比特交换,第二个量子比特和倒数第二个量子比特交换,以此类推,使用$O(n)$个交换门就可以得到正确的顺序。

因为实现量子傅里叶变换的线路中所有量子门均为酉门,所以量子傅里叶变换也是酉变换。酉变换的逆等于其共轭转置,因此存在量子傅里叶逆变换,记为$\mathbf{QFT}^{+}$。具体到量子线路中,$\mathbf{QFT}^{+}$的线路就是将图 3.13 中所有的量子门的顺序反过来。图 3.14 给出量子傅里叶逆变换的线路图。

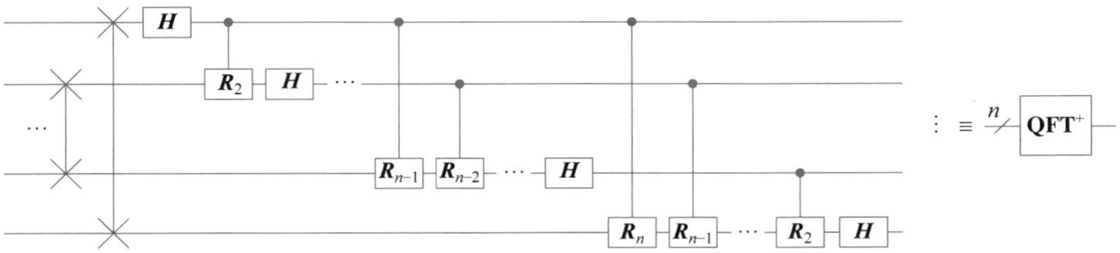

图 3.14　量子傅里叶逆变换的线路图

由式(3.3.4)可以看出,量子傅里叶变换将存储在基态中的信息$|j\rangle=|j_1j_2\cdots j_n\rangle$转移到振幅 $e^{2\pi i0.j_1j_2\cdots j_{n-1}j_n}$ 中,而量子傅里叶逆变换能够将存储在振幅中的信息转移到基态中。也就是说,**QFT** 和 **QFT**$^+$ 能够将数据在基态存储和振幅存储两种形式之间进行转换,这也是量子傅里叶变换相对于经典傅里叶变换的新功能。

对量子傅里叶变换的复杂度进行分析。在图 3.13 中共使用 n 个 $\boldsymbol{H}$ 门和$\frac{n(n-1)}{2}$个受控旋转门；此外,还有至多$\frac{n}{2}$个交换门,而每一个交换门由 3 个 CNOT 组成。因此,计算一次量子傅里叶变换需要 $O(n^2)$个基本门,而最有效的经典离散傅里叶变换需要 $O(2^n n)$个基本逻辑门。所以在量子计算机上执行量子傅里叶变换的复杂度为在经典计算机上所需复杂度的对数级。

但是,量子计算机不能直接输出,无法确定量子态的振幅,数据读出比较困难,因此 **QFT** 并没有在真正意义上加速经典算法。不过,研究者已经发现 **QFT** 可用于量子相位估计等算法中,因此 **QFT** 在量子机器学习中发挥了重要的作用。

3.3.3　实现

本实验对量子态$|j_1j_2j_3j_4\rangle=|0101\rangle$做量子傅里叶变换。图 3.15 为量子傅里叶变换的线路图。

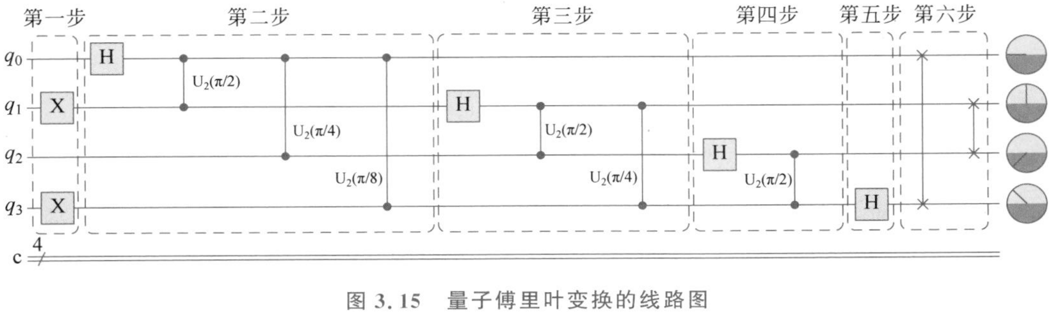

图 3.15　量子傅里叶变换的线路图

第一步为状态准备,即制备初始态$|0101\rangle$；第二步至第六步为量子傅里叶变换,在这些步骤中,要使用算子 $\boldsymbol{R}_k=\begin{pmatrix}1 & 0\\0 & e^{2\pi i/2^k}\end{pmatrix}$,但是 qiskit 上没有此算子,因此使用自带的

$\boldsymbol{U}_1(\lambda)=\begin{pmatrix}1 & 0\\ 0 & \mathrm{e}^{\mathrm{i}\lambda}\end{pmatrix}$代替，对于不同的 $\boldsymbol{R}_k$ 门，令 $\boldsymbol{U}_1(\lambda)$中的 $\lambda=2\pi/2^k$ 即可。经过第二步之后得到的量子态为

$$\frac{1}{\sqrt{2}}(|0\rangle+\mathrm{e}^{2\pi\mathrm{i}0.0101}|1\rangle)|101\rangle=\frac{1}{\sqrt{2}}(|0\rangle+\mathrm{e}^{2\pi\mathrm{i}\frac{5}{16}}|1\rangle)|101\rangle \tag{3.3.14}$$

经过第三步之后得到的量子态为

$$\begin{aligned}&\frac{1}{\sqrt{2^2}}(|0\rangle+\mathrm{e}^{2\pi\mathrm{i}0.0101}|1\rangle)(|0\rangle+\mathrm{e}^{2\pi\mathrm{i}0.101}|1\rangle)|01\rangle\\&=\frac{1}{\sqrt{2^2}}(|0\rangle+\mathrm{e}^{2\pi\mathrm{i}\frac{5}{16}}|1\rangle)(|0\rangle+\mathrm{e}^{2\pi\mathrm{i}\frac{5}{8}}|1\rangle)|01\rangle\end{aligned} \tag{3.3.15}$$

经过第四步之后得到的量子态为

$$\begin{aligned}&\frac{1}{\sqrt{2^3}}(|0\rangle+\mathrm{e}^{2\pi\mathrm{i}0.0101}|1\rangle)(|0\rangle+\mathrm{e}^{2\pi\mathrm{i}0.101}|1\rangle)(|0\rangle+\mathrm{e}^{2\pi\mathrm{i}0.01}|1\rangle)|1\rangle\\&=\frac{1}{\sqrt{2^3}}(|0\rangle+\mathrm{e}^{2\pi\mathrm{i}\frac{5}{16}}|1\rangle)(|0\rangle+\mathrm{e}^{2\pi\mathrm{i}\frac{5}{8}}|1\rangle)(|0\rangle+\mathrm{e}^{2\pi\mathrm{i}\frac{1}{4}}|1\rangle)|1\rangle\end{aligned} \tag{3.3.16}$$

经过第五步之后得到的量子态为

$$\begin{aligned}&\frac{1}{\sqrt{2^4}}(|0\rangle+\mathrm{e}^{2\pi\mathrm{i}0.0101}|1\rangle)(|0\rangle+\mathrm{e}^{2\pi\mathrm{i}0.101}|1\rangle)(|0\rangle+\mathrm{e}^{2\pi\mathrm{i}0.01}|1\rangle)(|0\rangle+\mathrm{e}^{2\pi\mathrm{i}0.1}|1\rangle)\\&=\frac{1}{\sqrt{2^4}}(|0\rangle+\mathrm{e}^{2\pi\mathrm{i}\frac{5}{16}}|1\rangle)(|0\rangle+\mathrm{e}^{2\pi\mathrm{i}\frac{5}{8}}|1\rangle)(|0\rangle+\mathrm{e}^{2\pi\mathrm{i}\frac{1}{4}}|1\rangle)(|0\rangle+\mathrm{e}^{2\pi\mathrm{i}\frac{1}{2}}|1\rangle)\end{aligned} \tag{3.3.17}$$

经过第六步之后得到的量子态为

$$\begin{aligned}&\frac{1}{\sqrt{2^4}}(|0\rangle+\mathrm{e}^{2\pi\mathrm{i}\frac{1}{2}}|1\rangle)(|0\rangle+\mathrm{e}^{2\pi\mathrm{i}\frac{1}{4}}|1\rangle)(|0\rangle+\mathrm{e}^{2\pi\mathrm{i}\frac{5}{8}}|1\rangle)(|0\rangle+\mathrm{e}^{2\pi\mathrm{i}\frac{5}{16}}|1\rangle)\\&=\frac{1}{\sqrt{2^4}}(|0\rangle+\mathrm{e}^{\pi\mathrm{i}}|1\rangle)(|0\rangle+\mathrm{e}^{\frac{\pi}{2}\mathrm{i}}|1\rangle)(|0\rangle+\mathrm{e}^{\frac{5\pi}{4}\mathrm{i}}|1\rangle)(|0\rangle+\mathrm{e}^{\frac{5\pi}{8}\mathrm{i}}|1\rangle)\end{aligned} \tag{3.3.18}$$

由式(3.3.18)可以看出，q_0、q_1、q_2 和 q_3 都处于状态$|0\rangle$和$|1\rangle$的叠加，其中$|0\rangle$的相位全为0，$|1\rangle$的相位分别变为 π、$\frac{\pi}{2}$、$\frac{5\pi}{4}$和$\frac{5\pi}{8}$。

此外，在 qiskit 可以查看 q_0、q_1、q_2 和 q_3 处于状态$|1\rangle$的相位，如图 3.15 最右边的圆圈所示。4 个圆圈内部的短线，其倾斜的角度给出对应的量子比特的相位。这是 qiskit 给出的一个工具，当把光标放在圆圈上时，会显示相位的精确数值，如图 3.16 所示。

查看之后可以得到相位分别变为 π、$\frac{\pi}{2}$、$\frac{5\pi}{4}$和 $1.9635\approx\frac{5\pi}{8}$。也就是说，量子傅里叶变换之后，初始态$|0101\rangle$演化为

$$\frac{1}{\sqrt{2^4}}(|0\rangle+\mathrm{e}^{\pi\mathrm{i}}|1\rangle)(|0\rangle+\mathrm{e}^{\frac{\pi}{2}\mathrm{i}}|1\rangle)(|0\rangle+\mathrm{e}^{\frac{5\pi}{4}\mathrm{i}}|1\rangle)(|0\rangle+\mathrm{e}^{\frac{5\pi}{8}\mathrm{i}}|1\rangle) \tag{3.3.19}$$

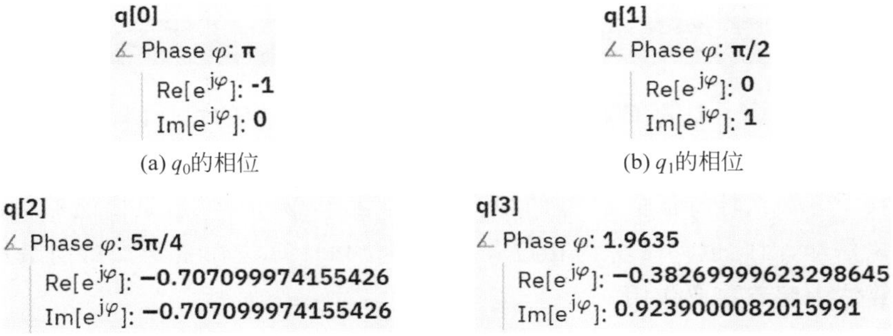

q[0]
∠ Phase φ: **π**
$\mathrm{Re}[e^{j\varphi}]$: **-1**
$\mathrm{Im}[e^{j\varphi}]$: **0**

(a) q_0的相位

q[1]
∠ Phase φ: **π/2**
$\mathrm{Re}[e^{j\varphi}]$: **0**
$\mathrm{Im}[e^{j\varphi}]$: **1**

(b) q_1的相位

q[2]
∠ Phase φ: **5π/4**
$\mathrm{Re}[e^{j\varphi}]$: **−0.707099974155426**
$\mathrm{Im}[e^{j\varphi}]$: **−0.707099974155426**

(c) q_2的相位

q[3]
∠ Phase φ: **1.9635**
$\mathrm{Re}[e^{j\varphi}]$: **−0.38269999623298645**
$\mathrm{Im}[e^{j\varphi}]$: **0.9239000082015991**

(d) q_3的相位

图 3.16　相位的精确数值

可以看出理论结果(式(3.3.18))与实验结果(式(3.3.19))是一样的。因此,可以通过查看相位得到量子傅里叶变换之后的结果。

对量子态$|0101\rangle$做量子傅里叶变换的代码如下:

```
1.    % matplotlib inline
2.    from qiskit import QuantumCircuit
3.    from qiskit import execute
4.    from qiskit import IBMQ
5.    from qiskit.tools.visualization import plot_histogram
6.    import math
7.
8.    circuit = QuantumCircuit(4, 4)
9.
10.   #第一步
11.   circuit.x(1)
12.   circuit.x(3)
13.
14.   #第二步~第五步,定义函数 qft_rotations
15.   circuit.barrier()
16.   def qft_rotations(circuit, n, nu):
17.       if n == 0:
18.           return circuit
19.       n -= 1
20.       nu += 1
21.       circuit.h(3 - n)
22.       for qubit in range(n):
23.           circuit.cu1(math.pi/2 ** (qubit + 1), qubit + nu, 3 - n)
24.       circuit.barrier()
25.       qft_rotations(circuit, n, nu)
26.   #调用函数 qft_rotations
27.   qft_rotations(circuit,4,0)
28.
29.   #第六步
30.   circuit.swap(0,3)
31.   circuit.swap(1,2)
32.
33.   #绘制线路图
34.   circuit.draw(output = 'mpl',plot_barriers = False)
```

3.4 量子相位估计

在量子计算中算子 $\boldsymbol{U}$ 都是酉矩阵，因此有特征值及对应的特征向量。假设 $\boldsymbol{U}$ 的特征值为 $\mathrm{e}^{2\pi\mathrm{i}\varphi}$，相应的特征向量为 $|u\rangle$，量子相位估计（Quantum Phase Estimation，QPE）利用 $\boldsymbol{U}|u\rangle=\mathrm{e}^{2\pi\mathrm{i}\varphi}|u\rangle$ 估计特征值 $\mathrm{e}^{2\pi\mathrm{i}\varphi}$ 的相位 $2\pi\varphi$。由于 2π 是常数，只要能够估计出 φ，就能完成相位估计，因此也将 φ 称为相位。量子相位估计算法在量子支持向量机、量子线性回归等算法中起着重要作用。

3.4.1 算法

量子相位估计算法以式 $\boldsymbol{U}|u\rangle=\mathrm{e}^{2\pi\mathrm{i}\varphi}|u\rangle$ 为基础，因此 QPE 有 $\boldsymbol{U}$ 和 $|u\rangle$ 两个输入，其中 $|u\rangle$ 存储到量子比特中，而 $\boldsymbol{U}$ 体现为相位估计算法中的一个算子。整个算法用到两个寄存器：第一寄存器用 t 个量子比特存储最终计算出来的特征值的相位 φ，也就是说第一寄存器是算法的输出；第二寄存器用 m 个量子比特存储特征向量 $|u\rangle$，这是算法的输入。算法的初始量子态为 $|0\rangle^{\otimes t}|0\rangle^{\otimes m}$。图 3.17 给出量子相位估计算法的线路图。

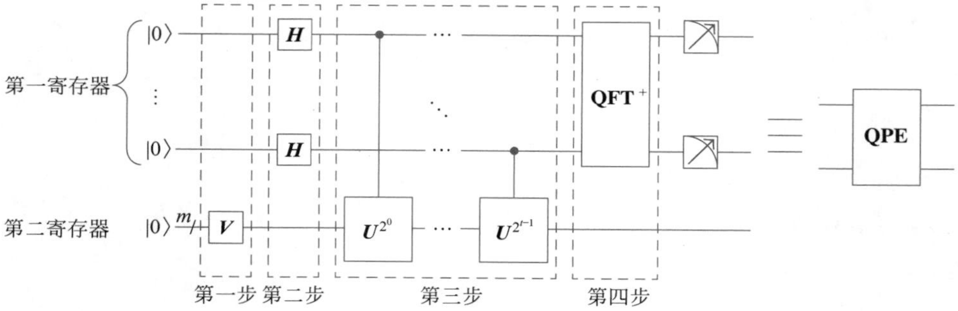

图 3.17　量子相位估计算法的线路图

第一步：使用酉变换 $\mathbf{V}$ 作用于第二寄存器，制备特征向量 $|u\rangle$，得到量子态 $|\psi_1\rangle$，即

$$|\psi_1\rangle=|0\rangle^{\otimes t}|u\rangle \tag{3.4.1}$$

第二步：利用 t 个 $\boldsymbol{H}$ 门作用于 $|\psi_1\rangle$ 的第一寄存器，构建叠加态 $|\psi_2\rangle$，即

$$|\psi_2\rangle=\frac{1}{2^{t/2}}\sum_{k=0}^{2^t-1}|k\rangle|u\rangle \tag{3.4.2}$$

第三步：受第一寄存器中第 $j(j=0,1,\cdots,t-1)$ 个量子比特的控制，将算子 $\boldsymbol{U}^{2^j}$ 作用于第二寄存器，将相位转移到第一寄存器的振幅中。这里 $\boldsymbol{U}^{2^j}$ 的含义是实施 2^j 次算子 $\boldsymbol{U}$。记 $k_1k_2\cdots k_t$ 为 k 的二进制形式，则 $k=k_1 2^{t-1}+k_2 2^{t-2}+\cdots+k_t 2^0$，这里 $k_t\cdots k_2k_1$ 依次是第一寄存器中从上到下的第 $1,\cdots$，第 $t-1$，第 t 个量子比特。

受第一寄存器中第 j 个量子比特的控制，将矩阵 $\boldsymbol{U}^{2^j}$ 作用于第二寄存器这种操作记

为 $\boldsymbol{U}^{k_j 2^{t-j}}$。这种表示方法的含义：当控制位 $k_j=0$ 时，$\boldsymbol{U}^{k_j 2^{t-j}}=\boldsymbol{U}^0$，相当于不进行 $\boldsymbol{U}$ 操作；当控制位 $k_j=1$ 时，$\boldsymbol{U}^{k_j 2^{t-j}}=\boldsymbol{U}^{2^{t-j}}$，要进行 $\boldsymbol{U}^{2^{t-j}}$ 操作。因此，量子态 $|\psi_2\rangle$ 演化为

$$\begin{aligned}|\psi_3\rangle &= \frac{1}{2^{t/2}}\sum_{k_1=0}^{1}\cdots\sum_{k_t=0}^{1}|k_1\cdots k_t\rangle\otimes\boldsymbol{U}^{k_1 2^{t-1}}\boldsymbol{U}^{k_2 2^{t-2}}\cdots\boldsymbol{U}^{k_t 2^0}|u\rangle \\ &= \frac{1}{2^{t/2}}\sum_{k_1=0}^{1}\cdots\sum_{k_t=0}^{1}|k_1\cdots k_t\rangle\otimes\boldsymbol{U}^{k_1 2^{t-1}+k_2 2^{t-2}+\cdots+k_t 2^0}|u\rangle\end{aligned}\tag{3.4.3}$$

又因为 $e^{2\pi i\varphi}$ 是 $\boldsymbol{U}$ 的特征值，$|u\rangle$ 是相应的特征向量，即 $\boldsymbol{U}|u\rangle=e^{2\pi i\varphi}|u\rangle$，则式(3.4.3)可以重写为

$$\begin{aligned}|\psi_4\rangle &= \frac{1}{2^{t/2}}\sum_{k_1=0}^{1}\cdots\sum_{k_t=0}^{1}|k_1\cdots k_t\rangle\otimes e^{2\pi i\varphi\sum_{l=1}^{t}k_l 2^{t-l}}|u\rangle \\ &= \frac{1}{2^{t/2}}\sum_{k_1=0}^{1}\cdots\sum_{k_t=0}^{1}\bigotimes_{l=1}^{t}e^{2\pi i\varphi k_l 2^{t-l}}|k_l\rangle|u\rangle \\ &= \frac{1}{2^{t/2}}\bigotimes_{l=1}^{t}(|0\rangle+e^{2\pi i\varphi 2^{t-l}}|1\rangle)|u\rangle\end{aligned}\tag{3.4.4}$$

此时，相位 φ 存储在 $|1\rangle$ 的振幅中。由于 φ 用 t 比特表示，即

$$\varphi=0.\varphi_1\cdots\varphi_t=\frac{\varphi_1\times 2^{t-1}+\cdots+\varphi_t\times 2^0}{2^t}$$

则式(3.4.4)中第一寄存器的状态可以表示为

$$\frac{1}{\sqrt{2^t}}(|0\rangle+e^{2\pi i 0.\varphi_t}|1\rangle)(|0\rangle+e^{2\pi i 0.\varphi_{t-1}\varphi_t}|1\rangle)\cdots(|0\rangle+e^{2\pi i 0.\varphi_1\cdots\varphi_{t-1}\varphi_t}|1\rangle)\tag{3.4.5}$$

第四步：利用量子傅里叶逆变换作用于第一寄存器将存储在振幅中的相位 φ 转移到基态中，即

$$\mathbf{QFT}^{+}\left[\frac{1}{2^{t/2}}\bigotimes_{l=1}^{t}(|0\rangle+e^{2\pi i\varphi 2^{t-l}}|1\rangle)\right]=|\varphi_1\cdots\varphi_t\rangle\tag{3.4.6}$$

进而通过简单的计算可得

$$\varphi=\frac{\varphi_1\times 2^{t-1}+\cdots+\varphi_t\times 2^0}{2^t}$$

量子相位估计算法通常更简洁地表示为图 3.18 的形式。

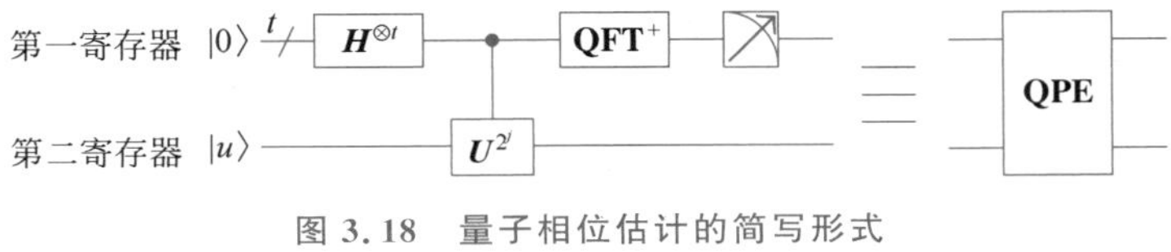

图 3.18 量子相位估计的简写形式

事实上,大多数情况下 t 个比特并不能精确的表示相位 φ,而且最后要通过测量才能得到 φ,也会存在误差。因此,最后得到的是 φ 的近似值 $\widetilde{\varphi}$。下面分析第一寄存器中量子比特的数量与误差之间的关系。

假设 b 是 t 比特二进制数,且 $\frac{b}{2^t}=0.b_1\cdots b_t$ 是相位 φ 的最优下近似,也就是说 $\frac{b}{2^t}$ 和 φ 之间的差 $\delta=\varphi-\frac{b}{2^t}$ 满足 $0\leqslant\delta\leqslant\frac{1}{2^t}$。量子相位估计算法的输出记为 m,下面给出一个定理说明 m 与 b 之间的误差与第一寄存器量子比特数量之间的关系。

【定理 3.4.1】 对于任意的 $\varepsilon>0$,假设存在一个正整数 $c=2^{t-n}-1$,使得 $|m-b|<c$,则测量得到 m 的概率为

$$p(|m-b|<c)=\varepsilon\leqslant\frac{1}{2(c-1)}=\frac{1}{2(2^{t-n}-2)} \tag{3.4.7}$$

式中:t 为第一寄存器量子比特的数量;n 为能使 φ 达到 2^{-n} 精度的量子比特的数量。

定理证明参见文献[1]。

由定理 3.4.1 可以看出,为了至少以 $1-\varepsilon$ 的成功概率精确到 n 比特,在量子相位估计算法中,第一寄存器的比特数为

$$t=n+\left\lceil\log\left(2+\frac{1}{2\varepsilon}\right)\right\rceil \tag{3.4.8}$$

QPE 算法中第一步制备的是特征向量 $|u\rangle$,但是要想制备 $|u\rangle$,先得把特征向量 u 计算出来,再制备为量子态,整个过程并不容易,因此需要给出一种更简单的方法。因为酉矩阵的特征向量 $\{|u_j\rangle\}_{j=0}^{N-1}$ 可以做一组基,因此任意的 N 维量子态 $|b\rangle$ 都可以表示为 $|b\rangle=\sum_{i=0}^{N-1}\beta_i|u_i\rangle$,其中 β_i 是系数。又因为 $|u_i\rangle$ 可以表示为标准正交基 $\{|j\rangle\}_{j=0}^{N-1}$ 的线性组合,即 $|u_i\rangle=\sum_{j=0}^{N-1}c_{ij}|j\rangle$,其中 c_{ij} 是系数,则

$$\begin{aligned}|b\rangle&=\sum_{i=0}^{N-1}\beta_i|u_i\rangle=\sum_{i=0}^{N-1}\beta_i\left(\sum_{j=0}^{N-1}c_{ij}|j\rangle\right)\\&=\sum_{i=0}^{N-1}\left(\sum_{j=0}^{N-1}\beta_i c_{ij}|j\rangle\right)=\sum_{j=0}^{N-1}\left(\sum_{i=0}^{N-1}\beta_i c_{ij}\right)|j\rangle\end{aligned} \tag{3.4.9}$$

因此,$|b\rangle$ 可以表示为标准正交基的线性组合。令 $b_j=\sum_{i=0}^{N-1}\beta_i c_{ij}$,则 $|b\rangle=\sum_{j=0}^{N-1}b_j|j\rangle$,也就是说,$|b\rangle=\sum_{i=0}^{N-1}\beta_i|u_i\rangle$ 的制备可以转换为在标准正交基下展开后进行制备。

例如,当 $|b\rangle=|u_0\rangle+0|u_1\rangle+\cdots+0|u_{N-1}\rangle=|u_0\rangle$ 时,记 $|u_0\rangle=|u\rangle$ 是一个特征向量,则 $|b\rangle=|u\rangle=\sum_{j=0}^{N-1}b_j|j\rangle$,因此 $|u\rangle$ 的输入为 $\sum_{j=0}^{N-1}b_j|j\rangle$,也就是制备 $|b\rangle$ 在标准正

交基下的展开式即可。

为方便起见，在之后用到相位估计的算法中，理论中输入使用 $|b\rangle=\sum_{i=0}^{N-1}\beta_i|u_i\rangle$，实验中输入使用 $|b\rangle=\sum_{j=0}^{N-1}b_j|j\rangle$。

量子相位估计算法总结如下：

量子相位估计算法 QPE

输入：$|0\rangle^{\otimes(t+m)}$

过程：

(1) 使用 $\boldsymbol{V}$ 门作用于第二寄存器产生量子态 $|0\rangle^{\otimes t}|u\rangle$；

(2) 使用 t 个 $\boldsymbol{H}$ 门作用于第一寄存器 $\frac{1}{\sqrt{2^t}}\sum_{j=0}^{2^t-1}|j\rangle|u\rangle$；

(3) 使用受控 $\boldsymbol{U}$ 算子将相位 φ 转移到第一寄存器的概率幅中，$\frac{1}{\sqrt{2^t}}\sum_{j=0}^{2^t-1}\mathrm{e}^{2\pi ij\varphi}|j\rangle|u\rangle$；

(4) 执行量子傅里叶逆变换将相位转移到基态中，$|\widetilde{\varphi}\rangle|u\rangle$；

(5) 对第一寄存器的量子比特测量。

输出：$\widetilde{\varphi}$。

3.4.2 实现

本实验使用量子相位估计求出 $\boldsymbol{U}_1\left(\frac{\pi}{4}\right)=\begin{pmatrix}1 & 0\\ 0 & \mathrm{e}^{\mathrm{i}\pi/4}\end{pmatrix}$ 的特征值的相位。在式(3.4.8)中，令 $n=3$，$\varepsilon=0.1$，则第一寄存器中量子比特的数量为 3。由于

$$\begin{pmatrix}1 & 0\\ 0 & \mathrm{e}^{\mathrm{i}\pi/4}\end{pmatrix}|1\rangle=\mathrm{e}^{\mathrm{i}\pi/4}|1\rangle=\mathrm{e}^{2\pi\mathrm{i}\frac{1}{8}}|1\rangle$$

因此特征向量为 $|1\rangle$，相位为 $\frac{1}{8}$。本实验就是要将这个 $\frac{1}{8}$ 估计出来。相位估计的量子线路如图 3.19 所示，共用 4 个量子比特，前 3 个量子比特是第一寄存器，第 4 个量子比特是第二寄存器。

第一步将 $\boldsymbol{X}$ 门作用在第二寄存器上，产生特征向量 $|1\rangle$；第二步使用 3 个 $\boldsymbol{H}$ 门产生叠加态；第三步执行受控 $\boldsymbol{U}_1$ 操作；第四步执行量子傅里叶逆变换。在量子相位估计算法中，只执行一次量子线路便能得到实验结果。本实验中，为了验证算法准确率，执行了 1024 次。测量结果如图 3.20 所示，可以看出，算法以 100% 的概率得到 001，进而可得相位为

$$\varphi=\frac{0\times 2^2+0\times 2^1+1\times 2^0}{2^3}=\frac{1}{8}$$

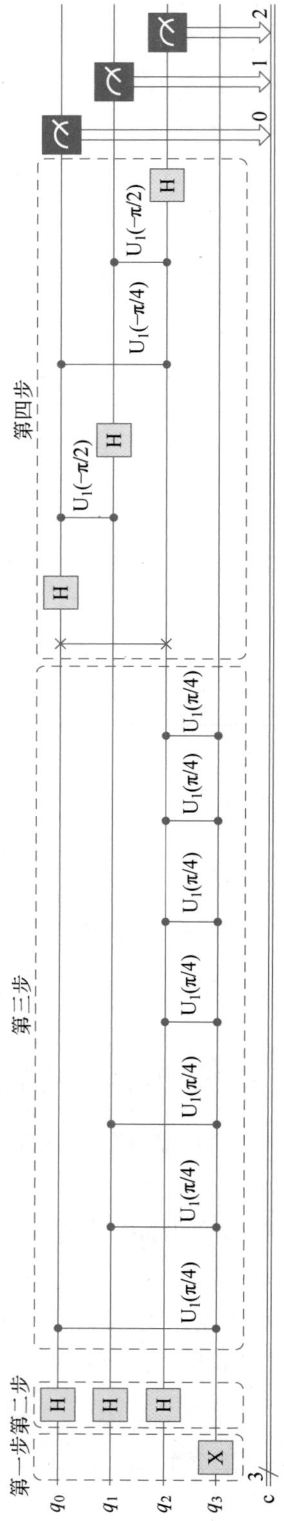

图 3.19　相位估计的量子线路图

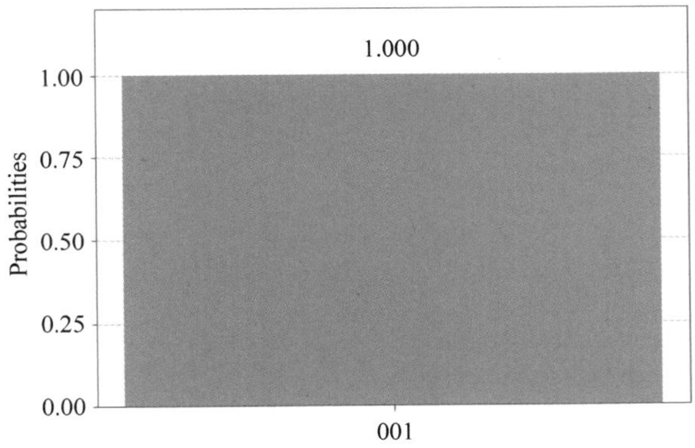

图 3.20 测量结果

量子相位估计的代码如下：

```
%matplotlib inline
from qiskit import QuantumCircuit
from qiskit import execute
from qiskit import IBMQ
from qiskit.tools.visualization import plot_histogram
import math

circuit = QuantumCircuit(4, 3)

#第一步：量子态制备
circuit.x(3)

#第二步
circuit.barrier()
for qubit in range(3):
    circuit.h(qubit)

#第三步：受控酉操作
repetitions = 1
for counting_qubit in range(3):
    for i in range(repetitions):
        circuit.cu1(math.pi/4, counting_qubit, 3);
    repetitions *= 2

#第四步：量子傅里叶逆变换
def qft_dagger(qc, n):
    for qubit in range(n//2):
        qc.swap(qubit, n-qubit-1)
    for j in range(n):
        for m in range(j):
            qc.cu1(-math.pi/float(2**(j-m)), m, j)
        qc.h(j)
circuit.barrier()
qft_dagger(circuit, 3)
```

```
35.
36.    #测量
37.    circuit.barrier()
38.    for n in range(3):
39.        circuit.measure(n,n)
40.
41.    #绘制线路图
42.    circuit.draw(output = 'mpl',plot_barriers = False,fold = -1)
43.    backend = Aer.get_backend('qasm_simulator')
44.    job_sim = execute(circuit, backend, shots = 8192)
45.    sim_result = job_sim.result()
46.
47.    #绘制结果图
48.    measurement_result = sim_result.get_counts(circuit)
49.    print(measurement_result)
50.    plot_histogram(measurement_result)
```

3.5 量子振幅估计

量子振幅估计(Quantum Amplitude Estimation,QAE)是结合振幅放大算子和量子相位估计的一种算法。如果能够将一个量子态按照某种规则分成两部分,则可以利用量子振幅估计算法估计出其中一部分的概率。例如,在Grover搜索算法中的式(3.2.13),量子态$|\psi\rangle$可以分为不包含搜索问题解的$|\alpha\rangle$和包含搜索问题解的$|\beta\rangle$。量子振幅估计算法能够将振幅相关信息存储到基态中,进而估计出得到$|\beta\rangle$的概率。

在量子机器学习算法中,给定一个酉变换$\boldsymbol{U}$,作用于初始量子态$|0\rangle|0\rangle^{\otimes n}$得到如下量子态:

$$\boldsymbol{U}|0\rangle|0\rangle^{\otimes n} = |\varphi\rangle = \sqrt{1-a}|0\rangle|\phi_0\rangle + \sqrt{a}|1\rangle|\phi_1\rangle \tag{3.5.1}$$

其中第1个量子比特是辅助量子比特,后面的n个量子比特用来存储量子态的两个部分。令$|\varphi_0\rangle = \sqrt{1-a}|0\rangle|\phi_0\rangle$,$|\varphi_1\rangle = \sqrt{a}|1\rangle|\phi_1\rangle$,则式(3.5.1)可以表示为

$$|\varphi\rangle = |\varphi_0\rangle + |\varphi_1\rangle \tag{3.5.2}$$

机器学习中,分类等信息通常存储在量子态$|\varphi_0\rangle$和$|\varphi_1\rangle$对应的振幅a中。存储在振幅中的信息需要经过多次执行算法并测量才能得到,这有时会给实施后续的操作造成一定的困难。而量子振幅估计算法先将振幅放大,再用量子相位估计算法将振幅a的相关信息转移到基态中,为后续操作提供了便利。因此,量子振幅估计算法在量子机器学习算法中起着非常重要的作用。

3.5.1 振幅放大

类似于Grover搜索算法的振幅放大算子,本节定义振幅放大算子如下:

$$\boldsymbol{Q} = \boldsymbol{U}\boldsymbol{S}_0\boldsymbol{U}^{-1}\boldsymbol{S}_f \tag{3.5.3}$$

式中:$\boldsymbol{S}_f = \boldsymbol{I} - 2|\varphi_1\rangle\langle\varphi_1|$能够改变式(3.5.2)中$|\varphi_1\rangle$的符号,而使$|\varphi_0\rangle$保持不变;$\boldsymbol{S}_0 = \boldsymbol{I} - 2|0\rangle^{\otimes(n+1)}\langle 0|^{\otimes(n+1)}$只改变初始态$|0\rangle^{\otimes(n+1)}$的符号。

由于 $\boldsymbol{S}_f$ 只改变 $|\varphi\rangle=\sqrt{1-a}\,|0\rangle|\phi_0\rangle+\sqrt{a}\,|1\rangle|\phi_1\rangle$ 中 $|\varphi_1\rangle=\sqrt{a}\,|1\rangle|\phi_1\rangle$ 的符号，$|\varphi_0\rangle=\sqrt{1-a}\,|0\rangle|\phi_0\rangle$ 的符号保持不变，因此经过 $\boldsymbol{S}_f$ 作用之后 $|\varphi\rangle$ 变为 $|\varphi'\rangle=\sqrt{1-a}\,|0\rangle|\phi_0\rangle-\sqrt{a}\,|1\rangle|\phi_1\rangle$，而算子 $\boldsymbol{Z}$ 的作用为 $\boldsymbol{Z}|0\rangle=|0\rangle$，$\boldsymbol{Z}|1\rangle=-|1\rangle$，因此 $\boldsymbol{S}_f$ 的实现只需将 $\boldsymbol{Z}$ 门作用在量子态 $|\varphi\rangle$ 的第一个量子比特，即辅助量子比特上即可。$\boldsymbol{S}_0$ 只改变初始态 $|0\rangle^{\otimes(n+1)}$ 的符号，因此 $\boldsymbol{S}_0$ 的实现受到前 n 个量子比特都是 $|0\rangle$ 的控制，只对最后一个量子比特使用 $-\boldsymbol{Z}$。由于 $-\boldsymbol{Z}|0\rangle=-|0\rangle$ 且 $-\boldsymbol{Z}|1\rangle=|1\rangle$，也就是说只改变了初始态 $|0\rangle^{\otimes(n+1)}$ 的符号。$\boldsymbol{S}_0$ 的量子线路图如图 3.21(a)所示。在实现过程中，由于 $|0\rangle$ 控制以及 $-\boldsymbol{Z}$ 不能直接实现，因此将图 3.21(a)等价于图 3.21(b)的形式。

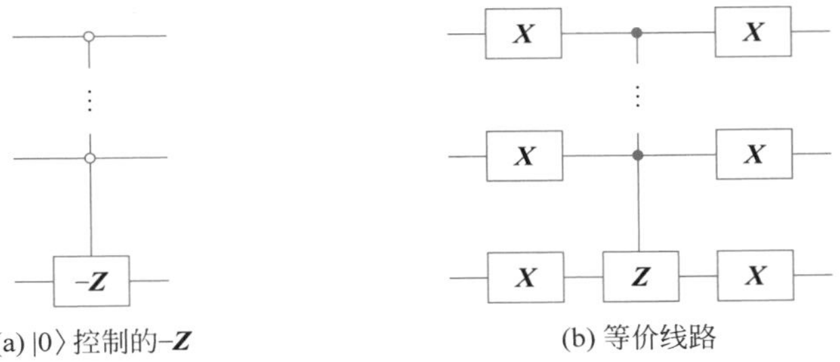

图 3.21 $\boldsymbol{S}_0$ 的量子线路图

定义归一化状态 $\frac{|\varphi_0\rangle}{\sqrt{1-a}}$ 和 $\frac{|\varphi_1\rangle}{\sqrt{a}}$，由于 $\langle\varphi_0|\varphi_1\rangle=\langle\varphi_1|\varphi_0\rangle=0$，且满足 $\langle\varphi_0|\varphi_0\rangle=1-a$ 和 $\langle\varphi_1|\varphi_1\rangle=a$，因此 $\frac{|\varphi_0\rangle}{\sqrt{1-a}}$ 和 $\frac{|\varphi_1\rangle}{\sqrt{a}}$ 为一组标准正交基。在这组基下，量子态 $|\varphi\rangle$ 可以表示为

$$|\varphi\rangle=\begin{pmatrix}\sqrt{1-a}\\ \sqrt{a}\end{pmatrix} \tag{3.5.4}$$

由于

$$\boldsymbol{Q}=\boldsymbol{U}\boldsymbol{S}_0\boldsymbol{U}^{-1}\boldsymbol{S}_f=(\boldsymbol{U}\boldsymbol{S}_0\boldsymbol{U}^{-1})(\boldsymbol{S}_f) \tag{3.5.5}$$

又因为

$$\begin{aligned}\boldsymbol{U}\boldsymbol{S}_0\boldsymbol{U}^{-1}&=\boldsymbol{U}(\boldsymbol{I}-2|0\rangle^{\otimes(n+1)}\langle 0|^{\otimes(n+1)})\boldsymbol{U}^{-1}\\&=\boldsymbol{U}\boldsymbol{I}\boldsymbol{U}^{-1}-2\boldsymbol{U}|0\rangle^{\otimes(n+1)}\langle 0|^{\otimes(n+1)}\boldsymbol{U}^{-1}\end{aligned}$$

由式(3.5.1)可知 $\boldsymbol{U}|0\rangle|0\rangle^{\otimes n}=|\varphi\rangle$，因此 $\boldsymbol{U}\boldsymbol{S}_0\boldsymbol{U}^{-1}=\boldsymbol{I}-2|\varphi\rangle\langle\varphi|$。根据式(3.5.4)，在基 $\frac{|\varphi_0\rangle}{\sqrt{1-a}}$ 和 $\frac{|\varphi_1\rangle}{\sqrt{a}}$ 下，令 $a=\sin^2\theta_a$，又因为此时 $\boldsymbol{S}_f=\boldsymbol{I}-\frac{2}{a}|\varphi_1\rangle\langle\varphi_1|$，则式(3.5.5)中的 $\boldsymbol{Q}$ 可以重写为

$$\begin{aligned}\boldsymbol{Q}&=(\boldsymbol{I}-2|\varphi\rangle\langle\varphi|)(\boldsymbol{I}-2|\varphi_1\rangle\langle\varphi_1|)\\&=\begin{pmatrix}2a-1&-2\sqrt{a(1-a)}\\-2\sqrt{a(1-a)}&1-2a\end{pmatrix}\begin{pmatrix}1&0\\0&-1\end{pmatrix}\end{aligned}$$

$$=\begin{pmatrix} 2a-1 & 2\sqrt{a(1-a)} \\ -2\sqrt{a(1-a)} & 2a-1 \end{pmatrix}$$

$$=\begin{pmatrix} -\cos 2\theta_a & \sin 2\theta_a \\ -\sin 2\theta_a & -\cos 2\theta_a \end{pmatrix} \tag{3.5.6}$$

$\boldsymbol{Q}$ 的特征值为 $\lambda_{\pm}=-\mathrm{e}^{\pm \mathrm{i}2\theta_a}$，对应的特征向量为

$$|\varphi_{\pm}\rangle=\frac{1}{\sqrt{2}}\left(\frac{1}{\sqrt{1-a}}|\varphi_0\rangle \pm \frac{\mathrm{i}}{\sqrt{a}}|\varphi_1\rangle\right)$$

将量子态 $|\varphi\rangle$ 在 $\boldsymbol{Q}$ 的特征向量上展开，可得

$$\begin{aligned}|\varphi\rangle &= |\varphi_0\rangle + |\varphi_1\rangle \\ &= \frac{\sqrt{1-a}}{\sqrt{2}}(|\varphi_+\rangle + |\varphi_-\rangle) - \frac{\mathrm{i}\sqrt{a}}{\sqrt{2}}(|\varphi_+\rangle - |\varphi_-\rangle) \\ &= \frac{1}{\sqrt{2}}(\mathrm{e}^{-\mathrm{i}\theta_a}|\varphi_+\rangle + \mathrm{e}^{\mathrm{i}\theta_a}|\varphi_-\rangle)\end{aligned} \tag{3.5.7}$$

因此，对 $|\varphi\rangle$ 连续实施 j 次算子 $\boldsymbol{Q}$（记作 $\boldsymbol{Q}^j$）可得

$$\begin{aligned}&\boldsymbol{Q}^j|\varphi\rangle \\ &= \frac{1}{\sqrt{2}}(\mathrm{e}^{-(2j+1)\mathrm{i}\theta_a}|\varphi_+\rangle + \mathrm{e}^{(2j+1)\mathrm{i}\theta_a}|\varphi_-\rangle) \\ &= \frac{1}{2}\left(\mathrm{e}^{-(2j+1)\mathrm{i}\theta_a}\left(\frac{1}{\sqrt{1-a}}|\varphi_0\rangle + \frac{\mathrm{i}}{\sqrt{a}}|\varphi_1\rangle\right) + \mathrm{e}^{(2j+1)\mathrm{i}\theta_a}\left(\frac{1}{\sqrt{1-a}}|\varphi_0\rangle - \frac{\mathrm{i}}{\sqrt{a}}|\varphi_1\rangle\right)\right) \\ &= \frac{1}{2}\left(\frac{1}{\sqrt{1-a}}(\mathrm{e}^{-(2j+1)\mathrm{i}\theta_a} + \mathrm{e}^{(2j+1)\mathrm{i}\theta_a})|\varphi_0\rangle + \frac{\mathrm{i}}{\sqrt{a}}(\mathrm{e}^{-(2j+1)\mathrm{i}\theta_a} - \mathrm{e}^{(2j+1)\mathrm{i}\theta_a})|\varphi_1\rangle\right) \\ &= \frac{1}{\sqrt{1-a}}\cos((2j+1)\theta_a)|\varphi_0\rangle + \frac{1}{\sqrt{a}}\sin((2j+1)\theta_a)|\varphi_1\rangle\end{aligned} \tag{3.5.8}$$

由式(3.5.8)可以看出，经过 $\boldsymbol{Q}^j$ 作用之后，与振幅 a 相关的 θ_a 存储在振幅中，并且随着 j 的改变而改变，最终 $|\varphi_1\rangle$ 的振幅变为 $\frac{1}{\sqrt{a}}\sin((2j+1)\theta_a)$。

3.5.2 完整算法

振幅估计的目的是求得振幅 a，由于 $a=\sin^2\theta_a$，因此求振幅 a 就转换为求 θ_a 的值。而 θ_a 恰好出现在 $\boldsymbol{Q}$ 的特征值的指数上，即 $\lambda_{\pm}=\mathrm{e}^{\pm \mathrm{i}2\theta_a}$，这正是相位估计所能求的形式，因此在振幅放大之后可以使用相位估计求得 θ_a。

下面结合图 3.22 所示的量子振幅估计线路图，介绍量子振幅估计算法。

首先制备量子态 $|0\rangle^{\otimes m}|0\rangle^{\otimes n+1}$，其中 $|0\rangle^{\otimes m}$ 用于存储 θ_a，和相位估计一样，m 的大小和估计得到的 θ_a 的精度有关，$|0\rangle^{\otimes n+1}$ 用于存储 $|\varphi\rangle$。

第一步：使用算子 $\boldsymbol{U}$ 制备量子态 $|\varphi\rangle$。

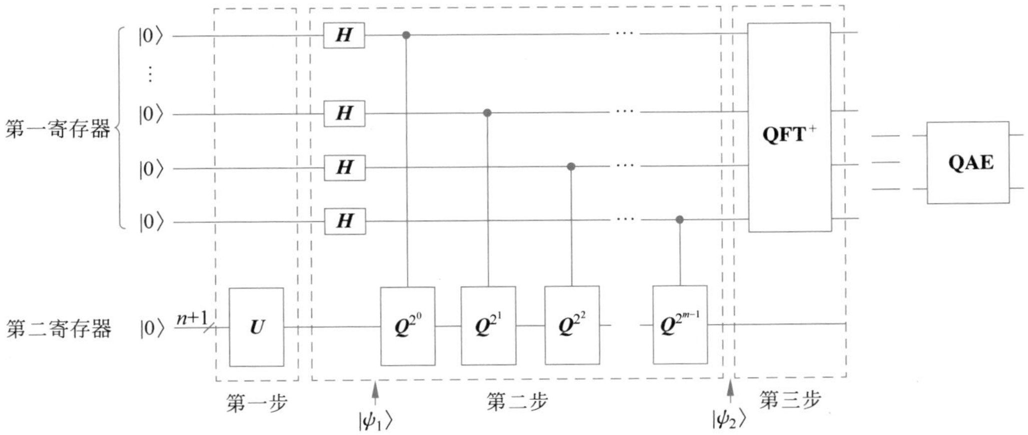

图 3.22　量子振幅估计的线路图

第二步：对第一寄存器执行 m 个 $\boldsymbol{H}$ 门制备叠加态，即

$$|\psi_1\rangle = \frac{1}{\sqrt{2^m}}\sum_{j=0}^{2^m-1}|j\rangle|\varphi\rangle \tag{3.5.9}$$

以第一寄存器中的 m 个量子比特为控制比特，第二寄存器为目标比特，执行受控 $\boldsymbol{Q}^{2^t}$ $(t=0,1,\cdots,m-1)$ 操作，得到量子态：

$$|\psi_2\rangle = \frac{1}{\sqrt{2}}\left(\frac{1}{\sqrt{2^m}}\sum_{j=0}^{2^m-1}e^{-i2\theta_a j}|j\rangle\right)e^{-i\theta_a}|\varphi_+\rangle + \frac{1}{\sqrt{2}}\left(\frac{1}{\sqrt{2^m}}\sum_{j=0}^{2^m-1}e^{i2\theta_a j}|j\rangle\right)e^{i\theta_a}|\varphi_-\rangle \tag{3.5.10}$$

令 $|S_{2^m}(\theta_a/\pi)\rangle = \frac{1}{\sqrt{2^m}}\sum_{j=0}^{2^m-1}e^{-i2\theta_a j}|j\rangle$ 且 $\theta_a = \pi w$，则

$$\begin{aligned}
&|S_{2^m}(1-\theta_a/\pi)\rangle \\
&= \frac{1}{\sqrt{2^m}}\sum_{j=0}^{2^m-1}e^{-i2\pi(1-w)j}|j\rangle = \frac{1}{\sqrt{2^m}}\sum_{j=0}^{2^m-1}e^{i2\pi wj}e^{-i2\pi j}|j\rangle \\
&= \frac{1}{\sqrt{2^m}}\sum_{j=0}^{2^m-1}e^{i2\pi wj}(\cos 2\pi j - i\sin 2\pi j)|j\rangle \\
&= \frac{1}{\sqrt{2^m}}\sum_{j=0}^{2^m-1}e^{i2\pi wj}|j\rangle = \frac{1}{\sqrt{2^m}}\sum_{j=0}^{2^m-1}e^{i2\theta_a j}|j\rangle
\end{aligned} \tag{3.5.11}$$

则 $|\psi_2\rangle$ 可以重写为

$$|\psi_2\rangle = \frac{1}{\sqrt{2}}|S_{2^m}(\theta_a/\pi)\rangle e^{-i\theta_a}|\varphi_+\rangle + \frac{1}{\sqrt{2}}|S_{2^m}(1-\theta_a/\pi)\rangle e^{i\theta_a}|\varphi_-\rangle \tag{3.5.12}$$

第三步：对第一寄存器执行量子傅里叶逆变换得到 $|\psi_3\rangle$，将存储在振幅中的 θ_a 转移到基态中，即

$$|\psi_3\rangle = \frac{1}{\sqrt{2}} | 2^m\theta_a/\pi\rangle e^{-i\theta_a} | \varphi_+\rangle + \frac{1}{\sqrt{2}} | 2^m(1-\theta_a/\pi)\rangle e^{i\theta_a} | \varphi_-\rangle \tag{3.5.13}$$

对第一寄存器进行测量可能得到两种结果：$|y_1\rangle = |2^m\theta_a/\pi\rangle$ 和 $|y_2\rangle = |2^m(1-\theta_a/\pi)\rangle$。即一种是 $\tilde{a} = \sin^2\theta_a = \sin^2(\pi y_1/2^m)$；另一种是 $\tilde{a} = \sin^2\theta_a = \sin^2(\pi - \pi y_2/2^m)$。由于 $\sin^2(\pi - \pi y_2/2^m) = \sin^2(\pi y_2/2^m)$，因此无论坍缩到哪一种情况都可以用 $\tilde{a} = \sin^2(\pi y/2^m)$ 计算 $\tilde{a}$。

事实上，量子振幅估计得到的 $\tilde{a}$ 与真实的 a 存在一定差距，定理 3.5.1 给出这个差的上限。这里不给出定理的具体证明过程，只给出结论，对证明过程感兴趣的读者可以参见文献[11]。

【定理 3.5.1】 对正整数 k，当 $k=1$ 时，振幅估计算法输出的 $\tilde{a}$ 与真实的 a 之间的差至少以 $\frac{8}{\pi^2}$ 的概率满足

$$|\tilde{a} - a| \leqslant 2\pi k \frac{\sqrt{a(1-a)}}{2^m} + k^2 \frac{\pi^2}{2^{2m}} \tag{3.5.14}$$

当 $k \geqslant 2$ 时，$\tilde{a}$ 与 a 之间的差至少以 $1 - \frac{1}{2(k-1)}$ 的概率满足式(3.5.14)。如果 $a=0$，则有 $\tilde{a}=0$；如果 $a=1$，则有 $\tilde{a}=1$。

3.5.3 实现

本节使用量子振幅估计算法估计 $|\varphi\rangle = \boldsymbol{U}|0\rangle|0\rangle = \frac{1}{\sqrt{2}}|0\rangle|0\rangle - \frac{1}{\sqrt{2}}|1\rangle|1\rangle$ 中 $|1\rangle$ 的概率。量子线路图如图 3.23 所示，其中：q_3 中存储的是 $|\varphi\rangle$ 中的第一个量子比特，也就是辅助量子比特，用于区分两个部分；q_4 中存储的是 $|\varphi\rangle$ 中的第二个量子比特，即式(3.5.1)中的两个部分 $|\phi_0\rangle$ 和 $|\phi_1\rangle$；$q_2q_1q_0$ 用于存储 θ_a，θ_a 用 3 个量子比特表示，意味着 $m=3$。

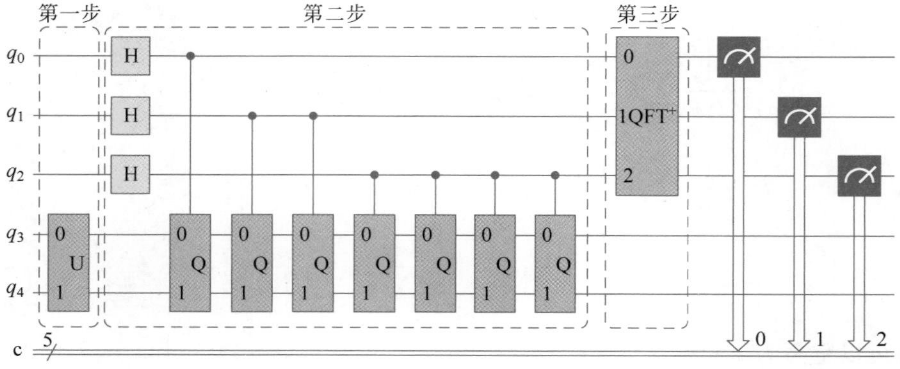

图 3.23 振幅估计的量子线路图

第一步使用 $\boldsymbol{U}$ 门制备量子态 $|\varphi\rangle$，第二步和第三步是量子振幅估计算法。测量结果如图 3.24 所示，测量 $q_2q_1q_0$ 得到 010 和 110 的概率分别为 0.507 和 0.493。010 和 110 对应的十进制分别为 2 和 6，也就是说 y 的取值为 2 或 6。无论 y 是 2 还是 6，都有 $a=$

$\sin^2(\pi y/2^m) = \dfrac{1}{2}$。这与 $|\varphi\rangle = \boldsymbol{U}|0\rangle|0\rangle = \dfrac{1}{\sqrt{2}}|0\rangle|0\rangle - \dfrac{1}{\sqrt{2}}|1\rangle|1\rangle$ 中 $|1\rangle$ 的概率 $\left(\dfrac{1}{\sqrt{2}}\right)^2 = \dfrac{1}{2}$

相吻合。

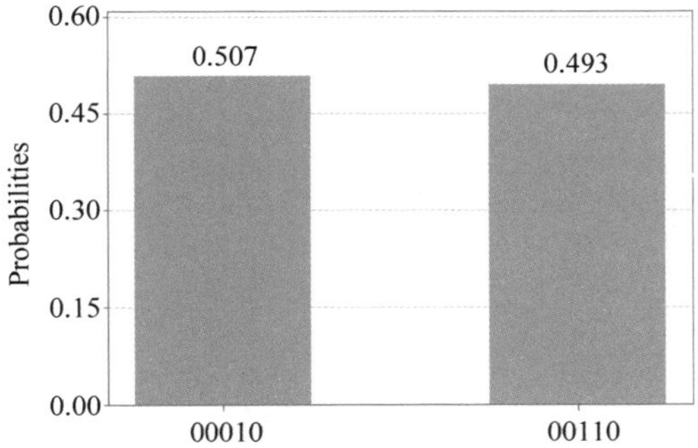

图 3.24　实验结果

量子振幅估计的代码如下：

```
1.     % matplotlib inline
2.     from qiskit import QuantumCircuit, ClassicalRegister, QuantumRegister
3.     from qiskit import execute
4.     from qiskit import BasicAer
5.     from qiskit import IBMQ
6.     from math import pi
7.     from qiskit.tools.visualization import plot_histogram
8.     from qiskit import Aer
9.
10.    circuit = QuantumCircuit(5,5)
11.
12.    #第一步：量子态制备,制备振幅估计的叠加态
13.    def U():
14.        circuit = QuantumCircuit(2)
15.        circuit.h(0)
16.        circuit.cry(pi/2,0,1)
17.        circuit.x(0)
18.        circuit.cry(-pi/2,0,1)
19.        circuit.x(0)
20.        circuit.h(0)
21.        circuit = circuit.to_gate()
22.        circuit.name = "U"
23.        return circuit
24.
25.    circuit.append(U(),[i+3 for i in range(2)])
26.
27.    #第二步
28.    circuit.barrier()
29.    for i in range(3):
30.        circuit.h(i)
31.
32.    #对受控比特进行Q门操作
33.    def Q():
```

```
    circuit = QuantumCircuit(2)
    circuit.z(0)
    circuit.append(U().inverse(),[i for i in range(2)])
    circuit.x(1)
    circuit.x(0)
    circuit.cz(0,1)
    circuit.x(0)
    circuit.x(1)
    circuit.append(U(),[i for i in range(2)])
    circuit = circuit.to_gate()
    circuit.name = "Q"
    c_U = circuit.control()
    return c_U

for i in range(3):
    for j in range(2 ** i):
        circuit.append(Q(),[i] + [m + 3 for m in range(2)])

#第三步：量子傅里叶逆变换
def qft_dagger(n):
    qc = QuantumCircuit(n)
    for qubit in range(n//2):
        qc.swap(qubit, n - qubit - 1)
    for j in range(n):
        for m in range(j):
            qc.cp( - pi/float(2 ** (j - m)), m, j)
        qc.h(j)
    qc.name = "QFT+"
    return qc

circuit.append(qft_dagger(3),[i for i in range(3)])

#测量
for i in range(3):
    circuit.measure(i,i)

#绘制线路图
circuit.draw(output = 'mpl',plot_barriers = False,fold = - 1)
backend = Aer.get_backend('qasm_simulator')
job_sim = execute(circuit, backend, shots = 8192)
sim_result = job_sim.result()
measurement_result = sim_result.get_counts(circuit)

#绘制结果图
print(measurement_result)
plot_histogram(measurement_result)
```

3.6 交换测试

在经典计算中，两个向量的内积在很多方面都有应用。在量子计算中，一个向量可以表示成一个量子态。交换测试(Swap Test，ST)可以计算两个量子态的内积，能够用于衡量两个量子态所对应向量之间的相似程度。很多量子机器学习算法用到了交换测试。下面首先给出二维量子态的交换测试算法，然后扩展到 N 维。

3.6.1 算法

二维量子态的交换测试主要由三个酉算子组成，如图 3.24 中第二步所示。

令二维量子态 $|a\rangle$ 和 $|b\rangle$ 分别为

$$|a\rangle = a_0|0\rangle + a_1|1\rangle,\quad |b\rangle = b_0|0\rangle + b_1|1\rangle \tag{3.6.1}$$

式中

$$|a_0|^2 + |a_1|^2 = 1,\quad |b_0|^2 + |b_1|^2 = 1$$

下面结合图 3.25 给出具体的交换测试算法。

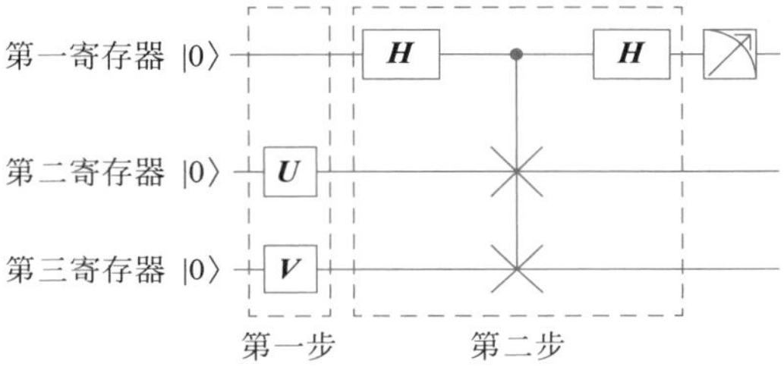

图 3.25 二维交换测试的量子线路图

制备初始量子态 $|\psi_0\rangle = |0\rangle|0\rangle|0\rangle$，其中第一个 $|0\rangle$ 是辅助量子比特，后两个 $|0\rangle$ 分别用来存储量子态 $|a\rangle$ 和 $|b\rangle$。

第一步：使用 **U** 门和 **V** 门作用于第二和第三寄存器制备量子态 $|a\rangle$ 和 $|b\rangle$，则初始态 $|\psi_0\rangle$ 演化为

$$|\psi_1\rangle = |0\rangle|a\rangle|b\rangle \tag{3.6.2}$$

第二步：交换测试。

首先使用 **H** 门作用于第一寄存器的辅助量子比特 $|0\rangle$，则量子态 $|\psi_1\rangle$ 演化为

$$|\psi_2\rangle = \frac{1}{\sqrt{2}}(|0\rangle|a\rangle|b\rangle + |1\rangle|a\rangle|b\rangle) \tag{3.6.3}$$

然后应用受控交换门将 $|\psi_2\rangle$ 演化为

$$|\psi_3\rangle = \frac{1}{\sqrt{2}}(|0\rangle|a\rangle|b\rangle + |1\rangle|b\rangle|a\rangle) \tag{3.6.4}$$

再使用 **H** 门作用于辅助量子比特将 $|\psi_3\rangle$ 演化为

$$\begin{aligned}|\psi_4\rangle &= \frac{1}{\sqrt{2}}\left[\frac{1}{\sqrt{2}}(|0\rangle+|1\rangle)|a\rangle|b\rangle + \frac{1}{\sqrt{2}}(|0\rangle-|1\rangle)|b\rangle|a\rangle\right] \\ &= \frac{1}{2}|0\rangle(|a\rangle|b\rangle+|b\rangle|a\rangle) + \frac{1}{2}|1\rangle(|a\rangle|b\rangle-|b\rangle|a\rangle)\end{aligned} \tag{3.6.5}$$

最后对辅助量子比特进行测量，得到 $|0\rangle$ 的概率为

$$
\begin{aligned}
P(0) &= \left(\frac{1}{2}\langle a \mid \langle b \mid + \langle b \mid \langle a \mid\right)\left(\frac{1}{2} \mid a\rangle \mid b\rangle + \mid b\rangle \mid a\rangle\right) \\
&= \frac{1}{4}(\langle a \mid \langle b \| a\rangle \mid b\rangle + \langle a \mid \langle b \| b\rangle \mid a\rangle + \langle b \mid \langle a \| a\rangle \mid b\rangle + \langle b \mid \langle a \| b\rangle \mid a\rangle) \\
&= \frac{1}{4}(\langle b \| a\rangle\langle a \| b\rangle + \langle b \| b\rangle\langle a \| a\rangle + \langle a \| a\rangle\langle b \| b\rangle + \langle a \| b\rangle\langle b \| a\rangle) \\
&= \frac{1}{4}(\langle b \mid a\rangle\langle a \mid b\rangle + 1 + 1 + \langle a \mid b\rangle\langle b \mid a\rangle) \\
&= \frac{1}{2} + \frac{1}{2} \mid \langle a \mid b\rangle \mid^2
\end{aligned} \tag{3.6.6}
$$

同理，得到$|1\rangle$的概率为

$$P(1) = \frac{1}{2} - \frac{1}{2} \mid \langle a \mid b\rangle \mid^2$$

因此，量子态$|a\rangle$和$|b\rangle$的内积可以通过下式计算：

$$\mid \langle a \mid b\rangle \mid = \sqrt{2P(0)-1} = \sqrt{1-2P(1)} \tag{3.6.7}$$

可以看到，交换测试实际得到的是$|a\rangle$和$|b\rangle$内积的模$|\langle a|b\rangle|$，并非内积$\langle a|b\rangle$。对于复数来讲，模可以提供有关该复数大小的信息，因此$|a\rangle$和$|b\rangle$内积的模足以表示$|a\rangle$和$|b\rangle$的相似度。

由于$P(0)$和$P(1)$都是概率，要想得到概率必须多次运行交换测试算法。为了较为准确地得到结果，需要运行$O\left(\frac{1}{\varepsilon}\right)$次交换测试，才能以误差$\varepsilon$得到概率$P(0)$和$P(1)$。由式(3.6.5)可以看出，每运行一次交换测试算法，有$|0\rangle$和$|1\rangle$两种情况：若测量结果为$|0\rangle$，则第二和第三寄存器的态坍缩为$|a\rangle|b\rangle+|b\rangle|a\rangle$；若测量结果为$|1\rangle$，则第二和第三寄存器的态坍缩为$|a\rangle|b\rangle-|b\rangle|a\rangle$。无论哪种情况，第二和第三寄存器的状态均不是初始的量子态$|a\rangle|b\rangle$。也就是说，输出态不能再一次用于新的交换测试的输入，因此在量子计算机上运行交换测试算法时，需要不断地重复制备量子态$|a\rangle$和$|b\rangle$，并重复运行算法，这是交换测试的一个不足。

若将$|a\rangle$和$|b\rangle$都扩展为N维量子态，即由$n=\log N$个量子比特表示，则计算$|a\rangle$和$|b\rangle$的内积模的量子线路如图3.26所示。其算法过程和二维是一样的，这里不再赘述。

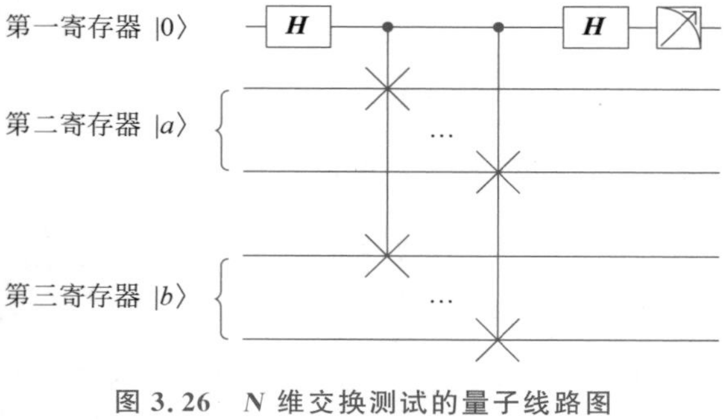

图 3.26　N维交换测试的量子线路图

3.6.2 实现

本实验的目的在于计算两个量子态

$$|a\rangle=\frac{|0\rangle+|1\rangle}{\sqrt{2}}=\left(\frac{1}{\sqrt{2}}\quad\frac{1}{\sqrt{2}}\right)^{\mathrm{T}},\quad |b\rangle=|1\rangle=(0\quad 1)^{\mathrm{T}}$$

的内积模的平方

$$|\langle a|b\rangle|^2=\left|\frac{1}{\sqrt{2}}\times 0+\frac{1}{\sqrt{2}}\times 1\right|^2=0.5$$

以反映它们的相似度。

实现的量子线路图如图 3.27 所示。由于输入 q_1 和 q_2 初始态都是$|0\rangle$，因此第一步使用 $\boldsymbol{H}$ 门和 $\boldsymbol{X}$ 门分别制备量子态$|a\rangle$和$|b\rangle$。第二步为交换测试。最后对 q_0 进行测量，测量结果如图 3.28 所示，测量为$|0\rangle$的概率 $P(0)=0.746=\frac{1}{2}+\frac{1}{2}|\langle a|b\rangle|^2$，测量为$|1\rangle$的概率 $P(1)=0.254=\frac{1}{2}-\frac{1}{2}|\langle a|b\rangle|^2$，因此可得$|\langle a|b\rangle|^2=2P(0)-1=1-2P(1)=0.492$。此实验结果与真实内积 0.5 相吻合。

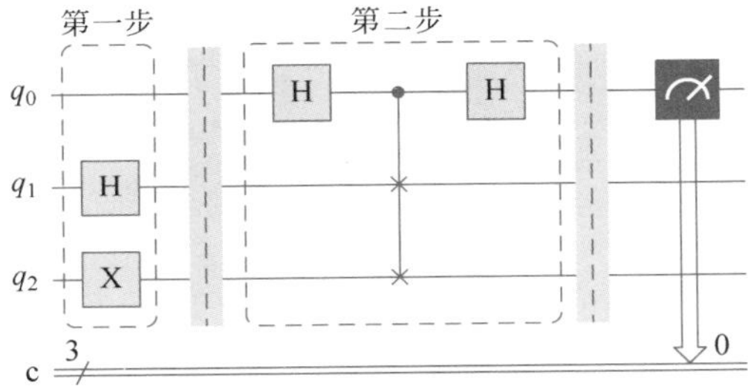

图 3.27 交换测试的量子线路图

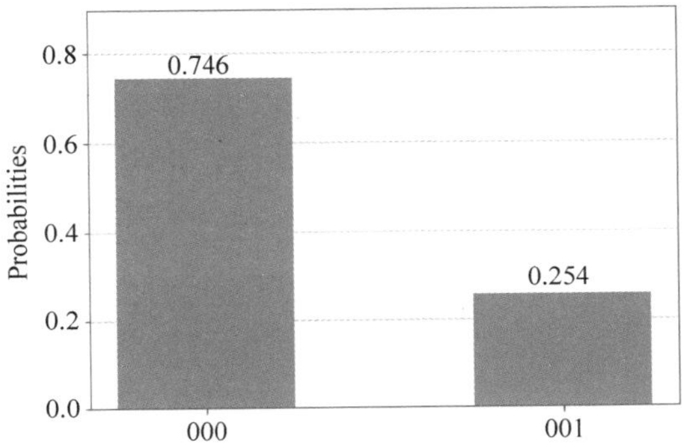

图 3.28 交换测试的实验结果

交换测试的代码如下：

```
1.    %matplotlib inline
2.    from qiskit import QuantumCircuit
```

```
from qiskit import execute
from qiskit import IBMQ
from qiskit.tools.visualization import plot_histogram

circuit = QuantumCircuit(3, 3)

#第一步：量子态制备
circuit.h(1)
circuit.x(2)

#第二步：swap-test
circuit.barrier(0,1)
circuit.h(0)
circuit.cswap(0,1,2)
circuit.h(0)
circuit.barrier(0,1)

#测量
circuit.measure([0],[0])

#绘制线路图
circuit.draw(output='mpl')
IBMQ.enable_account('token')
my_provider = IBMQ.get_provider()
backend  = my_provider.get_backend('ibmq_qasm_simulator')
job_sim = execute(circuit, backend, shots=1024)
sim_result = job_sim.result()

#绘制结果图
measurement_result = sim_result.get_counts(circuit)
plot_histogram(measurement_result)
```

3.7 哈达玛测试

交换测试给出了计算两个量子态内积模的方法，那么如何计算两个量子态内积呢？哈达玛测试（Hadamard Test，HT）能解决这个问题。由于量子态的振幅都是复数，因此内积计算分为两部分，一部分是计算内积的实部，另一部分是计算内积的虚部。

3.7.1 哈达玛测试计算内积的实部

假设量子态

$$|a\rangle=a_0|0\rangle+a_1|1\rangle,\quad |b\rangle=b_0|0\rangle+b_1|1\rangle \tag{3.7.1}$$

式中：a_0、a_1、b_0 和 b_1 都是复数，且$|a_0|^2+|a_1|^2=1$，$|b_0|^2+|b_1|^2=1$。

则$\langle a|b\rangle$的实部等于$\langle b|a\rangle$的实部

$$\mathrm{Re}\langle a|b\rangle=\mathrm{Re}\langle b|a\rangle=\frac{\langle a|b\rangle+\langle b|a\rangle}{2} \tag{3.7.2}$$

式中：Re 表示实部。

图 3.29 给出内积实部的计算方法。下面结合该图给出具体步骤。令 $\boldsymbol{U}|0\rangle=|a\rangle$，$\boldsymbol{V}|0\rangle=|b\rangle$，两个量子寄存器初态均为$|0\rangle$。

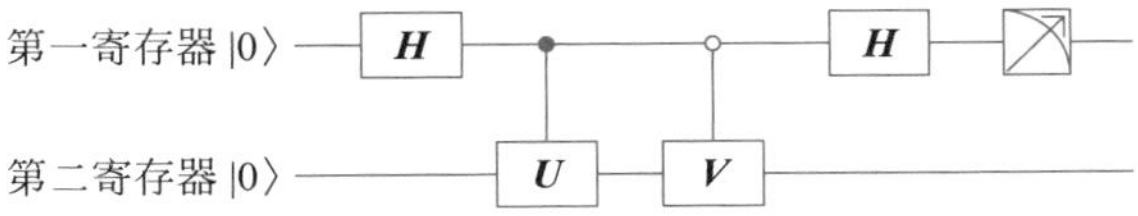

图 3.29 哈达玛测试中计算实部的量子线路图

第一步：使用 $\boldsymbol{H}$ 门作用于第一寄存器，则初始态$|0\rangle|0\rangle$演化为

$$|\psi_1\rangle=\frac{1}{\sqrt{2}}(|0\rangle+|1\rangle)|0\rangle=\frac{1}{\sqrt{2}}(|0\rangle|0\rangle+|1\rangle|0\rangle) \tag{3.7.3}$$

第二步：受第一寄存器的控制，制备$|a\rangle$和$|b\rangle$。当第一寄存器为$|0\rangle$时，使用 $\boldsymbol{V}$ 门作用于第二寄存器演化出$|b\rangle$，当第一寄存器的量子比特为$|1\rangle$时，使用 $\boldsymbol{U}$ 门作用于第二寄存器演化出$|a\rangle$，即

$$|\psi_2\rangle=\frac{1}{\sqrt{2}}(|0\rangle|b\rangle+|1\rangle|a\rangle) \tag{3.7.4}$$

第三步：使用 $\boldsymbol{H}$ 门作用于第一寄存器可得

$$\begin{aligned}|\psi_3\rangle&=\frac{1}{2}[(|0\rangle+|1\rangle)|b\rangle+(|0\rangle-|1\rangle)|a\rangle]\\&=\frac{1}{2}[|0\rangle(|b\rangle+|a\rangle)+|1\rangle(|b\rangle-|a\rangle)]\end{aligned} \tag{3.7.5}$$

对第一寄存器进行测量，得到$|0\rangle$的概率为

$$\begin{aligned}P(0)&=\frac{1}{2}(\langle b|+\langle a|)\frac{1}{2}(|b\rangle+|a\rangle)\\&=\frac{1}{4}(\langle b||b\rangle+\langle b||a\rangle+\langle a||b\rangle+\langle a||a\rangle)\\&=\frac{1}{4}(2+\langle a|b\rangle+\langle b|a\rangle)\\&=\frac{1}{4}(2+2\mathrm{Re}\langle a|b\rangle)\\&=\frac{1}{2}+\frac{\mathrm{Re}\langle a|b\rangle}{2}\end{aligned} \tag{3.7.6}$$

由此可以得到 $\mathrm{Re}\langle a|b\rangle=2P(0)-1$。

同理，得到$|1\rangle$的概率为

$$P(1)=\frac{1}{2}-\frac{\mathrm{Re}\langle a|b\rangle}{2}$$

因此也可以使用得到$|1\rangle$的概率求解实部，即 $\mathrm{Re}\langle a|b\rangle=1-2P(1)$。

3.7.2 哈达玛测试计算内积的虚部

在式(3.7.1)的基础上，令 $\mathrm{i}|b\rangle=\mathrm{i}b_0|0\rangle+\mathrm{i}b_1|1\rangle$，则

$$\mathrm{Im}\langle a \mid b\rangle = -\mathrm{Re}\langle a \mid \mathrm{i} \mid b\rangle \tag{3.7.7}$$

式中：Im 表示虚部。

由于算子 $\boldsymbol{S}=\begin{pmatrix}1 & 0\\ 0 & \mathrm{i}\end{pmatrix}$，由式(3.7.7)可以得出，只需在图 3.28 第一个 $\boldsymbol{H}$ 门后增加一个 $\boldsymbol{S}$ 门就可以得到 $\mathrm{Im}\langle a|b\rangle$。下面给出具体的计算方法。

第一步：使用 $\boldsymbol{H}$ 门作用于第一寄存器，则$|0\rangle|0\rangle$演化为

$$|\psi_1\rangle = \frac{1}{\sqrt{2}}(|0\rangle + |1\rangle)|0\rangle = \frac{1}{\sqrt{2}}(|0\rangle|0\rangle + |1\rangle|0\rangle) \tag{3.7.8}$$

第二步：将 $\boldsymbol{S}$ 门作用于第一寄存器得到

$$|\psi_2\rangle = \frac{1}{\sqrt{2}}(|0\rangle + \mathrm{i}|1\rangle)|0\rangle = \frac{1}{\sqrt{2}}(|0\rangle|0\rangle + \mathrm{i}|1\rangle|0\rangle) \tag{3.7.9}$$

第三步：受第一寄存器的控制，制备$|a\rangle$和$|b\rangle$。当第一寄存器为$|0\rangle$时，使用 $\boldsymbol{V}$ 门作用于第二寄存器演化出$|b\rangle$，当第一寄存器的量子比特为$|1\rangle$时，使用 $\boldsymbol{U}$ 门作用于第二寄存器演化出$|a\rangle$，即

$$|\psi_3\rangle = \frac{1}{\sqrt{2}}(|0\rangle|b\rangle + \mathrm{i}|1\rangle|a\rangle) \tag{3.7.10}$$

第四步：使用 $\boldsymbol{H}$ 门作用于第一寄存器可得

$$\begin{aligned}|\psi_4\rangle &= \frac{1}{2}((|0\rangle + |1\rangle)|b\rangle + \mathrm{i}(|0\rangle - |1\rangle)|a\rangle)\\ &= \frac{1}{2}(|0\rangle(|b\rangle + \mathrm{i}|a\rangle)|b\rangle + |1\rangle(|b\rangle - \mathrm{i}|a\rangle))\end{aligned} \tag{3.7.11}$$

对第一寄存器量子比特测量，得到$|0\rangle$的概率为

$$\begin{aligned}P(0) &= \frac{1}{2}(\langle b| - \langle a|\mathrm{i})\frac{1}{2}(|b\rangle + \mathrm{i}|a\rangle)\\ &= \frac{1}{4}(\langle b||b\rangle + \langle b|\mathrm{i}|a\rangle - \langle a|\mathrm{i}|b\rangle - \langle a|\mathrm{ii}|a\rangle)\\ &= \frac{1}{4}(2 + \langle b|\mathrm{i}|a\rangle - \langle a|\mathrm{i}|b\rangle)\\ &= \frac{1}{4}(2 + \mathrm{i}(\langle b|a\rangle - \langle a|b\rangle))\end{aligned} \tag{3.7.12}$$

由于

$$\mathrm{i}\mathrm{Im}\langle a|b\rangle = -\mathrm{i}\mathrm{Im}\langle b|a\rangle = \frac{\langle a|b\rangle - \langle b|a\rangle}{2} \tag{3.7.13}$$

则

$$P(0) = \frac{1}{4}(2 + 2\mathrm{Im}\langle a|b\rangle) = \frac{1}{2} + \frac{\mathrm{Im}\langle a|b\rangle}{2} \tag{3.7.14}$$

由此可以得到 $\mathrm{Im}\langle a|b\rangle = 2P(0) - 1$。

同理，得到$|1\rangle$的概率为

$$P(1)=\frac{1}{2}-\frac{\operatorname{Im}\langle a \mid b\rangle}{2}$$

因此也可以使用得到$|1\rangle$的概率求解虚部，即 $\operatorname{Im}\langle a|b\rangle=1-2P(1)$。

当$|a\rangle$和$|b\rangle$的振幅都是实数时，内积的虚部为 0，内积的实部也就是内积。在后续的量子机器学习算法中，要计算内积的$|a\rangle$和$|b\rangle$的振幅皆为实数，因此可以用哈达玛测试计算内积。

与交换测试一样，为了较为准确地得到内积，需要 $O\left(\frac{1}{\varepsilon}\right)$次运行，才能以误差 ε 得到概率 $P(0)$ 或 $P(1)$。

3.7.3 实现

该实验求两个量子态$|a\rangle=0.999|0\rangle+0.045|1\rangle$和$|b\rangle=0.339|0\rangle+0.941|1\rangle$的内积 $0.999\times0.339+0.045\times0.941=0.381$。

图 3.30 是在 qiskit 上实现的量子线路图。第一步对 q_0 进行 $\boldsymbol{H}$ 门变换；第二步分别用 1 控制和 0 控制的旋转门制备$|a\rangle$和$|b\rangle$；第三步再次对 q_0 进行 $\boldsymbol{H}$ 门变换；最后对 q_0 进行测量。由图 3.31 可以看出，得到$|1\rangle$的概率为 0.312，因此通过实验得到$|a\rangle$和$|b\rangle$的内积的实部为 $1-2\times0.312=0.376$，由于$|a\rangle$和$|b\rangle$的振幅都是实数，因此$|a\rangle$和$|b\rangle$内积为 0.376，与真实内积相吻合。

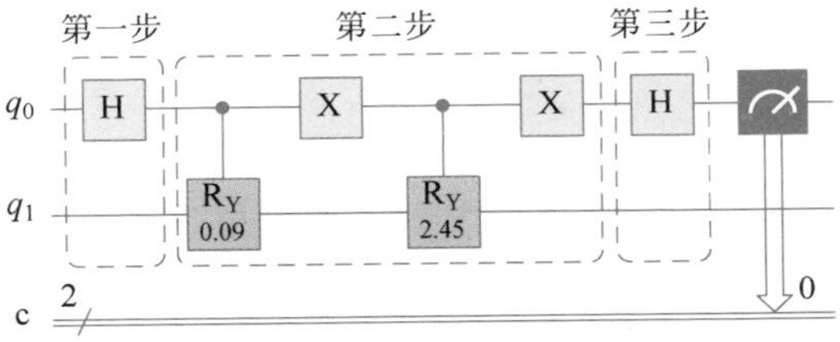

图 3.30 哈达玛测试的量子线路图

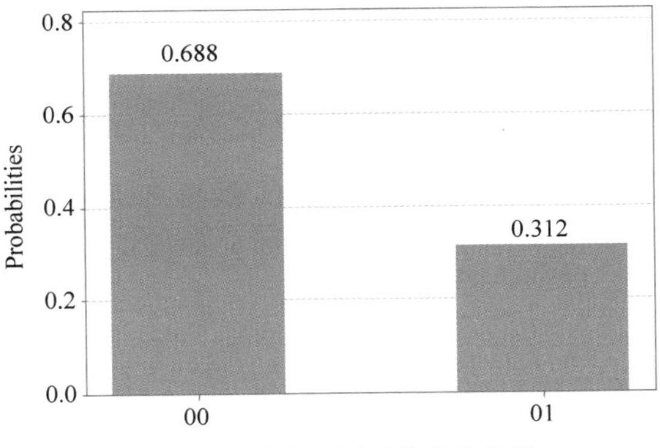

图 3.31 哈达玛测试的实验结果

哈达玛测试的代码如下：

```
%matplotlib inline
from qiskit import QuantumCircuit, ClassicalRegister, QuantumRegister
from qiskit import execute
from qiskit import Aer
from qiskit import IBMQ
from math import pi
from qiskit.tools.visualization import plot_histogram

circuit = QuantumCircuit(2,2)

#第一步
circuit.h(0)

#第二步
circuit.cry(0.090,0,1)
circuit.x(0)
circuit.cry(2.452,0,1)
circuit.x(0)

#第三步
circuit.h(0)

#测量
circuit.measure(0,0)

#绘制线路图
circuit.draw(output = 'mpl')
backend = Aer.get_backend('qasm_simulator')
job_sim = execute(circuit,backend,shots = 20000)
sim_result = job_sim.result()

#绘制结果图
measurement_result = sim_result.get_counts(circuit)
plot_histogram(measurement_result)
```

3.8 HHL 算法

HHL 算法利用量子特性来求解线性方程组。线性方程组的求解问题可以归纳为给定一个 $N\times N$ 的可逆方阵 $\boldsymbol{A}$ 和一个 $N\times 1$ 的向量 $\boldsymbol{b}$，如何找到一个 $N\times 1$ 的向量 $\boldsymbol{x}$，使其满足如下方程：

$$\boldsymbol{A}\boldsymbol{x}=\boldsymbol{b} \tag{3.8.1}$$

该问题的一种解法是通过求解矩阵的逆 $\boldsymbol{A}^{-1}$ 获得 $\boldsymbol{x}=\boldsymbol{A}^{-1}\boldsymbol{b}$。在经典计算中，求矩阵的逆需要付出 $O(N^3)$ 的代价。而 HHL 算法利用量子特性来求解线性方程组，能够降低复杂度。在 HHL 算法中非常重要的一环是哈密顿量模拟。下面首先给出哈密顿量模拟方法，然后介绍具体的 HHL 算法。

3.8.1 哈密顿量模拟

在量子力学中哈密顿量是描述系统总能量的算符，在数学上哈密顿量是厄米矩阵 $\boldsymbol{H}$。本节不深究哈密顿量的物理意义，仅将其理解为厄米矩阵。

哈密顿量模拟问题是指用量子门实现哈密顿量 $\boldsymbol{H}$ 的指数形式 $\mathrm{e}^{\mathrm{i}\boldsymbol{H}t}$。也就是说，对于给定的时间 t 和误差 $\varepsilon>0$，使用 $\log N$ 的多项式个量子门组成的 N 维酉算子 $\boldsymbol{U}$ 能够实现 $\mathrm{e}^{\mathrm{i}\boldsymbol{H}t}$，即 $\|\boldsymbol{U}-\mathrm{e}^{\mathrm{i}\boldsymbol{H}t}\|\leqslant\varepsilon$。使用 $\log N$ 的多项式个量子门，意味着算法复杂度为 $O(\mathrm{poly}(\log N))$。

事实上并不是所有的哈密顿量都可以被有效模拟，但是大多数哈密顿量可以写成许多更简单的、便于量子计算机实现的矩阵的和的形式，为哈密顿量模拟提供了方便。假设一个哈密顿量 $\boldsymbol{H}$ 分解为

$$\boldsymbol{H}=\sum_{k=1}^{L}\boldsymbol{H}_k \tag{3.8.2}$$

式中：$\boldsymbol{H}_k$ 是更简单的矩阵，通常由较为简单的门相乘来构成；L 为 n 的一个多项式；n 为模拟 $\boldsymbol{H}$ 时用到的量子比特数。

下面针对哈密顿量模拟给出两个定理。

【定理 3.8.1】 对于 $\boldsymbol{H}=\sum_{k=1}^{L}\boldsymbol{H}_k$，如果对所有的 j 和 k 都满足 $\boldsymbol{H}_j$ 和 $\boldsymbol{H}_k$ 对易，即 $[\boldsymbol{H}_j,\boldsymbol{H}_k]=\boldsymbol{H}_j\boldsymbol{H}_k-\boldsymbol{H}_k\boldsymbol{H}_j=0$，则对所有的正实数 t，有

$$\mathrm{e}^{\mathrm{i}\boldsymbol{H}t}=\mathrm{e}^{\mathrm{i}\boldsymbol{H}_1t}\mathrm{e}^{\mathrm{i}\boldsymbol{H}_2t}\cdots\mathrm{e}^{\mathrm{i}\boldsymbol{H}_Lt} \tag{3.8.3}$$

【例 3.8.1】 对于哈密顿量 $\boldsymbol{H}=\frac{1}{2}\begin{pmatrix}3&1\\1&3\end{pmatrix}$ 来说，令 $t=\frac{\pi}{2}$，则需要模拟的量为 $\mathrm{e}^{\mathrm{i}\boldsymbol{H}\frac{\pi}{2}}$。

由于

$$\boldsymbol{H}=\frac{1}{2}\begin{pmatrix}3&1\\1&3\end{pmatrix}=\frac{3\boldsymbol{I}}{2}+\frac{\boldsymbol{X}}{2}$$

因此，$\mathrm{e}^{\mathrm{i}\boldsymbol{H}\frac{\pi}{2}}$ 可以分解为

$$\mathrm{e}^{\mathrm{i}\boldsymbol{H}\frac{\pi}{2}}=\mathrm{e}^{\mathrm{i}\left(\frac{3\boldsymbol{I}}{2}+\frac{\boldsymbol{X}}{2}\right)\frac{\pi}{2}}=\mathrm{e}^{\mathrm{i}\frac{3\boldsymbol{I}}{2}\frac{\pi}{2}}\mathrm{e}^{\mathrm{i}\frac{\boldsymbol{X}}{2}\frac{\pi}{2}}=\mathrm{e}^{\mathrm{i}\boldsymbol{I}\frac{3\pi}{4}}\mathrm{e}^{\mathrm{i}\boldsymbol{X}\frac{\pi}{4}} \tag{3.8.4}$$

由 $\mathrm{e}^{\mathrm{i}\boldsymbol{A}x}=\cos(x)\boldsymbol{I}+\mathrm{i}\sin(x)\boldsymbol{A}$ 可知

$$\mathrm{e}^{\mathrm{i}\boldsymbol{I}\frac{3\pi}{4}}=\cos\left(\frac{3\pi}{4}\right)\boldsymbol{I}+\mathrm{i}\sin\left(\frac{3\pi}{4}\right)\boldsymbol{I}=-\frac{\sqrt{2}}{2}\boldsymbol{I}+\mathrm{i}\frac{\sqrt{2}}{2}\boldsymbol{I}=\frac{\sqrt{2}}{2}(-1+\mathrm{i})\boldsymbol{I}$$

是单位矩阵的常数倍，可以用 $\boldsymbol{I}$ 门实现。而

$$\begin{aligned}\mathrm{e}^{\mathrm{i}\boldsymbol{X}\frac{\pi}{4}}&=\cos\left(\frac{\pi}{4}\right)\boldsymbol{I}+\mathrm{i}\sin\left(\frac{\pi}{4}\right)\boldsymbol{X}\\&=\begin{pmatrix}\cos\frac{\pi}{4}&\mathrm{i}\sin\frac{\pi}{4}\\\mathrm{i}\sin\frac{\pi}{4}&\cos\frac{\pi}{4}\end{pmatrix}=\begin{pmatrix}\cos\left(-\frac{\pi}{4}\right)&-\mathrm{i}\sin\left(-\frac{\pi}{4}\right)\\-\mathrm{i}\sin\left(-\frac{\pi}{4}\right)&\cos\left(-\frac{\pi}{4}\right)\end{pmatrix}\end{aligned}$$

$$=\boldsymbol{R}_x\left(-\frac{\pi}{2}\right)$$

等价于 $\boldsymbol{R}_x\left(-\frac{\pi}{2}\right)$门。两部分都可以用简单的量子门来实现,把两部分合起来就可以有效模拟 $\mathrm{e}^{\mathrm{i}\boldsymbol{H}\frac{\pi}{2}}$。

【定理 3.8.2】 令 $\boldsymbol{B}$ 和 $\boldsymbol{C}$ 是两个哈密顿量,则对任意的正实数 t,有

$$\lim_{n\to\infty}(\mathrm{e}^{\mathrm{i}\boldsymbol{B}\frac{t}{n}}\mathrm{e}^{\mathrm{i}\boldsymbol{C}\frac{t}{n}})^n=\mathrm{e}^{\mathrm{i}(\boldsymbol{B}+\boldsymbol{C})t} \tag{3.8.5}$$

该定理中并不要求 $\boldsymbol{B}$ 和 $\boldsymbol{C}$ 是对易的。

这里不对上述两个定理进行证明,感兴趣的读者可以参见文献[1]。但是,在实验中不能做到 $n\to\infty$,通常使用高阶近似方法来近似。例如,下面的 $n=1$ 和 $n=2$ 两种情况:

$$\mathrm{e}^{\mathrm{i}(\boldsymbol{B}+\boldsymbol{C})t}=\mathrm{e}^{\mathrm{i}\boldsymbol{B}t}\mathrm{e}^{\mathrm{i}\boldsymbol{C}t}+O(t^2) \tag{3.8.6}$$

$$\mathrm{e}^{\mathrm{i}(\boldsymbol{B}+\boldsymbol{C})t}=(\mathrm{e}^{\mathrm{i}\boldsymbol{B}\frac{t}{2}}\mathrm{e}^{\mathrm{i}\boldsymbol{C}\frac{t}{2}})^2+O(t^3) \tag{3.8.7}$$

HHL 算法中将 $\boldsymbol{Ax}=\boldsymbol{b}$ 中的 $\boldsymbol{A}$ 看作一个哈密顿量,通过对其模拟来求解线性方程组。但是,哈密顿量是厄米矩阵,如果 $\boldsymbol{Ax}=\boldsymbol{b}$ 中的 $\boldsymbol{A}$ 不是厄米矩阵,那么可以将 $\boldsymbol{A}$ 构造成一个厄米矩阵。构造方法如下:

$$\widetilde{\boldsymbol{A}}=\begin{pmatrix}\boldsymbol{0} & \boldsymbol{A}\\ \boldsymbol{A}^{+} & \boldsymbol{0}\end{pmatrix} \tag{3.8.8}$$

这样得到的 $\widetilde{\boldsymbol{A}}$ 是厄米矩阵。则 $\boldsymbol{Ax}=\boldsymbol{b}$ 转换为

$$\widetilde{\boldsymbol{A}}\widetilde{\boldsymbol{x}}=\begin{pmatrix}\boldsymbol{b}\\ \boldsymbol{0}\end{pmatrix} \tag{3.8.9}$$

求解上式可得

$$\widetilde{\boldsymbol{x}}=\begin{pmatrix}\boldsymbol{0}\\ \boldsymbol{x}\end{pmatrix} \tag{3.8.10}$$

式中:$\boldsymbol{0}$ 为 N 个 0 组成的列向量。因此,下面皆假设 $\boldsymbol{A}$ 是厄米矩阵。

3.8.2 算法基本思想

假设 $\boldsymbol{A}$ 是厄米矩阵,则它的谱分解可以写成

$$\boldsymbol{A}=\sum_{i=0}^{N-1}\lambda_i\,|u_i\rangle\langle u_i| \tag{3.8.11}$$

式中:$|u_i\rangle(i=0,1,\cdots,N-1)$为 $\boldsymbol{A}$ 的特征向量;λ_i 为对应的特征值。

在此基础上可以给出 HHL 算法的基本思想。

因为厄米矩阵 $\boldsymbol{A}$ 的全部特征向量组成了希尔伯特空间中的一组标准正交基,因此向量 $\boldsymbol{b}$ 可以表示为

$$|b\rangle=\sum_{i=0}^{N-1}\beta_i\,|u_i\rangle \tag{3.8.12}$$

则

$$A^{-1}b=\left(\sum_{i=0}^{N-1}\lambda_i^{-1}|u_i\rangle\langle u_i|\right)\left(\sum_{i=0}^{N-1}\beta_i|u_i\rangle\right)=\sum_{i=0}^{N-1}\frac{\beta_i}{\lambda_i}|u_i\rangle \tag{3.8.13}$$

由式(3.8.13)可以看出，求解 $A^{-1}b$ 转换成了求解 $\sum_{i=0}^{N-1}\frac{\beta_i}{\lambda_i}|u_i\rangle$，HHL 算法就是利用量子特性得到 $\sum_{i=0}^{N-1}\frac{\beta_i}{\lambda_i}|u_i\rangle$。

3.8.3 算法步骤

HHL 算法主要有相位估计、受控旋转以及逆相位估计三个步骤，如图 3.32 所示。HHL 算法共需要三个寄存器 $|0\rangle|0\rangle^{\otimes l}|0\rangle^{\otimes n}$（其中 $n=\log N$）：第一寄存器是一个辅助量子比特；第二寄存器的作用是暂存特征值，l 取决于相位估计的精度和成功率；第三寄存器用于存储向量 b。下面介绍 HHL 算法的具体步骤。

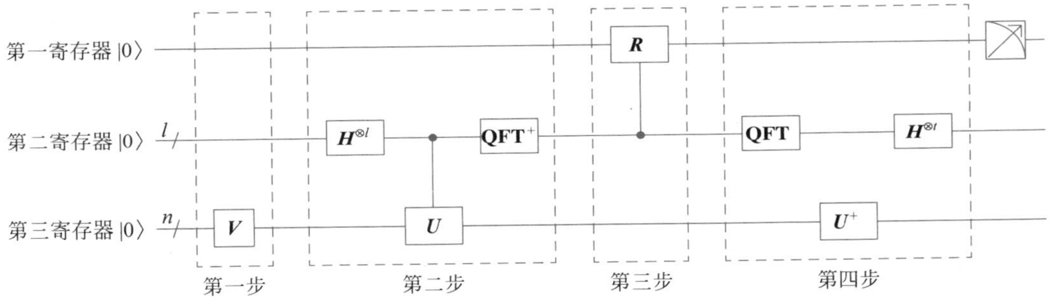

图 3.32 HHL 算法的量子线路

第一步：使用酉变换 V 作用于第三寄存器制备 $|b\rangle=\sum_{i=0}^{N-1}\beta_i|u_i\rangle$，则初始态 $|0\rangle|0\rangle^{\otimes l}|0\rangle^{\otimes n}$ 演化为量子态 $|\psi_1\rangle$，即

$$|\psi_1\rangle=|0\rangle|0\rangle^{\otimes l}\sum_{i=0}^{N-1}\beta_i|u_i\rangle \tag{3.8.14}$$

第二步：对第二寄存器和第三寄存器使用量子相位估计可得

$$|\psi_2\rangle=|0\rangle\sum_{i=0}^{N-1}\beta_i|\tilde{\lambda}_i\rangle|u_i\rangle \tag{3.8.15}$$

由相位估计算法可知，大多数情况下基态中存储的并不是 λ_i，而是 λ_i 的近似值，记为 $\tilde{\lambda}_i$。

由 3.4.1 节可知，量子相位估计算法中 U 的设置至关重要，不同的 U 会得到不同的运行结果。因为 A 的特征值为 λ_i，所以 e^{iAt} 的特征值为 $e^{i\lambda_i t}$，与相位估计算法中的形式相似，能够通过相位估计将相位 λ_i 存储到基态中。因此 HHL 算法中令

$$U=e^{iAt}=\sum_{i=0}^{N-1}e^{i\lambda_i t}|u_i\rangle\langle u_i| \tag{3.8.16}$$

而且由于 A 是厄米矩阵，所以 e^{iAt} 是一个酉矩阵，满足量子门的要求。

其实 $e^{i\lambda_i t}$ 与相位估计算法中 U 的特征值的形式 $e^{2\pi i\varphi}$ 不完全相同，多了一个参数 t，

少了 2π，而且相位估计是将相位的 2^l 倍存储到基态中，因此令

$$t=\frac{2\pi}{2^l} \tag{3.8.17}$$

则

$$\boldsymbol{U}\mid u_i\rangle=\mathrm{e}^{\frac{2\pi\mathrm{i}\lambda_i}{2^l}}\mid u_i\rangle \tag{3.8.18}$$

就能够将相位 λ_i 存储到基态中。

第三步：由附录 B.3 可知，关于基态 $|\tilde{\lambda}_i\rangle$ 的函数 $f(\tilde{\lambda}_i)=\frac{C}{\tilde{\lambda}_i}$（$C$ 是归一化因子）能够在量子计算机上实现，因此以 $|\tilde{\lambda}_i\rangle$ 作为控制比特，使用 $f(\tilde{\lambda}_i)$ 对辅助量子比特进行旋转，将特征值存储到振幅中。

$$\mid\psi_3\rangle=\sum_{i=0}^{N-1}\left(\sqrt{1-\frac{C^2}{\tilde{\lambda}_i^2}}\mid 0\rangle+\frac{C}{\tilde{\lambda}_i}\mid 1\rangle\right)\beta_i\mid\tilde{\lambda}_i\rangle\mid u_i\rangle \tag{3.8.19}$$

这里受控旋转可看作一个映射 $R(f)$，将辅助量子比特由基态 $|0\rangle$ 映射到 $|0\rangle$ 和 $|1\rangle$ 的叠加态上，同时将函数值 $f(\tilde{\lambda}_i)$ 提取到 $|1\rangle$ 的振幅上。

第四步：退计算。

一方面，对比想要的量子态（式(3.8.13)）和得到的量子态（式(3.8.19)）可以看出，式(3.8.19)中多了第二寄存器中存储的 $|\tilde{\lambda}_i\rangle$；另一方面，对比式(3.8.14)、式(3.8.15)和式(3.8.19)可以看出，只要对式(3.8.19)的第二寄存器和第三寄存器执行逆相位估计就可以将式(3.8.19)中第二寄存器演化为 $|0\rangle^{\otimes l}$，该步骤称为退计算。退计算的目的是解除第二寄存器与其余两个寄存器的纠缠。

执行退计算，量子态演化为

$$\mid\psi_4\rangle=\sum_{i=0}^{N-1}\left(\sqrt{1-\frac{C^2}{\tilde{\lambda}_i^2}}\mid 0\rangle+\frac{C}{\tilde{\lambda}_i}\mid 1\rangle\right)\beta_i\mid 0\rangle\mid u_i\rangle \tag{3.8.20}$$

此时忽略第二寄存器，对第一寄存器进行测量，当测量结果为 1，则得到量子态

$$\mid\psi\rangle=\sum_{i=0}^{N-1}C\frac{\beta_i}{\tilde{\lambda}_i}\mid u_i\rangle \tag{3.8.21}$$

除去归一化因子 C，式(3.8.21)与式(3.8.13)等价。由此完成了用量子算法求解线性方程组。

需要注意的是，在 HHL 算法中退计算用的是逆相位估计。这里之所以用到逆相位估计，是因为第二步使用相位估计将特征值存储在第二寄存器中。逆相位估计最终目的是将特征值存储在第一寄存器的振幅中。在后续的其他算法中也有退计算的概念，均起到解纠缠的作用，也就是解除目标量子比特与辅助量子比特之间的纠缠，从而得到目标量子态。至于采用哪种方法退计算，要看具体算法中用哪种方法将目标量子比特与辅助量子比特纠缠在一起，一般采用逆运算来实现解纠缠，即退计算。

根据式(3.8.21)，HHL 算法的输出存放在第三寄存器的叠加态中。而 $|\psi\rangle$ 是一个向量，要想提取出向量的每一个元素并不容易。不过，在很多使用 HHL 的量子算法中并不

需要将$|\psi\rangle$的具体元素提取出来，而是直接使用$|\psi\rangle$进行后续的操作。在这种情况下HHL算法还是相当高效的，广泛应用于量子主成分分析、量子支持向量机、量子回归等量子机器学习算法中。

此外，该算法的复杂度主要体现在第二步和第四步中的哈密顿量模拟上，也就是$U=\mathrm{e}^{\mathrm{i}\boldsymbol{A}t}$的实现，而哈密顿量模拟的复杂度为$O(\mathrm{poly}(\log N))$。因此HHL算法的复杂度为$O(\mathrm{poly}(\log N))$。

3.8.4 实现

对于方程组

$$\frac{1}{2}\begin{pmatrix}3 & 1\\1 & 3\end{pmatrix}\begin{pmatrix}x_1\\x_2\end{pmatrix}=\begin{pmatrix}0\\1\end{pmatrix}$$

来说，如果使用经典矩阵求逆算法可得其解为

$$(x_1 \quad x_2)^{\mathrm{T}}=\left(-\frac{1}{4} \quad \frac{3}{4}\right)^{\mathrm{T}}$$

使用HHL算法求解该方程组时，令

$$\boldsymbol{A}=\frac{1}{2}\begin{pmatrix}3 & 1\\1 & 3\end{pmatrix},\quad \boldsymbol{b}=\begin{pmatrix}0\\1\end{pmatrix}$$

量子线路图如图3.33所示，其中q_0是受控旋转的辅助量子比特，q_1和q_2存储矩阵$\boldsymbol{A}$的特征值，q_3存储$\boldsymbol{b}$。第一步在q_3上制备$\boldsymbol{b}=\begin{pmatrix}0\\1\end{pmatrix}$，第二步为量子相位估计，第三步为受控旋转，第四步为逆量子相位估计，最后是测量。

由3.8.3节第二步的分析可知，$t=\frac{2\pi}{2^l}$。本实验中用两个量子比特存储$\boldsymbol{A}$的特征值，因此$l=2$，则模拟$\boldsymbol{U}=\mathrm{e}^{\mathrm{i}\boldsymbol{A}t}$被转换为模拟$\boldsymbol{U}=\mathrm{e}^{\mathrm{i}\boldsymbol{A}\frac{2\pi}{4}}$。量子相位估计要模拟的算子包括受控$\boldsymbol{U}^{2^0}=\mathrm{e}^{\mathrm{i}\boldsymbol{A}\frac{2\pi}{4}}=\mathrm{e}^{\mathrm{i}\frac{\boldsymbol{A}}{4}2\pi}$和受控$\boldsymbol{U}^{2^1}=\mathrm{e}^{\mathrm{i}\frac{\boldsymbol{A}}{2}2\pi}$。$\mathrm{e}^{\mathrm{i}\frac{\boldsymbol{A}}{4}2\pi}$可以做如下分解：

$$\mathrm{e}^{\mathrm{i}\frac{\boldsymbol{A}}{4}2\pi}=\mathrm{e}^{\mathrm{i}\frac{1}{2}(3\boldsymbol{I}+\boldsymbol{X})\frac{\pi}{2}}=\mathrm{e}^{\mathrm{i}\left(\frac{3\pi}{4}\right)\boldsymbol{I}}\times\mathrm{e}^{-\mathrm{i}\left(-\frac{\pi}{4}\right)\boldsymbol{X}} \tag{3.8.22}$$

又因为

$$\mathrm{e}^{\mathrm{i}\frac{3\pi}{4}\boldsymbol{I}}=\cos\frac{3\pi}{4}\boldsymbol{I}+\mathrm{i}\sin\frac{3\pi}{4}\boldsymbol{I}=\begin{pmatrix}\mathrm{e}^{\mathrm{i}\frac{3\pi}{4}} & 0\\0 & \mathrm{e}^{\mathrm{i}\frac{3\pi}{4}}\end{pmatrix}$$

因此受q_1控制对q_2执行$\mathrm{e}^{\mathrm{i}\frac{3\pi}{4}\boldsymbol{I}}$等价于直接对$q_1$执行

$$\boldsymbol{U}_1\left(\frac{3\pi}{4}\right)=\begin{pmatrix}1 & 0\\0 & \mathrm{e}^{\mathrm{i}\frac{3\pi}{4}}\end{pmatrix}$$

此外，有

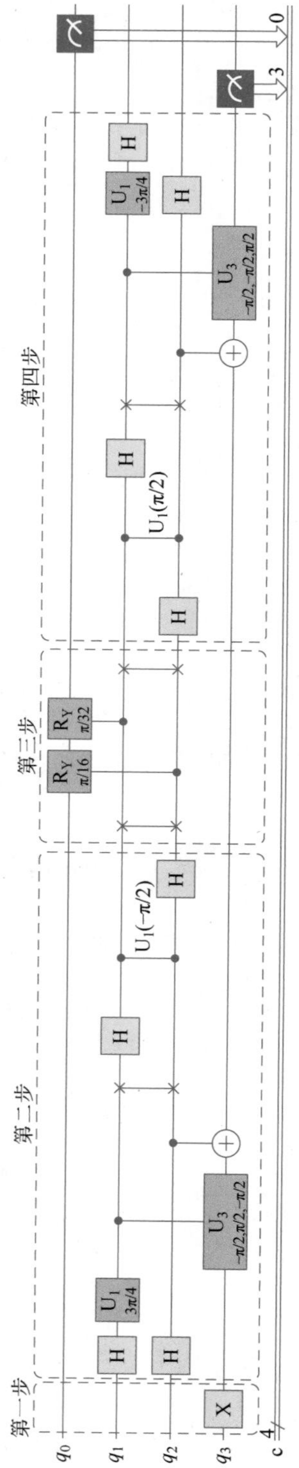

图 3.33　求解线性方程组的量子线路图

$$e^{-i\boldsymbol{X}\left(-\frac{\pi}{4}\right)}=\cos\left(-\frac{\pi}{4}\right)\boldsymbol{I}-i\sin\left(-\frac{\pi}{4}\right)\boldsymbol{X}$$
$$=\begin{pmatrix}\cos\left(-\frac{\pi}{4}\right) & -i\sin\left(-\frac{\pi}{4}\right)\\ -i\sin\left(-\frac{\pi}{4}\right) & \cos\left(-\frac{\pi}{4}\right)\end{pmatrix}=\boldsymbol{U}_3\left(-\frac{\pi}{2},-\frac{\pi}{2},\frac{\pi}{2}\right) \tag{3.8.23}$$

因此受控 $\boldsymbol{U}^{2^0}=e^{i\frac{\boldsymbol{A}}{4}2\pi}$ 可以使用 $\boldsymbol{U}_1\left(\frac{3\pi}{4}\right)$ 和受控 $\boldsymbol{U}_3\left(-\frac{\pi}{2},-\frac{\pi}{2},\frac{\pi}{2}\right)$ 来实现。

由于 $\boldsymbol{U}^{2^1}=e^{i\frac{\boldsymbol{A}}{2}2\pi}$ 可以做如下分解:

$$e^{i\frac{\boldsymbol{A}}{2}2\pi}=e^{i(3\boldsymbol{I}+\boldsymbol{X})\frac{\pi}{2}}=e^{i\left(\frac{3\pi}{2}\right)\boldsymbol{I}}\times e^{-i\left(-\frac{\pi}{2}\right)\boldsymbol{X}} \tag{3.8.24}$$

又因为

$$\begin{aligned}e^{i\frac{3\pi}{2}\boldsymbol{I}}&=\cos\frac{3\pi}{2}\boldsymbol{I}+i\sin\frac{3\pi}{2}\boldsymbol{I}=-i\boldsymbol{I}\\ e^{-i\left(-\frac{\pi}{2}\right)\boldsymbol{X}}&=\cos\left(-\frac{\pi}{2}\right)\boldsymbol{I}-i\sin\left(-\frac{\pi}{2}\right)\boldsymbol{X}=i\boldsymbol{X}\end{aligned} \tag{3.8.25}$$

因此

$$\boldsymbol{U}^{2^1}=e^{i\frac{\boldsymbol{A}}{2}2\pi}=e^{i\left(\frac{3\pi}{2}\right)\boldsymbol{I}}\times e^{-i\left(-\frac{\pi}{2}\right)\boldsymbol{X}}=-i\boldsymbol{I}\times i\boldsymbol{X}=\boldsymbol{X} \tag{3.8.26}$$

这说明 $\boldsymbol{U}^{2^1}$ 等价于量子非门,因此受控 $\boldsymbol{U}^{2^1}$ 等价于受控非门。

如图 3.34 所示,共有三种测量结果,其中 q_1 和 q_2 在逆量子相位估计之后变为 $|0\rangle$,仅当 q_0 的测量结果为 $|1\rangle$ 时,才能从 q_3 的叠加态中获取解的信息,即图中的 0001 与 1001 两种情况。为了更好地分析结果,输出 200000 次测量的结果统计:

{'0000':0, '1001':271, '0001':30, '1000':199699}

其中 0001 与 1001 分别为 30 次和 271 次。由于在 HHL 算法会产生归一化参数,因此这里并不能给出具体的解,但是可以给出解的平方的比例,即 $\left|\frac{x_1}{x_2}\right|^2=\frac{30}{271}$。而理论结果为 $\left|\frac{x_1}{x_2}\right|^2=\frac{(-1/4)^2}{(3/4)^2}=\frac{1}{9}$,实验结果与理论结果相吻合。

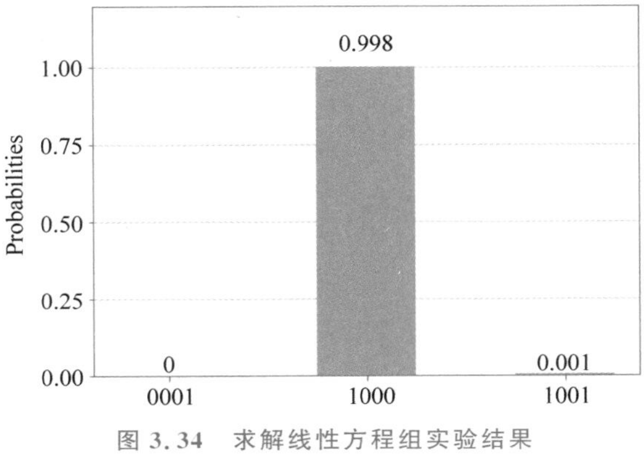

图 3.34 求解线性方程组实验结果

求解线性方程组的代码如下：

```
%matplotlib inline
from qiskit import QuantumCircuit, ClassicalRegister, QuantumRegister
from qiskit import execute
from qiskit import Aer
from qiskit import IBMQ
from math import pi
from qiskit.tools.visualization import plot_histogram

circuit = QuantumCircuit(4,4)

#第一步：制备|b>
circuit.x(3)
circuit.barrier(0,1,2,3)

#第二步：相位估计求特征值
circuit.h(1)
circuit.h(2)
circuit.u1(3*pi/4,1)
circuit.cu3(-pi/2,-pi/2,pi/2,1,3)
circuit.cx(2,3)
circuit.swap(1,2)
circuit.h(1)
circuit.cu1(-pi/2,2,1)
circuit.h(2)

#第三步：特征值取反
circuit.swap(1,2)
#受控旋转将特征值提取到辅助量子比特
circuit.cry(pi/16,2,0)
circuit.cry(pi/32,1,0)
#对2、3、4量子比特进行解纠缠
circuit.swap(1,2)

#第四步
circuit.h(2)
circuit.cu1(pi/2,2,1)
circuit.h(1)
circuit.swap(1,2)
circuit.cx(2,3)
circuit.cu3(-pi/2,pi/2,-pi/2,1,3)
circuit.u1(-3*pi/4,1)
circuit.h(1)
circuit.h(2)
circuit.barrier(0,1,2,3)

#测量
circuit.measure(3,3)
circuit.measure(0,0)

```

```
#绘制线路图
circuit.draw(output = 'mpl',plot_barriers = False)
backend = Aer.get_backend('qasm_simulator')
job_sim = execute(circuit,backend,shots = 200000)
sim_result = job_sim.result()

#绘制结果图
measurement_result = sim_result.get_counts(circuit)
plot_histogram(measurement_result)
```

3.9 本章小结

本章对量子机器学习算法中要用的一些基础算法进行介绍。3.1 节介绍的量子态制备是量子机器学习算法最基本的步骤,只有将数据等信息存储在量子计算机中才能实现后续的算法。3.2 节讲述量子搜索算法,该算法能够快速在非结构化无序数据库中找到符合条件的元素,在量子 K 近邻和量子聚类等需要寻找最相近的几个元素的算法中起着重要的作用。3.3 节是量子傅里叶变换,该算法及其逆能够将基态存储和振幅存储进行转换。3.4 节和 3.5 节是量子估计算法。3.4 节的量子相位估计算法能够估计特征值的相位,为后续需要提取特征值信息的算法打下基础,3.5 节的量子振幅估计能够估计量子态的振幅。3.6 节和 3.7 节是交换测试和哈达玛测试,能够分别以内积模和内积两种方式估计两个量子态之间的相似度。3.8 节的 HHL 算法利用量子特性加速解决线性方程组求解的问题,是量子支持向量机、量子线性回归等算法的核心。

表 3.1 总结了除量子态制备之外的量子基本算法的功能及其在量子机器学习中的应用。

表 3.1 量子基本算法的功能及其在量子机器学习中的应用

算法	功能	应用
量子搜索	在非结构化无序数据中找到符合条件的元素	量子 K 近邻 量子分裂层次聚类 量子谱聚类 基于经典环境的例子强化学习
量子傅里叶变换	频域变换 将数据在基态存储和振幅存储之间进行转换	量子相位估计 量子振幅估计 HHL
量子相位估计	用于估计算子 $\boldsymbol{U}$ 的特征值 $e^{2\pi i\varphi}$ 的相位 φ	基于相位估计的量子主成分分析 量子奇异值阈值算法 量子线性判别分析 量子支持向量机 量子 K 近邻 量子线性回归 量子岭回归 量子谱聚类

续表

算　法	功　能	应　用
量子振幅估计	用于估计包含解的概率	量子 K 近邻 量子逻辑回归
交换测试	用于计算两个量子态的内积的模	基于交换测试的量子主成分分析 量子 K 近邻 量子 K 均值聚类 量子凝聚层次聚类 量子分裂层次聚类 量子生成对抗网络
哈达玛测试	用于计算两个量子态的内积	量子支持向量机 量子线性回归 量子岭回归 量子逻辑回归 量子神经网络
HHL	用于求解线性方程组	量子支持向量机 量子线性回归 量子岭回归

参考文献

第4章 量子降维

在机器学习算法中,数据维数的增大会让学习过程变得困难。如果能够降低数据的维度,还几乎不影响训练效果,则可以提高机器学习的效率。对高维数据进行降维是机器学习中一个基本的学习任务。经典机器学习算法中常见的降维算法包括主成分分析、线性判别分析、核化线性降维等方法。但是,经典降维算法的复杂度较高,超过线性复杂度。为了降低算法的复杂度,提出了量子降维算法。本节介绍的量子降维算法包括量子主成分分析、量子奇异值阈值算法和量子线性判别分析。

4.1 量子主成分分析

主成分分析(Principal Component Analysis,PCA)是一种常见的降维算法,常用于高维数据的降维。主成分分析将原始数据投影到新的坐标轴上,使得原来具有一定相关性的数据变为相互无关的数据,且新数据中有一部分承载了原数据中的大多数信息,另外的部分仅承载较少的信息。主成分分析从新数据中挑选出承载了大多数信息的那一部分数据,构成主成分,并将其余数据删除,从而起到降维的作用。

量子主成分分析并不是经典主成分分析的简单对应,目前的量子主成分分析算法在理论上可以起到降维的作用,但是在实际使用中由于受量子特性的影响,从叠加态中得到特定的主成分并不容易。因此,量子主成分分析的主要作用是揭示未知量子态的特性,即量子态密度算子的特征值和特征向量。

本节首先介绍主成分分析的基本原理,然后介绍协方差矩阵与密度算子,最后介绍两种量子主成分分析算法(基于交换测试的量子主成分分析算法和基于相位估计的量子主成分分析算法)。

4.1.1 主成分分析原理

假设 N 个训练样本组成的数据集为

$$\{\boldsymbol{x}_0,\boldsymbol{x}_1,\cdots,\boldsymbol{x}_{N-1}\} \tag{4.1.1}$$

式中:$\boldsymbol{x}_i=(x_{0i}\quad x_{1i}\quad \cdots \quad x_{(M-1)i})^{\mathrm{T}}(i=0,1,\cdots,N-1)$表示一个样本,样本由 M 个特征组成。记由这 N 个样本组成的矩阵为 $\boldsymbol{X}$,即

$$\boldsymbol{X}=\begin{pmatrix} x_{00} & x_{01} & \cdots & x_{0(N-1)} \\ x_{10} & x_{11} & \cdots & x_{1(N-1)} \\ \vdots & \vdots & \ddots & \vdots \\ x_{(M-1)0} & x_{(M-1)1} & \cdots & x_{(M-1)(N-1)} \end{pmatrix} \tag{4.1.2}$$

矩阵中,每一列是一个样本,每一行是一个中心化(均值为 0)之后的特征,记为 $\boldsymbol{z}_i=(x_{i0}\quad x_{i1}\quad \cdots \quad x_{i(N-1)})$。则两个特征的协方差为

$$\begin{aligned}\operatorname{var}(\boldsymbol{z}_i,\boldsymbol{z}_j)&=E[(\boldsymbol{z}_i-E(\boldsymbol{z}_i))(\boldsymbol{z}_j-E(\boldsymbol{z}_j))^{\mathrm{T}}]=E(\boldsymbol{z}_i\boldsymbol{z}_j^{\mathrm{T}})\\&=\frac{1}{N}\sum_{k=0}^{N-1}x_{ik}x_{jk},\quad i,j=0,\cdots,M-1\end{aligned} \tag{4.1.3}$$

由于特征是 M 维的,这样的协方差共有 $M\times M$ 个,可构成一个矩阵,即协方差矩

阵 $\boldsymbol{XX}^{\mathrm{T}}$。

主成分分析的思想是建立一个新的坐标系 $\boldsymbol{U}=(\boldsymbol{u}_0 \quad \boldsymbol{u}_1 \quad \cdots \quad \boldsymbol{u}_{d-1})$，其中 $d<M$，样本点 $\boldsymbol{x}_i$ 在新坐标系上的投影为 $\boldsymbol{U}^{\mathrm{T}}\boldsymbol{x}_i$。新坐标系的维度小于原坐标系的维度，因此将样本点 $\boldsymbol{x}_i$ 投影到新坐标系上可以减少该数据的维度。剩下的问题是如何在减少维度的同时保留 $\boldsymbol{x}_i$ 的大部分信息。图 4.1 为二维映射到一维的示例，投影之后，数据分得越开，所含有的信息量越大，即保留的信息量越大。因此，可以用方差评估投影后数据的信息量。在图 4.1 所示的例子中，按照投影 2 进行投影时，方差更大，样本点也能被分得更开，更便于后续的分类等操作。

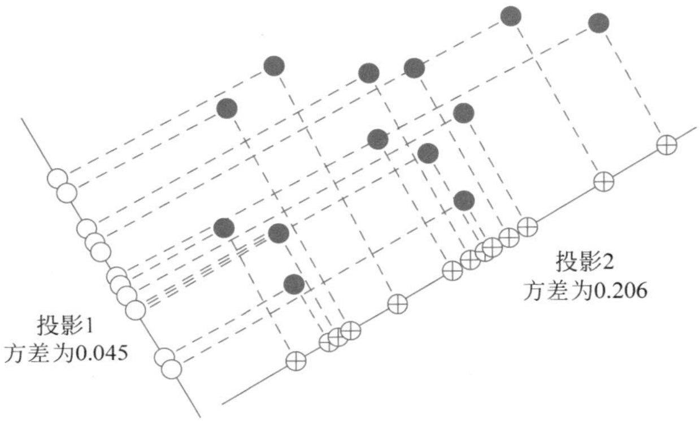

图 4.1　不同投影方向对方差的影响[1]

由线性代数的知识可知，协方差矩阵对角线元素为各个维度的方差，因此投影后所有维度上的方差和可写成协方差矩阵对角线元素的和，也就是协方差矩阵的迹。投影后样本的协方差矩阵为 $\boldsymbol{U}^{\mathrm{T}}\boldsymbol{X}(\boldsymbol{U}^{\mathrm{T}}\boldsymbol{X})^{\mathrm{T}}=\boldsymbol{U}^{\mathrm{T}}\boldsymbol{XX}^{\mathrm{T}}\boldsymbol{U}$，又因为新坐标系由标准正交基组成，于是优化目标可以写为

$$\begin{aligned}&\max_{\boldsymbol{u}}\ \mathrm{tr}(\boldsymbol{U}^{\mathrm{T}}\boldsymbol{XX}^{\mathrm{T}}\boldsymbol{U})\\&\text{s.t.}\quad \boldsymbol{U}^{\mathrm{T}}\boldsymbol{U}=\boldsymbol{I}\end{aligned}\tag{4.1.4}$$

对式(4.1.4)使用拉格朗日乘子法可得

$$\boldsymbol{XX}^{\mathrm{T}}\boldsymbol{u}_i=\lambda_i\boldsymbol{u}_i\tag{4.1.5}$$

由式(4.1.5)可以看出，$\boldsymbol{u}_i$ 是 $\boldsymbol{XX}^{\mathrm{T}}$ 的特征向量，λ_i 是相应的特征值。因此，只需对 $\boldsymbol{XX}^{\mathrm{T}}$ 进行特征值分解，取最大的 d 个特征值所对应的特征向量 $\boldsymbol{u}_0,\boldsymbol{u}_1,\cdots,\boldsymbol{u}_{d-1}$ 构成一个新的矩阵，这就是主成分分析的解。

根据式(4.1.4)，优化目标是 $\max\limits_{\boldsymbol{u}}\mathrm{tr}(\boldsymbol{U}^{\mathrm{T}}\boldsymbol{XX}^{\mathrm{T}}\boldsymbol{U})$，也就是最大化 $\boldsymbol{U}^{\mathrm{T}}\boldsymbol{x}_i$ 的协方差矩阵 $\boldsymbol{U}^{\mathrm{T}}\boldsymbol{XX}^{\mathrm{T}}\boldsymbol{U}$ 的迹，但是从式(4.1.5)可以看出，主成分分析的计算过程实际与 $\boldsymbol{U}$ 无关，只与协方差矩阵 $\boldsymbol{XX}^{\mathrm{T}}$ 有关。

4.1.2　协方差矩阵与密度算子

主成分分析主要是对协方差矩阵 $\boldsymbol{XX}^{\mathrm{T}}$ 进行分解。在量子算法中，表示一个矩阵的常用方法是密度算子。下面给出用密度算子表示协方差矩阵的具体方法。

所有样本的单个特征组成的向量 $\boldsymbol{z}_i=(x_{i0}\quad x_{i1}\quad \cdots\quad x_{i(N-1)})$，因此其量子态表示形式为 $|z_i\rangle=\frac{1}{|z_i|}\sum_{j=0}^{N-1}x_{ij}|j\rangle$，其中 $|z_i|=\sqrt{\sum_{j=0}^{N-1}|x_{ij}|^2}$。则矩阵 $\boldsymbol{X}$ 的量子态形式可以表示为

$$|X\rangle=\frac{1}{\sqrt{\beta}}\sum_{i=0}^{M-1}|i\rangle|z_i\rangle \tag{4.1.6}$$

式中：$\beta=\sum_{i=0}^{M-1}|z_i|^2$。

式(4.1.6)是由 $|i\rangle$ 和 $|z_i\rangle$ 组成的复合系统，记 $|i\rangle$ 为第一系统，$|z_i\rangle$ 为第二系统，则算子 $|X\rangle\langle X|$ 的偏迹 $\mathrm{tr}_2(|X\rangle\langle X|)$ 为第一个系统的密度算子，记为 $\boldsymbol{\rho}$ 。由下式可以看出，密度算子 $\boldsymbol{\rho}$ 恰为协方差矩阵除以协方差矩阵的迹，即

$$\begin{aligned}
\boldsymbol{\rho}&=\mathrm{tr}_2(|X\rangle\langle X|)\\
&=\frac{1}{\beta}\mathrm{tr}_2\left(\left(\sum_{k=0}^{M-1}|k\rangle|z_k\rangle\right)\left(\sum_{i=0}^{M-1}\langle i|\langle z_i|\right)\right)\\
&=\frac{1}{\beta}\sum_{k,i=0}^{M-1}\mathrm{tr}_2(|k\rangle|z_k\rangle\langle i|\langle z_i|)\\
&=\frac{1}{\beta}\sum_{k,i=0}^{M-1}\mathrm{tr}_2((|k\rangle\langle i|)\otimes(|z_k\rangle\langle z_i|))\\
&=\frac{1}{\beta}\sum_{k,i=0}^{M-1}\langle z_k|z_i\rangle(|k\rangle\langle i|)\\
&=\frac{\boldsymbol{X}\boldsymbol{X}^{\mathrm{T}}}{\mathrm{tr}(\boldsymbol{X}\boldsymbol{X}^{\mathrm{T}})}
\end{aligned} \tag{4.1.7}$$

因此，在量子算法中将对协方差矩阵 $\boldsymbol{X}\boldsymbol{X}^{\mathrm{T}}$ 的操作转换为对密度算子 $\boldsymbol{\rho}$ 的操作。

4.1.3 基于交换测试的量子主成分分析算法

基于交换测试的量子主成分分析算法，利用交换测试求解协方差矩阵的特征值，该算法仅针对具有两个特征的数据集。本节首先给出使用交换测试求解密度算子平方的迹的方法，然后将其应用于求解量子主成分分析算法中的特征值。

1. 计算 $\boldsymbol{\rho}$ 的平方的迹

记式(4.1.7)中密度算子 $\boldsymbol{\rho}$ 的矩阵形式为

$$\boldsymbol{\rho}=\begin{pmatrix}\rho_{00} & \rho_{01} & \cdots & \rho_{0(M-1)}\\ \rho_{10} & \rho_{11} & \cdots & \rho_{0(M-1)}\\ \vdots & \vdots & \ddots & \vdots\\ \rho_{(M-1)0} & \rho_{(M-1)1} & \cdots & \rho_{(M-1)(M-1)}\end{pmatrix} \tag{4.1.8}$$

由谱分解可知，$\boldsymbol{\rho}$ 可以表示为$\boldsymbol{\rho}=\sum_i \gamma_i |\sigma_i\rangle\langle\sigma_i|$，其中 γ_i 为$\boldsymbol{\rho}$ 的特征值，$|\sigma_i\rangle$ 为相应的特征向量，并且所有的特征向量组成一组标准正交基。

由 2.10 节纯化的定义还可以知道，$\boldsymbol{\rho}$ 的纯化可以表示为

$$|\varphi\rangle=\sum_i \sqrt{\gamma_i}\,|\sigma_i\rangle|\sigma_i\rangle \tag{4.1.9}$$

即$\boldsymbol{\rho}=\mathrm{tr}_2(|\varphi\rangle\langle\varphi|)$。

令 R_2 表示$\boldsymbol{\rho}$ 的平方的迹，即 $R_2=\mathrm{tr}(\boldsymbol{\rho}^2)$。$R_2$ 可以表示成交换测试算子 **ST** 在系统$|\varphi\rangle|\varphi\rangle$下的期望形式[4]，即

$$R_2=\langle\varphi|\langle\varphi|\mathbf{ST}|\varphi\rangle|\varphi\rangle \tag{4.1.10}$$

其中算子 **ST** 表示交换$|\varphi\rangle|\varphi\rangle$中第一系统的量子态，即

$$\begin{aligned}\mathbf{ST}|\varphi\rangle|\varphi\rangle&=\mathbf{ST}\Big(\sum_i\sum_{i'}\sqrt{\gamma_i}\sqrt{\gamma_{i'}}\,|\sigma_i\rangle|\sigma_i\rangle|\sigma_{i'}\rangle|\sigma_{i'}\rangle\Big)\\&=\sum_i\sum_{i'}\sqrt{\gamma_i}\sqrt{\gamma_{i'}}\,|\sigma_{i'}\rangle|\sigma_i\rangle|\sigma_i\rangle|\sigma_{i'}\rangle\end{aligned} \tag{4.1.11}$$

下面使用交换测试计算 R_2，其量子线路图如图 4.2 所示。

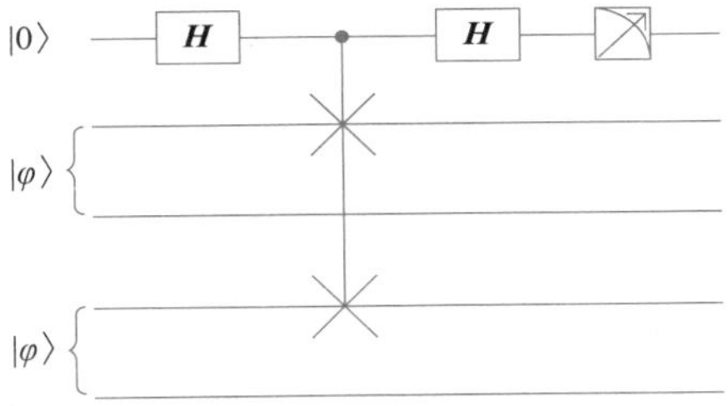

图 4.2　计算 $\boldsymbol{R}_2$ 的量子线路图

具体步骤如下：

第一步：制备量子态

$$|0\rangle|\varphi\rangle|\varphi\rangle \tag{4.1.12}$$

第二步：使用 $\boldsymbol{H}$ 门作用于第一个量子比特可得

$$\begin{aligned}&\frac{1}{\sqrt{2}}|0\rangle|\varphi\rangle|\varphi\rangle+\frac{1}{\sqrt{2}}|1\rangle|\varphi\rangle|\varphi\rangle\\&=\frac{1}{\sqrt{2}}|0\rangle\sum_i\sum_{i'}\sqrt{\gamma_i}\sqrt{\gamma_{i'}}\,|\sigma_i\rangle|\sigma_i\rangle|\sigma_{i'}\rangle|\sigma_{i'}\rangle+\frac{1}{\sqrt{2}}|1\rangle\\&\quad\sum_i\sum_{i'}\sqrt{\gamma_i}\sqrt{\gamma_{i'}}\,|\sigma_i\rangle|\sigma_i\rangle|\sigma_{i'}\rangle|\sigma_{i'}\rangle\end{aligned} \tag{4.1.13}$$

第三步：使用受控交换门可得

$$\begin{aligned}&\frac{1}{\sqrt{2}}|0\rangle\sum_i\sum_{i'}\sqrt{\gamma_i}\sqrt{\gamma_{i'}}\,|\sigma_i\rangle|\sigma_i\rangle|\sigma_{i'}\rangle|\sigma_{i'}\rangle+\frac{1}{\sqrt{2}}|1\rangle\\&\sum_i\sum_{i'}\sqrt{\gamma_i}\sqrt{\gamma_{i'}}\,|\sigma_{i'}\rangle|\sigma_i\rangle|\sigma_i\rangle|\sigma_{i'}\rangle\end{aligned} \tag{4.1.14}$$

第四步：使用 $\boldsymbol{H}$ 门作用于第一个量子比特可得

$$\frac{1}{2}|0\rangle\Big(\sum_i\sum_{i'}\sqrt{\gamma_i}\sqrt{\gamma_{i'}}|\sigma_i\rangle|\sigma_i\rangle|\sigma_{i'}\rangle|\sigma_{i'}\rangle+\sum_i\sum_{i'}\sqrt{\gamma_i}\sqrt{\gamma_{i'}}|\sigma_{i'}\rangle|\sigma_i\rangle|\sigma_i\rangle|\sigma_{i'}\rangle\Big)+\frac{1}{2}|1\rangle\Big(\sum_i\sum_{i'}\sqrt{\gamma_i}\sqrt{\gamma_{i'}}|\sigma_i\rangle|\sigma_i\rangle|\sigma_{i'}\rangle|\sigma_{i'}\rangle-\sum_i\sum_{i'}\sqrt{\gamma_i}\sqrt{\gamma_{i'}}|\sigma_{i'}\rangle|\sigma_i\rangle|\sigma_i\rangle|\sigma_{i'}\rangle\Big) \tag{4.1.15}$$

最后测量得到$|0\rangle$和$|1\rangle$的概率分别为

$$\begin{aligned}P(0)&=\frac{1}{2}\Big(1+\sum_i\sum_{i'}\sqrt{\gamma_i}\sqrt{\gamma_{i'}}\langle\sigma_i|\langle\sigma_i|\langle\sigma_{i'}|\langle\sigma_{i'}|\sum_i\sum_{i'}\sqrt{\gamma_i}\sqrt{\gamma_{i'}}|\sigma_{i'}\rangle|\sigma_i\rangle|\sigma_i\rangle|\sigma_{i'}\rangle\Big)\\&=\frac{1}{2}(1+\langle\varphi|\langle\varphi|\boldsymbol{S}|\varphi\rangle|\varphi\rangle)\end{aligned} \tag{4.1.16}$$

$$\begin{aligned}P(1)&=\frac{1}{2}\Big(1-\sum_i\sum_{i'}\sqrt{\gamma_i}\sqrt{\gamma_{i'}}\langle\sigma_i|\langle\sigma_i|\langle\sigma_{i'}|\langle\sigma_{i'}|\sum_i\sum_{i'}\sqrt{\gamma_i}\sqrt{\gamma_{i'}}|\sigma_{i'}\rangle|\sigma_i\rangle|\sigma_i\rangle|\sigma_{i'}\rangle\Big)\\&=\frac{1}{2}(1-\langle\varphi|\langle\varphi|\boldsymbol{S}|\varphi\rangle|\varphi\rangle)\end{aligned} \tag{4.1.17}$$

由式(4.1.10)、式(4.1.16)和式(4.1.17)可得$\boldsymbol{\rho}$的平方的迹$R_2=P(0)-P(1)$。

2. 求解协方差矩阵的特征值

确定哪些特征起到最大的作用是量子主成分分析的目标。假设样本的特征数量为2,下面给出利用R_2计算协方差矩阵$\boldsymbol{XX}^{\mathrm{T}}$的特征值的方法。

假设协方差矩阵$\boldsymbol{XX}^{\mathrm{T}}$的特征值为$\lambda_1$和$\lambda_2$。由于密度算子$\boldsymbol{\rho}=\dfrac{\boldsymbol{XX}^{\mathrm{T}}}{\mathrm{tr}(\boldsymbol{XX}^{\mathrm{T}})}$的迹为1、$\boldsymbol{\rho}^2$的迹为$R_2$,由高等代数的知识可知

$$\lambda_1+\lambda_2=\mathrm{tr}(\boldsymbol{XX}^{\mathrm{T}})\times 1 \tag{4.1.18}$$

$$\lambda_1^2+\lambda_2^2=\mathrm{tr}(\boldsymbol{XX}^{\mathrm{T}})\times R_2 \tag{4.1.19}$$

因此

$$\lambda_1=\mathrm{tr}(\boldsymbol{XX}^{\mathrm{T}})\times\frac{1+\sqrt{1-2(1-R_2)}}{2} \tag{4.1.20}$$

$$\lambda_2=\mathrm{tr}(\boldsymbol{XX}^{\mathrm{T}})\times\frac{1-\sqrt{1-2(1-R_2)}}{2} \tag{4.1.21}$$

这说明,能够根据R_2求得协方差矩阵$\boldsymbol{XX}^{\mathrm{T}}$的特征值$\lambda_1$和$\lambda_2$。

3. 实现

本实验的数据有两个特征,使用基于交换测试的量子主成分分析算法求取主特征

值。假设共有 15 个样本，两个特征组成的向量分别为

$$\boldsymbol{z}_1=(4\quad 3\quad 4\quad 4\quad 3\quad 3\quad 3\quad 3\quad 4\quad 4\quad 4\quad 5\quad 4\quad 3\quad 4) \tag{4.1.22}$$

$$\boldsymbol{z}_2=\begin{pmatrix}3.028 & 1.365 & 2.726 & 2.538 & 1.318 & 1.693 & 1.412 & 1.632\\ 2.875 & 3.564 & 4.412 & 4.444 & 4.278 & 3.064 & 3.857 & \end{pmatrix} \tag{4.1.23}$$

则样本组成的矩阵 $\hat{\boldsymbol{X}}=\begin{pmatrix}\boldsymbol{z}_1\\ \boldsymbol{z}_2\end{pmatrix}$。

首先对上述数据进行中心化处理得到 $\boldsymbol{X}$，再计算协方差矩阵 $\boldsymbol{X}\boldsymbol{X}^{\mathrm{T}}$，则

$$\boldsymbol{X}\boldsymbol{X}^{\mathrm{T}}=\begin{pmatrix}0.380952 & 0.573476\\ 0.573476 & 1.296930\end{pmatrix} \tag{4.1.24}$$

归一化之后密度算子为

$$\boldsymbol{\rho}=\begin{pmatrix}0.2270 & 0.3418\\ 0.3418 & 0.7730\end{pmatrix}$$

对$\boldsymbol{\rho}$ 进行纯化，需要先求矩阵$\boldsymbol{\rho}$ 的特征值和特征向量。经过计算，能够得到$\boldsymbol{\rho}$ 的特征值 $\gamma_1=0.9374$，$\gamma_2=0.0626$，对应特征向量为

$$\boldsymbol{\sigma}_1=\begin{pmatrix}0.4336\\ 0.9011\end{pmatrix},\quad \boldsymbol{\sigma}_2=\begin{pmatrix}0.9011\\ -0.4336\end{pmatrix}$$

因此纯化形式为

$$\begin{aligned}|\varphi\rangle&=\sqrt{\gamma_1}\,|\sigma_1\rangle\,|\sigma_1\rangle+\sqrt{\gamma_2}\,|\sigma_2\rangle\,|\sigma_2\rangle\\ &=(0.3852\quad 0.2805\quad 0.2805\quad 0.8332)^{\mathrm{T}}\end{aligned} \tag{4.1.25}$$

下面使用量子算法计算 $\boldsymbol{X}\boldsymbol{X}^{\mathrm{T}}$ 的特征值，量子线路图如图 4.3 所示。第一步，用旋转门制备两个完全相同的纯化态$|\varphi\rangle$，分别存储在 q_1q_2 和 q_3q_4 中。第二步，对 q_1 和 q_3 执行交换测试，其中 q_0 是辅助量子比特。最后对辅助量子比特进行测量。测量结果如图 4.4 所示，得到 0 的概率为 $P(0)=0.940$，得到 1 的概率为 $P(1)=0.060$。因此 $R_2=P(0)-P(1)=0.88$，根据式(4.1.20)和(4.1.21)得 $\boldsymbol{X}\boldsymbol{X}^{\mathrm{T}}$ 的特征值为 $\lambda_1=1.570319$ 和 $\lambda_2=0.107570$。

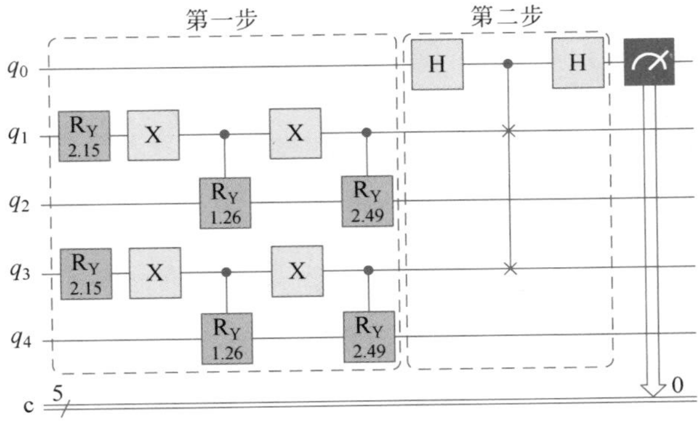

图 4.3　求特征值的量子线路图

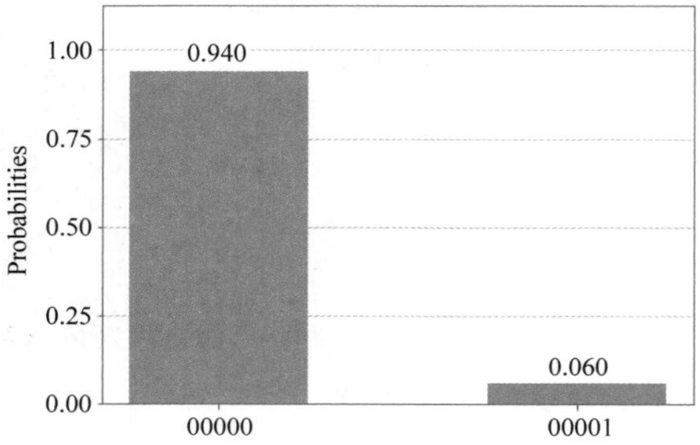

图 4.4　实验结果

基于交换测试的量子主成分分析代码如下：

```
%matplotlib inline
from qiskit import QuantumCircuit, ClassicalRegister, QuantumRegister
from qiskit import execute
from qiskit import Aer
from qiskit import IBMQ
from math import pi
from qiskit.tools.visualization import plot_histogram

circuit = QuantumCircuit(5,5)

#第一步：初始化两个完全相同的矩阵
circuit.ry(2.148,1)
circuit.ry(2.148,3)
circuit.x(1)
circuit.x(3)
circuit.cry(1.26,1,2)
circuit.cry(1.26,3,4)
circuit.x(1)
circuit.x(3)
circuit.cry(2.492,1,2)
circuit.cry(2.492,3,4)
circuit.barrier()

#第二步：交换测试
circuit.h(0)
circuit.cswap(0,1,3)
circuit.h(0)

#测量
circuit.measure(0,0)

#绘制线路图
circuit.draw(output = 'mpl', plot_barriers = False)
backend = Aer.get_backend('qasm_simulator')
```

```
job_sim = execute(circuit,backend,shots = 20000)
sim_result = job_sim.result()

#绘制结果图
measurement_result = sim_result.get_counts(circuit)
plot_histogram(measurement_result)
```

4.1.4 基于相位估计的量子主成分分析

如第3章描述的那样，相位估计算法可以提取矩阵的特征值，而量子主成分分析算法是得到 $\boldsymbol{XX}^{\mathrm{T}}$ 的特征值和特征向量。因此提出了基于相位估计的量子主成分分析算法。

根据4.1.2节的分析，可将协方差矩阵转换为密度算子$\boldsymbol{\rho}$。由于$\boldsymbol{\rho}$为厄米算子，则其谱分解为

$$\boldsymbol{\rho}=\sum_i \gamma_i \mid \sigma_i\rangle\langle\sigma_i \mid \tag{4.1.26}$$

式中：γ_i 为$\boldsymbol{\rho}$ 的特征值；$|\sigma_i\rangle$为相应的特征向量。

与HHL算法一样，令 $\boldsymbol{U}=\mathrm{e}^{\mathrm{i}\boldsymbol{\rho}t}$，则相位估计算法可通过公式 $\boldsymbol{U}|\sigma_i\rangle=\mathrm{e}^{2\pi\mathrm{i}\gamma_i}|\sigma_i\rangle$提取特征值 γ_i。

基于相位估计的量子主成分分析的线路图如图4.5所示，输入为密度算子$\boldsymbol{\rho}$，以及 l 比特的$|0\rangle\langle 0|$，量子相位估计算法的输出为

$$\sum_i \gamma_i \mid \gamma_i\rangle\langle\gamma_i \mid \otimes \mid \sigma_i\rangle\langle\sigma_i \mid \tag{4.1.27}$$

由式(4.1.27)可以看出，这种量子主成分分析算法最后得到的是全部特征值和特征向量。由于 γ_i 与测量概率相关，因此通过测量得到最大的特征值的概率最高，即通常能得到主特征值。

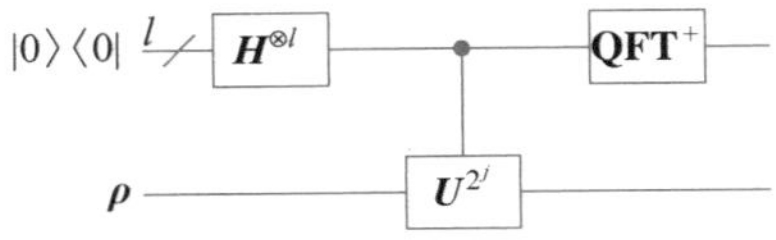

图4.5 基于相位估计的量子主成分分析的线路图

4.2 量子奇异值阈值算法

特征值分解只适用于方阵，如何扩展到任意形状的矩阵呢？奇异值分解能够解决此问题。量子奇异值阈值算法在奇异值分解的基础上将小的特征值设置为0，从而将小的特征值及其对应的特征向量去掉，进而降低矩阵的秩，达到降维的目的。本节首先介绍奇异值阈值算法原理，然后介绍量子奇异值阈值算法。

4.2.1 奇异值阈值算法原理

奇异值分解能够对任意大小的矩阵进行分解。奇异值阈值(Singular Value Thresholding,

SVT)算法以奇异值分解(Singular Value Decomposition,SVD)为基础,通过设置阈值来降低矩阵的秩。

【定义 4.2.1】 假设 $\boldsymbol{A}$ 是一个 $M\times N$ 的矩阵,$\boldsymbol{A}$ 的秩记为 $\operatorname{rank}(\boldsymbol{A})=R$。$\boldsymbol{A}$ 的奇异值分解是指存在满足 $\boldsymbol{U}\boldsymbol{U}^{\mathrm{T}}=\boldsymbol{I}$ 和 $\boldsymbol{V}\boldsymbol{V}^{\mathrm{T}}=\boldsymbol{I}$ 的矩阵 $\boldsymbol{U}=(\boldsymbol{u}_0\quad \boldsymbol{u}_1\quad \cdots\quad \boldsymbol{u}_{M-1})\in\mathbf{R}^{M\times M}$ 和 $\boldsymbol{V}=(\boldsymbol{v}_0\quad \boldsymbol{v}_1\quad \cdots\quad \boldsymbol{v}_{N-1})\in\mathbf{R}^{N\times N}$,以及对角矩阵 $\boldsymbol{\Lambda}=\operatorname{diag}(\lambda_0,\lambda_1,\cdots,\lambda_{R-1},0,\cdots,0)\in\mathbf{R}^{M\times N}$,使得下式成立:

$$\boldsymbol{A}=\boldsymbol{U}\boldsymbol{\Lambda}\boldsymbol{V}^{\mathrm{T}} \tag{4.2.1}$$

式中:$\lambda_0,\lambda_1,\cdots,\lambda_{R-1}$ 为 $\boldsymbol{A}$ 的奇异值;$\boldsymbol{u}_0,\boldsymbol{u}_1,\cdots,\boldsymbol{u}_{M-1}$ 和 $\boldsymbol{v}_0,\boldsymbol{v}_1,\cdots,\boldsymbol{v}_{N-1}$ 分别为 $\boldsymbol{A}$ 的左奇异向量和右奇异向量。

当左奇异向量和右奇异向量分别取前 R 个时,即 $\boldsymbol{U}_R=(\boldsymbol{u}_0\quad \boldsymbol{u}_1\quad \cdots\quad \boldsymbol{u}_{R-1})\in\mathbf{R}^{M\times R}$,$\boldsymbol{V}_R=(\boldsymbol{v}_0\quad \boldsymbol{v}_1\quad \cdots\quad \boldsymbol{v}_{R-1})\in\mathbf{R}^{N\times R}$,则 $\boldsymbol{A}$ 的分解为

$$\boldsymbol{A}=\boldsymbol{U}_R\boldsymbol{\Lambda}_R\boldsymbol{V}_R^{\mathrm{T}}=\sum_{r=0}^{R-1}\lambda_r\boldsymbol{u}_r\boldsymbol{v}_r^{\mathrm{T}} \tag{4.2.2}$$

式中:$\boldsymbol{\Lambda}_R=\operatorname{diag}(\lambda_0,\lambda_1,\cdots,\lambda_{R-1})$。该分解形式称为紧奇异值分解。在后续章节中如果不做特殊说明,皆为紧奇异值分解。

奇异值阈值算法就是截取比较大的一些奇异值。具体来说,假设奇异值满足 $\lambda_0\geqslant\lambda_1\geqslant\cdots\geqslant\lambda_{R-1}$,设置阈值为 τ,则通过 SVT 的作用之后,左奇异向量和右奇异向量没有变化,奇异值同时减去 τ 得到 $\lambda_r-\tau$,并且如果 $\lambda_r-\tau>0$,则将其作为新的奇异值;如果 $\lambda_r-\tau\leqslant 0$,则新的奇异值设置为 0。记处理后的奇异值为 $(\lambda_r-\tau)_+$,则

$$(\lambda_r-\tau)_+=\begin{cases}\lambda_r-\tau, & \lambda_r-\tau>0\\ 0, & \lambda_r-\tau\leqslant 0\end{cases} \tag{4.2.3}$$

式中:$r=0,1,\cdots,R-1$。

4.2.2 量子奇异值阈值算法原理

经典的奇异值阈值算法中直接计算矩阵 $\boldsymbol{A}$ 的奇异值和奇异向量。但是,在量子奇异值阈值算法中需要引入厄米算子 $\widetilde{\boldsymbol{A}}=\boldsymbol{A}\boldsymbol{A}^{\mathrm{T}}$,则

$$\widetilde{\boldsymbol{A}}=\boldsymbol{A}\boldsymbol{A}^{\mathrm{T}}=\boldsymbol{U}_R\boldsymbol{\Lambda}_R\boldsymbol{V}_R^{\mathrm{T}}\boldsymbol{V}_R\boldsymbol{\Lambda}_R\boldsymbol{U}_R^{\mathrm{T}}=\boldsymbol{U}_R\boldsymbol{\Lambda}_R^2\boldsymbol{U}_R^{\mathrm{T}} \tag{4.2.4}$$

量子算法是通过计算 $\widetilde{\boldsymbol{A}}$ 的特征值和特征向量来得到 $\boldsymbol{A}$ 的奇异值和奇异向量的。

由于 $\widetilde{\boldsymbol{A}}=\boldsymbol{A}\boldsymbol{A}^{\mathrm{T}}$,则 $\widetilde{\boldsymbol{A}}$ 的特征值分解为 $\widetilde{\boldsymbol{A}}=\sum_{r=0}^{R-1}\lambda_r^2\boldsymbol{u}_r\boldsymbol{u}_r^{\mathrm{T}}$。也就是说,$\widetilde{\boldsymbol{A}}$ 的特征值是 $\boldsymbol{A}$ 的奇异值的平方,$\widetilde{\boldsymbol{A}}$ 的特征向量与 $\boldsymbol{A}$ 的左奇异向量相同。因此,可以借助相位估计算法对新构造的厄米算子 $\widetilde{\boldsymbol{A}}$ 进行特征值分解,从而实现对原始矩阵 $\boldsymbol{A}$ 的奇异值的操作。下面在奇异值分解的基础上介绍量子奇异值阈值算法。

如图 4.6 所示,量子奇异值阈值算法与经典算法之间存在着一种对应关系。但是,

又有不同：经典奇异值阈值算法的输入是矩阵 $\boldsymbol{A}=\sum_{r=0}^{R-1}\lambda_r\boldsymbol{u}_r\boldsymbol{v}_r^{\mathrm{T}}$，输出是低秩矩阵 $\boldsymbol{S}=\sum_{r=0}^{R-1}(\lambda_r-\tau)_+\boldsymbol{u}_r\boldsymbol{v}_r^{\mathrm{T}}$；而量子算法将 $M\times N$ 的矩阵 $\boldsymbol{A}$ 转换为一个 $MN\times 1$ 的列向量 $\sum_{r=0}^{R-1}\lambda_r\boldsymbol{u}_r\otimes\boldsymbol{v}_r$ 作为输入，其量子态形式为 $|\varphi\rangle=\sum_{r=0}^{R-1}\lambda_r|u_r\rangle|v_r\rangle$。本节的目标是将初始量子态 $|\varphi\rangle$ 演化为输出量子态 $|\varphi\rangle=\sum_{r=0}^{R-1}(\lambda_r-\tau)_+|u_r\rangle|v_r\rangle$。

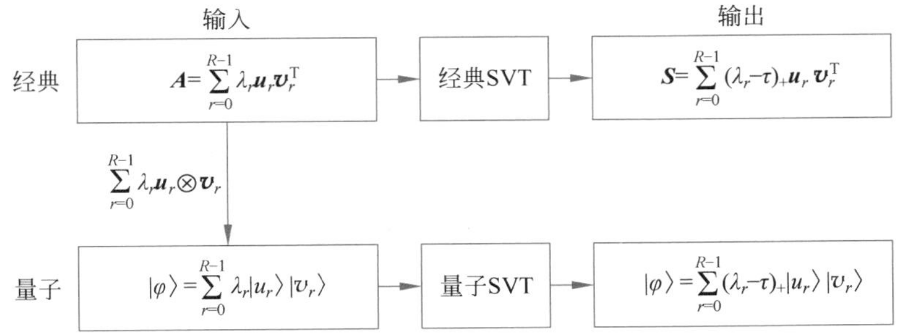

图 4.6 经典和量子的 SVT 算法对比

值得注意的是，这里将 $|\varphi\rangle=\sum_{r=0}^{R-1}\lambda_r|u_r\rangle|v_r\rangle$ 作为输入是为了后续描述方便。事实上，量子相位估计算法的输入可以为任意量子态。一般情况下，对于要进行奇异值分解的矩阵

$$\boldsymbol{A}=\begin{bmatrix} a_{00} & a_{01} & \cdots & a_{0(N-1)} \\ a_{10} & a_{11} & \cdots & a_{0(N-1)} \\ \vdots & \vdots & & \vdots \\ a_{(M-1)0} & a_{(M-1)1} & \cdots & a_{(M-1)(N-1)} \end{bmatrix} \tag{4.2.5}$$

来说，将 $\boldsymbol{A}$ 的归一化形式作为输入，即

$$|\varphi\rangle=\frac{1}{\sqrt{C}}(a_{00}|0\rangle+a_{01}|1\rangle+\cdots+a_{(M-1)(N-1)}|MN-1\rangle) \tag{4.2.6}$$

式中：C 为 $\boldsymbol{A}$ 中所有元素的平方和。

量子奇异值阈值算法主要是基于相位估计算法和阈值算子来完成的，相位估计算法将 $\widetilde{\boldsymbol{A}}$ 的特征值存储在基态中，而阈值算子实现式(4.2.3)中的操作，将小于阈值的奇异值设置为 0。

下面结合图 4.7 给出具体的量子奇异值阈值算法。

第一步：制备初始态

$$|\varphi_1\rangle=|0\rangle|0\rangle^{\otimes d}|\tau\rangle|0\rangle^{\otimes d}|\varphi\rangle \tag{4.2.7}$$

式中：d 取决于相位估计的精度和成功率。式(4.2.7)中从左到右依次为图 4.7 中第一至第五寄存器，其中前四个寄存器是辅助寄存器，量子奇异值阈值算法的结果存储在第

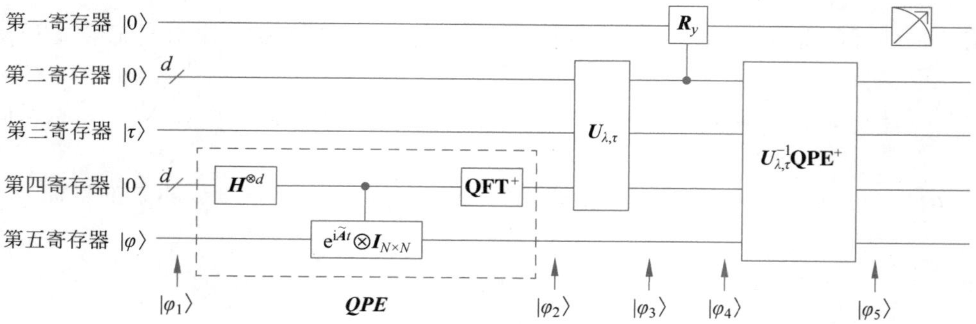

图 4.7 量子奇异值阈值算法的线路图

五寄存器中。

第二步：执行相位估计 ***QPE*** 算法。由于第五寄存器的输入为 $|\varphi\rangle=\sum_{r=0}^{R-1}\lambda_r|u_r\rangle|v_r\rangle$，它是一个 $MN\times 1$ 的向量，矩阵 $\widetilde{\boldsymbol{A}}$ 无法直接作用到 $MN\times 1$ 的向量上，因此受控酉算子被设计为 $e^{i\widetilde{\boldsymbol{A}}t}\otimes \boldsymbol{I}_{N\times N}$。目的是通过将算子 $e^{i\widetilde{\boldsymbol{A}}t}$ 张量一个 $N\times N$ 维的单位矩阵 $\boldsymbol{I}_{N\times N}$ 实现将 $MN\times 1$ 的向量扩展到 $MN\times MN$ 维的矩阵上。因此，执行相位估计算法之后，$|\varphi_1\rangle$ 演化为

$$|\varphi_2\rangle=\frac{1}{\sqrt{N_1}}|0\rangle|0\rangle^d|\tau\rangle\sum_{r=0}^{R-1}\lambda_r|\lambda_r^2\rangle|u_r\rangle|v_r\rangle \tag{4.2.8}$$

式中：$N_1=\sum_{r=0}^{R-1}\lambda_r^2$ 为归一化常数。

第三步：使用奇异值阈值算子 $\boldsymbol{U}_{\lambda,\tau}$ 将 $|\varphi_2\rangle$ 演化为

$$|\varphi_3\rangle=\frac{1}{\sqrt{N_1}}|0\rangle\sum_{r=0}^{R-1}\lambda_r|y_r\rangle|\tau\rangle|\lambda_r^2\rangle|u_r\rangle|v_r\rangle \tag{4.2.9}$$

式中：$y_r=\left(1-\frac{\tau}{\lambda_r}\right)_+\in[0,1)$。

算子 $\boldsymbol{U}_{\lambda,\tau}$ 的作用为将 $|0\rangle^d|\tau\rangle|\lambda_r^2\rangle$ 演化为 $\left|\left(1-\frac{\tau}{\lambda_r}\right)_+\right\rangle|\tau\rangle|\lambda_r^2\rangle$。$\boldsymbol{U}_{\lambda,\tau}$ 的实现可以根据具体问题设计合理的线路，也可以根据文献[6]的通用方法来实现，这里不做具体描述。在实验中将根据具体的问题讲述 $\boldsymbol{U}_{\lambda,\tau}$ 的实现方法。

第四步：执行受控旋转 $\boldsymbol{R}_y$ 将 $|\varphi_3\rangle$ 演化为

$$|\varphi_4\rangle=\frac{1}{\sqrt{N_2}}\sum_{r=0}^{R-1}\lambda_r[\sin(y_r\alpha)|1\rangle+\cos(y_r\alpha)|0\rangle]|y_r\rangle|\tau\rangle|\lambda_r^2\rangle|u_r\rangle|v_r\rangle \tag{4.2.10}$$

式中：N_2 为归一化常数，且有

$$N_2=\sum_{r=0}^{R-1}\lambda_r^2\sin^2(y_r\alpha)+\sum_{r=0}^{R-1}\lambda_r^2\cos^2(y_r\alpha)$$

文献[6]指出，α 取值为 $\frac{\pi}{2(1-\tau/\lambda_0)}$ 时，量子线路的成功率最高，但是需要使用经典算法求得矩阵的最大特征值。在实验操作中并不会这样做，而是随机取 α，因此不能保证算法成功的概率。

第五步：执行 $\boldsymbol{U}_{\lambda,\tau}$ 的逆运算以及逆相位估计，达到退计算的目的。则第一寄存器和第五寄存器的量子态为

$$|\varphi_5\rangle=\frac{1}{\sqrt{N_2}}\sum_{r=0}^{R-1}\lambda_r[\sin(y_r\alpha)|1\rangle+\cos(y_r\alpha)|0\rangle]|u_r\rangle|v_r\rangle \tag{4.2.11}$$

最后进行测量，当第一寄存器的测量结果为 $|1\rangle$ 时，得到量子态

$$|\varphi_6\rangle=\frac{1}{\sqrt{N_3}}\sum_{r=0}^{R-1}\lambda_r\sin(y_r\alpha)|u_r\rangle|v_r\rangle \tag{4.2.12}$$

式中：$N_3=\sum_{r=0}^{R-1}\lambda_r^2\sin^2(y_r\alpha)$。

由于 $y_r=\left(1-\frac{\tau}{\lambda_r}\right)_+\in[0,1)$ 且 $\alpha=\frac{\pi}{2(1-\tau/\lambda_0)}$，则 $y_r\alpha\in\left[0,\frac{\pi}{2}\right]$，因而有 $\sin(y_r\alpha)$ 近似于 $y_r\alpha$，则式(4.2.12)近似于

$$\begin{aligned}|\phi\rangle&=\frac{1}{\sqrt{\sum_{r=0}^{R-1}\lambda_r^2y_r^2\alpha^2}}\sum_{r=0}^{R-1}\lambda_ry_r\alpha|u_r\rangle|v_r\rangle\\&=\frac{1}{\sqrt{\sum_{r=0}^{R-1}(\lambda_r-\tau)_+^2}}\sum_{r=0}^{R-1}(\lambda_r-\tau)_+|u_r\rangle|v_r\rangle\end{aligned} \tag{4.2.13}$$

由此得到了量子奇异值阈值算法的输出，消除了奇异值比阈值小的部分，完成了矩阵的降维。

值得注意的是，量子奇异值阈值算法虽然与 HHL 算法类似，但是又大有不同。在 HHL 算法中解决的是线性方程组 $\boldsymbol{Bx}=\boldsymbol{d}$ 的问题，最后要得到的是 $\boldsymbol{x}=\boldsymbol{B}^{-1}\boldsymbol{d}$ 对应的量子态，因此这里 $\boldsymbol{B}$ 是相位估计酉算子的输入源，$\boldsymbol{d}$ 是相位估计中初始输入的量子态。而量子奇异值阈值算法中想要得到的是奇异值以及其对应的奇异向量，奇异向量分为左奇异向量和右奇异向量，并且相位估计中的酉算子要求为厄米矩阵，因此使用矩阵 $\widetilde{\boldsymbol{A}}$ 代替 $\boldsymbol{A}$，由 $\boldsymbol{A}$ 转换的向量对应的量子态 $|\varphi\rangle$ 是相位估计中的初始输入。

在上述算法中，相位估计的复杂度为 $O(n^2)$，其中 $n=\log N$，算子 $\boldsymbol{U}_{\lambda,\tau}$ 的复杂度为 $O(\text{poly}(n+d))$，受控旋转的复杂度为 $O(d)$，因此总的复杂度为 $O(\text{poly}(n^2+d))$。

4.2.3 实现

实验中为了简化线路的设计与实现，假设 $\boldsymbol{A}$ 是方阵，进而可以设置 $\widetilde{\boldsymbol{A}}=\boldsymbol{A}$，且此时奇异值就是特征值，左右奇异向量就是特征向量。本节使用的矩阵为 $\boldsymbol{A}=\begin{pmatrix}1.5&0.5\\0.5&1.5\end{pmatrix}$，其

奇异值为 $\lambda_1=2$ 和 $\lambda_2=1$，对应的左右奇异向量分别为 $|u_0\rangle=|v_0\rangle=\frac{1}{\sqrt{2}}(1\quad 1)^{\mathrm{T}}$ 和 $|u_1\rangle=|v_1\rangle=\frac{1}{\sqrt{2}}(1\quad -1)^{\mathrm{T}}$。则算法输入为矩阵 $\boldsymbol{A}$ 的归一化形式：

$$
\begin{aligned}
|\varphi\rangle &= \frac{1.5}{\sqrt{5}}|00\rangle+\frac{0.5}{\sqrt{5}}|01\rangle+\frac{0.5}{\sqrt{5}}|10\rangle+\frac{1.5}{\sqrt{5}}|11\rangle \\
&= \frac{1}{2\sqrt{5}}(3\quad 1\quad 1\quad 3)^{\mathrm{T}}
\end{aligned} \tag{4.2.14}
$$

也就是

$$
\begin{aligned}
|\varphi\rangle &= \frac{1}{\sqrt{5}}(2|u_0\rangle|v_0\rangle+1|u_1\rangle|v_1\rangle) \\
&= \frac{1}{2\sqrt{5}}(2(1\quad 1\quad 1\quad 1)^{\mathrm{T}}+1(1\quad -1\quad -1\quad 1)^{\mathrm{T}}) \\
&= \frac{1}{2\sqrt{5}}(3\quad 1\quad 1\quad 3)^{\mathrm{T}}
\end{aligned} \tag{4.2.15}
$$

假设阈值 $\tau=0.8$，使得矩阵 $\boldsymbol{A}$ 的两个特征值在 $\boldsymbol{U}_{\lambda,\tau}$ 执行前后的比例从 $\frac{\lambda_1}{\lambda_2}=\frac{2}{1}$ 转换为 $\frac{1-\tau/\lambda_1}{1-\tau/\lambda_2}=\frac{3}{1}$。

实现量子奇异值算法的量子线路图如图 4.8 所示。

具体步骤如下：

第一步：制备初始态

$$
|q_4q_3q_2q_1q_0\rangle=\frac{1}{\sqrt{5}}(2|u_0\rangle|v_0\rangle+1|u_1\rangle|v_1\rangle)|000\rangle \tag{4.2.16}
$$

第二步：利用相位估计将矩阵 $\boldsymbol{A}$ 的特征值提取到 q_1 和 q_2 上，量子态演化为

$$
|q_4q_3q_2q_1q_0\rangle=\frac{1}{\sqrt{5}}(2|u_0\rangle|v_0\rangle|01\rangle+1|u_1\rangle|v_1\rangle|10\rangle)|0\rangle \tag{4.2.17}
$$

这里，将算子 $\mathrm{e}^{\mathrm{i}\boldsymbol{A}t}$ 张量上单位矩阵 $\boldsymbol{I}_{2\times 2}$，将其扩展为 4×4 的矩阵，即 $\mathrm{e}^{\mathrm{i}\boldsymbol{A}t}\otimes\boldsymbol{I}_{2\times 2}$。由于 $(\mathrm{e}^{\mathrm{i}\boldsymbol{A}t}\otimes\boldsymbol{I}_{2\times 2})(|q_3\rangle\otimes|q_4\rangle)=(\mathrm{e}^{\mathrm{i}\boldsymbol{A}t}|q_3\rangle)\otimes(\boldsymbol{I}_{2\times 2}|q_4\rangle)=(\mathrm{e}^{\mathrm{i}\boldsymbol{A}t}|q_3\rangle)\otimes|q_4\rangle$，因此只需要将矩阵 $\mathrm{e}^{\mathrm{i}\boldsymbol{A}t}$ 作用在量子比特 q_3 上即可。

第三步：通过 CNOT 门将矩阵 A 的特征值由 $|01\rangle$ 和 $|10\rangle$ 变为 $|11\rangle$ 和 $|10\rangle$，完成对奇异值的阈值变换，此时量子态演化为

$$
|q_4q_3q_2q_1q_0\rangle=\frac{1}{\sqrt{5}}(2|u_0\rangle|v_0\rangle|11\rangle+1|u_1\rangle|v_1\rangle|10\rangle)|0\rangle \tag{4.2.18}
$$

这一步是整个算法中非常关键的一步，使得特征值由 $|01\rangle=|2\rangle$ 和 $|10\rangle=|1\rangle$，变为 $|11\rangle=|3\rangle$ 和 $|10\rangle=|1\rangle$，实现了两个特征值的比例从 $\frac{\lambda_1}{\lambda_2}=\frac{2}{1}$ 变为 $\frac{1-\tau/\lambda_1}{1-\tau/\lambda_2}=\frac{3}{1}$ 的过程。

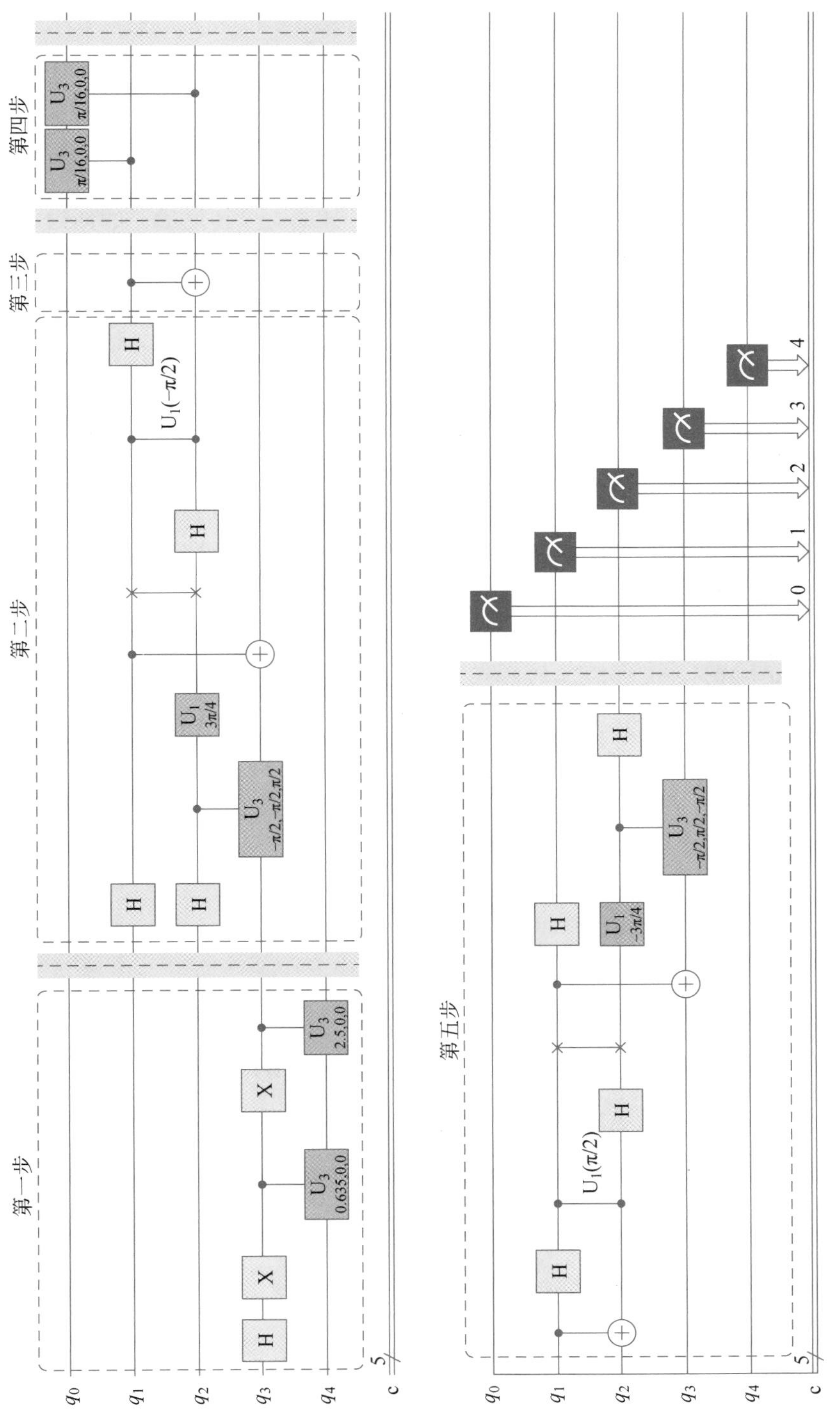

图 4.8 实现量子奇异值阈值算法的量子线路图

第四步：对 q_0 进行受控旋转，将新的奇异值相关的信息提取到 q_0 的概率幅上，使得量子态演化为

$$\begin{aligned}|q_4q_3q_2q_1q_0\rangle=&\frac{2}{\sqrt{5}}|u_0\rangle|v_0\rangle|11\rangle\left(\sin\left(\frac{3\alpha}{4}\right)|1\rangle+\cos\left(\frac{3\alpha}{4}\right)|0\rangle\right)+\\&\frac{1}{\sqrt{5}}|u_1\rangle|v_1\rangle|10\rangle\left(\sin\left(\frac{\alpha}{4}\right)|1\rangle+\cos\left(\frac{\alpha}{4}\right)|0\rangle\right)\end{aligned}\tag{4.2.19}$$

第五步：执行第二步和第三步的逆操作，解除 q_1 和 q_2 与其他量子的纠缠，则量子态演化为

$$\begin{aligned}|q_4q_3q_2q_1q_0\rangle=&\frac{2}{\sqrt{5}}\sin\left(\frac{3\alpha}{4}\right)|u_0\rangle|v_0\rangle|001\rangle+\frac{1}{\sqrt{5}}\sin\left(\frac{\alpha}{4}\right)|u_1\rangle|v_1\rangle|001\rangle+\\&\frac{2}{\sqrt{5}}\cos\left(\frac{3\alpha}{4}\right)|u_0\rangle|v_0\rangle|000\rangle+\frac{1}{\sqrt{5}}\cos\left(\frac{\alpha}{4}\right)|u_1\rangle|v_1\rangle|000\rangle\end{aligned}\tag{4.2.20}$$

当 q_0 的量子态为 $|1\rangle$ 时，对应的概率幅为奇异值阈值变换后得到量子态归一化值。由图 4.9 可知，测量得到 00001、01001、10001 和 11001 的振幅分别为 0.006、0.003、0.003 和 0.006。因此，经过量子奇异值阈值算法得到的结果为

$$\begin{aligned}&(0.006\quad 0.003\quad 0.003\quad 0.006)^{\mathrm{T}}\\&=0.006|00\rangle+0.003|01\rangle+0.003|10\rangle+0.006|11\rangle\\&=0.009\left(\frac{|0\rangle+|1\rangle}{\sqrt{2}}\right)\left(\frac{|0\rangle+|1\rangle}{\sqrt{2}}\right)+0.003\left(\frac{|0\rangle-|1\rangle}{\sqrt{2}}\right)\left(\frac{|0\rangle-|1\rangle}{\sqrt{2}}\right)\\&=0.009|u_1\rangle|v_1\rangle+0.003|u_2\rangle|v_2\rangle\end{aligned}\tag{4.2.21}$$

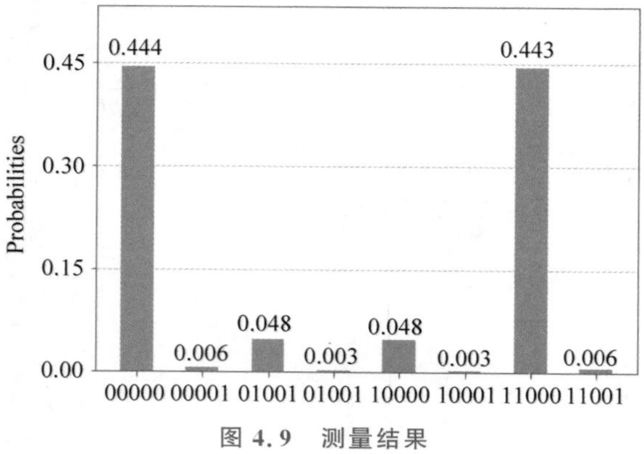

图 4.9　测量结果

即经过阈值算法之后，特征值的比例为 $\frac{0.009}{0.003}=\frac{3}{1}$。与理论上经过阈值算法之后的特征值比例 $\frac{3}{1}$ 相同。注意式(4.2.21)中虽然写成了量子态的形式，但是不满足量子态的归一化形式，这主要是因为该量子态是测量 q_0 得到 $|1\rangle$ 的结果，舍去了测量 q_0 得到 $|0\rangle$ 的部

分量子态。

量子奇异值阈值算法的代码如下：

```
%matplotlib inline
from qiskit import QuantumCircuit, ClassicalRegister, QuantumRegister
from qiskit import execute
from qiskit import Aer
from qiskit import IBMQ
from math import pi
from qiskit.tools.visualization import plot_histogram

circuit = QuantumCircuit(5,5)

#第一步：制备初始态
circuit.h(3)
circuit.x(3)
circuit.cu3(0.635,0,0,3,4)
circuit.x(3)
circuit.cu3(2.4981,0,0,3,4)
circuit.barrier()

#第二步：相位估计
circuit.h(1)
circuit.h(2)
circuit.cu3(-pi/2,-pi/2,pi/2,2,3)
circuit.u1(3*pi/4,2)
circuit.cx(1,3)
circuit.swap(1,2)
circuit.h(2)
circuit.cu1(-pi/2,1,2)
circuit.h(1)

#第三步：阈值变换
circuit.cx(1,2)
circuit.barrier()

#第四步：受控旋转
circuit.cu3(pi/16,0,0,1,0)
circuit.cu3(pi/32,0,0,2,0)
circuit.barrier()

#第五步：逆操作
circuit.cx(1,2)
#逆相位估计
circuit.h(1)
circuit.cu1(pi/2,1,2)
```

```
44.    circuit.h(2)
45.    circuit.swap(1,2)
46.    circuit.cx(1,3)
47.    circuit.h(1)
48.    circuit.u1( - 3 * pi/4,2)
49.    circuit.cu3( - pi/2,pi/2, - pi/2,2,3)
50.    circuit.h(2)
51.    circuit.barrier()
52.
53.    #测量
54.    circuit.measure(0,0)
55.    circuit.measure(1,1)
56.    circuit.measure(2,2)
57.    circuit.measure(3,3)
58.    circuit.measure(4,4)
59.
60.    #绘制线路图
61.    circuit.draw(output = 'mpl')
62.    backend = Aer.get_backend('qasm_simulator')
63.    job_sim = execute(circuit,backend,shots = 20000)
64.    sim_result = job_sim.result()
65.
66.    #绘制结果图
67.    measurement_result = sim_result.get_counts(circuit)
68.    plot_histogram(measurement_result)
```

4.3　量子线性判别分析

主成分分析算法是为了去除原始数据集中冗余的维度,将样本投影到具有最大方差的方向。而线性判别分析(Linear Discriminant Analysis,LDA)是为了分类而设计的降维算法,它将样本投影到分类性能最好的方向。因此,对需要分类的数据进行降维操作时,LDA比PCA更有效。但是,对于高维的数据集来说,LDA算法复杂度高。本节介绍量子线性判别分析(Quantum LDA,QLDA)算法,能够利用量子计算的并行性降低算法复杂度。首先介绍LDA的原理,然后介绍相应的量子算法。

4.3.1　线性判别分析原理

LDA降维算法的思想将数据投影到低维空间之后,使得属于同一类的数据尽可能紧凑,不属于同一类的数据尽可能分散。图4.10(a)和(b)是两种投影方向,可以看出,相对于图4.10(a)来说,图4.10(b)的投影方向更适合后续的分类任务。同一类数据的紧凑程度用类内散度表示,不同类的数据用类间散度表示。LDA的目标就是找到一个投影平面,让类内散度尽可能小,类间散度尽可能大。

对于式(4.1.1)中的数据集来说,LDA要根据类内散度和类间散度将其分为 k 类,

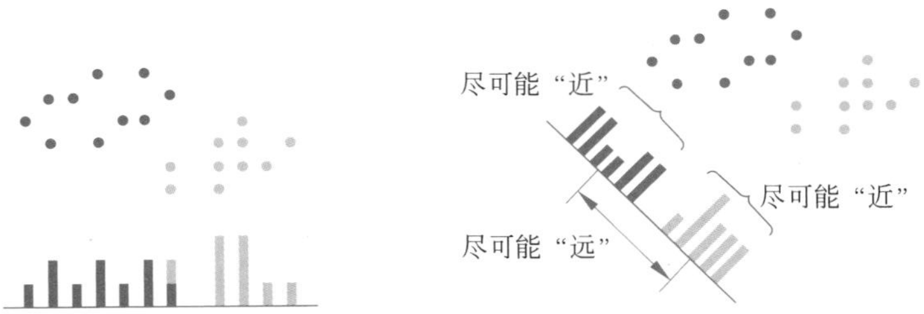

(a) 投影方向一　　(b) 投影方向二

图 4.10　不同的降维方向对数据分类的影响

即 $X_0, X_1, \cdots, X_{k-1}$，首先需要给出类内散度和类间散度的定义。设 $\boldsymbol{\mu}_c$ 为类 X_c（$c=0,1,\cdots,k-1$）的类内均值，$\boldsymbol{\mu}$ 表示所有数据的均值，定义数据集的类内散度矩阵为

$$\boldsymbol{S}_W = \sum_{c=0}^{k-1} \sum_{\boldsymbol{x} \in \boldsymbol{X}_c} (\boldsymbol{x} - \boldsymbol{\mu}_c)(\boldsymbol{x} - \boldsymbol{\mu}_c)^{\mathrm{T}} \tag{4.3.1}$$

类间散度矩阵为

$$\boldsymbol{S}_B = \sum_{c=0}^{k-1} | X_c | (\boldsymbol{\mu}_c - \boldsymbol{\mu})(\boldsymbol{\mu}_c - \boldsymbol{\mu})^{\mathrm{T}} \tag{4.3.2}$$

式中：$|X_c|$ 为类 X_c 中的样本数量。

LDA 降维算法的目标就是将样本点投影到超平面 $\boldsymbol{w}$ 上，使投影后的类间散度最大，同时投影后的类内散度最小。从数学上讲，也就是使得投影后的类间散度能够相对于投影后的类内散度最大化。即最大化目标函数

$$J(\boldsymbol{w}) = \frac{\boldsymbol{w}^{\mathrm{T}} \boldsymbol{S}_B \boldsymbol{w}}{\boldsymbol{w}^{\mathrm{T}} \boldsymbol{S}_W \boldsymbol{w}} \tag{4.3.3}$$

式中：$\boldsymbol{w}^{\mathrm{T}} \boldsymbol{S}_B \boldsymbol{w}$ 为投影后的类间散度，$\boldsymbol{w}^{\mathrm{T}} \boldsymbol{S}_W \boldsymbol{w}$ 为投影后的类内散度。

由于 $\boldsymbol{w}^{\mathrm{T}} \boldsymbol{S}_W \boldsymbol{w}=1$ 与 $\boldsymbol{w}^{\mathrm{T}} \boldsymbol{S}_W \boldsymbol{w}=\alpha$（$\alpha$ 为任意的正实数）只相差一个系数 α，因此可以固定 $\boldsymbol{w}^{\mathrm{T}} \boldsymbol{S}_W \boldsymbol{w}=1$，则式(4.3.3)的等价问题为

$$\begin{aligned} &\min -\boldsymbol{w}^{\mathrm{T}} \boldsymbol{S}_B \boldsymbol{w} \\ &\text{s.t. } \boldsymbol{w}^{\mathrm{T}} \boldsymbol{S}_W \boldsymbol{w} = 1 \end{aligned} \tag{4.3.4}$$

由拉格朗日乘子法可得式(4.3.4)等价于

$$\boldsymbol{S}_W^{-1} \boldsymbol{S}_B \boldsymbol{w} = \lambda \boldsymbol{w} \tag{4.3.5}$$

式中：λ 为拉格朗日乘子。

由式(4.3.5)可以看出，λ 是 $\boldsymbol{S}_W^{-1} \boldsymbol{S}_B$ 的特征值，$\boldsymbol{w}$ 是相应的特征向量。也就是说，$\boldsymbol{S}_W^{-1} \boldsymbol{S}_B$ 的最大特征值所对应的特征向量就是能使目标函数取最大值的 $\boldsymbol{w}$。

截至这一步，LDA 选取的向量 $\boldsymbol{w}$ 是一个 $M \times 1$ 维向量，此时 LDA 的作用是将原始数据的 M 维特征组成的向量映射为一维向量。通常情况下希望对每个数据保留 P 个特征值，因此需要一个 $M \times P$ 维的映射矩阵 $\boldsymbol{W}$，对应的最大化目标函数为

$$J(\boldsymbol{W}) = \frac{\boldsymbol{W}^{\mathrm{T}} \boldsymbol{S}_B \boldsymbol{W}}{\boldsymbol{W}^{\mathrm{T}} \boldsymbol{S}_W \boldsymbol{W}} \tag{4.3.6}$$

这时选择矩阵 $\boldsymbol{S}_W^{-1}\boldsymbol{S}_B$ 的前 P 个最大特征值对应的特征向量构成 $\boldsymbol{W}$ 即可。

4.3.2 量子线性判别分析原理

量子线性判别分析的目标是对经典 LDA 算法进行加速。类似经典线性判别算法的思路，量子线性判别分析的目标也是求矩阵 $\boldsymbol{S}_W^{-1}\boldsymbol{S}_B$ 的前 P 个最大特征值对应的特征向量。如果 $\boldsymbol{S}_W^{-1}\boldsymbol{S}_B$ 是厄米矩阵，使用量子算法可以有效地计算特征值和特征向量。但是这个条件不一定满足，因此需要对 $\boldsymbol{S}_W^{-1}\boldsymbol{S}_B$ 进行一些处理。因为 $\boldsymbol{S}_B$ 是厄米矩阵，因此可以令式(4.3.5)中的 $\boldsymbol{w}=\boldsymbol{S}_B^{-1/2}\boldsymbol{v}$，则式(4.3.5)可以写为

$$\boldsymbol{S}_B^{1/2}\boldsymbol{S}_W^{-1}\boldsymbol{S}_B^{1/2}\boldsymbol{v}=\lambda\boldsymbol{v} \tag{4.3.7}$$

则求解 $\boldsymbol{S}_W^{-1}\boldsymbol{S}_B$ 的特征值和特征向量的问题转换成求矩阵 $\boldsymbol{S}_B^{1/2}\boldsymbol{S}_W^{-1}\boldsymbol{S}_B^{1/2}$ 的特征值和特征向量的问题，而 $\boldsymbol{S}_B^{1/2}\boldsymbol{S}_W^{-1}\boldsymbol{S}_B^{1/2}$ 为厄米矩阵，可以使用量子算法进行有效模拟。再通过 $\boldsymbol{w}=\boldsymbol{S}_B^{-1/2}\boldsymbol{v}$ 求出 $\boldsymbol{S}_W^{-1}\boldsymbol{S}_B$ 的特征向量。

为此，先将矩阵 $\boldsymbol{S}_W$ 和 $\boldsymbol{S}_B$ 以概率幅形式存储到量子态中，再利用 $\boldsymbol{S}_W$ 和 $\boldsymbol{S}_B$ 构建出矩阵 $\boldsymbol{S}_B^{1/2}\boldsymbol{S}_W^{-1}\boldsymbol{S}_B^{1/2}$。因此，本小节共分成四部分内容：矩阵 $\boldsymbol{S}_W$ 和 $\boldsymbol{S}_B$ 的量子表示、矩阵 $\boldsymbol{S}_B^{1/2}\boldsymbol{S}_W^{-1}\boldsymbol{S}_B^{1/2}$ 的构建以及求解主特征向量，最后给出复杂度分析。

1. 矩阵 $\boldsymbol{S}_W$ 和 $\boldsymbol{S}_B$ 的量子表示

为了得到矩阵 $\boldsymbol{S}_W$ 和 $\boldsymbol{S}_B$ 的量子表示，下面给出两个假设：

【假设 4.3.1】 令训练样本 $\boldsymbol{x}_j$ 属于类 X_{c_j} $(c_j=0,1,\cdots,k-1)$，$\boldsymbol{\mu}_{c_j}$ 为类 X_{c_j} 的类内均值，y_{c_j} 为类 X_{c_j} 的标签，假设存在黑箱 $\boldsymbol{O}_{1j}$ 将 $\boldsymbol{x}_j-\boldsymbol{\mu}_{c_j}$ 及其范数以及标签 y_{c_j} 存储在量子态中，即

$$\boldsymbol{O}_{1j}(|j\rangle|0\rangle|0\rangle|0\rangle)=|j\rangle|\|\boldsymbol{x}_j-\boldsymbol{\mu}_{c_j}\|\rangle|x_j-\mu_{c_j}\rangle|y_{c_j}\rangle \tag{4.3.8}$$

式中 $|x_j-\mu_{c_j}\rangle$ 满足归一化。

这里使用经典算法计算出 $|\|\boldsymbol{x}_j-\boldsymbol{\mu}_{c_j}\|\rangle$ 和 $|x_j-\mu_{c_j}\rangle$ 中的元素 $\|\boldsymbol{x}_j-\boldsymbol{\mu}_{c_j}\|$ 和 $x_j-\mu_{c_j}$，然后使用酉算子将其制备在量子态中。而 $|j\rangle|0\rangle|0\rangle|0\rangle$ 可以通过受控操作演化为 $|j\rangle|\|\boldsymbol{x}_j-\boldsymbol{\mu}_{c_j}\|\rangle|x_j-\mu_{c_j}\rangle|y_{c_j}\rangle$，具体来说就是受 j 的控制使用酉算子将 $|0\rangle|0\rangle|0\rangle$ 演化为 $|\|\boldsymbol{x}_j-\boldsymbol{\mu}_{c_j}\|\rangle|x_j-\mu_{c_j}\rangle|y_{c_j}\rangle$。因此，黑箱 $\boldsymbol{O}_{1j}$ 是可以实现的，即假设 4.3.1 是合理的。下面以同样的方式给出假设 4.3.2。

【假设 4.3.2】 令 $\boldsymbol{\mu}_c$ 为类 X_c 的类内均值，$\boldsymbol{\mu}$ 为所有数据的均值，假设存在黑箱 $\boldsymbol{O}_{2c}$ 将 $\boldsymbol{\mu}_c-\boldsymbol{\mu}$ 及其范数存储在量子态中，即

$$\boldsymbol{O}_{2c}(|c\rangle|0\rangle|0\rangle)=|c\rangle|\|\boldsymbol{\mu}_c-\boldsymbol{\mu}\|\rangle|\mu_c-\mu\rangle \tag{4.3.9}$$

式中 $|\mu_c-\mu\rangle$ 满足归一化。

将矩阵 $\boldsymbol{S}_W$ 存储在量子态中的具体步骤如下：

第一步：制备初始量子态

$$|\varphi_0\rangle=\sum_{j=0}^{N-1}|j\rangle|0\rangle|0\rangle|0\rangle \tag{4.3.10}$$

第二步：使用黑箱 $\boldsymbol{O}_{1j}$ 将相应的 $\boldsymbol{x}_j-\boldsymbol{\mu}_{c_j}$ 及其范数以及类标签 y_{c_j} 存储在量子态中

$$|\varphi_1\rangle=\sum_{j=0}^{N-1}|j\rangle|\|\boldsymbol{x}_j-\boldsymbol{\mu}_{c_j}\|\rangle|x_j-\mu_{c_j}\rangle|y_{c_j}\rangle \tag{4.3.11}$$

第三步：使用受控旋转门将 $\|\boldsymbol{x}_j-\boldsymbol{\mu}_{c_j}\|$ 提取到振幅中

$$|\varphi_2\rangle=\frac{1}{\sqrt{\chi_1}}\sum_{j=0}^{N-1}\|\boldsymbol{x}_j-\boldsymbol{\mu}_{c_j}\||j\rangle|\|\boldsymbol{x}_j-\boldsymbol{\mu}_{c_j}\|\rangle|x_j-\mu_{c_j}\rangle|y_{c_j}\rangle \tag{4.3.12}$$

式中：$\chi_1=\sum_{j=0}^{N-1}\|\boldsymbol{x}_j-\boldsymbol{\mu}_{c_j}\|^2$。

则 $|\varphi_2\rangle$ 的密度算子为

$$|\varphi_2\rangle\langle\varphi_2|=\frac{1}{\chi_1}\left(\sum_{j=0}^{N-1}\|\boldsymbol{x}_j-\boldsymbol{\mu}_{c_j}\||j\rangle|\|\boldsymbol{x}_j-\boldsymbol{\mu}_{c_j}\|\rangle|x_j-\mu_{c_j}\rangle|y_{c_j}\rangle\right)$$
$$\left(\sum_{i=0}^{N-1}\langle i||\|\boldsymbol{x}_i-\boldsymbol{\mu}_{c_i}\|\rangle\langle x_i-\mu_{c_i}|\langle y_{c_i}|\right) \tag{4.3.13}$$

第四步：将 $|\varphi_2\rangle$ 中 $|j\rangle$、$|\|\boldsymbol{x}_j-\boldsymbol{\mu}_{c_j}\|\rangle$、$|x_j-\mu_{c_j}\rangle$ 和 $|y_{c_j}\rangle$ 所在的系统分别记为第 1、第 2、第 3 和第 4 系统，对第 1、第 2 和第 4 系统执行偏迹运算，得到矩阵 $\boldsymbol{S}_W$ 的量子表示

$$\begin{aligned}
\boldsymbol{S}_W&=\mathrm{tr}_{124}|\varphi_2\rangle\langle\varphi_2|\\
&=\frac{1}{\chi_1}\mathrm{tr}_{124}\Big[\Big(\sum_{j=0}^{N-1}\|\boldsymbol{x}_j-\boldsymbol{\mu}_{c_j}\||j\rangle|\|\boldsymbol{x}_j-\boldsymbol{\mu}_{c_j}\|\rangle|x_j-\mu_{c_j}\rangle|y_{c_j}\rangle\Big)\\
&\quad\Big(\sum_{i=0}^{N-1}\|\boldsymbol{x}_i-\boldsymbol{\mu}_{c_i}\|\langle i|\langle\|\boldsymbol{x}_i-\boldsymbol{\mu}_{c_i}\||\langle x_i-\mu_{c_i}|\langle y_{c_i}|\Big)\Big]\\
&=\frac{1}{\chi_1}\mathrm{tr}_{124}\Big[\sum_{i,j=0}^{N-1}\|\boldsymbol{x}_j-\boldsymbol{\mu}_{c_j}\|\|\boldsymbol{x}_i-\boldsymbol{\mu}_{c_i}\|(|j\rangle\langle i|)(|\|\boldsymbol{x}_j-\boldsymbol{\mu}_{c_j}\|\rangle\langle\|\boldsymbol{x}_i-\boldsymbol{\mu}_{c_i}\||)\\
&\quad(|x_j-\mu_{c_j}\rangle\langle x_i-\mu_{c_i}|)(|y_{c_j}\rangle\langle y_{c_i}|)\Big]\\
&=\frac{1}{\chi_1}\sum_{i,j=0}^{N-1}\|\boldsymbol{x}_j-\boldsymbol{\mu}_{c_j}\|\|\boldsymbol{x}_i-\boldsymbol{\mu}_{c_i}\|[\mathrm{tr}(|j\rangle\langle i|)][\mathrm{tr}(|\|\boldsymbol{x}_j-\boldsymbol{\mu}_{c_j}\|\rangle\langle\|\boldsymbol{x}_i-\boldsymbol{\mu}_{c_i}\||)]\\
&\quad(|x_j-\mu_{c_j}\rangle\langle x_i-\mu_{c_i}|)[\mathrm{tr}(|y_{c_j}\rangle\langle y_{c_i}|)]\\
&=\frac{1}{\chi_1}\sum_{i,j=0}^{N-1}\|\boldsymbol{x}_j-\boldsymbol{\mu}_{c_j}\|\|\boldsymbol{x}_i-\boldsymbol{\mu}_{c_i}\|(\langle i||j\rangle)(\langle\|\boldsymbol{x}_i-\boldsymbol{\mu}_{c_i}\||\|\boldsymbol{x}_j-\boldsymbol{\mu}_{c_j}\|\rangle)\\
&\quad(|x_j-\mu_{c_j}\rangle\langle x_i-\mu_{c_i}|)(\langle y_{c_i}||y_{c_j}\rangle)\\
&=\frac{1}{\chi_1}\sum_{c_j=0}^{k-1}\sum_{\boldsymbol{x}_j\in X_c}\|\boldsymbol{x}_j-\boldsymbol{\mu}_{c_j}\|^2|x_j-\mu_{c_j}\rangle\langle x_j-\mu_{c_j}|
\end{aligned} \tag{4.3.14}$$

用同样的方法构造矩阵 $\boldsymbol{S}_B$：

$$\boldsymbol{S}_B=\frac{1}{\chi_2}\sum_{c=0}^{k-1}\|\boldsymbol{\mu}_c-\boldsymbol{\mu}\|^2|\mu_c-\mu\rangle\langle\mu_c-\mu| \tag{4.3.15}$$

式中：$\chi_2=\sum_{c=0}^{k-1}\|\boldsymbol{\mu}_c-\boldsymbol{\mu}\|^2$。

2. 矩阵 $\boldsymbol{S}_B^{1/2}\boldsymbol{S}_W^{-1}\boldsymbol{S}_B^{1/2}$ 的构建

上一小节给出了矩阵 $\boldsymbol{S}_B$ 和 $\boldsymbol{S}_W$ 的量子表示，下面给出使用 $\boldsymbol{S}_B$ 和 $\boldsymbol{S}_W$ 构建矩阵 $\boldsymbol{S}_B^{1/2}\boldsymbol{S}_W^{-1}\boldsymbol{S}_B^{1/2}$ 的方法。首先给出一个定理。

【定理 4.3.1】 对于 l 个归一化的 $M\times M$ 厄米半正定矩阵 $\boldsymbol{A}_0,\boldsymbol{A}_1,\cdots,\boldsymbol{A}_{l-1}$，以及具有收敛泰勒级数的函数 $f_0,f_1,\cdots,f_l$，在误差 σ 范围内可以构建出对应的密度矩阵：

$$[f_{l-1}(\boldsymbol{A}_{l-1})\cdots f_0(\boldsymbol{A}_0)][f_{l-1}(\boldsymbol{A}_{l-1})\cdots f_0(\boldsymbol{A}_0)]^+ \tag{4.3.16}$$

这里不再给出具体的证明过程，感兴趣的读者可参见文献[12]。

利用定理 4.3.1 可以构造目标矩阵 $\boldsymbol{S}_B^{1/2}\boldsymbol{S}_W^{-1}\boldsymbol{S}_B^{1/2}$，令 $l=2,\boldsymbol{A}_0=\boldsymbol{S}_W,\boldsymbol{A}_1=\boldsymbol{S}_B,f_0(\boldsymbol{A}_0)=\boldsymbol{A}_0^{-1/2},f_1(\boldsymbol{A}_1)=\boldsymbol{A}_1^{1/2}$，并将其代入式(4.3.16)，可得

$$(\boldsymbol{S}_B^{1/2}\boldsymbol{S}_W^{-1/2})(\boldsymbol{S}_B^{1/2}\boldsymbol{S}_W^{-1/2})^+=\boldsymbol{S}_B^{1/2}\boldsymbol{S}_W^{-1/2}\boldsymbol{S}_W^{-1/2}\boldsymbol{S}_B^{1/2}=\boldsymbol{S}_B^{1/2}\boldsymbol{S}_W^{-1}\boldsymbol{S}_B^{1/2} \tag{4.3.17}$$

3. 主特征向量求解

通过量子主成分分析算法求得矩阵 $\boldsymbol{S}_B^{1/2}\boldsymbol{S}_W^{-1}\boldsymbol{S}_B^{1/2}$ 的特征值和特征向量，得到前 P 个特征值及其对应的特征向量 $\boldsymbol{v}_r$ 后，可以得到 QLDA 降维算法的目标映射矩阵：

$$\boldsymbol{w}_r=\boldsymbol{S}_B^{-1/2}\boldsymbol{v}_r \tag{4.3.18}$$

在获得这些主特征向量后，数据就可以投影到满足最大的类间散度和最小的类内散度的维度上。

4. 复杂度分析

在降维和分类中，现有最优经典 LDA 降维算法的时间复杂度为 $O(kMN)$，其中 N 为给定的训练样本的数量，M 为样本的特征数量，k 为类别数。随着维度和样本数量的增加，复杂度也会显著增加。

对 QLDA 来说，第一部分制备矩阵 $\boldsymbol{S}_B$ 和 $\boldsymbol{S}_W$ 的时间复杂度为 $O(\log(MN))$，第二部分构建算子 $\boldsymbol{S}_B^{1/2}\boldsymbol{S}_W^{-1}\boldsymbol{S}_B^{1/2}$ 的时间复杂度为 $O(\log(MN))$，第三部分使用量子主成分分析得出特征向量的时间复杂度为 $O(\log(MN))$，因此总复杂度为 $O(\log(MN))$。可以看出，相对于 LDA 来说，QLDA 算法的时间复杂度达到了指数级降低。

4.4 本章小结

本章介绍了量子主成分分析、量子奇异值阈值算法和量子线性判别分析三种量子降维算法。三种算法都是在经典算法的基础上实现的。量子主成分分析算法将经典主成分算法的协方差矩阵转换为密度算子，进而使用交换测试和相位估计两种算法进行主成分分析。基于交换测试的算法只能得到特征值，基于相位估计的算法可以得到存储特征值和特征向量的量子态，但是要提取出量子态并不容易。

量子主成分分析算法最终得到的量子态为所有特征值及其对应特征向量的叠加态，并没有直接得到主要的成分。量子奇异值阈值算法可以通过设置阈值，最终获得大的特

征值及其对应特征向量的叠加态；但该算法最终通过测量得到的是经过阈值之后奇异值的比例，并不是奇异值本身。

上述两种算法都不需要知道样本的标签，量子线性判别分析需要知道样本的标签，该算法降维的目的是更好地实现分类任务。

三种量子算法相对于经典算法在理论上都达到了加速的效果，但是要实际应用它们仍然不容易。

参考文献

第5章 量子分类

分类算法是数据挖掘、机器学习和模式识别中一个重要的研究领域。它先根据已知分类标签的训练集分析出分类模式，再通过该模式对新输入数据的类别进行预测。分类算法主要包括决策树算法、贝叶斯算法、人工神经网络算法、K 近邻算法、支持向量机算法等。

分类算法被广泛应用，随着信息技术的发展以及大数据时代的到来，目前需要处理的数据量越来越大、数据维度越来越高，运行算法所需要的代价越来越大。因此，迫切需要设计高效、快速的机器学习算法以满足各种分类任务的需求。

量子分类算法利用量子存储和量子并行性加速经典分类算法，相比于其他量子机器学习算法，量子分类算法的研究成果相对较多，本节主要介绍量子支持向量机、量子 K 近邻和量子决策树三种分类算法。

5.1 量子支持向量机

支持向量机（Support Vector Machine，SVM）算法是一种常用的有监督机器学习算法，该算法在给定训练样本的基础上，找到一个超平面，将不同类别的样本分开。2014 年 Rebentrost 等提出了能够实现指数加速的量子支持向量机（Quantum SVM，QSVM）算法，它是最小二乘支持向量机的量子版本。QSVM 主要通过矩阵的指数化和相位估计等算法完成训练，最后进行分类。本节首先介绍支持向量机原理，然后介绍相应的量子算法。

5.1.1 支持向量机原理

假设 N 个训练样本组成的数据集为

$$\{(\boldsymbol{x}_i, y_i): \boldsymbol{x}_i \in \mathbf{R}^M, \quad y_i \in \{1, -1\}\}_{i=0,1,\cdots,N-1} \tag{5.1.1}$$

式中：$\boldsymbol{x}_i$ 为单个样本的 M 维特征向量，$\boldsymbol{x}_i = (x_{0i} \quad x_{1i} \quad \cdots \quad x_{(M-1)i})^{\mathrm{T}} (i=0,1,\cdots,N-1)$；$y_i$ 为第 i 个样本的类别。

分类的原理是找到一个超平面，将分属不同类别的样本分开。如图 5.1 所示，有很多的超平面（图 5.1 中的细实线）可以将两个类区分开。支持向量机的基本思想是从这许多的超平面中找到一个最优超平面 $\boldsymbol{w}^{\mathrm{T}}\boldsymbol{x}+b=0$（图 5.1 中的粗实线），使得两个类的最

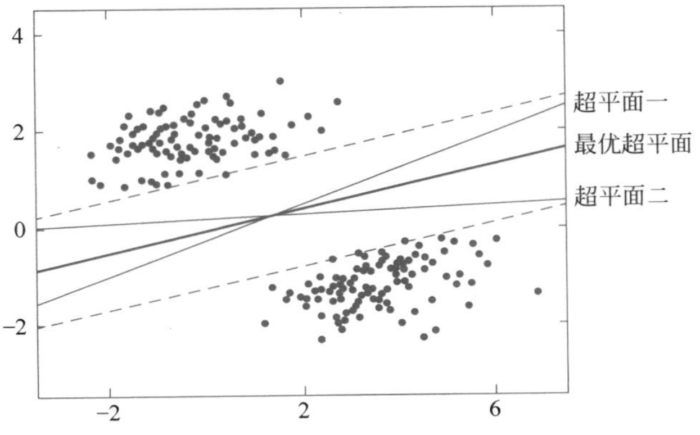

图 5.1 支持向量机原理示意图

前沿(图 5.1 中的虚线)到超平面的距离$\frac{2}{\|\boldsymbol{w}\|}$最大。正好处在最前沿的样本称为支持向量。对所有标签 $y_i=1$ 的样本,$\boldsymbol{w}^{\mathrm{T}}\boldsymbol{x}_i+b>0$;对所有标签 $y_i=-1$ 的样本,$\boldsymbol{w}^{\mathrm{T}}\boldsymbol{x}_i+b<0$。

因此,SVM 的数学表达式为

$$\max_{\boldsymbol{w},b} \frac{2}{\|\boldsymbol{w}\|}$$
$$\text{s.t.}\ \ y_i(\boldsymbol{w}^{\mathrm{T}}\boldsymbol{x}_i+b)\geqslant 1,\quad i=0,1,\cdots,N-1 \tag{5.1.2}$$

其等价形式为

$$\min_{\boldsymbol{w},b} \frac{\|\boldsymbol{w}\|^2}{2}$$
$$\text{s.t.}\ \ y_i(\boldsymbol{w}^{\mathrm{T}}\boldsymbol{x}_i+b)\geqslant 1, i=0,1,\cdots,N-1 \tag{5.1.3}$$

式中:$\boldsymbol{w}$ 决定了超平面 $\boldsymbol{w}^{\mathrm{T}}\boldsymbol{x}+b=0$ 的方向;b 是位移,决定了超平面到原点的距离。

最小二乘支持向量机通过引入非负参数 ξ_i,将式(5.1.3)转换为下列形式:

$$\min_{\boldsymbol{w},b,\xi_i} \frac{1}{2}\|\boldsymbol{w}\|^2+\gamma\frac{1}{2}\sum_{i=0}^{N-1}\xi_i^2$$
$$\text{s.t.}\ \ (\boldsymbol{w}^{\mathrm{T}}\boldsymbol{x}_i+b)=y_i-y_i\xi_i, i=0,1,\cdots,N-1 \tag{5.1.4}$$

式中:γ 为正则化参数;ξ_i 为松弛变量或者软边距,其作用是在一定程度上放松对分类样本的要求,允许部分样本点分类错误来换取模型更强的泛化能力。

由拉格朗日乘子法可得式(5.1.4)的对偶问题为

$$\begin{pmatrix}0 & \boldsymbol{e}^{\mathrm{T}}\\ \boldsymbol{e} & \boldsymbol{K}+\gamma^{-1}\boldsymbol{I}\end{pmatrix}\begin{pmatrix}b\\ \boldsymbol{\alpha}\end{pmatrix}=\begin{pmatrix}0\\ \boldsymbol{y}\end{pmatrix} \tag{5.1.5}$$

式中:$\boldsymbol{\alpha}$ 为拉格朗日乘子,$\boldsymbol{\alpha}=(\alpha_0\quad \alpha_1\quad \cdots\quad \alpha_{N-1})^{\mathrm{T}}$;$\boldsymbol{e}=(1\quad 1\quad \cdots\quad 1)^{\mathrm{T}}$;$\boldsymbol{I}$ 为单位矩阵;$\boldsymbol{y}=(y_0\quad y_1\quad \cdots\quad y_{N-1})^{\mathrm{T}}$;$\boldsymbol{K}$ 中包含所有的训练样本,其元素的形式不唯一,由核函数决定。$\boldsymbol{K}_{ij}=\boldsymbol{x}_i^{\mathrm{T}}\boldsymbol{x}_j$ 为最简单的线性核,在后续的章节中,将介绍其他形式的核函数。

通过求解式(5.1.5)得到的 b 和$\boldsymbol{\alpha}$ 构成 SVM 的超平面。此时,对于待分类样本 $\boldsymbol{x}$ 来说,可以使用下式实现分类:

$$y(\boldsymbol{x})=\operatorname{sign}\left(\sum_{i=0}^{N-1}\alpha_i\boldsymbol{x}_i^{\mathrm{T}}\boldsymbol{x}+b\right) \tag{5.1.6}$$

5.1.2 量子支持向量机算法

现在主流的量子支持向量机算法是基于最小二乘形式的量子支持向量机,主要任务是使用 HHL 算法求解式(5.1.5)中的线性方程组,得到描述超平面的量子态$|b,\alpha\rangle$,然后构造待分类样本 $\boldsymbol{x}$ 的量子态,并对其进行分类。本节介绍的量子支持向量机主要分为训练和分类两个部分,并给出复杂度分析。

1. 训练

训练量子支持向量机的线路图如图 5.2 所示。由图可以看到,其训练线路图与

HHL 算法的线路图基本相同。

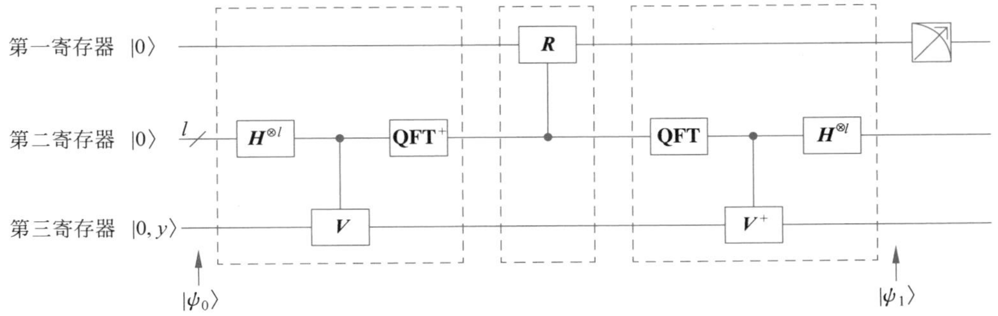

图 5.2　训练量子支持向量机的线路图

为了使用 HHL 算法求解式(5.1.5),需要按照 HHL 算法的要求,将矩阵 $\boldsymbol{F}=\begin{pmatrix}0 & \boldsymbol{e}^{\mathrm{T}} \\ \boldsymbol{e} & \boldsymbol{K}+\gamma^{-1}\boldsymbol{I}\end{pmatrix}$和$(0,\boldsymbol{y}^{\mathrm{T}})^{\mathrm{T}}$ 制备好。$\boldsymbol{F}$ 以指数的形式模拟,即 $V=\mathrm{e}^{\mathrm{i}\boldsymbol{F}t}$。向量$(0,\boldsymbol{y}^{\mathrm{T}})^{\mathrm{T}}$ 被制备进量子态中,再加上辅助量子比特组成量子态$|\psi_0\rangle$,$|\psi_0\rangle$为

$$|\psi_0\rangle=|0\rangle|0\rangle^{\otimes l}\sum_{i=0}^{N}k_i|i\rangle \tag{5.1.7}$$

式中:k_i 为向量$(0,\boldsymbol{y}^{\mathrm{T}})^{\mathrm{T}}$ 的第 i 个元素;l 取决于相位估计的精度和成功率。

经过 HHL 算法之后,其输出为$|\psi_1\rangle$,即

$$\begin{aligned}|\psi_1\rangle&=\sum_{i=0}^{N}\left(\sqrt{1-\frac{C_1^2}{\lambda_i^2}}|0\rangle+\frac{C_1}{\lambda_i}|1\rangle\right)\langle u_i|k\rangle|0\rangle^{\otimes l}|u_i\rangle\\&=\sum_{i=0}^{N}\sqrt{1-\frac{C_1^2}{\lambda_i^2}}\langle u_i|k\rangle|0\rangle|0\rangle^{\otimes l}|u_i\rangle+\sum_{i=0}^{N}\frac{C_1}{\lambda_i}\langle u_i|k\rangle|1\rangle|0\rangle^{\otimes l}|u_i\rangle\end{aligned} \tag{5.1.8}$$

式中:$|k\rangle=\sum_{i=0}^{N}k_i|i\rangle$,$|k\rangle$中存储的就是$(0,\boldsymbol{y}^{\mathrm{T}})^{\mathrm{T}}$;$C_1$ 为归一化常数。

最后对存储在第一寄存器中的辅助量子比特进行测量,当量子比特为 1 时,第三寄存器的量子态为

$$|\psi_2\rangle=C_1\sum_{i=0}^{N}\frac{\langle u_i|k\rangle}{\lambda_i}|u_i\rangle \tag{5.1.9}$$

由 HHL 算法可知,除去归一化因子 C_1,式(5.1.9)中的量子态就是式(5.1.5)的解。将$|u_i\rangle$写成标准正交基线性组合的形式,则式(5.1.9)可以写为

$$|b,\alpha\rangle=\frac{1}{\sqrt{C}}\left(b|0\rangle+\sum_{i=0}^{N-1}\alpha_i|i+1\rangle\right) \tag{5.1.10}$$

式中:C 为归一化因子。

2. 分类

上面得到了支持向量机超平面的量子态$|b,\alpha\rangle$,下面对待分类样本 $\boldsymbol{x}$ 进行分类,其对

应的量子态为$|x\rangle$。由式(5.1.6)可知，对样本进行分类，需要构造新的量子态得到$b+\sum_{i=0}^{N-1}\alpha_i\|\boldsymbol{x}_i\|\|\boldsymbol{x}\|\langle x_i|x\rangle$的符号。

根据超平面量子态$|b,\alpha\rangle$和待分类样本$|x\rangle$分别构造下述量子态：

$$|\tilde{u}\rangle=\frac{1}{\sqrt{N_{\tilde{u}}}}\left(b|0\rangle|0\rangle+\sum_{i=0}^{N-1}\alpha_i\|\boldsymbol{x}_i\||i+1\rangle|x_i\rangle\right) \tag{5.1.11}$$

$$|\tilde{x}\rangle=\frac{1}{\sqrt{N_{\tilde{x}}}}\left(|0\rangle|0\rangle+\sum_{i=0}^{N-1}\|\boldsymbol{x}\||i+1\rangle|x\rangle\right) \tag{5.1.12}$$

式中：$N_{\tilde{u}}$和$N_{\tilde{x}}$为归一化因子，且有

$$N_{\tilde{u}}=b^2+\sum_{i=0}^{N-1}\alpha_i^2\|\boldsymbol{x}_i\|^2,\quad N_{\tilde{x}}=1+N|\boldsymbol{x}|^2$$

使用哈达玛测试可得$\langle\tilde{u}|\tilde{x}\rangle$，即

$$\langle\tilde{u}|\tilde{x}\rangle=\frac{1}{\sqrt{N_{\tilde{x}}N_{\tilde{u}}}}\left(b+\sum_{i=0}^{N-1}\alpha_i\|\boldsymbol{x}_i\|\|\boldsymbol{x}\|\langle x_i|x\rangle\right) \tag{5.1.13}$$

由于对辅助比特进行测量得到$|1\rangle$的概率$P(1)=\frac{1}{2}(1-\langle\tilde{u}|\tilde{x}\rangle)$，因此当$P(1)<\frac{1}{2}$时，内积$\langle\tilde{u}|\tilde{x}\rangle>0$，可将$\boldsymbol{x}$分类为+1类；否则，分类为−1类。

3. 复杂度分析

在量子支持向量机中，HHL算法是主要组成部分，HHL算法的复杂度为$O(\text{poly}(\log N))$。此外，使用哈达玛测试求内积时需要运行$O\left(\frac{1}{\varepsilon}\right)$次，才能以误差$\varepsilon$得到概率$P(1)$。因此，量子支持向量机的时间复杂度为$O\left((\text{poly}(\log N))\frac{1}{\varepsilon}\right)$。

5.1.3 量子核函数

线性核对于线性不可分问题的分类效果不佳。在经典算法中，解决这个问题的方法是使用核函数。核函数能够将样本从原始空间映射到一个更高维的空间，使得样本在这个高维空间中线性可分。在量子支持向量机中，量子核函数也起着同样的作用。本节首先介绍核函数原理，然后介绍量子核函数。

1. 核函数原理

式(5.1.5)中矩阵$\boldsymbol{K}$的元素为$K_{ij}=\boldsymbol{x}_i^{\mathrm{T}}\boldsymbol{x}_j$，这是最简单的线性核。事实上，$\boldsymbol{K}$的元素有很多种取法，下式为常见的多项式核：

$$K_{ij}=(\boldsymbol{x}_i^{\mathrm{T}}\boldsymbol{x}_j)^d \tag{5.1.14}$$

式中：d为多项式的次数。

此外，还有拉普拉斯核、高斯核等形式，具体的可参见文献[1]。

2. 量子核函数

本节介绍多项式核的量子形式。令$|\varphi(x_i)\rangle=|x_i\rangle\otimes\cdots\otimes|x_i\rangle$，则量子多项式核可

以表示为

$$
\begin{aligned}
K_{ij} &= \varphi(\boldsymbol{x}_i)\cdot\varphi(\boldsymbol{x}_j) \\
&= \langle\varphi(x_i)\mid\varphi(x_j)\rangle = \langle x_i \mid \otimes\cdots\otimes\langle x_i\mid x_j\rangle\otimes\cdots\otimes\mid x_j\rangle \\
&= \langle x_i\mid x_j\rangle\otimes\cdots\otimes\langle x_i\mid x_j\rangle = \langle x_i\mid x_j\rangle^d
\end{aligned}
\tag{5.1.15}
$$

利用式(5.1.15)的技巧可以构造任意多项式核。

5.1.4 实现

本实验利用量子支持向量机来对手写数字6和9进行分类。训练集为一个6和一个9,它们对应的二维特征向量分别为 $\boldsymbol{x}_1=(0.987\ \ 0.159)^{\mathrm{T}}$ 和 $\boldsymbol{x}_2=(0.354\ \ 0.935)^{\mathrm{T}}$,满足归一化,标签分别为 $y_1=+1$ 和 $y_2=-1$。测试集6和9的特征向量分别为 $\boldsymbol{x}_3=(0.987\ \ 0.160)^{\mathrm{T}}$ 和 $\boldsymbol{x}_4=(0.352\ \ 0.936)^{\mathrm{T}}$。

在本实验中,考虑偏置 $b=0$ 的情况,令 $\gamma=2$,则式(5.1.5)退化为

$$
(\boldsymbol{K}+2^{-1}\boldsymbol{I})\boldsymbol{\alpha}=\boldsymbol{y} \tag{5.1.16}
$$

由于训练集为 $\boldsymbol{x}_1=(0.987\ \ 0.159)^{\mathrm{T}}$ 和 $\boldsymbol{x}_2=(0.354\ \ 0.935)^{\mathrm{T}}$,则 $\boldsymbol{K}=\begin{pmatrix}1 & 0.498\\ 0.498 & 1\end{pmatrix}$,因此 $\boldsymbol{F}=(\boldsymbol{K}+2^{-1}\boldsymbol{I})=\begin{pmatrix}1.5 & 0.498\\ 0.498 & 1.5\end{pmatrix}$,约等于$\begin{pmatrix}1.5 & 0.5\\ 0.5 & 1.5\end{pmatrix}$;对应 $\boldsymbol{y}=\begin{pmatrix}1\\ -1\end{pmatrix}$,归一化之后 $\tilde{\boldsymbol{y}}=\frac{1}{\sqrt{2}}\begin{pmatrix}1\\ -1\end{pmatrix}$。如图5.3所示,U_gate 实现了 HHL 算法以及训练样本的构造(式(5.1.11)),X_gate 用于构造待分类样本(式(5.1.12))。U_gate 包括三部分:一是 HHL 算法初始输入态,即 $|\tilde{y}\rangle=\frac{|0\rangle-|1\rangle}{\sqrt{2}}$;二是利用 HHL 算法求得 $(\boldsymbol{K}+2^{-1}\boldsymbol{I})\boldsymbol{\alpha}=\boldsymbol{y}$ 的解,在此过程中要模拟 $\mathrm{e}^{\mathrm{i}\frac{\boldsymbol{F}}{4}t}\mathrm{e}^{\mathrm{i}\frac{\boldsymbol{F}}{2}t}$,过程和 HHL 算法一样,具体过程可参考 HHL 算法,这里不再赘述;三是将训练集数据制备到量子线路中,实现式(5.1.11)。

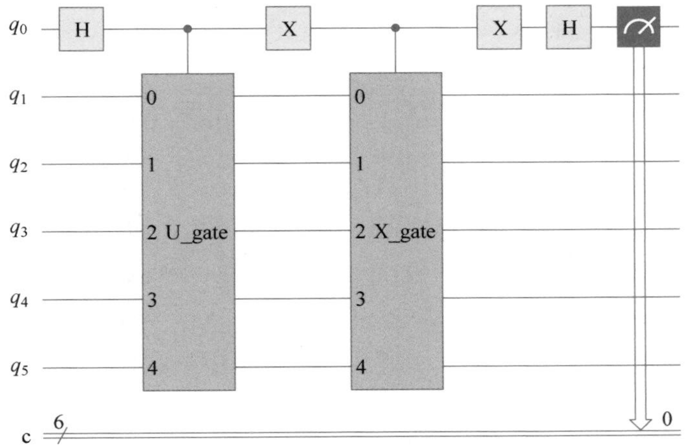

图5.3 量子支持向量机线路图

值得注意的是，由于 HHL 算法的最后没有进行测量，得到的量子态为 $|1\rangle|b,\alpha\rangle+|0\rangle|G_1\rangle$，其中 $|G_1\rangle$ 为式(5.1.8)中的量子态 $\sum_{i=0}^{N}\sqrt{1-\dfrac{C_1^2}{\lambda_i^2}}\langle u_i|y\rangle|u_i\rangle$，记为垃圾态。因此，式(5.1.11)变为 $|1\rangle|\tilde{u}\rangle+|0\rangle|G_2\rangle$，$|G_2\rangle$ 为垃圾态，此时量子态 $|\tilde{u}\rangle$ 和 $|G_2\rangle$ 都在量子比特 q_4 和 q_5 中，$|1\rangle$ 和 $|0\rangle$ 都在量子比特 q_1 中。由于

$$(\langle 1|\langle\tilde{u}|+\langle 0|\langle G_2|)(|1\rangle|\tilde{x}\rangle)=\langle\tilde{u}|\tilde{x}\rangle \tag{5.1.17}$$

因此，为了得到 $\langle\tilde{u}|\tilde{x}\rangle$，在量子比特 q_4 和 q_5 上使用 X_gate 制备量子态 $|\tilde{x}\rangle$ 时，需要将 q_1 的量子态制备成 $|1\rangle$。

当输入待测数据为 $6(\boldsymbol{x}_3=(0.987\quad 0.160)^{\mathrm{T}})$ 时，由图 5.4(a)可知，测量 q_0 得到 $|1\rangle$ 的概率为 $0.475<\dfrac{1}{2}$，分类结果为 $+1$，即分类为"6"，因此分类正确；当输入待测数据为 $9(\boldsymbol{x}_4=(0.352\quad 0.936)^{\mathrm{T}})$ 时，由 5.4(b)可知，测量 q_0 得到 $|1\rangle$ 的概率为 $0.524>\dfrac{1}{2}$，分类结果为 -1，即分类为"9"，因此分类也是正确的。

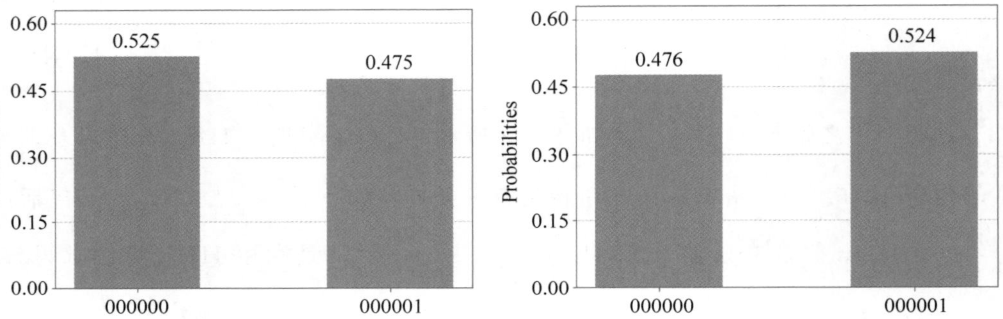

(a) 测试数据为6　　　　　　　　　(b) 测试数据为9

图 5.4　量子支持向量实验结果

量子支持向量机的代码如下：

```
1.    % matplotlib inline
2.    from qiskit import QuantumCircuit, ClassicalRegister, QuantumRegister
3.    from qiskit import execute
4.    from qiskit import Aer
5.    from qiskit import IBMQ
6.    from math import pi
7.    from qiskit.tools.visualization import plot_histogram
8.
9.    circuit = QuantumCircuit(6,6)
10.
11.   #自定义 U_gate
12.   def U_gate():
13.       circuit = QuantumCircuit(5)
14.       #量子态制备
15.       circuit.x(3)
```

```
16.        circuit.h(3)
17.        # hhl 算法
18.        circuit.h(1)
19.        circuit.h(2)
20.        circuit.cu3( - pi/2, - pi/2,pi/2,1,3)
21.        circuit.u1(3 * pi/4,1)
22.        circuit.cx(2, 3)
23.        circuit.swap(1, 2)
24.        circuit.h(2) # iQFT
25.        circuit.cu1( - pi/2, 1, 2)
26.        circuit.h(1)
27.        circuit.swap(1,2)
28.        circuit.cu3(pi/8, 0, 0, 1, 0)
29.        circuit.cu3(pi/16, 0, 0, 2, 0)
30.        circuit.swap(1,2)
31.        circuit.h(1)
32.        circuit.cu1(pi/2, 1, 2)
33.        circuit.h(2)
34.        circuit.swap(1, 2)
35.        circuit.cx(2, 3)
36.        circuit.u1( - 3 * pi/4,1)
37.        circuit.cu3( - pi/2,pi/2, - pi/2,1,3)
38.        circuit.h(2)
39.        circuit.h(1)
40.        # 添加训练数据
41.        circuit.cry(0.32,3,4)
42.        circuit.x(3)
43.        circuit.cry(2.82,3,4)
44.        circuit.x(3)
45.        circuit = circuit.to_gate()
46.        circuit.name = "U_gate"
47.        c_U = circuit.control()
48.        return c_U
49.
50.   circuit.h(0)
51.   # 使用 U_gate
52.   circuit.append(U_gate(),[0] + [i + 1 for i in range(5)])
53.
54.   # 自定义 X_gate
55.   def X_gate():
56.        circuit = QuantumCircuit(5)
57.        circuit.h(3)
58.        circuit.x(0)
59.        circuit.ry(2.422,4)
60.        circuit = circuit.to_gate()
61.        circuit.name = "X_gate"
62.        c_U = circuit.control()
63.        return c_U
64.
65.   circuit.x(0)
```

```
66.  # 使用 X_gate
67.  circuit.append(X_gate(),[0] + [i + 1 for i in range(5)])
68.  circuit.x(0)
69.  circuit.h(0)
70.
71.  # 测量
72.  circuit.measure(0,0)
73.
74.  # 绘制线路图
75.  circuit.draw(output = 'mpl')
76.  backend = Aer.get_backend('qasm_simulator')
77.  job_sim = execute(circuit,backend,shots = 20000)
78.  sim_result = job_sim.result()
79.
80.  # 绘制结果图
81.  measurement_result = sim_result.get_counts(circuit)
82.  plot_histogram(measurement_result)
```

5.2 量子 K 近邻

K 近邻是一种简单有效的有监督机器学习算法。K 近邻从一个给定训练集中找到与待分类样本最邻近的 K 个样本,这 K 个样本中的多数属于哪个类,则待分类样本就划分到哪个类中。2020 年,Basheer 等给出了量子 K 近邻算法,原理与经典 K 近邻相同,不同之处主要是先利用量子算法计算样本之间的距离,再利用最大值搜索算法找到距离最近的 K 个样本。

5.2.1 K 近邻基本原理

图 5.5 给出 K 近邻原理示意图。训练样本有两个类别,分别用三角形和正方形表示。对于新输入的待分类样本(用圆形表示),计算所有训练样本与待分类样本的距离,找到与待分类样本最近的 K 个邻居。当 $K=3$ 时,邻居中包括 2 个三角形和 1 个正方形,因此分类为三角形;当 $K=5$ 时,邻居中包括 2 个三角形和 3 个正方形,因此分类为正方形。虽然 K 近邻是有监督学习方法,但是它不需要训练过程,直接根据待分类样本与所有训练样本的距离确定分类结果。

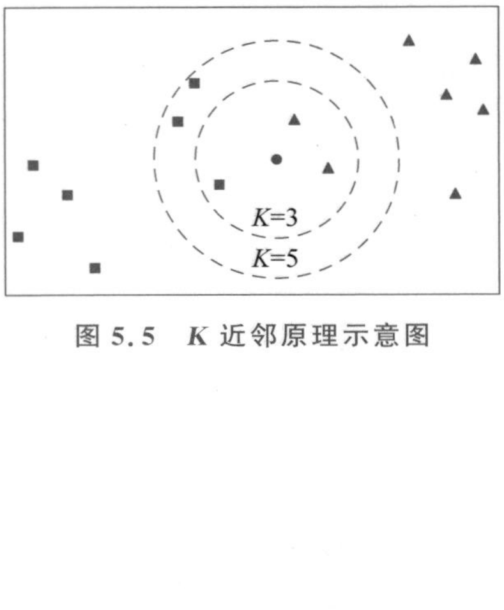

图 5.5　K 近邻原理示意图

在 K 近邻算法中，当训练集、K 值以及距离度量确定后，任何一个新输入的样本都会对应一个唯一的类别。其中两个样本之间的距离计算是量子 K 近邻中最重要的部分，此外使用量子算法寻找 K 个最近邻样本也是一项重要内容。

5.2.2 量子距离

在特征空间中，两个样本点的距离是两个样本相似程度的度量。在经典计算方法中，常用的相似度计算方法包括欧几里得距离、汉明距离、向量内积以及余弦距离等形式。在量子计算中，样本信息存储在量子态中。两个量子态之间的距离度量方式有迹距离和保真度两种方式。迹距离并不常用，这里不再介绍。保真度是衡量两个量子态相似程度的常用方法，保真度越大，两个量子态越相似。

【定义 5.2.1】 对于两个量子态 $|u\rangle$ 和 $|v\rangle$ 来说，其保真度定义为

$$F(|u\rangle, |v\rangle) = |\langle u|v\rangle|^2 \tag{5.2.1}$$

即保真度是 $|u\rangle$ 和 $|v\rangle$ 内积的模的平方，因此交换测试是计算两个量子态保真度的有效方法。

5.2.3 量子最大值搜索

上一节描述了两个量子态之间的距离度量方法，如何使用量子算法找到和待分类样本最近的 K 个样本呢？由于保真度越大，两个量子态越相似，因此需要找到距离中最大的 K 个值。本节给出搜索最大值的量子算法。

令 $T=\{T_0,T_1,\cdots,T_{N-1}\}$ 为含有 N 个元素的无序数据库，元素的下标为 $\{0,1,\cdots,N-1\}$。最大值搜索算法的目的就是找到下标 $i(i\in\{0,1,\cdots,N-1\})$，使得 $T_i=\max\{T_0,T_1,\cdots,T_{N-1}\}$。具体算法如下：

第一步：从 $\{0,1,\cdots,N-1\}$ 中随机选取一个下标 z_1。

第二步：重复下列步骤 $O(\sqrt{N})$ 次：

(1) 定义函数：

$$f_{z_1}(z_2)=\begin{cases}1, & T_{z_2} > T_{z_1} \\ 0, & \text{其他}\end{cases} \tag{5.2.2}$$

(2) 应用 Grover 搜索算法找到满足式 $f_{z_1}(z_2)=1$ 的下标 z_2。

(3) 如果测量能够得到 z_2，则用 z_2 代替 z_1；否则，不做任何改变。

第三步：最终的 z_1 就是使得 T_i 为最大值的下标 i。

在该算法中，第二步要重复 $O(\sqrt{N})$ 次，而第二步(2)中使用的 Grover 算法的复杂度为 $O(\sqrt{N})$，因此该算法总的复杂度为 $O(N)$。

5.2.4 量子 K 近邻算法

量子 K 近邻算法需要计算待分类样本与所有训练样本之间的保真度，并找到最近邻的 K 个训练样本。本节给出量子 K 近邻的具体算法。

假设 N 个训练样本组成的数据集如式(5.1.1)所示。令$\{|x_i\rangle : i\in\{0,1,\cdots,N-1\}\}$是训练样本所对应的量子态，$|x\rangle$是待分类的样本。量子 K 近邻算法先使用 K 次最大值搜索算法找到和待分类样本最近邻的 K 个样本$\{|x_{i_0}\rangle,|x_{i_1}\rangle,\cdots,|x_{i_{K-1}}\rangle\}$，再采用经典的多数表决规则对$|x\rangle$进行分类。

经典的多数表决规则这里不再单独介绍。下面主要介绍量子实现过程，也就是找到和待分类样本最近邻的 K 个训练样本。为此首先计算待分类样本$|x\rangle$和所有训练样本$\{|x_i\rangle : i\in\{0,1,\cdots,N-1\}\}$之间的保真度，然后找到和待分类样本最近邻的 K 个训练样本。

1. 计算保真度

在上述数据集中每个样本有 M 个特征(令 $M=2^m$)。如图 5.6 所示的过程能够将训练样本$|x_i\rangle$与待分类样本$|x\rangle$之间的保真度存储在基态中。

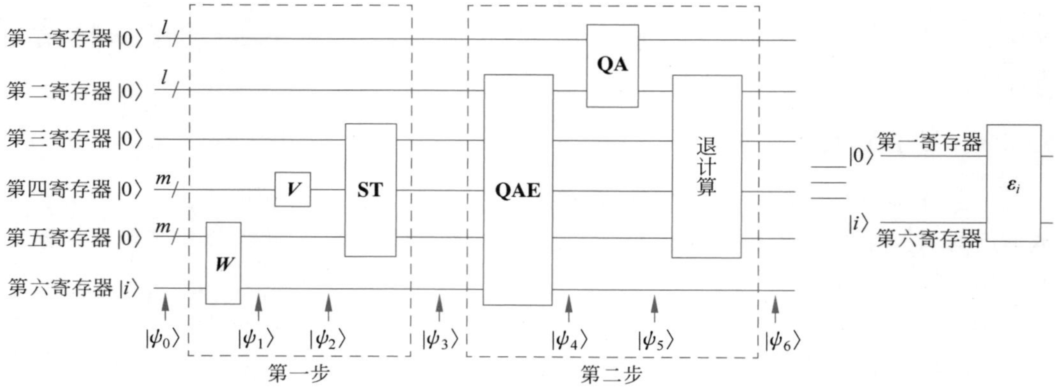

图 5.6 将保真度存储在基态中的量子线路图

主要分为两步：

第一步：使用交换测试将保真度相关信息存储到振幅中。

首先制备初始态

$$|\psi_0\rangle=|0\rangle^{\otimes l}|0\rangle^{\otimes l}|0\rangle|0\rangle^{\otimes m}|0\rangle^{\otimes m}|i\rangle \tag{5.2.3}$$

使用黑箱 **W** 作用于第五寄存器和第六寄存器得到量子态

$$|\psi_1\rangle=|0\rangle^{\otimes l}|0\rangle^{\otimes l}|0\rangle|0\rangle^{\otimes m}|x_i\rangle|i\rangle \tag{5.2.4}$$

使用黑箱 **V** 作用于第四寄存器得到量子态

$$|\psi_2\rangle=|0\rangle^{\otimes l}|0\rangle^{\otimes l}|0\rangle|x\rangle|x_i\rangle|i\rangle \tag{5.2.5}$$

使用交换测试 **ST** 作用于第三寄存器、第四寄存器和第五寄存器可得

$$\begin{aligned}|\psi_3\rangle&=|0\rangle^{\otimes l}|0\rangle^{\otimes l}\frac{1}{2}[|0\rangle(|x\rangle|x_i\rangle+|x_i\rangle|x\rangle)+|1\rangle(|x\rangle|x_i\rangle-|x_i\rangle|x\rangle)]|i\rangle\\&=|0\rangle^{\otimes l}|0\rangle^{\otimes l}|\varphi_i\rangle|i\rangle\end{aligned} \tag{5.2.6}$$

式中

$$|\varphi_i\rangle=\frac{1}{2}[|0\rangle(|x\rangle|x_i\rangle+|x_i\rangle|x\rangle)+|1\rangle(|x\rangle|x_i\rangle-|x_i\rangle|x\rangle)]$$

令

$$|\varphi_{i0}\rangle=|x\rangle|x_i\rangle+|x_i\rangle|x\rangle \tag{5.2.7}$$

$$|\varphi_{i1}\rangle=|x\rangle|x_i\rangle-|x_i\rangle|x\rangle \tag{5.2.8}$$

则$|\varphi_i\rangle$可以表示成量子振幅估计算法中式(3.5.1)的形式,即

$$|\varphi_i\rangle=\sqrt{\frac{(1+F_i)}{2}}|0\rangle|\varphi_{i0}\rangle+\sqrt{\frac{(1-F_i)}{2}}|1\rangle|\varphi_{i1}\rangle \tag{5.2.9}$$

式中:$F_i=F(x,x_i)$。

这时保真度相关信息存储在振幅 $\cos(\pi\theta_i)\sqrt{\frac{1+F_i}{2}}$ 和 $\sin(\pi\theta_i)\sqrt{\frac{1-F_i}{2}}$ 中,接下来要把存储在振幅中的信息转移到基态中。

第二步:利用量子振幅估计算法将保真度信息存储到基态中。

令 $\boldsymbol{U}$ 为第一步算子的组合,构造振幅放大算子

$$\boldsymbol{G}_i=\boldsymbol{U}\boldsymbol{S}_i\boldsymbol{U}^{-1}\boldsymbol{Z} \tag{5.2.10}$$

式中:$\boldsymbol{S}_i$ 只改变初始态$|0\rangle|0\rangle^{\otimes m}|0\rangle^{\otimes m}$ 的符号;$\boldsymbol{Z}$ 作用于第三寄存器用于改变式(5.2.9)中$|1\rangle$的符号。

执行量子振幅估计,将存储在振幅中的 θ_i 转移到第二寄存器的基态中,即

$$\begin{aligned}|\psi_4\rangle&=|0\rangle^{\otimes l}\frac{1}{\sqrt{2}}(\mathrm{e}^{-\mathrm{i}\pi\theta_i}|2^m\theta_i\rangle|\delta_{i+}\rangle+\mathrm{e}^{\mathrm{i}\pi\theta_i}|2^m(1-\theta_i)\rangle|\delta_{i-}\rangle)|i\rangle\\&=|0\rangle^{\otimes l}|\delta_i\rangle|i\rangle\end{aligned} \tag{5.2.11}$$

式中:$|\delta_i\rangle=\frac{1}{\sqrt{2}}(\mathrm{e}^{-\mathrm{i}\pi\theta_i}|2^m\theta_i\rangle|\delta_{i+}\rangle+\mathrm{e}^{\mathrm{i}\pi\theta_i}|2^m(1-\theta_i)\rangle|\delta_{i-}\rangle)$,包含第二寄存器、第三寄存器、第四寄存器和第五寄存器,$-\mathrm{e}^{\pm 2\mathrm{i}\theta_i}$ 为 G_i 的特征值,$|\delta_{i\pm}\rangle$为对应的特征向量。

三角函数等一些基本的函数可以用量子线路来实现(见附录 B),因此总可以实现一个算子 **QA**,能使存储在第二寄存器中的函数 $F_i=1-2\sin^2(\pi\theta_i)$存储在第一寄存器中,第一寄存器存储的量子态为$|F_i\rangle=|1-2\sin^2(\pi\theta_i)\rangle$。因此经过算子 **QA** 之后式(5.2.11)演化为

$$|\psi_5\rangle=|F_i\rangle|\delta_i\rangle|i\rangle \tag{5.2.12}$$

对第二寄存器、第三寄存器、第四寄存器和第五寄存器实施退计算,可得

$$|\psi_6\rangle=|F_i\rangle|i\rangle \tag{5.2.13}$$

至此,保真度被存储于基态中。也就是说,如果记上述量子线路为$\boldsymbol{\varepsilon}_i$,经过$\boldsymbol{\varepsilon}_i$ 之后,第一寄存器和第六寄存器的量子态由$|0\rangle^{\otimes l}|i\rangle$演化为$|F_i\rangle|i\rangle$,第二寄存器至第五寄存器为辅助寄存器,输入和输出全为$|0\rangle$。因此,在后续的描述的中记$\boldsymbol{\varepsilon}_i$ 的输出为$|F_i\rangle|i\rangle$。图 5.6 中,$\boldsymbol{\varepsilon}_i$ 的输入和输出只画出了第一寄存器和第六寄存器,其余辅助寄存器没有再体现,可以理解为$\boldsymbol{\varepsilon}_i$ 内部的寄存器。

2. 寻找和待分类样本最近邻的 K 个样本

下面介绍如何得到距离最近的 K 个样本,也就是得到 K 个最大的保真度。要找 K

个最大值，需要先随机选取 K 个下标，记为 $A=\{i_0,i_1,\cdots,i_{K-1}\}$，对于 A 中的每个元素都执行最大值搜索算法中的第二步。使用黑箱算子 $\boldsymbol{O}_{i',A}$，使其能够满足

$$\boldsymbol{O}_{i',A}\ |0\rangle|i\rangle=|f_{i',A}(i)\rangle|i\rangle \tag{5.2.14}$$

式中

$$f_{i',A}(i)=\begin{cases}1, & F_i>F_{i'},i\notin A\\0, & \text{其他}\end{cases}$$

式(5.2.14)表示，对于 $i'\in A$，找到一个 $i\notin A$，使得当 $F_i>F_{i'}$ 成立时，有 $f_{i',A}(i)=1$。

下面给出黑箱 $\boldsymbol{O}_{i',A}$ 的实现方法，量子线路图如图 5.7 所示。

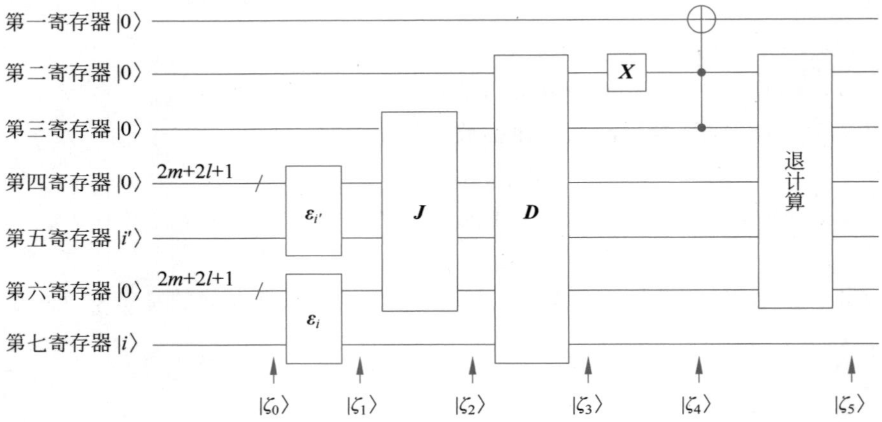

图 5.7 $\boldsymbol{O}_{i',A}$ 的量子线路图

初始输入为第四寄存器至第七寄存器的 $|\zeta_0\rangle=|0\rangle|i'\rangle|0\rangle|i\rangle$，利用 $\boldsymbol{\varepsilon}_i$ 和 $\boldsymbol{\varepsilon}_{i'}$ 可以将其演化为

$$|\zeta_1\rangle=|F_{i'}\rangle|i'\rangle|F_i\rangle|i\rangle \tag{5.2.15}$$

使用比较门($\boldsymbol{J}$)比较第四寄存器和第六寄存器，并将结果存储在第三寄存器中，式(5.2.15)演化为

$$|\zeta_2\rangle=|g(i)\rangle|F_{i'}\rangle|i'\rangle|F_i\rangle|i\rangle \tag{5.2.16}$$

式中

$$g(i)=\begin{cases}1, & F_i>F_{i'}\\0, & F_i\leqslant F_{i'}\end{cases}$$

增加一个辅助量子比特用来判断下标 i 是否属于集合 A，这里使用不等门($\boldsymbol{D}$)来实现。若 $\boldsymbol{D}^{(i_l)}$ 用于标记下标 i_l 是否属于 A，则 $\boldsymbol{D}=\boldsymbol{D}^{(i_0)}\cdots\boldsymbol{D}^{(i_{K-1})}$。将 $\boldsymbol{D}$ 作用于式(5.2.16)中的第七寄存器并将结果存储于第二寄存器时，可得

$$|\zeta_3\rangle=|\chi_A(i)\rangle|g(i)\rangle|F_{i'}\rangle|i'\rangle|F_i\rangle|i\rangle \tag{5.2.17}$$

式中

$$\chi_A(i)=\begin{cases}1, & i\in A\\0, & i\notin A\end{cases}$$

也就是说，$\boldsymbol{D}^{(i_0)}\cdots\boldsymbol{D}^{(i_{K-1})}$标记了已经属于 A 的 K 个下标，以避免前 K 个保真度有重复。

最终要构建一个黑箱使得 $g(i)=1$ 且 $\chi_A(i)=0$，因此使用一个 $\boldsymbol{X}$ 门作用于第二寄存器，再使用 Toffoli 门作用于第一寄存器至第三寄存器，可得

$$|\zeta_4\rangle=|f_{i',A}(i)\rangle|\chi_A(i)\rangle|g(i)\rangle|F_{i'}\rangle|i'\rangle|F_i\rangle|i\rangle \tag{5.2.18}$$

此时，如果 $f_{i',A}(i)=1$，则满足条件；否则，不满足条件。

对第二寄存器至第六寄存器执行退计算可得

$$|\zeta_5\rangle=|f_{i',A}(i)\rangle|i\rangle \tag{5.2.19}$$

令 $\boldsymbol{O}_{i',A}$ 表示上述所有操作的集合，则

$$\boldsymbol{O}_{i',A}|0\rangle|i\rangle=|f_{i',A}(i)\rangle|i\rangle \tag{5.2.20}$$

5.2.5 实现

假设$|x_1\rangle=\frac{\sqrt{3}}{2}|0\rangle+\frac{1}{2}|1\rangle$和$|x_2\rangle=\frac{1}{\sqrt{2}}|0\rangle-\frac{1}{\sqrt{2}}|1\rangle$分别是属于类别 1 和类别 2 的数据，本实验旨在计算一个待分类数据$|x\rangle=\frac{1}{\sqrt{2}}|0\rangle+\frac{1}{\sqrt{2}}|1\rangle$与$|x_1\rangle$和$|x_2\rangle$的距离，并比较出待分类数据与哪个类别的数据更接近，也就是与哪个类别的保真度更大。

考虑到量子线路的复杂性，本实验分成两部分：第一部分将保真度信息存储在振幅中，并通过测量得到该振幅；第二部分将上述振幅存储到基态中，并比较大小，进而得到待分类数据距离哪个类别更近。

下面先介绍第一部分实验，量子线路图如图 5.8 所示。

第一步：使用交换测试将保真度信息存储到振幅中。

用两个不同的 $\boldsymbol{W}$ 门分别在 q_7 和 q_{15} 上制备训练数据$|x_1\rangle=\frac{\sqrt{3}}{2}|0\rangle+\frac{1}{2}|1\rangle$和$|x_2\rangle=\frac{1}{\sqrt{2}}|0\rangle-\frac{1}{\sqrt{2}}|1\rangle$，用 $\boldsymbol{U}$ 门分别在 q_6 和 q_{14} 制备一个待分类数据$|x\rangle=\frac{1}{\sqrt{2}}|0\rangle+\frac{1}{\sqrt{2}}|1\rangle$，并执行一次交换测试得到$|x\rangle$与$|x_1\rangle$的保真度 $F_1=2\sin^2(\pi\theta_1)-1=\cos(2\pi\theta_1)$，以及$|x\rangle$与$|x_2\rangle$的保真度 $F_2=2\sin^2(\pi\theta_2)-1=\cos(2\pi\theta_2)$。

第二步：添加辅助量子比特 $q_1q_2q_3q_4$ 和 $q_9q_{10}q_{11}q_{12}$，执行量子振幅估计算法，将和保真度相关的 $2^4\theta_1$ 和 $2^4\theta_2$ 存储在基态 $q_1q_2q_3q_4$ 和 $q_9q_{10}q_{11}q_{12}$ 上。

第三步：添加辅助量子比特 q_0 和 q_8，使用受控 $\boldsymbol{R}_y\left(\frac{8\pi}{8}\right)$、$\boldsymbol{R}_y\left(\frac{4\pi}{8}\right)$、$\boldsymbol{R}_y\left(\frac{2\pi}{8}\right)$、$\boldsymbol{R}_y\left(\frac{\pi}{8}\right)$将保真度 F_1 和 F_2 存储到量子比特 q_0 和 q_8 上。

最后分别对 q_0 和 q_8 进行测量，得到$|0\rangle$的概率，再开根号即为保真度。测量结果如图 5.9 所示。由图 5.9(a)可以看出，对 q_0 测量得到 0 的概率为 0.854，因此保真度 $F_1=\sqrt{0.854}=0.9236$。由图 5.9(b)可以看出，对 q_8 测量得到 0 的概率为 0，因此保真度 $F_2=\sqrt{0}=0$。

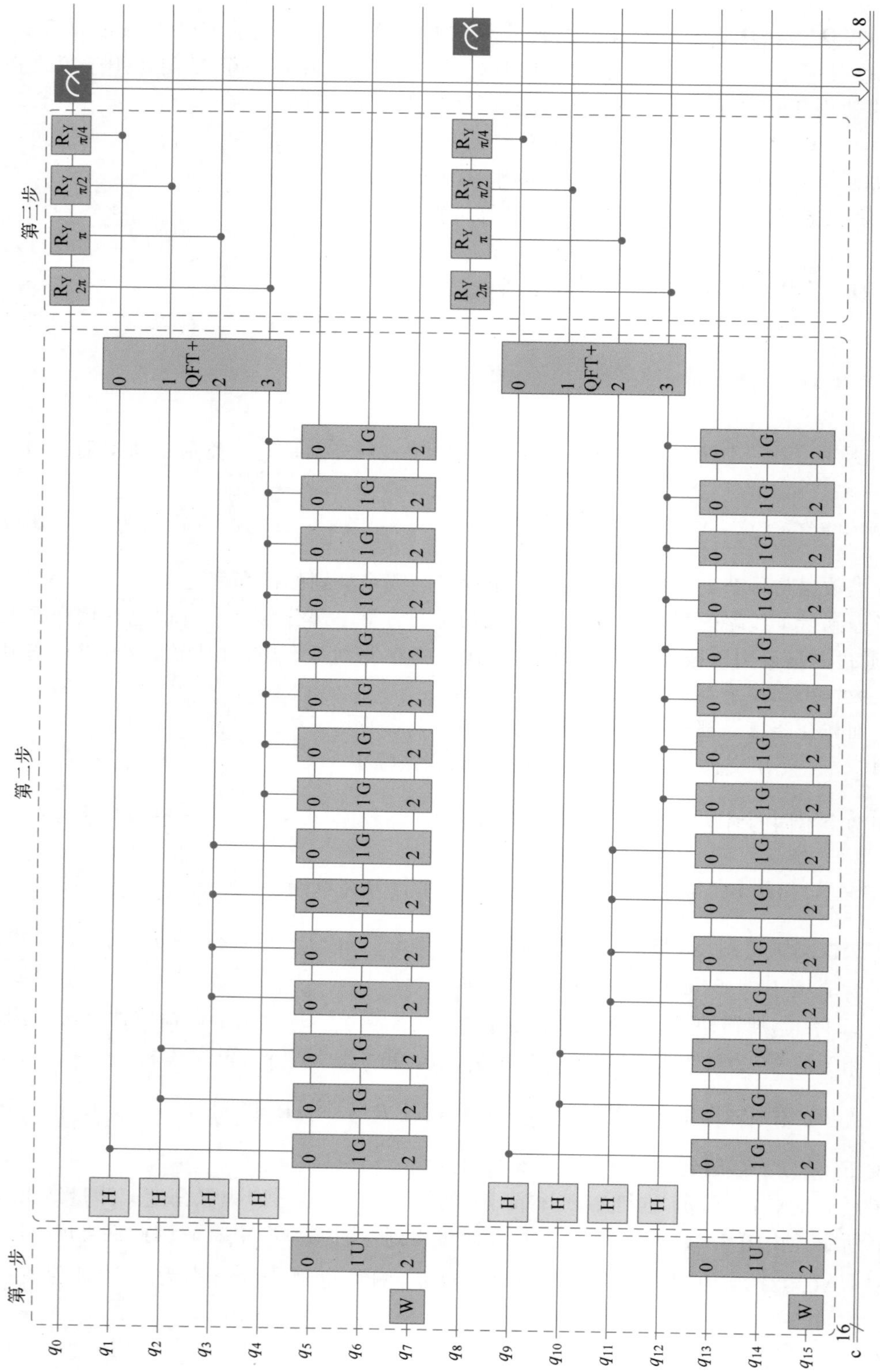

图 5.8　计算保真度的量子线路图

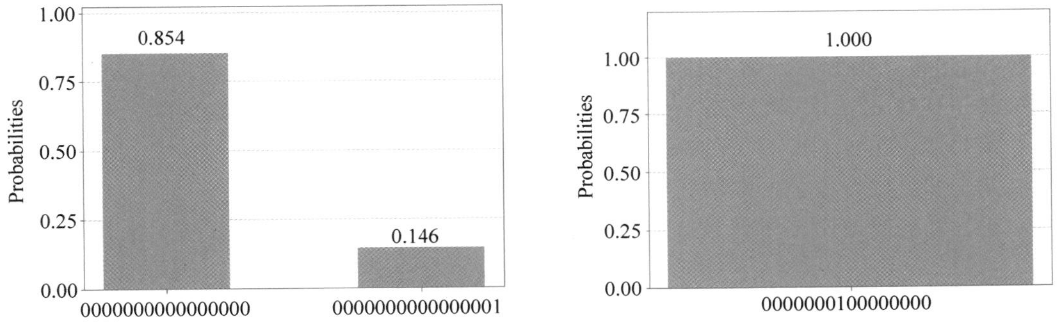

(a) 量子比特q_0的测量结果　(b) 量子比特q_8的测量结果

图 5.9　量子比特 q_0 和 q_8 的测量结果

第二部分实验完成了分类，其量子线路图如图 5.10 所示。

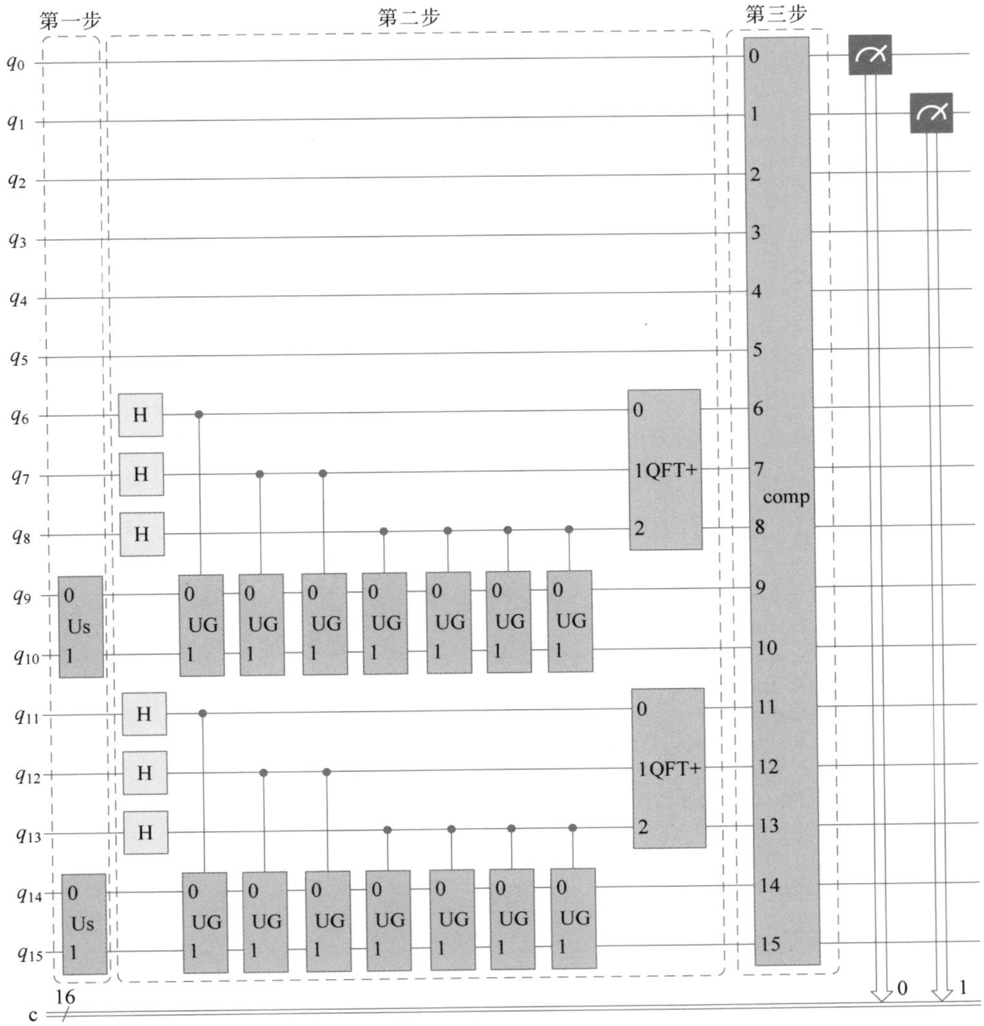

图 5.10　分类量子线路图

在第一部分的实验中,将保真度信息存储到 q_0 和 q_8 的振幅中,为了比较保真度的大小,利用量子振幅估计将存储在振幅中的保真度 $F = 2\sin^2(\pi\theta) - 1 = \cos(2\pi\theta)$ 转移到辅助量子比特 $q_6 q_7 q_8$ 和 $q_{11} q_{12} q_{13}$ 中,再利用量子比较器比较两个保真度的大小。

第一步:在 q_{10} 和 q_{15} 上制备与第一部分中 q_0 和 q_8 相同的振幅。

第二步:执行量子振幅估计将振幅存储到 $q_6 q_7 q_8$ 和 $q_{11} q_{12} q_{13}$ 上。

第三步:使用比较门比较 $q_6 q_7 q_8$ 和 $q_{11} q_{12} q_{13}$ 的大小关系。两组的三个量子比特代表的十进制数分别为 y_1 和 y_2,则保真度分别为 $F_1 = \dfrac{1}{2}\left(1 - \cos\dfrac{\pi y_1}{2^{n-1}}\right)$ 和 $F_2 = \dfrac{1}{2}\left(1 - \cos\dfrac{\pi y_2}{2^{n-1}}\right)$。如果 $0 \leqslant \dfrac{\pi y}{2^{n-1}} \leqslant \pi$,其中 $y \in \{y_1, y_2\}$,则可以根据 y_1 和 y_2 判断 F_1 和 F_2 的大小,即当 $y_1 > y_2$ 时,有 $F_1 > F_2$。由图 5.11 可以看出,$q_0 q_1 = |10\rangle$,即 $y_1 > y_2$,因此 $F_1 > F_2$。也就是将 $|x\rangle$ 划分到样本 $|x_1\rangle$ 所在的类中。

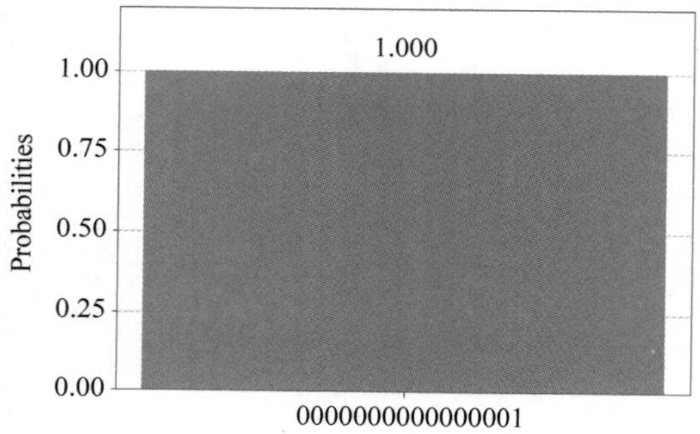

图 5.11　分类测量结果

量子 K 近邻算法的两部分的代码如下所示:

第一部分代码:

```
1.    % matplotlib inline
2.    from qiskit import QuantumCircuit, ClassicalRegister, QuantumRegister
3.    from qiskit import execute
4.    from qiskit import BasicAer
5.    from qiskit import IBMQ
6.    from qiskit import Aer
7.    from math import pi
8.    from qiskit.tools.visualization import plot_histogram
9.
10.   circuit = QuantumCircuit(16,16)
11.
12.   #定义 W 门: 制备训练集
13.   def W_gate(n):
14.       circuit = QuantumCircuit(1)
15.       circuit.ry(n,0)
16.       circuit = circuit.to_gate()
17.       circuit.name = "W"
```

```python
    return circuit

#定义U门:先制备测试数据,再对训练数据和测试数据做swap-test得到两者的保真度
def U_gate():
    circuit = QuantumCircuit(3)
    circuit.h(2)
    circuit.h(0)
    circuit.cswap(0,1,2)
    circuit.h(0)
    circuit= circuit.to_gate()
    circuit.name = "U"
    return circuit

#定义G门中的子门
def xcz():
    circuit = QuantumCircuit(2)
    circuit.x(0)
    circuit.x(1)
    circuit.cz(1,0)
    circuit.x(1)
    circuit.x(0)
    circuit= circuit.to_gate()
    c_U = circuit.control()
    return c_U

#定义G门:量子相位估计
def G_gate(n):
    circuit = QuantumCircuit(3)
    circuit.z(0)
    circuit.append(U_gate().inverse(),[i for i in range(3)])
    circuit.append(W_gate(n).inverse(),[i+2 for i in range(1)])
    circuit.x(2)
    circuit.append(xcz(),[2]+[i for i in range(2)])
    circuit.x(2)
    circuit.append(W_gate(n),[i+2 for i in range(1)])
    circuit.append(U_gate(),[i for i in range(3)])
    circuit= circuit.to_gate()
    circuit.name = "G"
    c_U = circuit.control()
    return c_U

#定义量子傅里叶逆变换
def qft_dagger(n):
    qc = QuantumCircuit(n)
    for qubit in range(n//2):
        qc.swap(qubit, n-qubit-1)
    for j in range(n):
        for m in range(j):
            qc.cp(-pi/float(2**(j-m)), m, j)
        qc.h(j)
    qc.name = "QFT+"
```

```
    return qc

#第一步
circuit.append(W_gate(pi/3),[i + 7 for i in range(1)])
circuit.append(U_gate(),[i + 5 for i in range(3)])
circuit.barrier(0,1,2,3,4,5,6,7)

#第二步
for i in range(4):
    circuit.h(i + 1)
for i in range(4):
    for j in range(2 ** i):
        circuit.append(G_gate(pi/3),[i + 1] + [m + 5 for m in range(3)])
circuit.append(qft_dagger(4),[i + 1 for i in range(4)])

#第三步:计算保真度到辅助量子比特
circuit.cry(8 * pi/4,4,0)
circuit.cry(4 * pi/4,3,0)
circuit.cry(2 * pi/4,2,0)
circuit.cry(pi/4,1,0)

#测量
circuit.measure(0,0)

#在线路的下半部分重复上述操作
circuit.append(W_gate( - pi/2),[i + 15 for i in range(1)])
circuit.append(U_gate(),[i + 13 for i in range(3)])
circuit.barrier(8,9,10,11,12,13,14,15)
for i in range(4):
    circuit.h(i + 9)
for i in range(4):
    for j in range(2 ** i):
        circuit.append(G_gate( - pi/2),[i + 9] + [m + 13 for m in range(3)])
circuit.append(qft_dagger(4),[i + 9 for i in range(4)])
circuit.cry(8 * pi/4,12,8)
circuit.cry(4 * pi/4,11,8)
circuit.cry(2 * pi/4,10,8)
circuit.cry(pi/4,9,8)
circuit.measure(8,8)

#绘制线路图
circuit.draw(output = 'mpl', plot_barriers = False, fold = - 1)
backend = Aer.get_backend('qasm_simulator')
job_sim = execute(circuit, backend, shots = 8192)
sim_result = job_sim.result()

#绘制结果图
measurement_result = sim_result.get_counts(circuit)
print(measurement_result)
plot_histogram(measurement_result)
```

第二部分代码：

```
%matplotlib inline
from qiskit import QuantumCircuit, ClassicalRegister, QuantumRegister
from qiskit import execute
from qiskit import Aer
from math import pi
from qiskit.tools.visualization import plot_histogram
from comp import comp

circuit = QuantumCircuit(16,16)

#定义 Us 门
def Us():
    circuit = QuantumCircuit(2)
    circuit.h(0)
    circuit.cry(7 * pi/4,0,1)
    circuit.x(0)
    circuit.cry( - 7 * pi/4,0,1)
    circuit.x(0)
    circuit.h(0)
    circuit = circuit.to_gate()
    circuit.name = "Us"
    return circuit

#定义 Us1 门
def Us1():
    circuit = QuantumCircuit(2)
    circuit.h(0)
    circuit.cry(pi,0,1)
    circuit.x(0)
    circuit.cry( - pi,0,1)
    circuit.x(0)
    circuit.h(0)
    circuit = circuit.to_gate()
    circuit.name = "Us1"
    return circuit

#定义 UG 门
def UG():
    circuit = QuantumCircuit(2)
    circuit.z(0)
    circuit.append(Us().inverse(),[i for i in range(2)])
    circuit.x(1)
    circuit.x(0)
    circuit.cz(0,1)
    circuit.x(0)
    circuit.x(1)
    circuit.append(Us(),[i for i in range(2)])
    circuit = circuit.to_gate()
    circuit.name = "UG"
```

```
        c_U = circuit.control()
        return c_U

    #定义 UG1 门
    def UG1():
        circuit = QuantumCircuit(2)
        circuit.z(0)
        circuit.append(Us1().inverse(),[i for i in range(2)])
        circuit.x(1)
        circuit.x(0)
        circuit.cz(0,1)
        circuit.x(0)
        circuit.x(1)
        circuit.append(Us1(),[i for i in range(2)])
        circuit = circuit.to_gate()
        circuit.name = "UG1"
        c_U = circuit.control()
        return c_U

    #定义量子傅里叶逆变换
    def qft_dagger(n):
        qc = QuantumCircuit(n)
        for qubit in range(n//2):
            qc.swap(qubit, n - qubit - 1)
        for j in range(n):
            for m in range(j):
                qc.cp( - pi/float(2 ** (j - m)), m, j)
            qc.h(j)
        qc.name = "QFT + "
        return qc

    #第一步
    circuit.append(Us(),[i + 9 for i in range(2)])
    circuit.barrier(6,7,8,9,10)
    circuit.append(Us1(),[i + 14 for i in range(2)])
    circuit.barrier(11,12,13,14,15)

    #第二步
    for i in range(3):
        circuit.h(i + 6)
    for i in range(3):
        for j in range(2 ** i):
            circuit.append(UG(),[i + 6] + [m + 9 for m in range(2)])
    circuit.append(qft_dagger(3),[i + 6 for i in range(3)])
    #在线路的下半部分重复上述操作
    for i in range(3):
        circuit.h(i + 11)
    for i in range(3):
        for j in range(2 ** i):
            circuit.append(UG1(),[i + 11] + [m + 14 for m in range(2)])
    circuit.append(qft_dagger(3),[i + 11 for i in range(3)])
```

```
#第三步
circuit.append(comp(),[i for i in range(16)])

#测量
circuit.measure(0,0)
circuit.measure(1,1)

#绘制线路图
circuit.draw(output = 'mpl', plot_barriers = False, fold = -1)
backend = Aer.get_backend('qasm_simulator')
job_sim = execute(circuit, backend, shots = 8192)
sim_result = job_sim.result()

#绘制结果图
measurement_result = sim_result.get_counts(circuit)
plot_histogram(measurement_result)
```

5.3 量子决策树

决策树(Decision Tree,DT)是一种具有树形结构的机器学习方法。在学习过程中,由样本集形成一棵可分层判决的树。例如,通过天气情况判断是否去打网球,有天气、湿度和风力三个特征,其中天气包括晴、阴和雨,湿度包括高和正常,风力包括强和弱。图5.12(a)是在各种天气特征下是否打网球的样本。决策树就是要根据已经给出的带标签的样本训练一棵树,当给出一个新的样本时,通过这棵树做出决策。图5.12(b)是根据打网球样本给出的决策树示例。本节首先介绍决策树的基本原理,然后介绍决策树的量子版本——量子决策树。

序号	天气	湿度	风力	决定
1	晴	高	强	不去
2	晴	高	弱	不去
3	晴	正常	强	去
4	阴	高	弱	去
5	阴	正常	强	去
6	雨	高	强	不去
7	雨	正常	弱	去

(a) 样本集

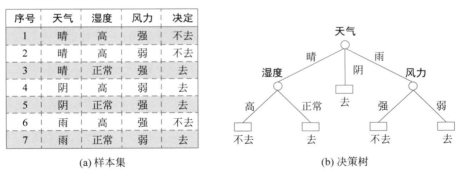

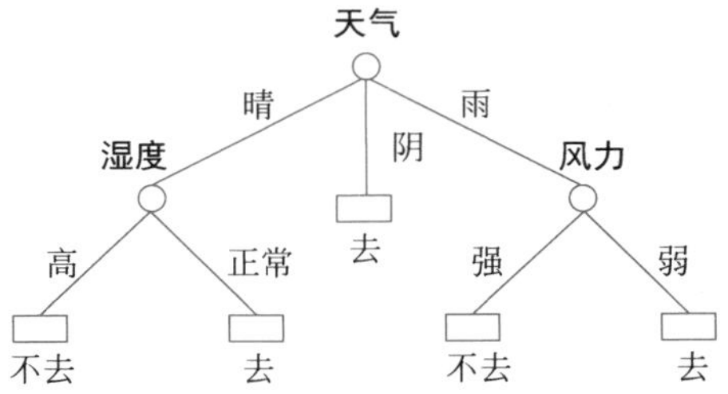

(b) 决策树

图5.12 样本集及其对应的决策树示例

5.3.1 决策树基本原理

假设 N 个训练样本组成的数据集为

$$X=\{(\boldsymbol{x}_i,y_i):\boldsymbol{x}_i\in\mathbf{R}^M,y_i\in\{0,1,\cdots,K-1\}\}_{i=0,1,\cdots,N-1} \tag{5.3.1}$$

式中：$\boldsymbol{x}_i$ 为单个样本的 M 维特征向量，$\boldsymbol{x}_i=(x_{0i}\quad x_{1i}\quad \cdots \quad x_{(M-1)i})^{\mathrm{T}}(i=0,1,\cdots,N-1)$；$y_i$ 表示第 i 个样本的类别，共有 $K\geqslant 2$ 个取值，表示数据集共有 K 类。

一棵决策树由若干节点和分支组成，最顶端的节点称为根节点，所有节点都是从根节点开始。节点对应数据中的某一个特征，该特征有几个取值就从这个节点向下引出几个分支，也就是根据这个特征将数据分为若干类别。每个叶节点代表一种分类结果，除根节点和叶节点之外的节点称为内部节点。

由于样本包含多个特征，将哪一个特征作为根节点以及选择哪个特征作为下一个节点是决策树算法的核心。目前常用的算法包括 ID3 算法、ID4.5 算法以及 CART 算法。下面给出最简单的 ID3 算法，为此首先给出熵和条件熵的定义。

对于式(5.3.1)中的数据集来说，假设一个样本属于类别 $k(k=0,1,\cdots,K-1)$ 的概率为 p_k，则数据集的熵定义为

$$H(X)=-\sum_{k=0}^{K-1}p_k\log p_k \tag{5.3.2}$$

式中：p_k 通常取值为$\dfrac{c_k}{N}$，c_k 为第 k 类样本的数目。

则计算熵的公式为

$$H(X)=-\sum_{k=0}^{K-1}\frac{c_k}{N}\log\frac{c_k}{N} \tag{5.3.3}$$

熵表示对样本进行分类时的平均不确定性。

进一步，下面给出条件熵的定义。假设一个特征表示为 A，该特征将数据集 X 划分为 I 个子集，分别为 $X_0,X_1,\cdots,X_{I-1}$，各子集的样本数量分别为 $N_i(i=0,1,\cdots,I-1)$，c_{ik} 为子集 X_i 中标注为第 k 类的样本数量。则$\dfrac{c_{ik}}{N_i}$表示子集 X_i 中一个样本属于类别 k 的概率，$\dfrac{N_i}{N}$表示 X 中一个样本属于子集 X_i 的概率，特征 A 的条件熵定义为

$$H(X\mid A)=-\sum_{i=0}^{I-1}\sum_{k=0}^{K-1}\frac{N_i}{N}\frac{c_{ik}}{N_i}\log\frac{c_{ik}}{N_i}=-\sum_{i=0}^{I-1}\sum_{k=0}^{K-1}\frac{c_{ik}}{N}\log\frac{c_{ik}}{N_i} \tag{5.3.4}$$

式中：$\dfrac{c_{ik}}{N_i}$为在知道一个样本属于子集 X_i 的条件下属于类别 k 的条件概率；$\dfrac{c_{ik}}{N}$为一个样本既属于子集 X_i 又属于类别 k 的联合概率。

特征 A 的条件熵表示根据特征 A，在已经知道一个样本属于某个子集 X_i 的条件下，对数据进行分类时的平均不确定性。

特征 A 的熵增益定义如下：

$$G(X,A)=H(X)-H(X\mid A) \tag{5.3.5}$$

表示在知道特征 A 的前后，样本分类的不确定的差值，也就是特征 A 带来的信息量。

ID3 决策树算法选择熵增益最大的特征作为根节点，也就是一次分类能带来最大信息量的特征。具体算法：首先计算所有特征的熵增益，熵增益最大的特征作为根节点；

然后根据该特征的取值向下引出分支；再计算除根节点之外内部节点其他特征的熵增益，再选择熵增益最大的特征。依次进行下去，当子集 X_i 的熵为 $H(X_i)=0$ 时，该节点为叶节点，输出其对应的标签类型。$H(X_i)=0$ 意味着 X_i 中只有一个类。

5.3.2 量子决策树算法

与经典决策树算法类似，量子决策树算法也要找到能判别哪些节点可以作为根节点和内部节点的判别准则。下面首先给出该算法中样本的表示方法，然后介绍节点划分标准，最后给出量子决策树。

1. 样本表示方法

与之前的算法有所不同，该算法将每个样本中的特征都以叠加态的形式存储，但是并没有将所有样本以叠加态的形式存储在量子态中，数据集的量子表示为

$$X=\{(|x_0\rangle,|y_0\rangle),(|x_1\rangle,|y_1\rangle),\cdots,(|x_{N-1}\rangle,|y_{N-1}\rangle)\} \tag{5.3.6}$$

由于数据集 X 共分成 K 类，则用 $Y=\{|Y_0\rangle,|Y_1\rangle,\cdots,|Y_{K-1}\rangle\}$ 表示类别集，其中 $Y_k=k(k=0,1,\cdots,K-1)$ 表示类别标签，即 $Y=\{|0\rangle,|1\rangle,\cdots,|K-1\rangle\}$。

2. 节点划分标准

在经典算法中选择根节点和内部节点是决策树的重要内容，在量子算法中也是如此。和经典熵定义不同，量子算法使用量子熵。下面介绍量子熵的定义。

对于节点 t 来说，假设属于节点 t 的样本分属 N_t 个类别，则分类集记作 $Y^{(t)}=\{|Y_0^{(t)}\rangle,|Y_1^{(t)}\rangle,\cdots,|Y_{N_t-1}^{(t)}\rangle\}$。则量子熵定义为

$$S(\rho^{(t)})=-\mathrm{tr}(\rho^{(t)}\log\rho^{(t)}) \tag{5.3.7}$$

式中：$\rho^{(t)}$ 为 $Y^{(t)}$ 的密度算子，$\rho^{(t)}=\sum_{i=0}^{N_t-1}p_i^{(t)}|Y_i^{(t)}\rangle\langle Y_i^{(t)}|$，$p_i^{(t)}$ 表示 $Y^{(t)}$ 中属于类别 $Y_i^{(t)}$ 的样本的比例。

假设根据特征 A，$Y^{(t)}$ 可分成 J 个子节点，即

$$Y^{(t)}=\{Y^{(t_0)},Y^{(t_1)},\cdots,Y^{(t_{J-1})}\} \tag{5.3.8}$$

式中：$Y^{(t_n)}=\{|Y_0^{(t_n)}\rangle,|Y_1^{(t_n)}\rangle,\cdots,|Y_{N_{t_n}-1}^{(t_n)}\rangle\}(t_n=t_0,t_1,\cdots,t_{J-1})$，$N_{t_n}$ 表示属于子节点 t_n 的样本共有 N_{t_n} 类。

则量子期望熵可定义为

$$S_e(\rho^{(t)})=\sum_{n=0}^{J-1}p_{t_n}^{(t)}S(\rho^{(t_n)}) \tag{5.3.9}$$

式中：$\rho^{(t_n)}$ 为 $Y^{(t_n)}$ 的密度算子；$p_{t_n}^{(t)}$ 为 $Y^{(t)}$ 中属于 $Y^{(t_n)}$ 的样本的比例。

量子熵表示将 $Y^{(t)}$ 存储在量子态中所需要的最少量子比特数量，量子熵越小，需要的量子比特数量越少。对于节点 t 来说，根据不同的特征划分时会有不同的量子期望熵，该量子期望熵相当于经典算法中的条件熵，期望熵越小越好。也就是说，选择量子期望熵最小的特征作为下一个子节点。

3. 量子决策树

量子决策树首先选择期望熵最小的特征作为根节点，然后计算根节点中每个特征的量子期望熵，选择量子期望熵最小的特征作为下一层的根节点。之后，对每个内部节点重复以上选择新特征的过程，一直持续到满足以下两个停止标准中的任何一个为止：

(1) 每个特征都已经包含在树中；

(2) 与当前节点相关的特征都有相同的目标，即它们的量子熵为零。

最终完成量子决策树的构建。

5.4 本章小结

本章讨论了三种量子分类方法，分别为量子支持向量机、量子 K 近邻和量子决策树。

量子支持向量机是一种二分类机器学习算法。本章主要介绍了线性最小二乘支持向量机的量子形式，并简单介绍了核函数。基于此算法，目前已经产生了大量的量子支持向量机算法，包括 QSVM 多分类算法和基于标准支持向量机的量子算法等，感兴趣的读者可参见文献[8-12]。

K 近邻算法不需要训练就能预测分类。而量子 K 近邻算法利用量子叠加、并行特性能够更快地完成任务。此算法主要使用了两种量子技术：交换测试用于计算样本间的保真度；量子最大值搜索算法用于找到最近邻的 K 个值。

相较于前两种算法，量子决策树算法是一种计算复杂度不高、对中间值的缺失不敏感的分类方法。

参考文献

第6章 量子回归

回归算法是一种预测性的建模技术，也就是根据已知样本构造出一个函数来拟合这些样本，即研究自变量和因变量的关系，后续就可以用这个函数来预测未知样本。例如，根据以往数据预测明天的温度、预测股票的价格等。回归是数据挖掘和机器学习中最重要的任务之一，回归算法包括线性回归、岭回归、逻辑回归(Logistic Regression，LR)等类别。本节首先介绍量子线性回归算法，然后介绍量子岭回归和量子逻辑回归算法。

6.1 量子线性回归

线性回归就是用线性函数来拟合已知样本。在经典计算中最小二乘回归算法主要通过求解线性方程组来实现，是线性回归的主要方法之一。因此，很自然想到用 HHL 算法实现量子线性回归。本节首先介绍线性回归原理，然后介绍量子线性回归算法。

6.1.1 线性回归原理

图 6.1 为线性回归算法的原理示意图，图中每个实心圆形代表一个已知样本，其坐标(x,y)均已知，回归的目的就是根据这些样本的坐标找到一条直线，使得这些点到该直线的距离足够小。“直线”意味着函数是线性函数，也就是用线性函数拟合已知样本。确定直线之后，当给定 x 时，可以根据该直线计算相应的 y，也就是预测出一个新的数据。

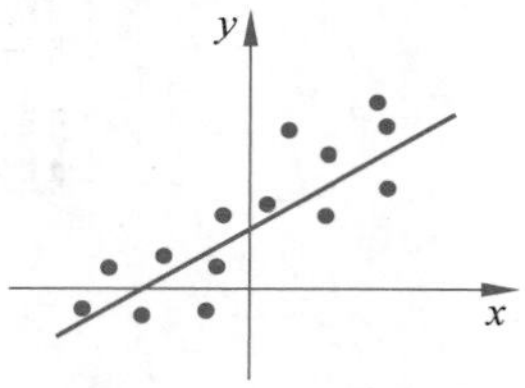

图 6.1　线性回归的原理示意图

假设由 N 个样本组成的数据集为

$$\{(\boldsymbol{x}_i, y_i): \boldsymbol{x}_i \in \mathbf{R}^M, y_i \in \mathbf{R}\}_{i=0,1,\cdots,N-1} \tag{6.1.1}$$

式中：$\boldsymbol{x}_i$ 是由 M 个特征组成的向量，$\boldsymbol{x}_i=(x_{0i} \quad x_{1i} \quad \cdots \quad x_{(M-1)i})^{\mathrm{T}}$。

定义线性回归函数为

$$\hat{y}(\boldsymbol{x}_i, \boldsymbol{w}) = \sum_{j=0}^{M-1} w_j \boldsymbol{x}_{ji} + w_M = \sum_{j=0}^{M} w_j \boldsymbol{x}_{ji} = \boldsymbol{w}^{\mathrm{T}} \bar{\boldsymbol{x}}_i \tag{6.1.2}$$

式中：$\boldsymbol{w}$ 是需要从数据中学习的参数向量，$\boldsymbol{w}=(w_0 \quad w_1 \quad \cdots \quad w_M)^{\mathrm{T}}$；$w_M$ 为线性回归函数的偏置项；$\bar{\boldsymbol{x}}_i=(x_{0i} \quad x_{1i} \quad \cdots \quad x_{(M-1)i} \quad x_{Mi})^{\mathrm{T}}$，其中 $x_{Mi}=1$。

对于样本$(\boldsymbol{x}_i, y_i)(i=0,1,\cdots,N-1)$来说，将 $\boldsymbol{x}_i$ 代入式(6.1.2)得到 $\hat{y}(\boldsymbol{x}_i, \boldsymbol{w})$。$\hat{y}(\boldsymbol{x}_i, \boldsymbol{w})$又称为预测值，是对标签 y_i，也就是真实值的逼近。假设逼近误差为 ε_i，则

$$y_i = \hat{y}(\boldsymbol{x}_i, \boldsymbol{w}) + \varepsilon_i = \boldsymbol{w}^{\mathrm{T}} \bar{\boldsymbol{x}}_i + \varepsilon_i \tag{6.1.3}$$

线性回归的目标是最小化预测值与真实值之间的最小二乘误差，也就是要求出 $\boldsymbol{w}$，使得下式最小：

$$\begin{aligned} J(\boldsymbol{w}) &= \frac{1}{2}\sum_{i=0}^{N-1} \varepsilon_i^2 = \frac{1}{2}\sum_{i=0}^{N-1} [y_i - \boldsymbol{w}^{\mathrm{T}} \bar{\boldsymbol{x}}_i]^2 \\ &= \frac{1}{2}(\boldsymbol{y} - \boldsymbol{X}\boldsymbol{w})^{\mathrm{T}}(\boldsymbol{y} - \boldsymbol{X}\boldsymbol{w}) = \frac{1}{2}\| \boldsymbol{y} - \boldsymbol{X}\boldsymbol{w} \|_2^2 \end{aligned} \tag{6.1.4}$$

式中：$\boldsymbol{y}=(y_0 \quad y_1 \quad \cdots \quad y_{N-1})^{\mathrm{T}}$；$\boldsymbol{X}$ 的表达式为

$$\boldsymbol{X}=\begin{pmatrix}\bar{\boldsymbol{x}}_0^{\mathrm{T}}\\ \bar{\boldsymbol{x}}_1^{\mathrm{T}}\\ \vdots\\ \bar{\boldsymbol{x}}_{N-1}^{\mathrm{T}}\end{pmatrix}=\begin{pmatrix}x_{00} & \cdots & x_{(M-1)0} & 1\\ x_{01} & \cdots & x_{(M-1)1} & 1\\ \vdots & \ddots & \vdots & \vdots\\ x_{0(N-1)} & \cdots & x_{(M-1)(N-1)} & 1\end{pmatrix} \tag{6.1.5}$$

值得注意的是，当偏置项为 0 时，式(6.1.2)定义的线性回归函数为 $\hat{y}(\boldsymbol{x}_i,\boldsymbol{w})=\sum_{j=0}^{M-1}\boldsymbol{w}_j\boldsymbol{x}_{ji}$，此时式(6.1.5)中矩阵 $\boldsymbol{X}$ 的形式为 $\begin{pmatrix}x_{00} & \cdots & x_{(M-1)0}\\ x_{01} & \cdots & x_{(M-1)1}\\ \vdots & \ddots & \vdots\\ x_{0(N-1)} & \cdots & x_{(M-1)(N-1)}\end{pmatrix}$。

为求使得式(6.1.4)最小的 $\boldsymbol{w}$，需要求 $J(\boldsymbol{w})$ 对 $\boldsymbol{w}$ 的导数，并令导数等于 $\boldsymbol{0}$，即

$$\frac{\partial J(\boldsymbol{w})}{\partial \boldsymbol{w}}=-\boldsymbol{X}^{\mathrm{T}}\boldsymbol{y}+\boldsymbol{X}^{\mathrm{T}}\boldsymbol{X}\boldsymbol{w}=\boldsymbol{0} \tag{6.1.6}$$

也就是要求

$$\boldsymbol{X}^{\mathrm{T}}\boldsymbol{X}\boldsymbol{w}=\boldsymbol{X}^{\mathrm{T}}\boldsymbol{y} \tag{6.1.7}$$

求解方程(6.1.7)可得权系数向量为

$$\boldsymbol{w}=(\boldsymbol{X}^{\mathrm{T}}\boldsymbol{X})^{-1}\boldsymbol{X}^{\mathrm{T}}\boldsymbol{y} \tag{6.1.8}$$

对于一个待预测的样本 $\boldsymbol{x}$，可得到预测值为

$$\hat{y}(\boldsymbol{x})=\boldsymbol{w}^{\mathrm{T}}\bar{\boldsymbol{x}} \tag{6.1.9}$$

式中：$\bar{\boldsymbol{x}}=(\boldsymbol{x}^{\mathrm{T}}\quad 1)^{\mathrm{T}}$。

6.1.2 量子线性回归算法

由上述算法原理可以看出，线性回归的目的是求解式(6.1.7)中的线性方程组，然后使用式(6.1.9)对待预测样本进行预测。

在式(6.1.7)中，如果令 $\boldsymbol{A}=\boldsymbol{X}^{\mathrm{T}}\boldsymbol{X}$，$\boldsymbol{b}=\boldsymbol{X}^{\mathrm{T}}\boldsymbol{y}$，则式(6.1.7)可以重写为

$$\boldsymbol{A}\boldsymbol{w}=\boldsymbol{b} \tag{6.1.10}$$

因此可以使用 HHL 算法求解得出 $|w\rangle$。

对于待预测样本 $\boldsymbol{x}$ 来说，预测值为

$$\hat{y}(\bar{\boldsymbol{x}},\boldsymbol{w})=\boldsymbol{w}^{\mathrm{T}}\bar{\boldsymbol{x}}=\langle w|\bar{x}\rangle \tag{6.1.11}$$

式(6.1.11)的本质是 $|w\rangle$ 和 $|\bar{x}\rangle$ 的内积，因此可以用哈达玛测试进行预测。量子线性回归算法和量子支持向量机算法极为类似，这里不再给出具体的过程，只进行简单的描述。

制备量子态 $|0\rangle|0\rangle^{\otimes m}$ $(m=\log(M+1))$，其中第一寄存器 $|0\rangle$ 用于哈达玛测试的辅助量子比特，$|0\rangle^{\otimes m}$ 用于存储由 HHL 算法得到的 $|w\rangle$ 和新样本 $|\bar{x}\rangle$。

根据图 3.28，哈达玛测试用到两个算子 U 和 V，分别用来生成计算内积的两个向量。因此，量子线性回归中，记由 HHL 算法得到 $|w\rangle$ 的算子为 $\boldsymbol{U}$，即 $\boldsymbol{U}|0\rangle^{\otimes m}=|w\rangle$，记生成新样本的算子为 $\boldsymbol{V}$，即 $\boldsymbol{V}|0\rangle^{\otimes m}=|\bar{x}\rangle$。则执行哈达玛变换之后得到的量子态为

$$|\psi\rangle=\frac{1}{2}(|0\rangle(|\bar{x}\rangle+|w\rangle)+|1\rangle(|\bar{x}\rangle-|w\rangle)) \tag{6.1.12}$$

此时，对第一寄存器的量子比特进行测量，得到$|0\rangle$的概率为$\frac{1+\langle w|\bar{x}\rangle}{2}$，得到$|1\rangle$的概率为$\frac{1-\langle w|\bar{x}\rangle}{2}$。由此可以得到新样本 $\boldsymbol{x}$ 的预测值 $\hat{y}(\bar{\boldsymbol{x}},\boldsymbol{w})=\boldsymbol{w}^{\mathrm{T}}\bar{\boldsymbol{x}}=\langle w|\bar{x}\rangle$。

6.1.3 实现

本实验利用量子线性回归方法对新样本进行预测。考虑比较简单的情况，假设式(6.1.2)中的偏置项 $w_M=0$。训练集为

$$\boldsymbol{x}_1=(1\quad 1)^{\mathrm{T}},\quad \boldsymbol{x}_2=\left(-\frac{\sqrt{2}}{2}\quad \frac{\sqrt{2}}{2}\right)^{\mathrm{T}}$$

对应的 $y_1=\frac{\sqrt{2}}{2}$，$y_2=0$。令矩阵 $\boldsymbol{X}=\begin{pmatrix}\boldsymbol{x}_1^{\mathrm{T}}\\ \boldsymbol{x}_2^{\mathrm{T}}\end{pmatrix}$，向量 $\boldsymbol{y}=(y_1\quad y_2)^{\mathrm{T}}$，则

$$\boldsymbol{A}=\boldsymbol{X}^{\mathrm{T}}\boldsymbol{X}=\begin{pmatrix}1.5 & 0.5\\ 0.5 & 1.5\end{pmatrix},\quad \boldsymbol{b}=\boldsymbol{X}^{\mathrm{T}}\boldsymbol{y}=\left(\frac{\sqrt{2}}{2}\quad \frac{\sqrt{2}}{2}\right)^{\mathrm{T}}$$

量子线性回归的线路图如图 6.2 所示。其中 U_gate 是实现 HHL 算法的算子，通过 HHL 算法能够得到$|w\rangle$。本实验中的 $\boldsymbol{A}$ 与 3.8.4 节 HHL 算法实验中的 $\boldsymbol{A}$ 完全相同，因此这里不再赘述模拟受控 $\mathrm{e}^{\mathrm{i}\frac{\boldsymbol{A}}{4}t}\mathrm{e}^{\mathrm{i}\frac{\boldsymbol{A}}{2}t}$ 的过程，具体过程可参考 3.8.4 节。X_gate 用来制备待预测数据 $\boldsymbol{x}=\left(-\frac{\sqrt{2}}{2}\quad \frac{\sqrt{2}}{2}\right)^{\mathrm{T}}$，待预测数据 $\boldsymbol{x}$ 与训练数据集中的 $\boldsymbol{x}_2$ 相同，因此预测值应与 $y_2=0$ 相同。经过哈达玛测试，并进行测量，测量结果如图 6.3 所示。能够看出，测得 q_0 为$|1\rangle$的概率为 0.500，得到

$$\langle w\mid x\rangle=(1-0.500\times 2)\times\frac{1}{\sin\frac{\pi}{32}}\times\frac{1}{2}=0$$

而理论 $\boldsymbol{x}$ 的预测值也是 0。因此本实验能够以误差 0 得到预测值。

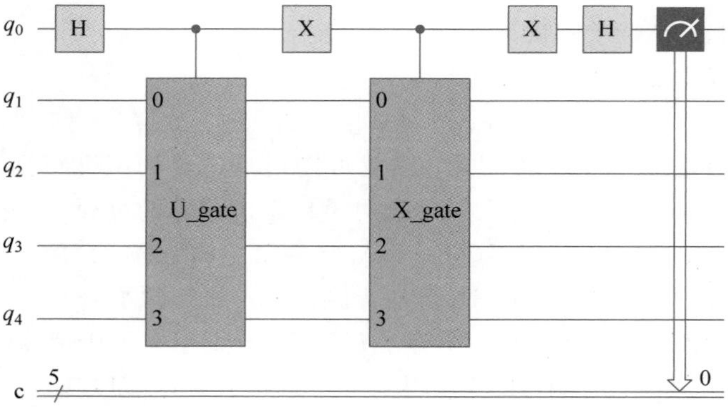

图 6.2 量子线性回归的线路图

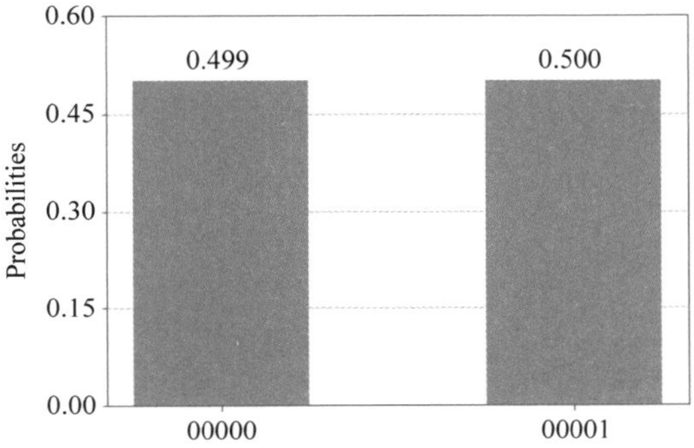

图 6.3 实验结果

量子线性回归算法的代码如下：

```
%matplotlib inline
from qiskit import QuantumCircuit, ClassicalRegister, QuantumRegister
from qiskit import execute
from qiskit import Aer
from qiskit import IBMQ
from math import pi
from qiskit.tools.visualization import plot_histogram

circuit = QuantumCircuit(5,5)

#定义 U_gate
def U_gate():
    circuit = QuantumCircuit(4)
    #制备|b>
    circuit.h(2)
    circuit.h(0)
    circuit.h(1)
    circuit.cu3(-pi/2, -pi/2,pi/2,1,2)
    circuit.u1(3*pi/4,1)
    circuit.cx(0,2)
    circuit.swap(0,1)
    circuit.h(1)
    circuit.cu1(-pi/2,1,0)
    circuit.h(0)
    circuit.swap(0,1)
    circuit.cu3(pi/16,0,0,0,3)
    circuit.cu3(pi/32,0,0,1,3)
    circuit.swap(0,1)
    circuit.h(0)
    circuit.cu1(pi/2,0,1)
    circuit.h(1)
    circuit.swap(0,1)
    circuit.cx(0,2)
    circuit.u1(3*pi/4,1)
    circuit.cu3(-pi/2,pi/2, -pi/2,1,2)
```

```
36.        circuit.h(0)
37.        circuit.h(1)
38.        circuit = circuit.to_gate()
39.        circuit.name = "U_gate"
40.        c_U = circuit.control()
41.        return c_U
42.
43.    #定义 X_gate
44.    def X_gate():
45.        circuit = QuantumCircuit(4)
46.        circuit.x(0)
47.        circuit.ry(4.712,3)
48.        circuit = circuit.to_gate()
49.        circuit.name = "X_gate"
50.        c_U = circuit.control()
51.        return c_U
52.
53.    circuit.h(0)
54.    circuit.append(U_gate(),[0] + [i + 1 for i in range(4)])
55.    circuit.x(0)
56.    circuit.append(X_gate(),[0] + [i + 1 for i in range(4)])
57.    circuit.x(0)
58.    circuit.h(0)
59.
60.    #测量
61.    circuit.measure(0,0)
62.
63.    #绘制线路图
64.    circuit.draw(output = 'mpl')
65.    backend = Aer.get_backend('qasm_simulator')
66.    job_sim = execute(circuit,backend,shots = 8192)
67.    sim_result = job_sim.result()
68.
69.    #绘制结果图
70.    measurement_result = sim_result.get_counts(circuit)
71.    plot_histogram(measurement_result)
```

6.2　量子岭回归

岭回归实质上是一种改良的线性回归算法。在线性回归算法中,要求解式(6.1.7)中的线性方程组 $X^{\mathrm{T}}Xw = X^{\mathrm{T}}y$。但是,有时 $X^{\mathrm{T}}X$ 不可逆,造成无法求解;或者有时 $X^{\mathrm{T}}X$ 条件数较大,线性方程组解的稳定性不好,计算精度受限时造成解的误差较大。这两个问题均可以通过添加正则化约束条件来解决,此时的线性回归就称为岭回归。

6.2.1　量子岭回归算法

如 6.1 节所示,线性回归的目的是最小化模型预测值与真实值之间的最小二乘误差,添加正则化约束后的目标函数变为

$$J(\boldsymbol{w})=\frac{1}{2}\sum_{i=0}^{N-1}\varepsilon_i^2+\frac{\alpha}{2}\sum_{j=0}^{M-1}w_j^2 \tag{6.2.1}$$

式中：α 为岭参数，是可选择的参数，通常取 $\frac{N^2}{\kappa^2}\leqslant\alpha\leqslant N^2$，$\kappa=\frac{\lambda_{\max}}{\lambda_{\min}}$ 为矩阵 $\boldsymbol{X}^{\mathrm{T}}\boldsymbol{X}$ 的条件数，$\lambda_{\max}$ 和 $\lambda_{\min}$ 分别是 $\boldsymbol{X}^{\mathrm{T}}\boldsymbol{X}$ 的最大和最小特征值。

求 $J(\boldsymbol{w})$ 对 $\boldsymbol{w}$ 的导数，并令导数等于 0，可得

$$(\boldsymbol{X}^{\mathrm{T}}\boldsymbol{X}+\alpha\boldsymbol{I})\boldsymbol{w}=\boldsymbol{X}^{\mathrm{T}}\boldsymbol{y} \tag{6.2.2}$$

因此，可以得到岭回归模型中的参数向量为

$$\boldsymbol{w}=(\boldsymbol{X}^{\mathrm{T}}\boldsymbol{X}+\alpha\boldsymbol{I})^{-1}\boldsymbol{X}^{\mathrm{T}}\boldsymbol{y} \tag{6.2.3}$$

对于一个待预测的样本 $\boldsymbol{x}$，可根据式(6.2.4)得到预测值

$$\hat{y}(\boldsymbol{x})=\boldsymbol{w}^{\mathrm{T}}\bar{\boldsymbol{x}} \tag{6.2.4}$$

由式(6.2.2)可以看出，量子岭回归算法也是通过求解线性方程组得到参数的。与量子线性回归算法一样，可以由 HHL 算法求得式(6.2.2)的解，然后由哈达玛测试对新样本 $\boldsymbol{x}$ 进行预测。

6.2.2 实现

假设训练集中仅有一个训练数据 $\boldsymbol{x}_1=(1\quad\sqrt{2})^{\mathrm{T}}$，则 $\boldsymbol{X}=(1\quad\sqrt{2})$，对应的 $y=\left(\frac{\sqrt{3}}{3}\right)$。待预测数据 $\boldsymbol{x}=\begin{pmatrix}\frac{\sqrt{3}}{3} & \frac{\sqrt{6}}{3}\end{pmatrix}^{\mathrm{T}}$。由于 $\boldsymbol{X}^{\mathrm{T}}\boldsymbol{X}=\begin{pmatrix}1 & \sqrt{2}\\ \sqrt{2} & 2\end{pmatrix}$不满秩，所以 $\boldsymbol{X}^{\mathrm{T}}\boldsymbol{X}$ 不可逆，因此使用量子岭回归算法求解。由于 $\kappa=\frac{\lambda_{\max}}{\lambda_{\min}}=\frac{3}{0}=\infty$，$N=2$，所以 $0\leqslant\alpha\leqslant4$，本实验中 $\alpha=1$。则

$$\boldsymbol{A}=\boldsymbol{X}^{\mathrm{T}}\boldsymbol{X}+\alpha\boldsymbol{I}=\begin{pmatrix}2 & \sqrt{2}\\ \sqrt{2} & 3\end{pmatrix},\quad \boldsymbol{X}^{\mathrm{T}}y=\begin{pmatrix}\frac{\sqrt{3}}{3} & \frac{\sqrt{6}}{3}\end{pmatrix}^{\mathrm{T}}$$

HHL 算法需要模拟矩阵 $\boldsymbol{A}$，由于矩阵 $\boldsymbol{A}$ 为实对称矩阵，即厄米矩阵，因此可以通过哈密顿量模拟，即模拟 $\mathrm{e}^{\mathrm{i}\boldsymbol{A}t}$ 来模拟 $\boldsymbol{A}$。由于矩阵 $\boldsymbol{A}$ 的特征值为 4 和 1，假设此实验中的 HHL 算法使用三个量子比特存储矩阵的特征值，则需要模拟 $\mathrm{e}^{\mathrm{i}\frac{\boldsymbol{A}}{2}t}$、$\mathrm{e}^{\mathrm{i}\frac{\boldsymbol{A}}{4}t}$、$\mathrm{e}^{\mathrm{i}\frac{\boldsymbol{A}}{8}t}$ 来得到特征值的二进制值表示结果。下面先给出模拟 $\mathrm{e}^{\mathrm{i}\frac{\boldsymbol{A}}{2}t}$ 的具体过程。

对于形如 $\mathrm{e}^{\mathrm{i}(\boldsymbol{C}+\boldsymbol{B})t}$，当 $\boldsymbol{C}$ 和 $\boldsymbol{B}$ 对易时有 $\mathrm{e}^{\mathrm{i}(\boldsymbol{C}+\boldsymbol{B})t}=\mathrm{e}^{\mathrm{i}\boldsymbol{C}t}\times\mathrm{e}^{\mathrm{i}\boldsymbol{B}t}$，当 $\boldsymbol{C}$ 和 $\boldsymbol{B}$ 非对易时有

$$\mathrm{e}^{\mathrm{i}(\boldsymbol{C}+\boldsymbol{B})t}=\lim_{m\to\infty}\left(\mathrm{e}^{\mathrm{i}\boldsymbol{C}\frac{t}{m}}\times\mathrm{e}^{\mathrm{i}\boldsymbol{B}\frac{t}{m}}\right)^m$$

所以

$$\begin{aligned}\mathrm{e}^{\mathrm{i}\frac{\boldsymbol{A}}{2}t}&=\mathrm{e}^{\mathrm{i}\frac{1}{2}\begin{pmatrix}2 & \sqrt{2}\\ \sqrt{2} & 3\end{pmatrix}t}\\&=\mathrm{e}^{\mathrm{i}\frac{1}{2}\left[2\boldsymbol{I}+\sqrt{2}\boldsymbol{X}+\frac{1}{2}(\boldsymbol{R}_y(\pi)\boldsymbol{X}+\boldsymbol{I})\right]t}\end{aligned}$$

$$= e^{i\frac{1}{2}\left[2\boldsymbol{I}+\sqrt{2}\boldsymbol{X}+\frac{1}{2}\boldsymbol{R}_y(\pi)\boldsymbol{X}+\frac{1}{2}\boldsymbol{I}\right]t}$$

$$= e^{i\frac{5}{4}\boldsymbol{I}t} \times \lim_{m\to\infty}\left(e^{i\frac{\sqrt{2}}{2}\boldsymbol{X}\frac{t}{m}} \times e^{i\frac{1}{4}\boldsymbol{R}_y(\pi)\boldsymbol{X}\frac{t}{m}}\right)^m \tag{6.2.5}$$

为了方便模拟，m 值为 2，$t=2\pi$。下面分别给出式(6.2.5)中最后一行三个指数形式的模拟方法：

$$e^{i2\pi\frac{5}{4}\boldsymbol{I}} = \cos\frac{5\pi}{2}\boldsymbol{I} + i\sin\frac{5\pi}{2}\boldsymbol{I} = \begin{pmatrix} e^{i\frac{5\pi}{2}} & 0 \\ 0 & e^{i\frac{5\pi}{2}} \end{pmatrix} \tag{6.2.6}$$

$$\begin{aligned} e^{i\frac{\sqrt{2}}{2}\boldsymbol{X}\frac{2\pi}{2}} &= e^{-i\boldsymbol{X}\left(-\frac{\sqrt{2}\pi}{2}\right)} = \cos\left(-\frac{\sqrt{2}\pi}{2}\right)I - i\sin\left(-\frac{\sqrt{2}\pi}{2}\right)\boldsymbol{X} \\ &= \begin{bmatrix} \cos\left(-\frac{\sqrt{2}\pi}{2}\right) & -i\sin\left(-\frac{\sqrt{2}\pi}{2}\right) \\ -i\sin\left(-\frac{\sqrt{2}\pi}{2}\right) & \cos\left(-\frac{\sqrt{2}\pi}{2}\right) \end{bmatrix} \\ &= \boldsymbol{U}_3\left(-\sqrt{2}\pi, -\frac{\pi}{2}, \frac{\pi}{2}\right) \end{aligned} \tag{6.2.7}$$

$$\begin{aligned} e^{i\frac{1}{4}\boldsymbol{R}_y(\pi)\boldsymbol{X}\frac{2\pi}{2}} &= e^{i\boldsymbol{R}_y(\pi)\boldsymbol{X}\frac{\pi}{4}} = \cos\frac{\pi}{4}\boldsymbol{I} + i\sin\frac{\pi}{4}\boldsymbol{R}_y(\pi)\boldsymbol{X} \\ &= \begin{bmatrix} \frac{\sqrt{2}}{2} - \frac{\sqrt{2}}{2}i & 0 \\ 0 & \frac{\sqrt{2}}{2} + \frac{\sqrt{2}}{2}i \end{bmatrix} = \boldsymbol{R}_z\left(\frac{\pi}{2}\right) \end{aligned} \tag{6.2.8}$$

因此

$$e^{i\frac{\boldsymbol{A}}{2}t} = \begin{pmatrix} e^{i\frac{5\pi}{2}} & 0 \\ 0 & e^{i\frac{5\pi}{2}} \end{pmatrix} \boldsymbol{U}_3\left(-\sqrt{2}\pi, -\frac{\pi}{2}, \frac{\pi}{2}\right) \boldsymbol{R}_z\left(\frac{\pi}{2}\right) \boldsymbol{U}_3\left(-\sqrt{2}\pi, -\frac{\pi}{2}, \frac{\pi}{2}\right) \boldsymbol{R}_z\left(\frac{\pi}{2}\right) \tag{6.2.9}$$

用相同的方法可以得到 $e^{i\frac{\boldsymbol{A}}{4}t}$、$e^{i\frac{\boldsymbol{A}}{8}t}$ 的矩阵模拟，即

$$e^{i\frac{\boldsymbol{A}}{4}t} = \begin{pmatrix} e^{i\frac{5}{4}\pi} & 0 \\ 0 & e^{i\frac{5}{4}\pi} \end{pmatrix} \boldsymbol{U}_3\left(-\frac{\sqrt{2}\pi}{2}, -\frac{\pi}{2}, \frac{\pi}{2}\right) \boldsymbol{R}_z\left(\frac{\pi}{4}\right) \boldsymbol{U}_3\left(-\frac{\sqrt{2}\pi}{2}, -\frac{\pi}{2}, \frac{\pi}{2}\right) \boldsymbol{R}_z\left(\frac{\pi}{4}\right) \tag{6.2.10}$$

$$e^{i\frac{\boldsymbol{A}}{8}t} = \begin{pmatrix} e^{i\frac{5}{8}\pi} & 0 \\ 0 & e^{i\frac{5}{8}\pi} \end{pmatrix} \boldsymbol{U}_3\left(-\frac{\sqrt{2}\pi}{4}, -\frac{\pi}{2}, \frac{\pi}{2}\right) \boldsymbol{R}_z\left(\frac{\pi}{8}\right) \boldsymbol{U}_3\left(-\frac{\sqrt{2}\pi}{4}, -\frac{\pi}{2}, \frac{\pi}{2}\right) \boldsymbol{R}_z\left(\frac{\pi}{8}\right) \tag{6.2.11}$$

实验步骤和量子线性回归算法一样，其量子线路图如图 6.4 所示。首先使用 HHL 算法求解式(6.2.2)得到 $\boldsymbol{w}$，然后将其作为子程序使用哈达玛测试对待预测样本 $\boldsymbol{x}=\left(\frac{\sqrt{3}}{3} \quad \frac{\sqrt{6}}{3}\right)^{\mathrm{T}}$ 进行预测。

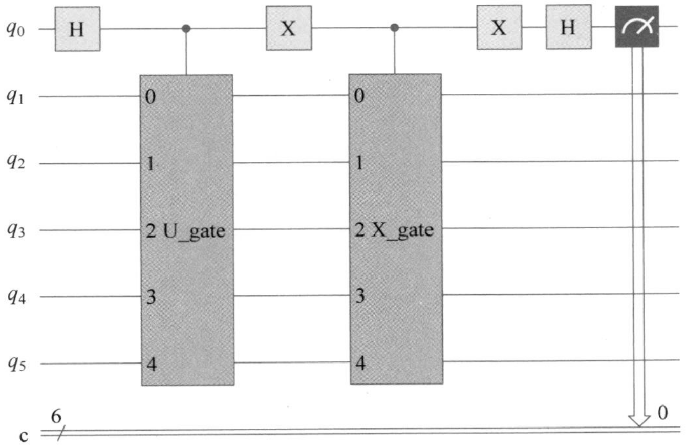

图 6.4 量子岭回归的线路图

实验结果如图 6.5 所示。通过测试数据验证岭回归得到最佳结果的准确性，根据图 6.5 可以得到实际结果

$$\langle w \mid x\rangle=(1-2\times 0.523)\times\frac{1}{\sin\frac{\pi}{32}}\times\frac{1}{4}=0.117$$

而理论结果为 $\langle w|x\rangle=0.25$，存在误差。误差来源于两方面：一是 HHL 算法中进行受控旋转时选取的角度不是最合适的；二是式(6.2.5)中参数 m 取值不够大导致矩阵模拟不够精确，从而使得方程求解误差较大。

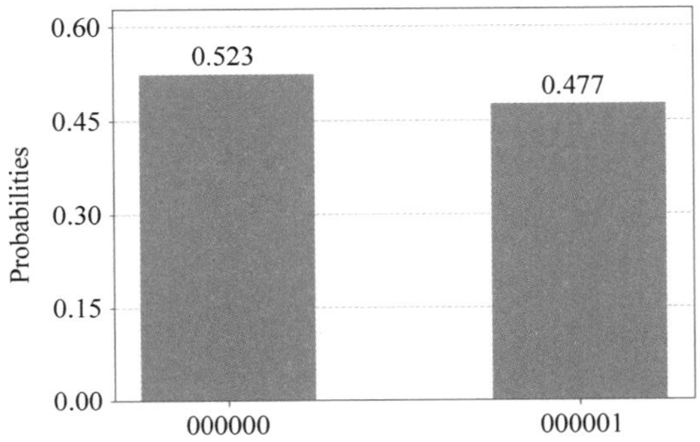

图 6.5 量子岭回归实验结果

量子岭回归算法的代码如下：

```
%matplotlib inline
from qiskit import QuantumCircuit, ClassicalRegister, QuantumRegister
```

```
from qiskit import execute
from qiskit import Aer
from qiskit import IBMQ
from math import pi
from qiskit.tools.visualization import plot_histogram

circuit = QuantumCircuit(6,6)

#定义 U_gate
def U_gate():
    circuit = QuantumCircuit(5)
    #制备|b>
    circuit.h(1)
    circuit.h(2)
    circuit.h(3)
    circuit.ry(1.91,4)
    circuit.u1(5 * pi/8,3)
    circuit.cu3( - 0.354 * pi, - pi/2,pi/2,3,4)
    circuit.crz(pi/8,3,4)
    circuit.cu3( - 0.354 * pi, - pi/2,pi/2,3,4)
    circuit.crz(pi/8,3,4)
    circuit.u1(5 * pi/4,2)
    circuit.cu3( - 0.708 * pi, - pi/2,pi/2,2,4)
    circuit.crz(pi/4,2,4)
    circuit.cu3( - 0.708 * pi, - pi/2,pi/2,2,4)
    circuit.crz(pi/4,2,4)
    circuit.u1(5 * pi/2,1)
    circuit.cu3( - 1.416 * pi, - pi/2,pi/2,1,4)
    circuit.crz(pi/2,1,4)
    circuit.cu3( - 1.416 * pi, - pi/2,pi/2,1,4)
    circuit.crz(pi/2,1,4)
    circuit.swap(1,3)
    circuit.h(3)
    circuit.cp( - pi/2,2,3)
    circuit.cp( - pi/4,1,3)
    circuit.h(2)
    circuit.cp( - pi/2,1,2)
    circuit.h(1)
    circuit.swap(1,3)
    circuit.cry(pi/8,1,0)
    circuit.cry(pi/16,2,0)
    circuit.cry(pi/32,3,0)
    circuit.swap(1,3)
    circuit.h(1)
    circuit.cp(pi/2,1,2)
    circuit.h(2)
    circuit.cp(pi/4,1,3)
    circuit.cp(pi/2,2,3)
```

```
        circuit.h(3)
        circuit.swap(1,3)
        circuit.crz(-pi/2,1,4)
        circuit.cu3(-1.416*pi,pi/2,-pi/2,1,4)
        circuit.crz(-pi/2,1,4)
        circuit.cu3(-1.416*pi,pi/2,-pi/2,1,4)
        circuit.u1(-5*pi/2,1)
        circuit.crz(-pi/4,2,4)
        circuit.cu3(-0.708*pi,pi/2,-pi/2,2,4)
        circuit.crz(-pi/4,2,4)
        circuit.cu3(-0.708*pi,pi/2,-pi/2,2,4)
        circuit.u1(-5*pi/4,2)
        circuit.crz(-pi/8,3,4)
        circuit.cu3(-0.354*pi,pi/2,-pi/2,3,4)
        circuit.crz(-pi/8,3,4)
        circuit.cu3(-0.354*pi,pi/2,-pi/2,3,4)
        circuit.u1(-5*pi/8,3)
        circuit.h(1)
        circuit.h(2)
        circuit.h(3)
        circuit = circuit.to_gate()
        circuit.name = "U_gate"
        c_U = circuit.control()
        return c_U

# 定义X_gate
def X_gate():
        circuit = QuantumCircuit(5)
        circuit.x(0)
        circuit.ry(1.91,4)
        circuit = circuit.to_gate()
        circuit.name = "X_gate"
        c_U = circuit.control()
        return c_U

circuit.h(0)
circuit.append(U_gate(),[0] + [i+1 for i in range(5)])
circuit.x(0)
circuit.append(X_gate(),[0] + [i+1 for i in range(5)])
circuit.x(0)
circuit.h(0)

# 测量
circuit.measure(0,0)

# 绘制线路图
circuit.draw(output='mpl')
backend = Aer.get_backend('qasm_simulator')
```

```
job_sim = execute(circuit, backend, shots = 20000)
sim_result = job_sim.result()

#绘制结果图
measurement_result = sim_result.get_counts(circuit)
plot_histogram(measurement_result)
```

6.3 量子逻辑回归

尽管逻辑回归有“回归”一词，却是一种分类模型，它在线性回归的基础上套用了一个逻辑函数以实现分类。本节首先介绍逻辑回归原理，然后介绍用于求解逻辑回归最优值的量子梯度法，最后给出量子逻辑回归算法。

6.3.1 逻辑回归原理

逻辑回归是一种二分类模型，其所使用的训练数据与式(6.1.1)所示的数据不完全相同，其中的 $y_i(i=0,1,\cdots,N-1)$不属于 $\mathbf{R}$，而是属于$\{0,1\}$。标签 $y_i=1$ 代表第一类，记为 C_1；$y_i=0$ 代表第二类，记为 C_2。使用训练数据集构建一个模型，当给出一个待分类样本 $\boldsymbol{x}$ 时，由该模型计算分类为 C_1 的后验概率为 $P(C_1|\boldsymbol{x})$，则分类为 C_2 的后验概率 $P(C_2|\boldsymbol{x})=1-P(C_1|\boldsymbol{x})$。可以用 Logistic Sigmoid 函数(简称 Sigmoid 函数)表示后验概率。Sigmoid 函数定义为

$$\sigma(a)=\frac{1}{1+\mathrm{e}^{-a}} \tag{6.3.1}$$

式中

$$a(\boldsymbol{x},\boldsymbol{w})=\boldsymbol{w}^{\mathrm{T}}\bar{\boldsymbol{x}} \tag{6.3.2}$$

其中

$$\boldsymbol{w}=(w_0 \quad w_1 \quad \cdots \quad w_M)^{\mathrm{T}}, \quad \bar{\boldsymbol{x}}=(\boldsymbol{x}^{\mathrm{T}} \quad 1)^{\mathrm{T}}$$

之所以用 Sigmoid 函数表示后验概率，一个重要原因是其满足概率的性质，即 $0\leqslant\sigma(a)\leqslant1$，$\sigma(a)$的图形如图 6.6 所示。

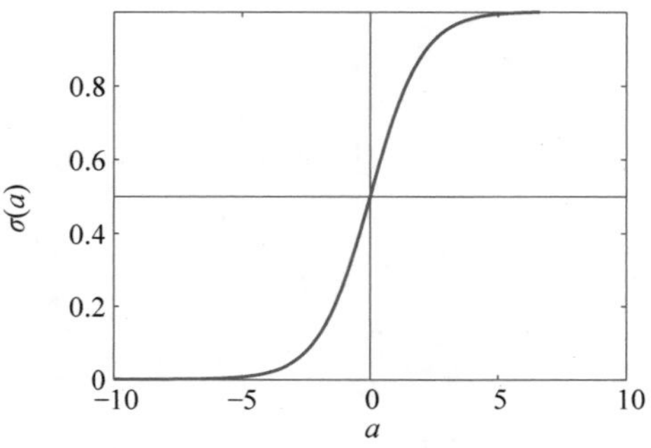

图 6.6 Sigmoid 函数的图形

则

$$P(C_1 \mid \boldsymbol{x}) = \sigma(a(\boldsymbol{x}, \boldsymbol{w})) = \frac{1}{1+\mathrm{e}^{-\boldsymbol{w}^{\mathrm{T}}\bar{\boldsymbol{x}}}} \tag{6.3.3}$$

$$P(C_2 \mid \boldsymbol{x}) = 1 - P(C_1 \mid \boldsymbol{x}) = \frac{\mathrm{e}^{-\boldsymbol{w}^{\mathrm{T}}\bar{\boldsymbol{x}}}}{1+\mathrm{e}^{-\boldsymbol{w}^{\mathrm{T}}\bar{\boldsymbol{x}}}} \tag{6.3.4}$$

对于训练样本 $\boldsymbol{x}_i$ 来说，记 $\bar{\boldsymbol{x}}_i = (\boldsymbol{x}_i \quad 1)^{\mathrm{T}}$，式(6.3.3)和式(6.3.4)分别可以记作

$$P(y_i = 1 \mid \boldsymbol{x}_i) = \frac{1}{1+\mathrm{e}^{-\boldsymbol{w}^{\mathrm{T}}\bar{\boldsymbol{x}}_i}} \tag{6.3.5}$$

$$P(y_i = 0 \mid \boldsymbol{x}_i) = \frac{\mathrm{e}^{-\boldsymbol{w}^{\mathrm{T}}\bar{\boldsymbol{x}}_i}}{1+\mathrm{e}^{-\boldsymbol{w}^{\mathrm{T}}\bar{\boldsymbol{x}}_i}} \tag{6.3.6}$$

逻辑回归的损失函数为

$$J(\boldsymbol{w}) = -\sum_{i=0}^{N-1}\left[y_i \ln \frac{1}{1+\mathrm{e}^{-\boldsymbol{w}^{\mathrm{T}}\bar{\boldsymbol{x}}_i}} + (1-y_i)\ln\left(\frac{\mathrm{e}^{-\boldsymbol{w}^{\mathrm{T}}\bar{\boldsymbol{x}}_i}}{1+\mathrm{e}^{-\boldsymbol{w}^{\mathrm{T}}\bar{\boldsymbol{x}}_i}}\right)\right] \tag{6.3.7}$$

其含义：如果 $y_i = 1$，也就是 C_1 类，希望概率 $P(y_i = 1 \mid \boldsymbol{x}_i) = \dfrac{1}{1+\mathrm{e}^{-\boldsymbol{w}^{\mathrm{T}}\bar{\boldsymbol{x}}_i}}$ 尽量大；如果 $y_i = 0$，也就是 C_2 类，希望概率 $P(y_i = 0 \mid \boldsymbol{x}_i) = \dfrac{\mathrm{e}^{-\boldsymbol{w}^{\mathrm{T}}\bar{\boldsymbol{x}}_i}}{1+\mathrm{e}^{-\boldsymbol{w}^{\mathrm{T}}\bar{\boldsymbol{x}}_i}}$ 尽量大。这里不再给出损失函数的具体推导过程，感兴趣的读者可参见文献[9]。

由于式(6.3.7)等号右边还有一个负号，因此通过最小化损失函数 $J(\boldsymbol{w})$，得到权系数向量 $\boldsymbol{w}$ 的解。由于 $J(\boldsymbol{w})$ 是 $\boldsymbol{w}$ 的非线性函数，通常使用梯度法或者牛顿法来求解。

6.3.2 偏导数的量子计算方法

要使用量子梯度法求解使得 $J(\boldsymbol{w})$ 最小的 $\boldsymbol{w}$，需要求出 $J(\boldsymbol{w})$ 的偏导数。式(6.3.7)两边对 $w_j(j=0,1,\cdots,M)$ 求偏导可得

$$\begin{aligned}\nabla w_j = \frac{\partial J(\boldsymbol{w})}{\partial w_j} &= \sum_{i=0}^{N-1}\left[\frac{1}{1+\mathrm{e}^{-\boldsymbol{w}^{\mathrm{T}}\bar{\boldsymbol{x}}_i}} - y_i\right]x_{ji} \\ &= \sum_{i=0}^{N-1}[P(y_i = 1 \mid \boldsymbol{x}_i) - y_i]x_{ji}\end{aligned} \tag{6.3.8}$$

式中：x_{ji} 为向量 $\boldsymbol{x}_i$ 的第 j 个元素；∇w_j 为梯度向量 $\nabla \boldsymbol{w}$ 的第 j 个元素。

下面使用量子算法来计算偏导数，即式(6.3.8)。

式(6.3.8)可以看成 $(P(y_0 = 1 \mid \boldsymbol{x}_0) - y_0 \quad \cdots \quad P(y_{N-1} = 1 \mid \boldsymbol{x}_{N-1}) - y_{N-1})$ 与 $(x_{j0} \quad \cdots \quad x_{j(N-1)})$ 的内积。因此，该算法共分为三步：第一步将 $(P(y_0 = 1 \mid \boldsymbol{x}_0) \quad \cdots \quad P(y_{N-1} = 1 \mid \boldsymbol{x}_{N-1}))$ 存储在量子态中，即要得到中间量子态

$$\frac{1}{\sqrt{N}}\sum_{i=0}^{N-1}|i\rangle|P(y_i=1|\boldsymbol{x}_i)\rangle=\frac{1}{\sqrt{N}}\sum_{i=0}^{N-1}|i\rangle\left|\frac{1}{1+\mathrm{e}^{-\boldsymbol{w}^{\mathrm{T}}\bar{\boldsymbol{x}}_i}}\right\rangle \tag{6.3.9}$$

第二步将$(P(y_0=1|\boldsymbol{x}_0)-y_0 \quad \cdots \quad P(y_{N-1}=1|\boldsymbol{x}_{N-1})-y_{N-1})$存储在振幅中；第三步使用哈达玛测试得到$\nabla w_j$。下面介绍具体的算法：

第一步：构造中间量子态，其量子线路图如图 6.7 所示。

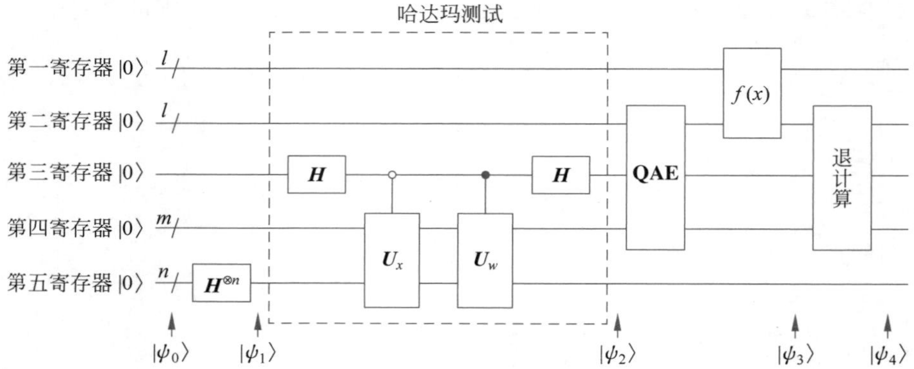

图 6.7　第一步的量子线路图

（1）制备量子态$|\psi_0\rangle=|0\rangle^{\otimes l}|0\rangle^{\otimes l}|0\rangle|0\rangle^{\otimes m}|0\rangle^{\otimes n}$，其中$n=\log N$，$m=\log(M+1)$；

（2）对第五寄存器实施 n 个 $\boldsymbol{H}$ 门，可得

$$|\psi_1\rangle=\frac{1}{\sqrt{N}}\sum_{i=0}^{N-1}|0\rangle^{\otimes l}|0\rangle^{\otimes l}|0\rangle|0\rangle^{\otimes m}|i\rangle \tag{6.3.10}$$

（3）存在算子 $\boldsymbol{U}_x$ 作用于$|0\rangle^{\otimes m}|i\rangle$得到$|x_i\rangle|i\rangle$，$\boldsymbol{U}_w$ 作用于$|1\rangle^{\otimes m}|i\rangle$得到$|w\rangle|i\rangle$，执行哈达玛测试，可得

$$|\psi_2\rangle=\frac{1}{\sqrt{N}}\sum_{i=0}^{N-1}|0\rangle^{\otimes l}|0\rangle^{\otimes l}\frac{1}{2}[|0\rangle(|x_i\rangle+|w\rangle)+|1\rangle(|x_i\rangle-|w\rangle)]|i\rangle \tag{6.3.11}$$

令$|\phi_i\rangle=\frac{1}{2}[|0\rangle(|x_i\rangle+|w\rangle)+|1\rangle(|x_i\rangle-|w\rangle)]$，与 5.2.4 节的算法类似，令$|\phi_{i0}\rangle=|x_i\rangle+|w\rangle$，$|\phi_{i1}\rangle=|x_i\rangle-|w\rangle$，则

$$|\phi_i\rangle=\sqrt{\frac{1+z_i}{2}}|0\rangle|\phi_{i0}\rangle+\sqrt{\frac{1-z_i}{2}}|1\rangle|\phi_{i1}\rangle \tag{6.3.12}$$

这时$z_i=\langle x_i|w\rangle$存储在振幅中，可以使用 QAE 算法将$z_i=\langle x_i|w\rangle$存储到第二寄存器的基态中，再执行量子算术运算 $f(x)=\frac{1}{1+\mathrm{e}^{-x}}$（附录 B. 3）将 $P(y_i=1|\boldsymbol{x}_i)=\frac{1}{1+\mathrm{e}^{-\langle x_i|w\rangle}}$存储到第一寄存器的基态中，即

$$|\psi_3\rangle=\frac{1}{\sqrt{N}}\sum_{i=0}^{N-1}\left|\frac{1}{1+\mathrm{e}^{-\boldsymbol{w}^{\mathrm{T}}\overline{\boldsymbol{x}}_i}}\right\rangle|z_i\rangle|\phi_i\rangle|i\rangle \tag{6.3.13}$$

最后对第二寄存器至第四寄存器执行退计算，可得

$$|\psi_4\rangle=\frac{1}{\sqrt{N}}\sum_{i=0}^{N-1}\left|\frac{1}{1+\mathrm{e}^{-\boldsymbol{w}^{\mathrm{T}}\overline{\boldsymbol{x}}_i}}\right\rangle|i\rangle=\frac{1}{\sqrt{N}}\sum_{i=0}^{N-1}|P(y_i=1|\boldsymbol{x}_i)\rangle|i\rangle \tag{6.3.14}$$

第二步：将 $P(y_i=1|\boldsymbol{x}_i)-y_i$ 存储在振幅中。

首先在第一步的基础上使用 **QA** 算子(**QA** 算子为附录 B 中定理 B.1 描述的能实现基本函数的量子算子)演化出量子态

$$|\psi_5\rangle=\frac{1}{\sqrt{N}}\sum_{i=0}^{N-1}|P(y_i=1|\boldsymbol{x}_i)-y_i\rangle|i\rangle \tag{6.3.15}$$

再使用受控旋转将 $P(y_i=1|\boldsymbol{x}_i)-y_i$ 提取到振幅中，即

$$|\psi_6\rangle=\frac{1}{\sqrt{N}}\sum_{i=0}^{N-1}((P(y_i=1|\boldsymbol{x}_i)-y_i)|0\rangle+\sqrt{1-(P(y_i=1|\boldsymbol{x}_i)-y_i)^2}|0\rangle)|i\rangle \tag{6.3.16}$$

第三步：计算梯度算子。

使用哈达玛测试计算 $(P(y_0=1|\boldsymbol{x}_0)-y_0 \quad \cdots \quad P(y_{N-1}=1|\boldsymbol{x}_{N-1})-y_{N-1})$ 和 $(x_{0j} \quad \cdots \quad x_{(N-1)j})$ 的内积，即式(6.3.8)。

首先执行酉操作将 $(x_{0j} \quad \cdots \quad x_{(N-1)j})$ 存储在量子态的振幅中，即

$$|\psi_7\rangle=\frac{1}{\sqrt{C}}\sum_{i=0}^{N-1}x_{ij}|0\rangle|i\rangle \tag{6.3.17}$$

式中：$C=\sum_{i=0}^{N-1}|x_{ij}|^2$。

再使用哈达玛测试得到 $|\psi_5\rangle$ 和 $|\psi_6\rangle$ 的内积，最后测量得到 $|0\rangle$ 的概率为

$$P(0)=\frac{1+\langle\psi_6|\psi_7\rangle}{2} \tag{6.3.18}$$

而

$$\langle\psi_6|\psi_7\rangle=\frac{1}{\sqrt{NC}}\sum_{i=0}^{N-1}[P(y_i=1|\boldsymbol{x}_i)-y_i]x_{ij}=\frac{\nabla w_j}{\sqrt{NC}} \tag{6.3.19}$$

因此，偏导数为

$$\nabla w_j=(2\times P(0)-1)\sqrt{NC} \tag{6.3.20}$$

6.3.3 量子逻辑回归算法

上一节给出了量子梯度算法，梯度的迭代公式为

$$w_j^{t+1}=w_j^t-\eta\nabla w_j^{t+1}, \quad j=0,1,\cdots,M-1 \tag{6.3.21}$$

式中：t 为迭代次数；η 为学习率。

量子逻辑回归算法总结如下：

量子逻辑回归算法

输入：数据集，任意 $\varepsilon \geqslant 0$，学习率 η，初始值 $\boldsymbol{w}^0$。

过程：

(1) 初始化 $t=0$；

(2) 使用量子算法计算梯度算子∇w_j，$j=0,1,\cdots,M$；

(3) 如果 $\sum_{j=0}^{M}(\nabla w_j^{t+1})<\varepsilon$，输出参数 $\boldsymbol{w}$，算法结束；否则，进行下一步；

(4) 根据迭代公式 $w_j^{t+1}=w_j^t-\eta\nabla w_j^t$，$j=0,1,\cdots,M$ 更新参数；

(5) $t=t+1$，重复步骤(2)至(4)，直到满足精度。

输出：最优参数 $\tilde{\boldsymbol{w}}$。

6.4 本章小结

本节介绍了量子机器学习中用于预测的回归算法。首先介绍了量子线性回归算法，尽管该算法比较简单，却能有效地解决一些问题。与经典线性回归算法一样，量子线性回归算法也会遇到数据病态（如条件数过大）等问题，因此提出了量子岭回归算法。岭回归最佳参数的具体算法可参见文献[2]。逻辑回归是一种重要的非线性回归算法，它主要是结合 Sigmoid 函数和线性回归算法而形成的一种分类算法，在本章的最后介绍了二分类的量子逻辑回归算法。

参考文献

第7章 量子聚类

在量子机器学习算法中，前面所介绍的量子分类算法和量子回归算法皆为有监督学习方法，所有训练样本的标签都是已知的。当样本没有标签时，应该怎么办呢？聚类分析旨在从无标签样本中发现可能的分类模式，主要任务是将样本集划分为若干不相交的类，也就是不相交的子集，每个子集称为一个"簇"，每个簇对应于一个类别。划分方式主要根据样本间的相似度，将相似度高的样本划分到同一簇中，相似度低的样本划分到不同的簇中。

2002 年，基于薛定谔方程的量子聚类算法被提出，之后量子 K 均值聚类、量子层次聚类、量子谱聚类等一系列量子算法被提出。存储在量子态中的样本的相似度通常用量子态的保真度表示。

7.1 量子 K 均值聚类

K 均值聚类算法是最常用的聚类算法。K 均值聚类需要计算两样本之间的相似度，并且要找到相似度的最大值。当遇到海量样本时，需要消耗巨大的成本。量子 K 均值聚类算法使用量子算法计算样本间的保真度，利用量子并行性降低算法的复杂度。本节首先介绍 K 均值聚类原理，然后介绍相应的量子算法。

7.1.1 K 均值聚类原理

对于样本集$\{\boldsymbol{x}_0,\boldsymbol{x}_1,\cdots,\boldsymbol{x}_{N-1}\}$来说，$K$ 均值聚类算法将所有样本划分到 K 个不相交的子集中。对于给定的 K，首先从样本集中随机选择 K 个样本点分别作为 K 个簇，这些样本点也称为质心。然后分别计算剩余样本与 K 个质心的相似度，如果剩余样本中的 $\boldsymbol{x}_i$ 和某个质心的相似度最大，则将该样本划分到该质心所代表的簇中。所有样本分配完成后，K 个簇中有不同数量的样本，需要根据簇内所有的样本重新计算该簇的质心，计算方法为取该簇内所有样本的平均值，这也是 K 均值聚类算法名字的由来。然后根据新的质心将所有样本重新进行分类，再计算质心，依次更新迭代直到质心不再改变，或者达到指定的迭代次数，则算法结束。

7.1.2 量子 K 均值聚类算法

量子 K 均值聚类算法是结合量子算法和经典算法的量子-经典算法，它利用交换测试计算待分类样本与质心之间的保真度。对于给定样本集$\{\boldsymbol{x}_0,\boldsymbol{x}_1,\cdots,\boldsymbol{x}_{N-1}\}$，令$|x_i\rangle$和$|x_j\rangle(i,j=0,1,\cdots,N-1)$是训练样本所对应的量子态，则样本$|x_i\rangle$和$|x_j\rangle$的保真度为

$$F(|x_i\rangle,|x_j\rangle)=|\langle x_i|x_j\rangle|^2 \tag{7.1.1}$$

与经典算法一样，量子 K 均值聚类算法要将所有的样本分成 K 个簇，假设每个簇的质心为$|u_k\rangle(k=0,1,\cdots,K-1)$。该算法的主要任务包括质心$|u_k\rangle$的确定和簇的划分。这两个步骤交替进行直到质心不再改变。

开始时通常随机选取 K 个样本$|u_0\rangle,|u_1\rangle,\cdots,|u_{K-1}\rangle$作为初始质心。使用交换测试算法分别计算样本$|x_i\rangle$与 K 个质心$|u_k\rangle$的保真度 $F(|x_i\rangle,|u_k\rangle)$，如果样本$|x_i\rangle$和某

个质心的保真度最大，则将其划分到该质心所代表的簇中。标识向量 $\boldsymbol{r}_i = (r_{i0} \quad r_{i1} \quad \cdots \quad r_{i(K-1)})$ 用于标记 $\boldsymbol{x}_i$ 属于哪个簇，当 $\boldsymbol{x}_i$ 属于第 k 个簇时，有 $r_{ik}=1$，其余元素为 0，即

$$r_{ik} = \begin{cases} 1, & k = \underset{l}{\operatorname{argmax}}\{F(|x_i\rangle, |u_l\rangle)\} \\ 0, & \text{其他} \end{cases} \tag{7.1.2}$$

由 r_{ik} 的定义可知，只有当 $\boldsymbol{x}_i$ 属于第 k 个簇时，$r_{ik}=1$。因此，可以使用式(7.1.3)重新计算第 k 个簇的质心：

$$\boldsymbol{u}_k = \frac{\sum_{i=0}^{N-1} r_{ik}\boldsymbol{x}_i}{\sum_{i=0}^{N-1} r_{ik}} \tag{7.1.3}$$

有了新的质心之后，就可以根据式(7.1.2)计算新的 r_{ik}，反复迭代直到质心不再发生改变，或者达到指定的迭代次数。

量子 K 均值聚类算法总结如下：

量子 K 均值聚类算法

输入：$\{\boldsymbol{x}_0, \boldsymbol{x}_1, \cdots, \boldsymbol{x}_{N-1}\}$，初始质心为 $\boldsymbol{u}_0, \boldsymbol{u}_1, \cdots, \boldsymbol{u}_{K-1}$（从样本集中随机选取的 K 个样本）。

过程：

(1) 将样本 $\boldsymbol{x}_i (i=0,1,\cdots,N-1)$ 存储在量子态中，即 $|x_i\rangle$，并将质心 $\boldsymbol{u}_k (k=0,1,\cdots,K-1)$ 也存储在量子态中，即 $|u_k\rangle$；

(2) 使用交换测试计算样本与质心的保真度 $F(|x_i\rangle, |u_k\rangle) = |\langle x_i|u_k\rangle|^2$；

(3) 根据 $r_{ik} = \begin{cases} 1, & k = \underset{l}{\operatorname{argmax}}\{F(|x_i\rangle, |u_l\rangle)\} \\ 0, & \text{其他} \end{cases}$ 确定 r_{ik}；

(4) 根据 $\boldsymbol{u}_k = \frac{\sum_{i=0}^{N-1} r_{ik}\boldsymbol{x}_i}{\sum_{i=0}^{N-1} r_{ik}}$ 确定新的质心；

(5) 各质心 $\boldsymbol{u}_k$ 没有变化，或者达到指定的迭代次数，则算法结束，否则回到步骤(1)。

输出：K 个簇。

7.1.3 复杂度分析

量子 K 均值聚类算法与经典 K 均值聚类算法主要的不同在于量子 K 均值聚类算法使用交换测试计算样本与质心的距离，因此只比较该步骤的复杂度。对于量子算法来说，由于交换测试要运行 $O\left(\frac{1}{\varepsilon}\right)$ 次才能以误差 ε 得到距离，因此要使用交换测试计算 $M=2^m$ 维样本 $|x_i\rangle$ 与质心 $|u_k\rangle$ 的距离 $F(|x_i\rangle, |u_k\rangle)$，其复杂度为 $O\left(\frac{1}{\varepsilon}\right) \times O(m) = O\left(\frac{m}{\varepsilon}\right)$。如果使用经典算法计算 M 维向量的距离，其复杂度为 $O(2^m)$。因此复杂度呈

指数级降低。

7.1.4 实现

本节使用量子 K 均值聚类算法对 MNIST 手写数字样本集中的 6 和 9 进行分类。也就是说上述 K 均值聚类算法中 $K=2$。本实验中选取一个 6 和一个 9 作为初始质心，并将一个新的样本分配给保真度更大的簇。

初始质心 6 和 9 对应的二维特征向量分别为 $\boldsymbol{x}_1=(0.997 \quad 0.160)^{\mathrm{T}}$ 和 $\boldsymbol{x}_2=(0.352 \quad 0.936)^{\mathrm{T}}$，新样本的特征向量为 $\boldsymbol{x}=(0.352 \quad 0.936)^{\mathrm{T}}$。使用 $\boldsymbol{R}_y(\theta)$ 门制备 6、9 以及新样本的特征向量，由于 $\boldsymbol{R}_y(\theta)|0\rangle=\cos\frac{\theta}{2}|0\rangle+\sin\frac{\theta}{2}|1\rangle$，因此对应的 θ 分别为 0.322、2.422、2.422。

如图 7.1 所示的线路图，用于计算质心 9 和待分类样本 $\boldsymbol{x}=(0.352 \quad 0.936)^{\mathrm{T}}$ 的保真度。第一步用旋转门制备质心 9 和待分类样本 $\boldsymbol{x}=(0.352 \quad 0.936)^{\mathrm{T}}$，旋转角度均为 2.422；第二步使用交换测试，并通过测量获得质心 9 和待分类样本的保真度。由图 7.2(a) 可以看出保真度为 $2P(0)-1=2\times1-1=1$，其中 $P(0)$表示测量得到 0 的概率。

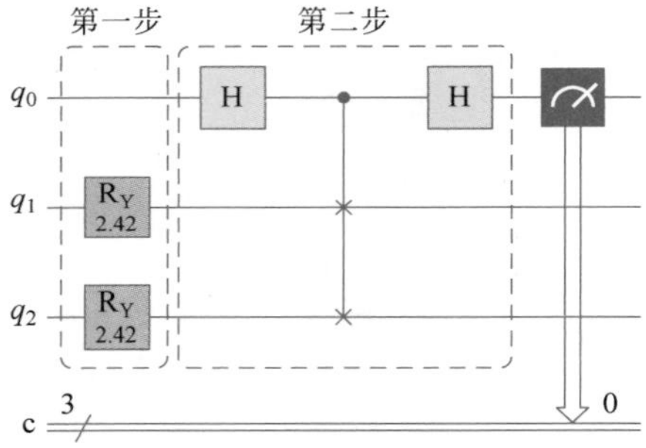

图 7.1 计算质心 9 和待分类样本 $x=(0.352 \quad 0.936)^{\mathrm{T}}$ 保真度的量子线路图

以同样的方法可以计算质心 6 和待分类样本 $\boldsymbol{x}=(0.352 \quad 0.936)^{\mathrm{T}}$ 的保真度，图 7.2(b)是测量得到的结果，可以看出保真度为 $2P(0)-1=2\times0.630-1=0.26$。

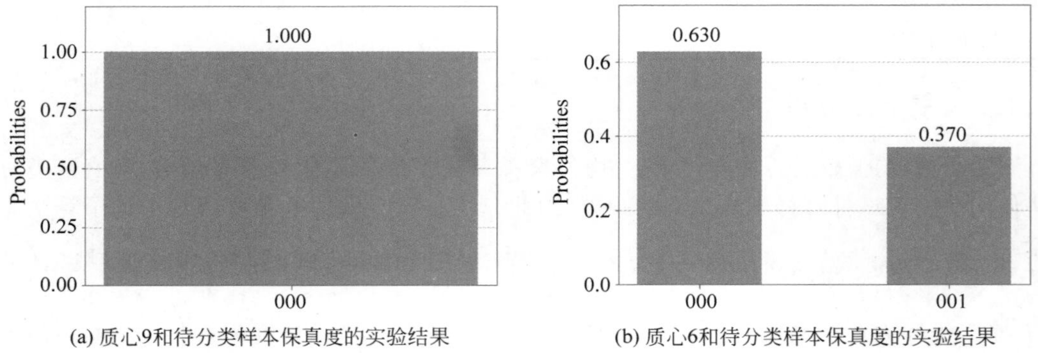

图 7.2 量子 K 均值聚类实验结果

也就是说，待分类样本 $\boldsymbol{x}=(0.352\quad 0.936)^{\mathrm{T}}$ 与 9 的保真度更高。因此，将其分配到质心 9 所在的类别中。

量子 K 均值聚类的代码如下：

```
%matplotlib inline
from qiskit import QuantumCircuit
from qiskit import execute
from qiskit import IBMQ
from qiskit import Aer
from math import pi
from qiskit.tools.visualization import plot_histogram

#计算质心 9 和待分类样本之间的保真度
circuit = QuantumCircuit(3,3)

#簇 1 的质心
circuit.ry(2.422,1)
#待分类样本
circuit.ry(2.422,2)
circuit.barrier()

#swap-test
circuit.h(0)
circuit.cswap(0,1,2)
circuit.h(0)

#测量
circuit.measure(0,0)

#绘制线路图
circuit.draw(output='mpl',plot_barriers=False)
backend = Aer.get_backend('qasm_simulator')
job_sim = execute(circuit, backend, shots=8192)
sim_result = job_sim.result()

#绘制结果图
measurement_result = sim_result.get_counts(circuit)
plot_histogram(measurement_result)

#计算质心 6 和待分类样本之间的保真度
circuit = QuantumCircuit(3,3)
#簇 2 的质心
```

```
39.    circuit.ry(0.322,1)
40.    #待分类样本
41.    circuit.ry(2.422,2)
42.    circuit.barrier()
43.    #swap-test
44.    circuit.h(0)
45.    circuit.cswap(0,1,2)
46.    circuit.h(0)
47.    #测量
48.    circuit.measure(0,0)
49.    #绘制线路图
50.    circuit.draw(output='mpl',plot_barriers=False)
51.    backend = Aer.get_backend('qasm_simulator')
52.    job_sim = execute(circuit, backend, shots=8192)
53.    sim_result = job_sim.result()
54.    #绘制结果图
55.    measurement_result = sim_result.get_counts(circuit)
56.    plot_histogram(measurement_result)
```

7.2 量子层次聚类

层次聚类主要有凝聚层次聚类和分裂层次聚类两种类型。图7.3所示的层次聚类树中,如果将最底层的每一个样本都看作一个簇,然后依次合并距离最近的簇,则称为凝聚层次聚类。如果将所有样本看成一个簇,然后根据某种原则分成两个子簇,依次进行下去,则称为分裂层次聚类。本节介绍相应的量子算法:首先介绍量子凝聚层次聚类,然后介绍量子分裂层次聚类。

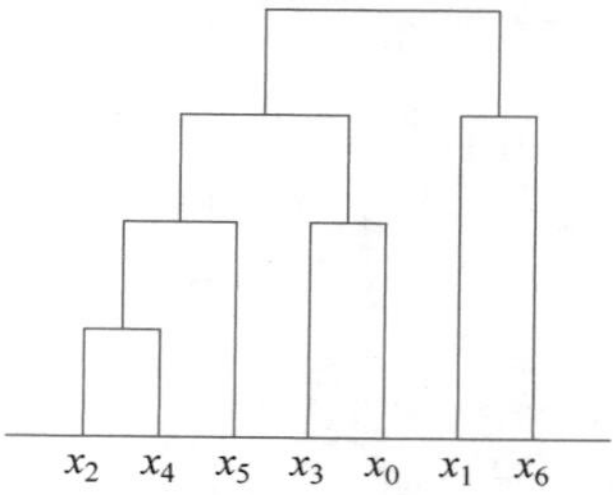

图7.3 层次聚类树

7.2.1 量子凝聚层次聚类

量子凝聚层次聚类用量子算法计算簇与簇之间的距离,然后用经典算法对样本集进行聚类。下面首先给出凝聚层次聚类的基本原理,然后给出簇与簇之间的量子距离及其计算方法,最后给出完整的量子凝聚层次聚类算法。

1. 算法基本原理

凝聚层次聚类是一种自底向上的聚类算法,从最底层开始,首先将每个样本作为一个簇,然后计算簇与簇之间的距离,将距离最近的簇合并,重复该过程,直到达到预设的簇个数。计算簇 C_i 和 C_j 之间距离的方式有最小距离、最大距离和平均距离。假设簇 C_i 中有 T 个样本 $\boldsymbol{v}_t(t=0,1,\cdots,T-1)$,簇 C_j 中有 L 个样本 $\boldsymbol{w}_l(l=0,1,\cdots,L-1)$,则簇 C_i 和 C_j 之间的距离定义如下所示:

(1)最小距离:两簇中两两样本之间距离的最小值作为两簇之间的距离,即

$$d(C_i,C_j) = \min_{\boldsymbol{v}_t \in C_i, \boldsymbol{w}_l \in C_j} d(\boldsymbol{v}_t, \boldsymbol{w}_l) \tag{7.2.1}$$

(2) 最大距离：两簇中两两样本之间距离的最大值作为两簇之间的距离，即

$$d(C_i,C_j)=\max_{\boldsymbol{v}_t\in C_i,\boldsymbol{w}_l\in C_j} d(\boldsymbol{v}_t,\boldsymbol{w}_l) \tag{7.2.2}$$

(3) 平均距离：两簇中所有样本点之间距离的平均值作为两簇之间的距离，即

$$d(C_i,C_j)=\frac{1}{|C_i|\cdot|C_j|}\sum_{\boldsymbol{v}_t\in C_i,\boldsymbol{w}_l\in C_j} d(\boldsymbol{v}_t,\boldsymbol{w}_l) \tag{7.2.3}$$

式中：$|C_i|$和$|C_j|$分别为簇 C_i 和 C_j 中样本的数量。

2. 簇与簇之间的量子距离

与经典算法不完全相同，量子算法中计算簇与簇之间的距离时，结合了经典算法中最小距离和平均距离两种计算方式。而且量子算法中两个样本之间的距离并不是用距离来计算，而是用保真度来计算。保真度越大，相似度越高。

因此，簇 C_i 和 C_j 之间的量子距离定义为簇 C_i 中所有样本与簇 C_j 中所有样本平均值之间保真度的最大值。即对于簇 C_i 中的 T 个样本$|v_t\rangle(t=0,1,\cdots,T-1)$和簇 C_j 中 L 个样本$|w_l\rangle(l=0,1,\cdots,L-1)$，簇 C_i 与簇 C_j 的距离为

$$\max_t\left|\left\langle v_t \mid \frac{1}{L}\sum_{l=0}^{L-1}w_l\right\rangle\right|^2 \tag{7.2.4}$$

下面给出计算$\left|\left\langle v_t \middle| \frac{1}{L}\sum_{l=0}^{L-1}w_l\right\rangle\right|^2$的量子方法。由于

$$\left|\left\langle v_t \middle| \frac{1}{L}\sum_{l=0}^{L-1}w_l\right\rangle\right|^2=\frac{1}{L^2}\left|\left\langle v_t \middle| \sum_{l=0}^{L-1}w_l\right\rangle\right|^2=\frac{1}{L^2}\left|\sum_{l=0}^{L-1}\langle v_t \mid w_l\rangle\right|^2 \tag{7.2.5}$$

因此，只需给出式(7.2.5)中$\frac{1}{L^2}\left|\sum_{l=0}^{L-1}\langle v_t \mid w_l\rangle\right|^2$的计算方法即可。为此，使用算子 $\boldsymbol{V}$ 和算子 $\boldsymbol{W}$ 制备量子态

$$|\psi_1\rangle=\frac{1}{\sqrt{L}}\sum_{l=0}^{L-1}|l\rangle|v_t\rangle,\quad |\psi_2\rangle=\frac{1}{\sqrt{L}}\sum_{l=0}^{L-1}|l\rangle|w_l\rangle \tag{7.2.6}$$

使用交换测试计算$|\psi_1\rangle$和$|\psi_2\rangle$的内积，可得

$$|\langle\psi_1|\psi_2\rangle|^2=\frac{1}{L^2}\left|\sum_{l=0}^{L-1}\langle v_t \mid w_l\rangle\right|^2 \tag{7.2.7}$$

以同样的方法得到 T 个保真度

$$\frac{1}{L^2}\left|\sum_{l=0}^{L-1}\langle v_0 \mid w_l\rangle\right|^2,\frac{1}{L^2}\left|\sum_{l=0}^{L-1}\langle v_1 \mid w_l\rangle\right|^2,\cdots,\frac{1}{L^2}\left|\sum_{l=0}^{L-1}\langle v_{T-1} \mid w_l\rangle\right|^2 \tag{7.2.8}$$

最后比较得出 T 个保真度的最大值，从而得到簇 C_i 和 C_j 之间的相似度。

3. 量子凝聚层次聚类

量子凝聚层次聚类与经典凝聚层次聚类最大的区别在于使用量子算法计算簇与簇之间的相似度。在量子算法中，首先将所有样本$\{\boldsymbol{x}_0,\boldsymbol{x}_1,\cdots,\boldsymbol{x}_{N-1}\}$分别看成一个簇，也

就是说，现在有 N 个簇 $C_i=\{\boldsymbol{x}_i\}(i=0,1,\cdots,N-1)$；然后将簇中的样本存储在量子态中，即 $|x_i\rangle$，并利用交换测试计算两簇之间的保真度，对保真度最大的簇进行合并；接着再进行簇与簇之间保真度的计算，并对保真度最大的簇进行合并，依次进行下去，直到达到预设的簇个数。

量子凝聚层次聚类算法总结如下：

量子凝聚层次聚类算法

输入：样本集 $\{\boldsymbol{x}_0,\boldsymbol{x}_1,\cdots,\boldsymbol{x}_{N-1}\}$，簇个数 K。

过程：

(1) 将 N 个样本当成 N 个簇；

(2) 使用交换测试计算簇与簇之间的保真度；

(3) 合并保真度最大的两个簇，得到新的划分方式；

(4) 如果簇个数为 K，则结束算法；否则转到步骤(2)。

输出：K 个簇。

---

4. 实现

量子凝聚层次聚类算法使用量子算法计算簇与簇之间的相似度。该相似度取一个簇中的样本与另一个簇中样本平均值的最大值作为簇与簇之间的距离。因此，本实验实现的是计算单个样本 $|v\rangle$ 与簇 C_j 的保真度。

样本 $|v\rangle$ 的特征向量为 $(0.9870\quad 0.1607)^{\mathrm{T}}$，簇 C_j 中四个样本的特征向量分别为 $\boldsymbol{w}_0=(0.3520\quad 0.9360)^{\mathrm{T}}$，$\boldsymbol{w}_1=(0.3547\quad 0.9350)^{\mathrm{T}}$，$\boldsymbol{w}_2=(0.3536\quad 0.9354)^{\mathrm{T}}$，$\boldsymbol{w}_3=(0.3539\quad 0.9353)^{\mathrm{T}}$。

由于簇 C_j 中共有四个样本，因此共需要两个量子比特 q_1 和 q_2 表示这四个样本的位置信息。q_3 用于存储簇 C_j 中四个样本的特征向量，q_4 用于存储 $|v\rangle$ 的特征向量，q_0 是交换测试的辅助量子比特。具体的量子线路图如图 7.4 所示。

第一步使用两个 $\boldsymbol{H}$ 门产生四个位置 $\frac{1}{2}(|00\rangle+|01\rangle+|10\rangle+|11\rangle)$；第二步使用 2 受控 $\boldsymbol{R}_y(\theta)$ 门(ccry 门)制备簇 C_j 中的四个样本，存储在量子比特 q_3 中；四个样本对应的 θ 分别为 2.422、2.4165、2.4187、2.4182；第三步使用 2 受控 $\boldsymbol{R}_y(\theta)$ 门(ccry 门)制备 4 个相同的样本 $|v\rangle$，存储在量子比特 q_4 中，$|v\rangle$ 对应的 θ 为 0.3229。

至此，在 q_3 和 q_4 上分别制备了样本 $|v\rangle$ 和簇 C_j 中四个样本对应的特征向量，第四步使用交换测试可以得到 0 的概率为

$$P(0)=\frac{1+\left|\frac{1}{4}(\langle v\mid w_0\rangle+\langle v\mid w_1\rangle+\langle v\mid w_2\rangle+\langle v\mid w_3\rangle)\right|^2}{2}$$

测量结果如图 7.5 所示，因此

$$\begin{aligned}\left|\frac{1}{4}(\langle v\mid w_0\rangle+\langle v\mid w_1\rangle+\langle v\mid w_2\rangle+\langle v\mid w_3\rangle)\right|^2&=2\times P(0)-1\\&=2\times 0.625-1=0.25\end{aligned}$$

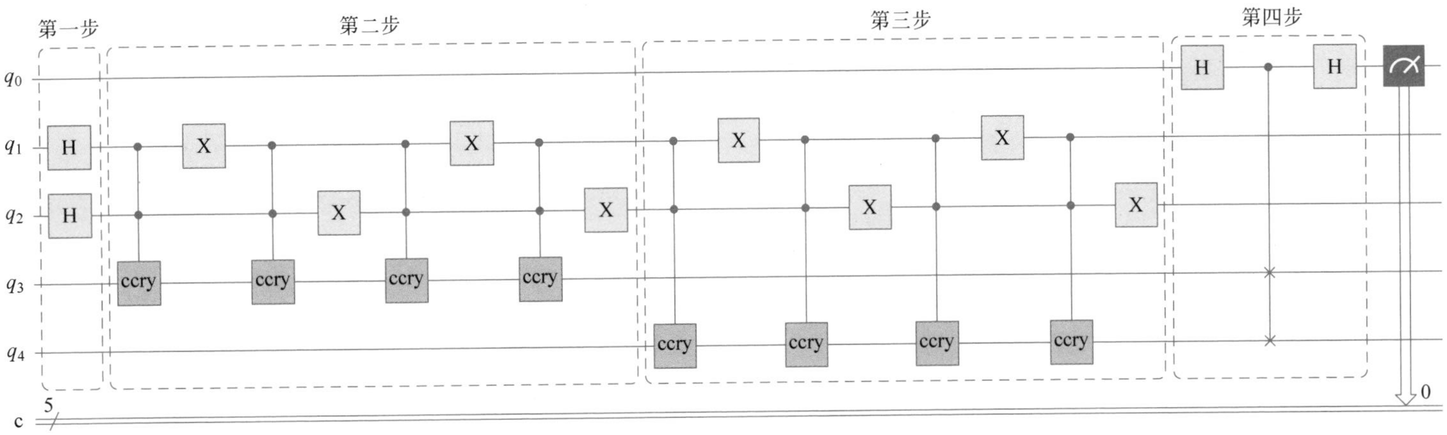

图 7.4 凝聚层次聚类的量子线路图

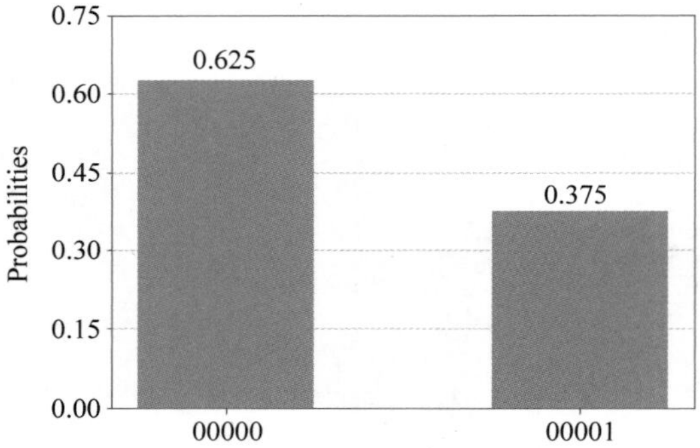

图 7.5　凝聚层次聚类实验结果

量子凝聚层次聚类的代码如下：

```
 %matplotlib inline
from qiskit import QuantumCircuit, ClassicalRegister, QuantumRegister
from qiskit import execute
from qiskit import Aer
from math import pi
from qiskit.tools.visualization import plot_histogram

circuit = QuantumCircuit(5,5)

#定义 ccry 门
def ccry(theta):
    circuit = QuantumCircuit(1)
    circuit.ry(theta,0)
    circuit = circuit.to_gate()
    circuit.name = "ccry"
    c_U = circuit.control().control()
    return c_U

#第一步
circuit.h(1)
circuit.h(2)

#第二步
circuit.append(ccry(69.39 * pi/90), [1] + [2] + [3]) #11
circuit.x(1)
circuit.append(ccry(69.228 * pi/90), [1] + [2] + [3]) #01
circuit.x(2)
circuit.append(ccry(69.29 * pi/90), [1] + [2] + [3]) #00
circuit.x(1)
circuit.append(ccry(69.276 * pi/90), [1] + [2] + [3]) #10
circuit.x(2)

#第三步
circuit.append(ccry(9.249 * pi/90), [1] + [2] + [4]) #11
```

```
circuit.x(1)
circuit.append(ccry(9.249 * pi/90), [1] + [2] + [4]) #01
circuit.x(2)
circuit.append(ccry(9.249 * pi/90), [1] + [2] + [4]) #00
circuit.x(1)
circuit.append(ccry(9.249 * pi/90), [1] + [2] + [4]) #10
circuit.x(2)

#第四步
circuit.barrier()
circuit.h(0)
circuit.cswap(0,3,4)
circuit.h(0)

#测量
circuit.measure(0,0)

#绘制线路图
circuit.draw(output = 'mpl', plot_barriers = False, fold = -1)
backend = Aer.get_backend('qasm_simulator')
job_sim = execute(circuit, backend, shots = 4096)
sim_result = job_sim.result()

#绘制结果图
measurement_result = sim_result.get_counts(circuit)
plot_histogram(measurement_result)
```

7.2.2 量子分裂层次聚类

分裂层次聚类是一种自顶向下的聚类方法，从最顶层开始，先把全部样本看成一个簇，再将保真度最小的两个样本分别看成两个质心，计算其他样本与两个质心的保真度，并归到保真度大的簇中。每个子类再递归地继续往下分裂，直到每个簇中样本个数均小于某个值。

在该算法中需要找到保真度最小的两个样本，这就意味着需要计算所有样本两两之间的保真度，然后找到最小的那一个。如果一共有 N 个样本点，则寻找保真度最小的两个样本需要 $O(N^2)$次运算。如果使用量子最小值搜索算法来寻找保真度最小的两个样本点，复杂度会降低到 $O(N)$。因此量子分裂层次聚类算法的关键是使用量子最小值搜索算法找到保真度最小的两个样本。

在量子分裂层次聚类算法中，使用交换测试计算样本之间的保真度，并使用量子最小值搜索算法找到保真度最小的两个样本作为质心，再按照保真度最大原则将其他样本划分到两个质心所代表的簇中。然后依次对两个新簇进行上述计算保真度、找质心、划分样本的步骤，依次进行下去，直到每个簇中样本个数均小于某个值。

量子分裂层次聚类算法总结如下：

量子分裂层次聚类算法

输入：样本集 $X=\{\boldsymbol{x}_0,\boldsymbol{x}_1,\cdots,\boldsymbol{x}_{N-1}\}$，簇中样本个数 a。

过程：

(1) 将所有样本集看成一个簇；

(2) 使用交换测试计算样本间的保真度；

(3) 使用量子最小值搜索算法找到 X 中保真度最小的两个样本，作为两个新簇的质心，将其他样本按照保真度最大原则归到新簇中；

(4) 对于新簇 $X_i \subseteq X$，使用交换测试计算簇 X_i 中样本间的保真度；

(5) 使用量子最小值搜索算法找到 X_i 中保真度最小的两个样本，作为两个新簇的质心，将其他样本按照保真度最大原则归到新簇中；

(6) 计算新簇中样本个数，如果样本个数小于 a，则结束算法，否则回到步骤(4)。

输出：K 个簇。

7.3 量子谱聚类

谱聚类(Spectral Cluster，SC)算法是以图理论为基础的一种聚类方法，它对样本分布的适应性更强。量子谱聚类(Quantum SC，QSC)利用量子相位估计和 Grover 搜索算法对经典算法进行加速。下面首先介绍谱聚类基本概念，然后介绍量子谱聚类算法。

7.3.1 谱聚类基本概念

谱聚类是一种基于图论的聚类方法，将带权无向图划分为两个或两个以上的最优子图，使子图内部尽量相似，而子图间距离尽量大，以达到聚类的目的。

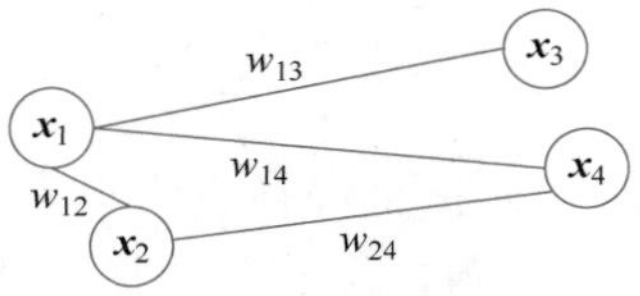

图 7.6 带权无向图示例

图 7.6 是由四个样本组成的带权无向图，图中的权 w_{ij} 表示两个样本之间的相似度。如果两个样本间无边相连，则表示两个样本一点都不相似，相似度为 0，即 $w_{ij}=0$。如图 7.6 中，$\boldsymbol{x}_3$ 和 $\boldsymbol{x}_4$ 之间无边相连，$w_{34}=0$。

按照图论的思想，样本集

$$\{\boldsymbol{x}_i : \boldsymbol{x}_i \in \mathbf{R}^M\}_{i=0,1,\cdots,N-1} \tag{7.3.1}$$

中的样本可以对应到无向图上的 N 个点 $V=(\boldsymbol{x}_0,\boldsymbol{x}_1,\cdots,\boldsymbol{x}_{N-1})$。一些点之间有边相连，$E=\{s_{ij}\}_{i,j=0,1,\cdots,N-1}$ 表示边的集合，其中 s_{ij} 表示点 $\boldsymbol{x}_i$ 和 $\boldsymbol{x}_j$ 的距离。下面将会看到距离 s_{ij} 与相似度 w_{ij} 是两个不同的概念。

谱聚类算法需要根据距离衡量样本之间的相似度，进而达到聚类的目的。谱聚类中的“谱”是指由相似度组成的拉普拉斯矩阵的特征值。相似度矩阵和拉普拉斯矩阵在谱聚类中起到非常重要的作用。

1. 相似度矩阵

相似度矩阵 $\boldsymbol{W}$ 是由相似度 $w_{ij}(i,j=0,1,\cdots,N-1)$ 组成的矩阵。本节介绍三种相似度矩阵的表示方法。

1）ε 近邻法

先计算样本 $\boldsymbol{x}_i$ 和 $\boldsymbol{x}_j$ 之间的欧几里得距离，即

$$s_{ij}=\|\boldsymbol{x}_i-\boldsymbol{x}_j\|^2 \tag{7.3.2}$$

对于给定的常数 ε，如果 $s_{ij}\geqslant\varepsilon$，则 $w_{ij}=0$；如果 $s_{ij}<\varepsilon$，则 $w_{ij}=\varepsilon$。ε 近邻法的实质是：当两个样本之间的距离小于 ε 时，相似度 w_{ij} 设置为固定的值 ε；当两个样本之间的距离大于 ε 时，相似度 $w_{ij}=0$。

2）全连接法

全连接法通过选择不同的核函数来定义相似度，常用的有多项式核函数、高斯核函数和 Sigmoid 核函数。例如，使用高斯核函数时，相似度 w_{ij} 定义如下：

$$w_{ij}=\mathrm{e}^{-\frac{\|x_i-x_j\|^2}{2\sigma^2}} \tag{7.3.3}$$

其中参数 σ 控制着样本的邻域宽度。全连接法把相似度变成了一个连续函数，随着欧几里得距离的增大，相似度逐渐减小。

3）K 近邻法

对于样本 $\boldsymbol{x}_i$ 和 $\boldsymbol{x}_j$，如果 $\boldsymbol{x}_j$ 属于 $\boldsymbol{x}_i$ 的前 K 个最近邻节点，或 $\boldsymbol{x}_i$ 属于 $\boldsymbol{x}_j$ 的前 K 个最近邻节点，则 $\boldsymbol{x}_i$ 和 $\boldsymbol{x}_j$ 的相似度为 $\mathrm{e}^{-\frac{\|x_i-x_j\|^2}{2\sigma^2}}$，否则相似度为 0，即

$$w_{ij}=\begin{cases}0, & \boldsymbol{x}_i\notin \mathrm{KNN}\{\boldsymbol{x}_j\}\text{ 且 }\boldsymbol{x}_j\notin \mathrm{KNN}\{\boldsymbol{x}_i\}\\ \mathrm{e}^{-\frac{\|x_i-x_j\|^2}{2\sigma^2}}, & \boldsymbol{x}_i\in \mathrm{KNN}\{\boldsymbol{x}_j\}\text{ 或 }\boldsymbol{x}_j\in \mathrm{KNN}\{\boldsymbol{x}_i\}\end{cases} \tag{7.3.4}$$

式中：$\mathrm{KNN}\{\boldsymbol{x}_j\}$表示 $\boldsymbol{x}_j$ 的 K 个近邻样本。

K 近邻法是在全连接法的基础上只保留了前 K 个最近邻节点的相似度，其余的相似度均置为 0。

在 K 近邻法中，w_{ij} 的定义并不唯一，也可以用下面的方式定义：

$$w_{ij}=\begin{cases}0, & \boldsymbol{x}_i\notin \mathrm{KNN}\{\boldsymbol{x}_j\}\text{ 或 }\boldsymbol{x}_j\notin \mathrm{KNN}\{\boldsymbol{x}_i\}\\ \mathrm{e}^{-\frac{\|x_i-x_j\|^2}{2\sigma^2}}, & \boldsymbol{x}_i\in \mathrm{KNN}\{\boldsymbol{x}_j\}\text{ 且 }\boldsymbol{x}_j\in \mathrm{KNN}\{\boldsymbol{x}_i\}\end{cases} \tag{7.3.5}$$

2. 拉普拉斯矩阵

拉普拉斯矩阵在图论中是非常重要的一类矩阵，得益于它的良好性质，许多关于图论问题的研究都是从拉普拉斯矩阵入手的。拉普拉斯矩阵 $\boldsymbol{L}$ 由度矩阵 $\boldsymbol{D}$ 和相似度矩阵 $\boldsymbol{W}$ 的差构成：

$$\boldsymbol{L}=\boldsymbol{D}-\boldsymbol{W} \tag{7.3.6}$$

式中：$\boldsymbol{D}$ 为对角矩阵，且有

$$D=\begin{pmatrix}d_0 & 0 & \cdots & 0\\ 0 & d_1 & \cdots & 0\\ \vdots & \vdots & \ddots & \vdots\\ 0 & 0 & \cdots & d_{N-1}\end{pmatrix}$$

其中：$d_i = \sum_{j=0}^{N-1} w_{ij}$。

按照式(7.3.6)定义的拉普拉斯矩阵 $\boldsymbol{L}$，称为非规范化的拉普拉斯矩阵。规范化拉普拉斯矩阵有两种表示方法，基于随机游走的标准化拉普拉斯矩阵：

$$\boldsymbol{L}_{\mathrm{rw}} = \boldsymbol{D}^{-1}\boldsymbol{L} = \boldsymbol{I} - \boldsymbol{D}^{-1}\boldsymbol{W} \tag{7.3.7}$$

和对称标准化拉普拉斯矩阵：

$$\boldsymbol{L}_{\mathrm{sym}} = \boldsymbol{D}^{-\frac{1}{2}}\boldsymbol{L}\boldsymbol{D}^{-\frac{1}{2}} = \boldsymbol{I} - \boldsymbol{D}^{-\frac{1}{2}}\boldsymbol{W}\boldsymbol{D}^{-\frac{1}{2}} \tag{7.3.8}$$

在下文中不严格区分 $\boldsymbol{L}$、$\boldsymbol{L}_{\mathrm{rw}}$ 和 $\boldsymbol{L}_{\mathrm{sym}}$，皆使用符号 $\boldsymbol{L}$ 表示。

3. 谱聚类算法流程

谱聚类算法依据相似度矩阵将样本划分到不同的类。具体来说：先求得相似度矩阵，并根据相似度矩阵得到拉普拉斯矩阵；再计算拉普拉斯矩阵的特征值，取前 K 个最小特征值对应的特征向量 $\boldsymbol{u}_0, \boldsymbol{u}_1, \cdots, \boldsymbol{u}_{K-1}$，组成一个新的矩阵

$$\boldsymbol{A} = \begin{pmatrix} u_{00} & u_{01} & \cdots & u_{0(K-1)} \\ u_{10} & u_{11} & \cdots & u_{1(K-1)} \\ \vdots & \vdots & \ddots & \vdots \\ u_{(N-1)0} & u_{(N-1)1} & \cdots & u_{(N-1)(K-1)} \end{pmatrix} \tag{7.3.9}$$

矩阵 $\boldsymbol{A}$ 的第 i 行代表第 i 个样本降维后的特征。并标记 $\boldsymbol{A}$ 的每一行为 $\boldsymbol{y}_i \in \mathbf{R}^K$ $(i=0, 1, \cdots, N-1)$。此时，使用简单的聚类算法（如 K 均值聚类算法）对 $\{\boldsymbol{y}_i\}_{i=0}^{N-1}$ 进行聚类就可以达到对所有样本的聚类。

谱聚类算法总结如下：

谱聚类算法

输入：样本集 $\{\boldsymbol{x}_0, \boldsymbol{x}_1, \cdots, \boldsymbol{x}_{N-1}\}$，聚类簇数 K。

过程：

(1) 根据样本集生成相似度矩阵 $\boldsymbol{W}$；

(2) 根据 $\boldsymbol{W}$ 计算度矩阵 $\boldsymbol{D}$ 以及拉普拉斯矩阵 $\boldsymbol{L}$；

(3) 计算拉普拉斯矩阵的前 K 个最小特征值对应的特征向量 $\boldsymbol{u}_0, \boldsymbol{u}_1, \cdots, \boldsymbol{u}_{K-1}$；

(4) 令 $\boldsymbol{A} = (\boldsymbol{u}_0, \boldsymbol{u}_1, \cdots, \boldsymbol{u}_{K-1}) \in \mathbf{R}^{N \times K}$，并标记 $\boldsymbol{A}$ 的每一行为 $\boldsymbol{y}_i \in \mathbf{R}^K$；

(5) 利用 K 均值算法将 $\{\boldsymbol{y}_i\}_{i=0}^{N-1}$ 划分为 K 个不同的类别 $\boldsymbol{c}_0, \boldsymbol{c}_1, \cdots, \boldsymbol{c}_{K-1}$。

输出：K 个簇。

谱聚类中之所以要使用拉普拉斯矩阵，主要涉及图的切割方式，这里不做过多的介绍，感兴趣的读者可参见文献[4]。

虽然谱聚类算法是基于 K 均值算法进行聚类的，但 K 均值并不是谱聚类的关键，其关键在于用拉普拉斯矩阵进行图的分割，使得分割后形成若干子图，每个子图对应一个簇，以使得聚类更加合理。所以它是一个独立于其他聚类算法的算法。

7.3.2 量子谱聚类算法

谱聚类算法的关键步骤是求拉普拉斯矩阵 $\boldsymbol{L}$ 的前 K 个最小特征值及其对应的特征向量。本节使用量子算法求出矩阵特征值及其对应的特征向量。但与经典算法不同的是,这里不直接取前 K 个最小特征值对应的特征向量,而是使用阈值法选取比该阈值小的特征值对应的特征向量。

假设拉普拉斯矩阵 $\boldsymbol{L}$ 的特征值和特征向量分别为 λ_i 和 $|u_i\rangle(i=0,1,\cdots,N-1)$。为了给出量子谱聚类算法的线路图,首先给出一个定理。

【定理 7.3.1】 由于 $\boldsymbol{L}$ 是半正定且对称的矩阵,则 $\boldsymbol{L}$ 的特征向量 $\{|u_j\rangle\}_{j=0}^{N-1}$ 可以做一组正交基。令 $\{|i\rangle\}_{i=0}^{N-1}$ 是一组标准正交基,则两者存在下列关系:

$$\frac{1}{\sqrt{N}}\sum_{j=0}^{N-1}|u_j\rangle|u_j^*\rangle=\frac{1}{\sqrt{N}}\sum_{i=0}^{N-1}|i\rangle|i\rangle \tag{7.3.10}$$

式中:u_j^* 是 u_j 的共轭复数。

证明:由于 $\{|u_j\rangle\}_{j=0}^{N-1}$ 是正交基,因此单位矩阵 $\boldsymbol{I}$ 可以表示为

$$\boldsymbol{I}=\sum_{j=0}^{N-1}|u_j\rangle\langle u_j| \tag{7.3.11}$$

并且对于 $|u_j\rangle$,存在一组 $a_{ji}(i=0,1,\cdots,N-1)$ 使得

$$|u_j\rangle=\sum_{i=0}^{N-1}a_{ji}|i\rangle \tag{7.3.12}$$

所以标准正交基中的一个 $|i\rangle$ 可以表示为

$$\begin{aligned}|i\rangle&=\sum_{j=0}^{N-1}|u_j\rangle\langle u_j||i\rangle\\&=\sum_{j=0}^{N-1}\Big(\sum_{k=0}^{N-1}a_{jk}|k\rangle\sum_{m=0}^{N-1}a_{jm}^*\langle m|\Big)|i\rangle\\&=\sum_{j=0}^{N-1}\sum_{k=0}^{N-1}\sum_{m=0}^{N-1}a_{jk}a_{jm}^*|k\rangle\langle m||i\rangle\\&=\sum_{j=0}^{N-1}\sum_{k=0}^{N-1}a_{jk}a_{ji}^*|k\rangle\end{aligned} \tag{7.3.13}$$

因此

$$\begin{aligned}\sum_{j=0}^{N-1}|u_j\rangle|u_j^*\rangle&=\sum_{j=0}^{N-1}\Big(\sum_{k=0}^{N-1}a_{jk}|k\rangle\sum_{i=0}^{N-1}a_{ji}^*|i\rangle\Big)\\&=\sum_{i=0}^{N-1}\Big(\sum_{j=0}^{N-1}\sum_{k=0}^{N-1}a_{jk}a_{ji}^*|k\rangle\Big)|i\rangle\\&=\sum_{i=0}^{N-1}|i\rangle|i\rangle\end{aligned} \tag{7.3.14}$$

式(7.3.10)得证。

与 HHL 算法类似，令 $\boldsymbol{U}=\mathrm{e}^{2\pi\mathrm{i}\boldsymbol{L}}$，则 $\boldsymbol{U}$ 的特征值和特征向量分别为 $\mathrm{e}^{2\pi\mathrm{i}\lambda_i}$ 和 $|u_i\rangle(i=0,1,\cdots,N-1)$。因此使用相位估计算法可以得到 $\boldsymbol{L}$ 的特征值和相应的特征向量。再使用 Grover 搜索算法找到小于阈值的特征值。

量子谱聚类的线路图如图 7.7 所示。首先制备量子态 $|0\rangle^{\otimes t}|0\rangle^{\otimes n}|0\rangle^{\otimes n}$ 分别存储在第一寄存器至第三寄存器中(图 7.7 中从上到下依次为第一寄存器、第二寄存器和第三寄存器)，其中第一寄存器的 t 个量子比特用于存储相位估计算法提取的特征值，第二寄存器和第三寄存器均用于存储特征向量。

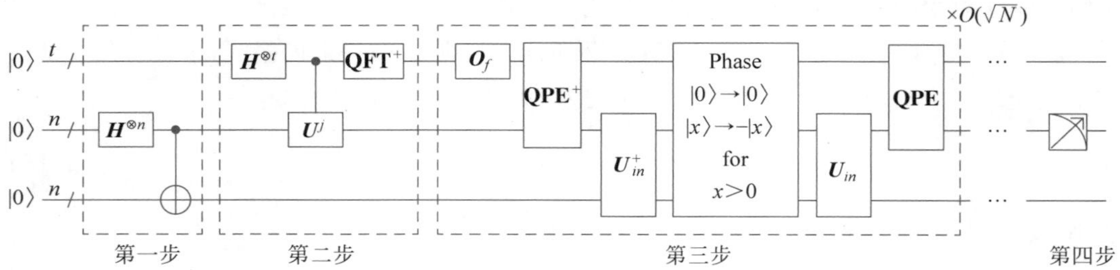

图 7.7　量子谱聚类的线路图

具体步骤如下：

第一步：初始态制备。

使用 $n=\log N$ 个 $\boldsymbol{H}$ 门作用于第二寄存器，得到量子态

$$|\psi_1\rangle=\frac{1}{\sqrt{N}}|0\rangle^{\otimes t}\sum_{i=0}^{N-1}|i\rangle|0\rangle^{\otimes n} \tag{7.3.15}$$

再使用 n 个 CNOT 门作用于第二寄存器和第三寄存器得到量子态

$$|\psi_2\rangle=\frac{1}{\sqrt{N}}|0\rangle^{\otimes t}\sum_{i=0}^{N-1}|i\rangle|i\rangle \tag{7.3.16}$$

将第一步中的算子集合记为 $\boldsymbol{U}_{in}$。由定理 7.3.1 可知，$|\psi_2\rangle$ 可以重写为

$$|\psi_2\rangle=\frac{1}{\sqrt{N}}|0\rangle^{\otimes t}\sum_{i=0}^{N-1}|u_i\rangle|u_i^*\rangle \tag{7.3.17}$$

第二步：提取特征值。

使用 QPE 算法作用于第一寄存器和第二寄存器可得

$$|\psi_3\rangle=\frac{1}{\sqrt{N}}\sum_{i=0}^{N-1}|\lambda_i\rangle|u_i\rangle|u_i^*\rangle \tag{7.3.18}$$

第三步：找到小于 $\hat{\lambda}$ 的特征值。

给定一个阈值 $\hat{\lambda}>0$，使用 Grover 搜索算法找到比 $\hat{\lambda}$ 小的特征值。定义函数

$$f(x)=\begin{cases}1, & x<\hat{\lambda}\\ 0, & x\geqslant\hat{\lambda}\end{cases} \tag{7.3.19}$$

构建黑箱 $\boldsymbol{O}_f$ 使其满足

$$\boldsymbol{O}_f |x\rangle = (-1)^{f(x)} |x\rangle \tag{7.3.20}$$

也就是说 $\boldsymbol{O}_f$ 给满足 $x<\hat{\lambda}$ 的 $|x\rangle$ 添加了一个相位 -1。

又因为式(7.3.18)可以重写为

$$|\psi_4\rangle = \frac{1}{\sqrt{N}}\sum_{\lambda_i<\hat{\lambda}} |\lambda_i\rangle |u_i\rangle |u_i^*\rangle + \frac{1}{\sqrt{N}}\sum_{\lambda_j\geqslant\hat{\lambda}} |\lambda_i\rangle |u_i\rangle |u_i^*\rangle \tag{7.3.21}$$

构建 Grover 迭代算子 $\boldsymbol{G}$,重复使用 $O(\sqrt{N})$ 次之后,$|\psi_4\rangle$ 演化近似于 $|\psi_5\rangle$ 的量子态

$$|\psi_5\rangle = \frac{1}{\sqrt{K}}\sum_{\lambda_i<\hat{\lambda}} |\lambda_i\rangle |u_i\rangle |u_i^*\rangle \tag{7.3.22}$$

这里 K 是指将样本集分成了 K 个类,K 存储在量子振幅中,无法直接得到,但是可以使用量子振幅估计算法得到。令

$$|\beta\rangle = \frac{1}{\sqrt{K}}\sum_{\lambda_i<\hat{\lambda}} |\lambda_i\rangle |u_i\rangle |u_i^*\rangle,\quad |\alpha\rangle = \frac{1}{\sqrt{N-K}}\sum_{\lambda_j\geqslant\hat{\lambda}} |\lambda_i\rangle |u_i\rangle |u_i^*\rangle,\quad \sin\theta = \sqrt{\frac{K}{N}}$$

则式(7.3.21)可重写为

$$|\psi\rangle = \sqrt{\frac{N-K}{N}}|\alpha\rangle + \sqrt{\frac{K}{N}}|\beta\rangle = \cos\theta|\alpha\rangle + \sin\theta|\beta\rangle \tag{7.3.23}$$

因此,可以使用量子振幅估计算法估计出 θ,进而由 $K=N\sin^2\theta$ 得到 K。

第四步:聚类。

经过上述步骤之后,对 $|\psi_5\rangle$ 的第一寄存器和第三寄存器取偏迹,则第二寄存器的密度算子为

$$\boldsymbol{\rho} = \mathrm{tr}_{1,3}(|\psi_5\rangle\langle\psi_5|) = \frac{1}{K}\sum_{i=0}^{K-1} |u_i\rangle\langle u_i| \tag{7.3.24}$$

这里无法像经典计算中一样直接得到 $\boldsymbol{y}_i$ 的信息,因此假设存在一个对于 $\{\boldsymbol{y}_i\}_{i=0}^{N-1}$ 的划分 $\boldsymbol{c}_0,\boldsymbol{c}_1,\cdots,\boldsymbol{c}_{K-1}$,其对应的指示矩阵定义为 $\boldsymbol{B}=(b_{ij})\in\mathbf{R}^{N\times K}$,满足

$$b_{ij} = \begin{cases} \dfrac{1}{\sqrt{|\boldsymbol{c}_j|}}, & \boldsymbol{y}_i \in \boldsymbol{c}_j \\ 0, & \boldsymbol{y}_i \notin \boldsymbol{c}_j \end{cases} \tag{7.3.25}$$

因此对 $\{\boldsymbol{y}_i\}_{i=0}^{N-1}$ 的聚类任务可以转换为下列优化问题:

$$\max_B \frac{1}{K}\sum_{i=0}^{K-1}\mathrm{tr}(\boldsymbol{u}_i\boldsymbol{u}_i^{\mathrm{T}}\boldsymbol{B}\boldsymbol{B}^{\mathrm{T}}) = \max_B \mathrm{tr}(\boldsymbol{\rho}\boldsymbol{B}\boldsymbol{B}^{\mathrm{T}}) = \max_B \mathrm{tr}(\boldsymbol{\rho}\boldsymbol{M}) = \max_B\langle\boldsymbol{M}\rangle \tag{7.3.26}$$

其中 $\boldsymbol{M}=\boldsymbol{B}\boldsymbol{B}^{\mathrm{T}}$ 可以看作一个测量算子。从上式可以看出,上述优化问题可以被视为需要寻找一个满足式(7.3.26)的测量算子 $\boldsymbol{M}$,最大化测量期望值 $\langle\boldsymbol{M}\rangle$。

想要准确找到 $\boldsymbol{B}$ 是一个 NP-hard 问题,通常可以采用一些近似算法或启发式算法,在多项式的时间复杂度内求得一个近似解。

量子谱聚类算法总结如下:

量子谱聚类算法

输入：样本集$\{\boldsymbol{x}_0,\boldsymbol{x}_1,\cdots,\boldsymbol{x}_{N-1}\}$，阈值$\hat{\lambda}$。

过程：

(1) 根据样本集生成相似度矩阵$\boldsymbol{W}$，并计算拉普拉斯矩阵；

(2) 制备初始态$\frac{1}{\sqrt{N}}\sum_{i=0}^{N-1}|i\rangle|i\rangle$；

(3) 使用量子相位估计算法得到$|\psi_3\rangle=\frac{1}{\sqrt{N}}\sum_{i=0}^{N-1}|\lambda_i\rangle|u_i\rangle|u_i^*\rangle$；

(4) 利用量子计数算法确定聚类数K；

(5) 根据聚类数K使用Grover搜索算法，并进行测量得到密度算子$\boldsymbol{\rho}$；

(6) 构建测量算子$\boldsymbol{M}=\boldsymbol{B}\boldsymbol{B}^{\mathrm{T}}$，并利用优化算法最大化$\langle\boldsymbol{M}\rangle$。

输出：K个簇。

7.4 基于薛定谔方程的量子聚类算法

量子K均值聚类、量子层次聚类等算法都是针对数值型数据的，可以计算数据间的距离。但在实际应用中很多聚类对象数据是分类属性数据，如旅客性别分类数据(男、女)，汽车品牌分类数据(品牌、款式、颜色)等。分类属性数据是有限的和无序的，不能比较大小，数据间缺乏相似度量的方法，因此用于数值型的聚类算法不适合处理分类属性数据。

分类属性数据样本间的分布不平衡、分布与空间距离无关的特性，与量子机制所描述的能量场的特征相似：微观粒子能量决定其分布状态，不同粒子具有不同的能量，粒子间的分布具有不平衡性。而薛定谔方程可描述微观粒子的运动，通过解方程可得到波函数的具体形式以及对应的能量。所以，薛定谔方程与分类属性数据间存在一定的关联，本节介绍基于薛定谔方程的量子聚类算法。

7.4.1 量子势能

简单来说，薛定谔方程就是总能量＝动能＋势能。在量子势能理论中，势能低的粒子振动小，相对比较稳定。可以通过求解薛定谔方程求得最小势能。与时间无关的薛定谔方程如下：

$$\boldsymbol{H}\varphi=\left(-\frac{\sigma^2}{2}\frac{\nabla^2\varphi}{\varphi}+V(\boldsymbol{x})\right)\varphi=E\varphi \tag{7.4.1}$$

式中：φ为波函数；H为哈密顿算子；$V(\boldsymbol{x})$为势能函数；E为H的特征值；$\frac{\nabla^2\varphi}{\varphi}$为劈形算子，表示对函数$\varphi$在各个正交方向上求导数以后再分别乘上各个方向上的单位向量；σ为方程中唯一的参数。

高斯函数是薛定谔方程的解之一，也就是说式(7.4.1)的解可以记为

$$\varphi(\boldsymbol{x})=\sum_{i=0}^{N-1}\exp\left(-\frac{1}{2\delta^2}(\boldsymbol{x}-\boldsymbol{x}_i)^2\right) \tag{7.4.2}$$

在式(7.4.2)中，高斯函数 $\varphi(\boldsymbol{x})$ 相当于一个核函数，$\delta=\left[\frac{4}{(M+2)}\right]^{1/(M+4)}N^{-1/(M+4)}$ 相当于一个核宽度调节参数。将式(7.4.2)代入式(7.4.1)，可以求解粒子分布的势能函数，即

$$\begin{aligned}V(\boldsymbol{x})&=E+\frac{\sigma^2}{2}\frac{\nabla^2\varphi}{\varphi}\\&=E-\frac{M}{2}+\frac{\frac{1}{2\delta^2}\sum_{i=0}^{N-1}(\boldsymbol{x}-\boldsymbol{x}_i)^2\exp\left[-\frac{1}{2\delta^2}(\boldsymbol{x}-\boldsymbol{x}_i)^2\right]}{\sum_{i=0}^{N-1}\exp\left[-\frac{1}{2\delta^2}(\boldsymbol{x}-\boldsymbol{x}_i)^2\right]}\end{aligned} \tag{7.4.3}$$

假设 $V(\boldsymbol{x})$ 是非负且确定的，即 $V(\boldsymbol{x})$ 的最小值为零，由式(7.4.3)的第一个等号可得

$$E=-\min\frac{\sigma^2}{2}\frac{\nabla^2\varphi}{\varphi} \tag{7.4.4}$$

将式(7.4.4)代入式(7.4.3)的第二个等号右边的式子，就可以计算出势能函数，进而根据势能函数进行聚类。

7.4.2 分类属性数据的相似度和相异度

基于分类属性数据进行聚类，首先要解决的问题是如何定义样本间的相似度和相异度。

【定义 7.4.1】 对于具有分类属性数据的样本 $\boldsymbol{x}_i$ 和 $\boldsymbol{x}_j$ 来说，相似度定义为

$$s(\boldsymbol{x}_i,\boldsymbol{x}_j)=\sum_{p=0}^{M-1}\theta(x_{ip},x_{jp}) \tag{7.4.5}$$

式中

$$\theta(x_{ip},x_{jp})=\begin{cases}1, & x_{ip}=x_{jp}\\0, & x_{ip}\neq x_{jp}\end{cases}$$

基于分类属性数据的样本的相似度是指样本间相同属性的个数。

【定义 7.4.2】 具有分类属性数据的样本间的相异度定义为

$$d(\boldsymbol{x}_i,\boldsymbol{x}_j)=M-s(\boldsymbol{x}_i,\boldsymbol{x}_j) \tag{7.4.6}$$

即样本间不同属性的个数。

7.4.3 基于薛定谔方程的聚类算法

对于分类属性数据集中的样本 $\boldsymbol{x}_j$ 来说，若要计算其势能

$$V(\boldsymbol{x}_j)=E-\frac{M}{2}+\frac{\frac{1}{2\delta^2}\sum_{i=0}^{N-1}(\boldsymbol{x}_j-\boldsymbol{x}_i)^2\exp\left[-\frac{1}{2\delta^2}(\boldsymbol{x}_j-\boldsymbol{x}_i)^2\right]}{\sum_{i=0}^{N-1}\exp\left[-\frac{1}{2\delta^2}(\boldsymbol{x}_j-\boldsymbol{x}_i)^2\right]} \tag{7.4.7}$$

则需要使用式(7.4.6)中相异度 $d(\boldsymbol{x}_i,\boldsymbol{x}_j)$代替式(7.4.7)中的距离$(\boldsymbol{x}_j-\boldsymbol{x}_i)^2$。得到分类属性数据集中的样本 $\boldsymbol{x}_j$ 的势能为

$$V(\boldsymbol{x}_j)=E-\frac{M}{2}+\frac{\frac{1}{2\delta^2}\sum_{i=0}^{N-1}d(\boldsymbol{x}_i,\boldsymbol{x}_j)\exp\left[-\frac{1}{2\delta^2}d(\boldsymbol{x}_i,\boldsymbol{x}_j)\right]}{\sum_{i=0}^{N-1}\exp\left[-\frac{1}{2\delta^2}d(\boldsymbol{x}_i,\boldsymbol{x}_j)\right]} \tag{7.4.8}$$

在量子势能理论中,低势能的粒子振动小,相对比较稳定。对于聚类而言,就相当于势能为零或最小的样本周围分布着较多的样本,可以用作聚类中心。因此可以利用式(7.4.8)计算出每一个样本的势能,然后找到最小势能所对应的样本点,作为质心;再计算其余样本与此质心的相异度,如果相异度小于事先给定的阈值 β,则归到质心所在的簇中。最后如果有剩余样本不能归到该簇中,则重新计算势能,找到质心;重复该过程,直到所有样本点都被划分到相应的簇中。

基于薛定谔方程的量子聚类算法总结如下:

基于薛定谔方程的量子聚类算法

输入:数据集$\{\boldsymbol{x}_0,\boldsymbol{x}_1,\cdots,\boldsymbol{x}_{N-1}\}$,阈值 β,参数 δ,初始簇个数 $k=0$。

过程:

(1) 计算样本间的相异度 $d(\boldsymbol{x}_i,\boldsymbol{x}_j)(i,j=0,1,\cdots,N-1)$,得到相异度矩阵 $\boldsymbol{D}$,矩阵元素 D_{ij} 对应于 $d(\boldsymbol{x}_i,\boldsymbol{x}_j)$;

(2) 计算样本势能 $V(\boldsymbol{x}_j)$;

(3) $k=k+1$;

(4) 求最小势能对应的样本 $V_{\min}=\min\limits_j\{V(\boldsymbol{x}_j)\}$,且令 $V(\boldsymbol{x}_k)=V_{\min}$,则第 k 个簇的聚类中心为 $\boldsymbol{x}_k$;

(5) 根据相异度将满足 $d(\boldsymbol{x}_i,\boldsymbol{x}_k)\leqslant\beta$ 的样本 $\boldsymbol{x}_i$ 归到此类中,并从样本集中删除这些样本;

(6) 如果样本集为空,则算法结束,否则回到步骤(3)。

输出:K 个簇。

7.5 本章小结

量子聚类算法是量子无监督学习中被研究最多的一种算法。本章首先介绍了量子 K 均值聚类算法和量子层次聚类算法两种基本算法,然后介绍了量子谱聚类算法,这三个算法都是量子-经典混合算法。量子 K 均值和量子凝聚层次聚类算法使用交换测试计算样本间或样本与簇之间的距离,而量子分裂层次聚类使用 Grover 搜索算法找到距离最远的两个样本,量子谱聚类使用相位估计和振幅放大得到主要的特征向量。

最后介绍的基于量子势能的聚类算法和上述算法不同，它利用量子势能确定聚类中心，对样本进行聚类。该算法使用量子势能的思想，但算法都是经典的，能够有效地对分类属性数据进行聚类分析。

参考文献

第8章 量子神经网络

神经网络类似人类大脑，是模拟生物神经网络进行信息处理的一种数学模型。它能够解决分类、回归等问题，是机器学习的重要组成部分。量子神经网络是将量子理论与神经网络相结合而产生的一种新型计算模式。研究者希望利用量子计算的特性，如量子并行、纠缠等特性，解决神经网络中模型复杂度高而导致的训练困难的问题。

1995 年美国路易斯安那州立大学的 Kak 教授首次提出了量子神经计算的概念，开创了该领域的先河。随后又相继出现了多种量子神经计算模型，包括量子感知机、量子神经网络、量子受限玻耳兹曼机等。近年来，量子生成对抗网络、量子卷积神经网络等量子机器学习模型也被提出。

本章首先介绍最简单的量子感知机模型，然后介绍量子神经网络和量子生成对抗网络，最后介绍量子受限玻耳兹曼机、量子卷积神经网络和量子图神经网络。

8.1 量子感知机

感知机是神经网络模型中最简单的类型。2001 年，Altaisky 首次提出量子感知机模型。本节首先介绍感知机原理，然后介绍量子感知机。

8.1.1 感知机原理

感知机的目标是找到一个超平面，能够将所有样本正确分类。设给定数据集为

$$\{(\boldsymbol{x}_i, y_i): \boldsymbol{x}_i \in \mathbf{R}^M, \quad y_i \in \{1, -1\}\}_{i=0,1,\cdots,N-1} \tag{8.1.1}$$

式中：$\boldsymbol{x}_i$ 为单个样本，该样本有 M 个特征，$\boldsymbol{x}_i=(x_{0i} \quad x_{1i} \quad \cdots \quad x_{(M-1)i})^{\mathrm{T}}(i=0,1,\cdots,N-1)$。

感知机是二分类的线性可分模型，y_i 是样本 $\boldsymbol{x}_i$ 的标签，$y_i \in \{1,-1\}$。如图 8.1 所示，感知机由输入层和一个神经元组成。输入层用来接收外界输入的信号并传送给神经元。神经元接收来自输入层的样本 $\boldsymbol{x}_i=(x_{0i} \quad x_{1i} \quad \cdots \quad x_{(M-1)i})^{\mathrm{T}}$，每个输入都有对应的权重 $\boldsymbol{w}=(w_0 \quad w_1 \quad \cdots \quad w_{M-1})^{\mathrm{T}}$，神经元的输出是样本和权重的线性组合进行非线性变换后的值。

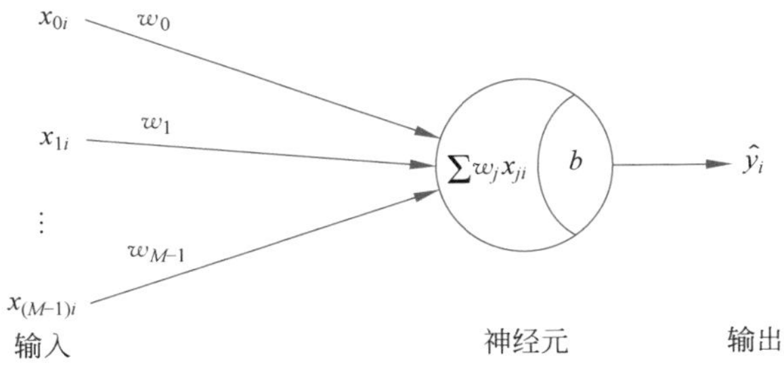

图 8.1 感知机结构示意图

样本和权重的线性组合称为神经元的激活值，即

$$\sum_{j=0}^{M-1} w_j x_{ji} + b \tag{8.1.2}$$

式中：b 为偏置。

对激活值进行非线性变换的函数称为激活函数。激活函数可定义为

$$\hat{y}_i = \text{sign}\left(\sum_{j=0}^{M-1} w_j x_{ji} + b\right) = \begin{cases} +1, & \sum_{j=0}^{M-1} w_j x_{ji} + b \geqslant 0 \\ -1, & \sum_{j=0}^{M-1} w_j x_{ji} + b < 0 \end{cases} \tag{8.1.3}$$

当 $\sum_{j=0}^{M-1} w_j x_{ji} + b \geqslant 0$ 时，将 $\boldsymbol{x}_i = (x_{0i} \quad x_{1i} \quad \cdots \quad x_{(M-1)i})^{\mathrm{T}}$ 归为 C_1 类，标记为$+1$；否则，将 $\boldsymbol{x}_i = (x_{0i} \quad x_{1i} \quad \cdots \quad x_{(M-1)i})^{\mathrm{T}}$ 归为 C_2 类，标记为-1。该标记就是神经元的输出 $\hat{y}_i$。

感知机的学习目标是找到一个以 $\boldsymbol{w}$ 为法向量的超平面 $\boldsymbol{x}_i^{\mathrm{T}}\boldsymbol{w}+b$，使其能够对输入样本 $\boldsymbol{x}_i = (x_{0i} \quad x_{1i} \quad \cdots \quad x_{(M-1)i})^{\mathrm{T}}$ 进行正确分类。即：若 $\boldsymbol{x}_i^{\mathrm{T}}\boldsymbol{w}+b \geqslant 0$，有 $y_i=+1$；若 $\boldsymbol{x}_i^{\mathrm{T}}\boldsymbol{w}+b<0$，有 $y_i=-1$。可见，不管 $\boldsymbol{x}_i$ 属于哪一类都有 $y_i(\boldsymbol{x}_i^{\mathrm{T}}\boldsymbol{w}+b) \geqslant 0$。

在感知机的训练初始阶段，给出的 $\boldsymbol{w}$ 只能将一部分样本正确分类，而将另一部分样本错误分类。将错误分类的样本记为集合 C，则对于样本 $\boldsymbol{x}_i \in C$ 来说，有

$$y_i(\boldsymbol{x}_i^{\mathrm{T}}\boldsymbol{w} + b) < 0 \tag{8.1.4}$$

$|y_i(\boldsymbol{x}_i^{\mathrm{T}}\boldsymbol{w}+b)| = -y_i(\boldsymbol{x}_i^{\mathrm{T}}\boldsymbol{w}+b)$ 可以理解为错误的大小。对于分类错误的样本来说，感知机的目标函数定义为最小化错误，也就是让所有错误的累加最小，即

$$\min L(\boldsymbol{w}) = -\sum_{\boldsymbol{x}_i \in C} y_i(\boldsymbol{x}_i^{\mathrm{T}}\boldsymbol{w} + b) \tag{8.1.5}$$

通常使用梯度下降法更新权重系数 $\boldsymbol{w}$ 和偏置 b，即

$$\begin{pmatrix} \boldsymbol{w} \\ b \end{pmatrix}^{t+1} = \begin{pmatrix} \boldsymbol{w} \\ b \end{pmatrix}^{t} + \eta y_i \begin{pmatrix} \boldsymbol{x}_i \\ 1 \end{pmatrix} \tag{8.1.6}$$

式中：η 为学习率，$\eta \in (0,1)$；t 为训练次数。

给定初始权重系数和偏置 $\begin{pmatrix} \boldsymbol{w} \\ b \end{pmatrix}^{0}$，感知机的训练过程为按照一定的顺序取遍所有的样本 $(\boldsymbol{x}_i, y_i)$，判断其是否满足式(8.1.4)，若不满足，即样本能够被正确分类，则跳过该样本；否则，使用式(8.1.6)更新权重系数和偏置，直到所有样本被正确分类。

8.1.2 量子感知机算法

量子感知机是结合经典感知机的思想以及量子计算的特性形成的算法。在量子感知机模型中，规定输入样本 $\boldsymbol{x}_i$ 和权重系数 $\boldsymbol{w}$ 的元素只能为±1。经典感知机主要是根据式(8.1.3)，也就是激活函数的输出判断输入样本是否被正确分类。而在量子算法中通过设置阈值 θ 将式(8.1.3)写为

$$\hat{y}_i=\begin{cases}0, & \left|\sum_{j=0}^{M-1} w_j x_{ji}\right| \geqslant \theta \\ 1, & \left|\sum_{j=0}^{M-1} w_j x_{ji}\right|<\theta\end{cases} \tag{8.1.7}$$

也就是说，量子感知机根据$\left|\sum_{j=0}^{M-1} w_j x_{ji}\right|$与阈值 θ 的大小将样本 $\boldsymbol{x}_i$ 进行分类：当$\left|\sum_{j=0}^{M-1} w_j x_{ji}\right| \geqslant \theta$ 时，将 $\boldsymbol{x}_i$ 归为 C_1 类，标记为 0；否则，归为 C_2 类，标记为 1。这里使用标记 0 和 1 代替经典感知机中的 +1 和 −1，主要是因为量子系统用$|0\rangle$和$|1\rangle$的叠加态来表示。

下面首先给出计算$\left|\sum_{j=0}^{M-1} w_j x_{ji}\right|$的方法，然后给出量子感知机算法。

1. $\left|\sum_{j=0}^{M-1} w_j x_{ji}\right|$的计算方法

$\left|\sum_{j=0}^{M-1} w_j x_{ji}\right|=|\boldsymbol{x}_i^{\mathrm{T}} \boldsymbol{w}|$，即 $\boldsymbol{x}_i$ 和 $\boldsymbol{w}$ 的内积的模。在量子计算中，样本信息 $\boldsymbol{x}_i$ 和权重系数 $\boldsymbol{w}$ 存储在量子态中，归一化之后，$\boldsymbol{x}_i$ 和 $\boldsymbol{w}$ 的量子态形式为

$$|x_i\rangle=\frac{1}{\sqrt{M}} \sum_{j=0}^{M-1} x_{ji}|j\rangle \tag{8.1.8}$$

$$|w\rangle=\frac{1}{\sqrt{M}} \sum_{j=0}^{M-1} w_j|j\rangle \tag{8.1.9}$$

这里系数取$\frac{1}{\sqrt{M}}$是因为量子算法中 $\boldsymbol{x}_i$ 和 $\boldsymbol{w}$ 的元素取值均为±1，则$|x_i\rangle$和$|w\rangle$的内积的模为$\frac{1}{M}\left|\sum_{j=0}^{M-1} w_j x_{ji}\right|$。第 2 章给出了用于计算内积和内积模的哈达玛测试与交换测试，本节给出一个新的方法用于计算$\left|\sum_{j=0}^{M-1} w_j x_{ji}\right|$。

假设存在酉算子 $\boldsymbol{U}_{x_i}$ 和 $\boldsymbol{U}_w$ 能够完成如下变换：

$$\boldsymbol{U}_{x_i}|0\rangle^{\otimes m}=\frac{1}{\sqrt{M}} \sum_{j=0}^{M-1} x_{ji}|j\rangle=|\psi_{1i}\rangle \tag{8.1.10}$$

$$\boldsymbol{U}_w|1\rangle^{\otimes m}=\frac{1}{\sqrt{M}} \sum_{j=0}^{M-1} w_j|j\rangle=|\psi_2\rangle \tag{8.1.11}$$

式中：$m=\log M$。

则 $\boldsymbol{U}_w^{-1}|\psi_2\rangle=|1\rangle^{\otimes m}$，将$|1\rangle^{\otimes m}$ 写成十进制的形式，则有 $\boldsymbol{U}_w^{-1}|\psi_2\rangle=|M-1\rangle$。下面结合图 8.2 介绍计算 $\boldsymbol{x}_i$ 和 $\boldsymbol{w}$ 内积模平方的过程。

首先制备初始态$|0\rangle^{\otimes(m+1)}$，其中前 m 个量子比特用于存储输入样本向量 $\boldsymbol{x}_i$ 和权重

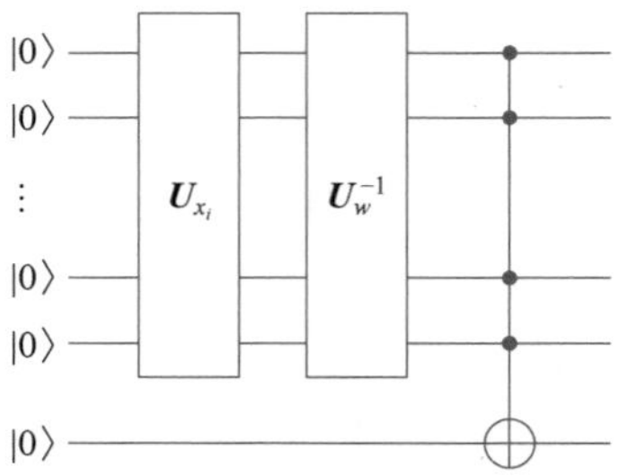

图 8.2　计算内积模平方的线路图

系数 $\boldsymbol{w}$，最后一个是辅助量子比特，用于存储最终的结果。

第一步：使用酉算子 $\boldsymbol{U}_{x_i}$ 作用于前 m 个量子比特 $|0\rangle^{\otimes m}$ 得到量子态

$$|\psi_{1i}\rangle = \frac{1}{\sqrt{M}}\sum_{j=0}^{M-1} x_{ji}\,|j\rangle \tag{8.1.12}$$

第二步：使用 $\boldsymbol{U}_w^{-1}$ 作用于 $|\psi_{1i}\rangle$ 得到量子态

$$|\psi_3\rangle = \boldsymbol{U}_w^{-1}\,|\psi_{1i}\rangle = \sum_{j=0}^{M-1} c_j\,|j\rangle \tag{8.1.13}$$

式中：$\sum_{j=0}^{M-1} c_j^2 = 1$。

则

$$\langle\psi_{1i}\,|\,\psi_2\rangle = \langle\psi_{1i}\,|\,\boldsymbol{U}_w\boldsymbol{U}_w^{-1}\,|\,\psi_2\rangle = \langle\psi_3\,|\,M-1\rangle = c_{M-1} \tag{8.1.14}$$

式中：c_{M-1} 为叠加态 $|\psi_3\rangle$ 中对应于基态 $|M-1\rangle$ 的系数。

由式(8.1.10)和式(8.1.11)可以看出

$$\langle x_i\,|\,w\rangle = \langle\psi_{1i}\,|\,\psi_2\rangle = c_{M-1} \tag{8.1.15}$$

因此，$\langle x_i|w\rangle$ 包含在 $|\psi_3\rangle$ 的振幅 c_{M-1} 中。由于 c_{M-1} 输入样本向量 $\boldsymbol{x}_i$ 和权重系数 $\boldsymbol{w}$ 的内积，因此 c_{M-1} 就是两者之间的相关性。

第三步：由于 c_{M-1} 是基态 $|M-1\rangle = |1\rangle^{\otimes m}$ 的系数，因此借助辅助量子比特 $|0\rangle$，执行 m 受控非门，将 c_{M-1} 提取出来，得到量子态

$$|\psi_4\rangle = \sum_{j=0}^{M-2} c_j\,|j\rangle\,|0\rangle + c_{M-1}\,|M-1\rangle\,|1\rangle \tag{8.1.16}$$

由于对辅助量子比特进行测量，得到的是 $|1\rangle$ 的概率 $|c_{M-1}|^2$，结合式(8.1.15)可以得到 $|\langle x_i|w\rangle| = |c_{M-1}|$。因此，只考虑 $c_{M-1}\geqslant 0$ 的情况，也就是 $|c_{M-1}| = c_{M-1}$。

2. 量子感知机算法

感知机通过改变权重系数和输入向量之间的相关性 c_{M-1} 达到对训练样本进行正确分类的目的。当输入向量被正确分类时，不改变权重系数 $\boldsymbol{w}$；当输入向量被错误分类时，改变权重系数 $\boldsymbol{w}$。错误分类有两种情况：

第一种是 $c_{M-1}\geqslant\theta$，但输入向量属于 C_2 类，此时改变权重的方式是降低 c_{M-1}，即使得 $\boldsymbol{x}_i$ 和 $\boldsymbol{w}$ 尽量不相关。实际操作：若发现两向量相同位置处的元素相等，则翻转一部分

相等位置处 **w** 元素的符号。

第二种是 $c_{M-1}<\theta$，但输入向量属于 C_1 类，此时改变权重的方式是增加 c_{M-1}，即使得 $\boldsymbol{x}_i$ 和 **w** 尽量相关。实际操作：若发现两向量相同位置处的元素不相等，则翻转一部分不相等位置处 **w** 元素的符号。

其中，翻转 **w** 元素的符号是经典算法，下面给出一个具体的例子。

【例 8.1.1】 对于归一化之后的向量

$$\boldsymbol{w}=\frac{1}{2\sqrt{2}}(-1 \quad 1 \quad 1 \quad -1 \quad -1 \quad 1 \quad -1 \quad 1),$$

$$\boldsymbol{x}_i=\frac{1}{2\sqrt{2}}(-1 \quad 1 \quad 1 \quad -1 \quad 1 \quad 1 \quad -1 \quad -1)$$

来说，$c_{M-1}=\langle x_i|w\rangle=\frac{1}{2}$。元素相等的位置有 1、2、3、4、6、7，元素不相等的位置有 5 和 8。如果此时分类错误属于第一种情况，则可以从 1、2、3、4、6、7 这些位置中任选几个位置进行翻转，比如翻转位置 1 和 2，则 **w** 变为

$$\boldsymbol{w}_1=\frac{1}{2\sqrt{2}}(1 \quad -1 \quad 1 \quad -1 \quad -1 \quad 1 \quad -1 \quad 1)$$

此时 $c_{M-1}=\langle x_i|w_1\rangle=0$，降低了 c_{M-1}。如果此时分类错误属于第二种情况，则可以从 5 和 8 这两个位置中任选 1～2 个位置进行翻转，比如翻转位置 8，则 **w** 变为

$$\boldsymbol{w}_2=\frac{1}{2\sqrt{2}}(-1 \quad 1 \quad 1 \quad -1 \quad -1 \quad 1 \quad -1 \quad -1)$$

此时 $c_{M-1}=\langle x_i|w_2\rangle=\frac{3}{4}$，增加了 c_{M-1}。

8.1.3 实现

本节实验在于给定一个样本的特征向量和权重系数，给出量子线路求得 $|c_{M-1}|$，并与阈值 $\theta=0.5$ 进行比较：如果大于 0.5，则归为 C_1 类；否则，归为 C_2 类。

假设输入样本的特征向量为

$$\boldsymbol{x}_i^{\mathrm{T}}=(-1 \quad -1 \quad 1 \quad 1 \quad 1 \quad 1 \quad 1 \quad 1 \quad 1 \quad 1 \quad 1 \quad 1 \quad 1 \quad 1 \quad 1 \quad 1)$$

权重系数为

$$\boldsymbol{w}^{\mathrm{T}}=(1 \quad 1 \quad -1 \quad -1 \quad -1 \quad 1 \quad 1 \quad 1 \quad 1 \quad 1 \quad 1 \quad 1 \quad 1 \quad 1 \quad 1 \quad 1)$$

由于特征向量的元素一共有 16 个，因此需要 log16＝4 个量子比特，再加上一个辅助量子比特，共需要 5 个量子比特。量子感知机线路图如图 8.3 所示。

具体的算法过程：第一步执行量子门得到量子态 $|\psi_1\rangle=\frac{1}{\sqrt{16}}\sum_{j=0}^{15}x_{ji}|j\rangle$。第二步执行能使 $\boldsymbol{U}_w|1\rangle^{\otimes 4}=\frac{1}{\sqrt{16}}\sum_{j=0}^{15}w_j|j\rangle$ 成立的 $\boldsymbol{U}_w^{-1}$，使得 $|\psi_1\rangle$ 演化为 $\sum_{j=0}^{15}c_j|j\rangle$。第三步使用 4 受控非门将 c_{15} 提取到辅助量子比特 q_4 的振幅。最后通过测量辅助量子比特获取

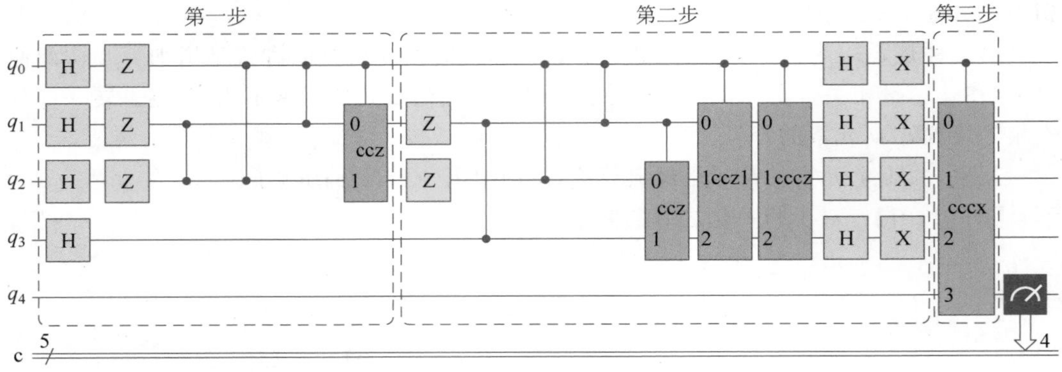

图 8.3　量子感知机线路图

得到$|1\rangle$的概率。

实验结果如图 8.4 所示。可以看出辅助量子比特为$|1\rangle$的概率是 0.142，所以$|c_{M-1}|=\sqrt{0.142}=0.3768<0.5$，故 $\boldsymbol{x}_i$ 归为 C_2 类。

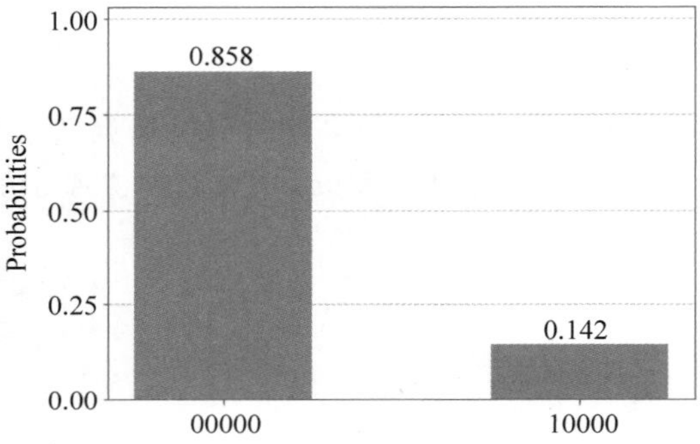

图 8.4　实验结果

量子感知机的代码如下：

```
%matplotlib inline
from qiskit import QuantumCircuit, ClassicalRegister, QuantumRegister
from qiskit import execute
from qiskit import Aer
from math import pi
from qiskit.tools.visualization import plot_histogram

circuit = QuantumCircuit(5,5)

#定义两控制位的受控 z 门
def ccz():
    circuit = QuantumCircuit(2)
    circuit.cz(0,1)
    circuit = circuit.to_gate()
    circuit.name = "ccz"
    c_U = circuit.control()
```

```
    return c_U

#定义两控制位的受控 z 门(与前一个的控制位不同)
def ccz1():
    circuit = QuantumCircuit(3)
    circuit.cz(0,2)
    circuit = circuit.to_gate()
    circuit.name = "ccz1"
    c_U = circuit.control()
    return c_U

#定义三控制位的受控 z 门
def cccz():
    circuit = QuantumCircuit(3)
    circuit.append(ccz(),[0] + [m + 1 for m in range(2)])
    circuit = circuit.to_gate()
    circuit.name = "cccz"
    c_U = circuit.control()
    return c_U

#定义三控制位的受控 x 门
def cccx():
    circuit = QuantumCircuit(3)
    circuit.ccx(0,1,2)
    circuit = circuit.to_gate()
    circuit.name = "cccx"
    c_U = circuit.control()
    return c_U

#定义四控制位的受控 x 门
def ccccx():
    circuit = QuantumCircuit(4)
    circuit.append(cccx(),[0] + [m + 1 for m in range(3)])
    circuit = circuit.to_gate()
    circuit.name = "ccccx"
    c_U = circuit.control()
    return c_U

#第一步: U_x_i
for i in range(4):
    circuit.h(i)
for i in range(3):
    circuit.z(i)
circuit.cz(1,2)
circuit.cz(0,2)
circuit.cz(0,1)
circuit.append(ccz(),[0] + [m + 1 for m in range(2)])

#第二步: U_w^ - 1
circuit.z(1)
```

```
circuit.z(2)
circuit.cz(1,3)
circuit.cz(0,2)
circuit.cz(0,1)
circuit.append(ccz(),[1] + [m + 2 for m in range(2)])
circuit.append(ccz1(),[0] + [m + 1 for m in range(3)])
circuit.append(cccz(),[0] + [m + 1 for m in range(3)])
for i in range(4):
    circuit.h(i)
for i in range(4):
    circuit.x(i)

#第三步：将内积提取到辅助量子比特上
circuit.append(ccccx(),[0] + [m + 1 for m in range(4)])
circuit.barrier()

#测量
circuit.measure(4,4)

#绘制线路图
circuit.draw(output = 'mpl', plot_barriers = False)
backend = Aer.get_backend('qasm_simulator')
job_sim = execute(circuit, backend, shots = 15000)
sim_result = job_sim.result()

#绘制结果图
measurement_result = sim_result.get_counts(circuit)
plot_histogram(measurement_result)
```

8.2 量子神经网络

感知机中只有一个神经元，若有多个神经元共同作用，则可构成神经网络。目前，最常见的量子神经网络模型为基于参数化量子线路的量子神经网络，该模型使用参数化量子线路代替网络结构，使用经典优化算法更新参数化量子线路中的参数。本节首先介绍神经网络原理，然后介绍参数化量子线路，最后介绍量子神经网络的目标函数与优化。

8.2.1 神经网络原理

图 8.5 是一个经典神经网络模型，图中每个空心圆表示一个神经元，每层神经元通过权重系数与下一层神经元进行全互连，神经元之间不存在同层连接，也不存在跨层连接。这种神经网络模型称为多层前馈神经网络。输入层神经元仅用于接收外界的信号，组成隐含层与输出层的神经元称为功能神经元，也就是可以接收信号并对其进行处理的神经元，每个功能神经元都有自己的阈值。神经网络的学习过程是根据训练数据来调整神经元

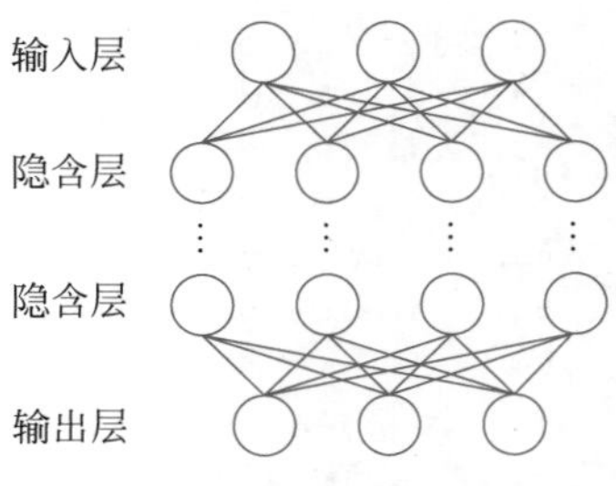

图 8.5　经典神经网络模型

之间的权重系数以及每个功能神经元的阈值。

8.2.2 参数化量子线路

与经典神经网络类似，参数化量子神经网络通过训练参数达到对样本进行正确分类的目的。在介绍具体的量子神经网络模型之前，首先介绍参数化量子线路，包括参数化量子线路的一般形式、参数化量子线路所表示的函数以及该函数的计算方法。

1. 参数化量子线路的一般形式

参数化量子线路通常由单量子比特旋转门和双量子比特纠缠门（如受控非门、受控旋转门等）按一定的规律交错排列组成。其中参数化是指单量子比特旋转门或双量子比特纠缠门是含可训练参数的，如 $\boldsymbol{R}_x(\theta)$、$\boldsymbol{R}_y(\theta)$ 和 $\boldsymbol{R}_z(\theta)$ 含有参数 θ。在后续描述中这些含参数的量子门也称为参数化量子门。

图 8.6 给出两层参数化量子线路的一般形式，每层可以是相同的也可以是不同的，但是都由旋转层和纠缠层组成。旋转层由单量子比特旋转门组成，纠缠层由双量子比特纠缠门组成。假设输入样本的量子态形式为 $|x\rangle$，样本的特征数目为 M，则旋转层由 $\boldsymbol{U}_0(\theta_0)$，$\boldsymbol{U}_1(\theta_1)$，…，$\boldsymbol{U}_{m-1}(\theta_{m-1})$（$m=\log M$）组成，其中 $\boldsymbol{U}_i(\theta_i)(i=0,1,\cdots,m-1)$ 为含参数单量子比特旋转门；纠缠层（记为 $\boldsymbol{U}_m$）由双量子比特受控门组成。经过两层参数化量子线路之后，输入样本的量子态 $|x\rangle$ 演化为

$$\boldsymbol{U}_m(\boldsymbol{U}_{m-1}(\theta_{m-1})\otimes\cdots\otimes\boldsymbol{U}_0(\theta_0))\boldsymbol{U}_m(\boldsymbol{U}_{m-1}(\theta_{m-1})\otimes\cdots\otimes\boldsymbol{U}_0(\theta_0))\ |x\rangle \quad (8.2.1)$$

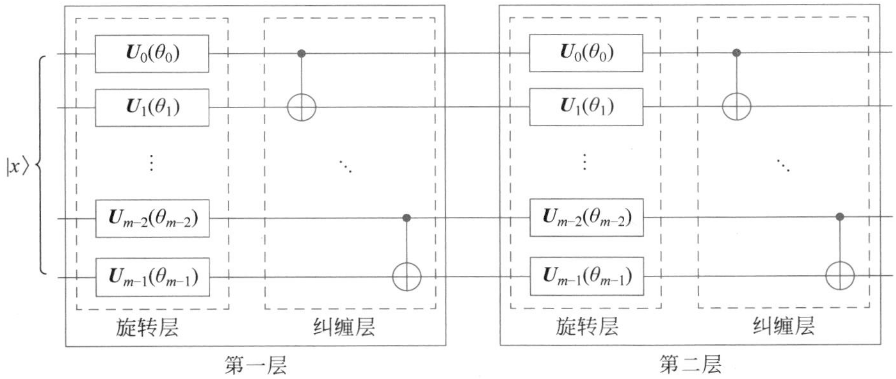

图 8.6 两层参数化量子线路的一般形式

图 8.6 中的纠缠层为链式连接方法，此外还有线性连接、环形连接和全连接等。图 8.7 以 4 量子比特为例给出其他三种连接方式。多量子比特以此类推即可。

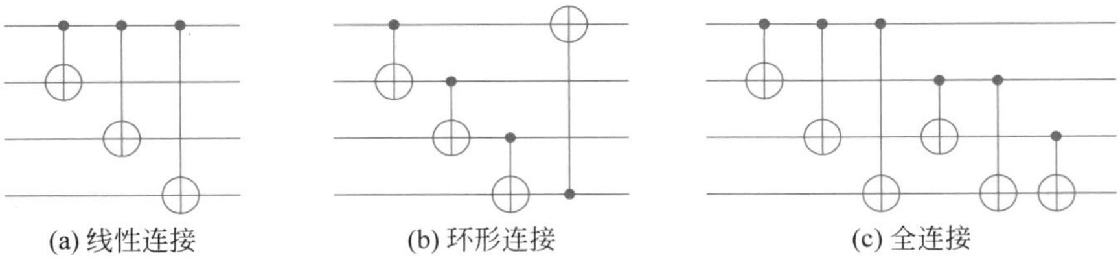

图 8.7 纠缠层连接方式

参数化量子线路是运行在量子计算机上的算法。目前参数化量子线路通常不单独运行，而是要与经典计算机算法相结合。常见的做法是在量子计算机上运行参数化量子线路，并对参数化量子线路进行测量得到经典数值，经典计算机根据这个数值使用经典算法对参数化量子线路的参数进行调整；然后将新参数返回到参数化量子线路中，再根据参数化量子线路的测量结果使用经典算法更新参数，继续循环下去直到测量结果能够用于分类等任务。总体来说，就是训练参数化量子线路中的参数使其能够用于分类等任务。

2. 参数化量子线路所表示的函数

参数化量子线路所表示的函数是由参数化量子线路的输出决定的，而输出通常使用测量算子的平均值来描述。本章的测量算子使用泡利算子 $\boldsymbol{Z}$，测量算子也可以是其他算子，目前使用最广泛的是泡利算子 $\boldsymbol{Z}$。

下面的理论分析皆以单层参数化量子线路为例，也就是说只包含一个旋转层和一个纠缠层。记式(8.2.1)中的 $\boldsymbol{U}_m(\boldsymbol{U}_{m-1}(\theta_{m-1})\otimes\cdots\otimes\boldsymbol{U}_0(\theta_0))=\boldsymbol{U}(\theta)$，$\theta$ 包括参数化量子线路中的所有参数 θ_i，将经过酉变换 $\boldsymbol{U}(\theta)$ 的量子态表示为 $|\psi(x,\theta)\rangle$，即

$$|\psi(x,\theta)\rangle=\boldsymbol{U}(\theta)|x\rangle \tag{8.2.2}$$

对 $|\psi(x,\theta)\rangle$ 进行测量，能够得到经典信息。使用测量算子 $\boldsymbol{Z}$ 测量 $|\psi(x,\theta)\rangle$ 的最后一个量子比特，由 2.9.2 节可知，算子 $\boldsymbol{Z}$ 作为测量算子对 $|\psi(x,\theta)\rangle$ 进行测量时，测量的平均值为

$$\langle\psi(x,\theta)|\boldsymbol{Z}|\psi(x,\theta)\rangle \tag{8.2.3}$$

式(8.2.3)定义为参数化量子线路所表示的函数，将应用于模型训练。

需要注意的是，2.9.2 节给出的是可观测量的测量平均值，而式(8.2.3)给出的是测量算子 $\boldsymbol{Z}$ 的测量平均值，二者并不矛盾。这是因为测量算子 $\boldsymbol{Z}$ 是一个厄米算子，其特征值为 1 和 -1，对应的特征向量为 $|0\rangle=\begin{pmatrix}1\\0\end{pmatrix}$ 和 $|1\rangle=\begin{pmatrix}0\\1\end{pmatrix}$，因此 $\boldsymbol{Z}$ 的谱分解为

$$\boldsymbol{Z}=1|0\rangle\langle 0|+(-1)|1\rangle\langle 1|=|0\rangle\langle 0|-|1\rangle\langle 1| \tag{8.2.4}$$

符合 2.9.2 节中对可观测量的定义，因此投影算子 $\boldsymbol{Z}$ 就是一个可观测量。

3. 参数化量子线路所表示函数的计算方法

上一节提出算子 $\boldsymbol{Z}$ 是量子神经网络模型中使用最广泛的测量算子。不过，在 qiskit 平台进行实验时，只有固定的测量算子 $|0\rangle\langle 0|$ 和 $|1\rangle\langle 1|$，没有测量算子 $\boldsymbol{Z}$，无法直接计算参数化量子线路所表示的函数，即式(8.2.3)。但是由式(8.2.4)可知，$\boldsymbol{Z}$ 可以分解为测量算子 $|0\rangle\langle 0|$ 和 $|1\rangle\langle 1|$ 的组合，因此能够使用 $|0\rangle$ 和 $|1\rangle$ 的测量结果计算出 $\langle\psi(x,\theta)|\boldsymbol{Z}|\psi(x,\theta)\rangle$，原理如下式所示：

$$\begin{aligned}\langle\psi(x,\theta)|\boldsymbol{Z}|\psi(x,\theta)\rangle&=\langle\psi(x,\theta)|(|0\rangle\langle 0|-|1\rangle\langle 1|)|\psi(x,\theta)\rangle\\&=\langle\psi(x,\theta)|0\rangle\langle 0|\psi(x,\theta)\rangle-\langle\psi(x,\theta)|1\rangle\langle 1|\psi(x,\theta)\rangle\\&=|\langle 0|\psi(x,\theta)\rangle|^2-|\langle 1|\psi(x,\theta)\rangle|^2\\&=|\langle 0|\psi(x,\theta)\rangle|^2-(1-|\langle 0|\psi(x,\theta)\rangle^2)\\&=2|\langle 0|\psi(x,\theta)\rangle|^2-1\end{aligned} \tag{8.2.5}$$

式中：$|\langle 0|\psi(x,\theta)\rangle|^2$ 为对 $|\psi(x,\theta)\rangle$ 进行测量得到 0 的概率。

因此，可以通过测量得到 0 的概率，再用 $2|\langle 0|\psi(x,\theta)\rangle|^2-1$ 计算出 $\langle\psi(x,\theta)|\boldsymbol{Z}|\psi(x,\theta)\rangle$。

8.2.3 目标函数与优化

量子神经网络所做的工作是优化参数化量子线路中的参数，使其达到分类的目的。具体方法是根据参数化量子线路的测量结果设置目标函数，进而使用经典的迭代算法对参数进行优化。本节给出目标函数的定义及参数优化方法。

1. 目标函数

由式(8.2.5)可知

$$|\langle 0 \mid \psi(x,\theta)\rangle|^2=\frac{1}{2}(1+\langle\psi(x,\theta) \mid \boldsymbol{Z} \mid \psi(x,\theta)\rangle) \tag{8.2.6}$$

将式(8.2.2)代入式(8.2.6)，则测量得到$|0\rangle$的概率为

$$\frac{1}{2}(1+\langle x \mid \boldsymbol{U}(\theta)^{+}\boldsymbol{Z}\boldsymbol{U}(\theta) \mid x\rangle) \tag{8.2.7}$$

定义样本预测标签的计算公式为

$$\pi(\theta,b)=\frac{1}{2}(1+\langle x \mid \boldsymbol{U}(\theta)^{+}\boldsymbol{Z}\boldsymbol{U}(\theta) \mid x\rangle)+b \tag{8.2.8}$$

式中：b 为偏置。

由于得到$|0\rangle$的概率在 0～1 之间，因此定义预测标签为

$$\tilde{y}=\begin{cases}0, & \pi(\theta,b)<0.5\\ 1, & \pi(\theta,b)\geqslant 0.5\end{cases}$$

记样本 $\boldsymbol{x}$ 的真实标签为 $y(\boldsymbol{x})$，量子神经网络的目标是找到合适的参数 θ 和偏置 b 使得预测标签和真实标签尽量一致。为此，损失函数定义为

$$l(\theta,b)=\frac{1}{2}(\pi(\theta,b)-y(\boldsymbol{x}))^2 \tag{8.2.9}$$

也就是说，找到参数 θ 和偏置 b 使得 $l(\theta,b)$尽可能小。

2. 优化

本节使用优化算法求使得 $l(\theta,b)$最小的 θ 和 b，在优化算法中需要计算式(8.2.9)的导数：

$$\nabla l(\theta,b)=\left(\frac{\partial l(\theta,b)}{\partial\theta_0},\frac{\partial l(\theta,b)}{\partial\theta_1},\cdots,\frac{\partial l(\theta,b)}{\partial\theta_{m-1}},\frac{\partial l(\theta,b)}{\partial b}\right) \tag{8.2.10}$$

式中

$$\frac{\partial l(\theta,b)}{\partial\theta_i}=(\pi(\theta,b)-y(\boldsymbol{x}))\frac{\partial\pi(\theta,b)}{\partial\theta_i},\frac{\partial l(\theta,b)}{\partial b}=(\pi(\theta,b)-y(\boldsymbol{x}))$$

下面给出$\dfrac{\partial\pi(\theta,b)}{\partial\theta_i}$的形式及其计算方法。由于

$$\begin{aligned}\frac{\partial\pi(\theta,b)}{\partial\theta_i}&=\frac{\partial\left(\frac{1}{2}(1+\langle x \mid \boldsymbol{U}(\theta)^{+}\boldsymbol{Z}\boldsymbol{U}(\theta) \mid x\rangle)+b\right)}{\partial\theta_i}\\&=\frac{\frac{1}{2}\partial\langle x \mid \boldsymbol{U}(\theta)^{+}\boldsymbol{Z}\boldsymbol{U}(\theta) \mid x\rangle}{\partial\theta_i}\end{aligned}$$

$$=\frac{1}{2}\left(\left\langle x \mid \left(\frac{\partial \boldsymbol{U}(\theta)^{+}}{\partial \theta_{i}}\right) \boldsymbol{Z} \boldsymbol{U}(\theta) \mid x\right\rangle+\left\langle x \mid \boldsymbol{U}(\theta)^{+} \boldsymbol{Z} \frac{\partial \boldsymbol{U}(\theta)}{\partial \theta_{i}} \mid x\right\rangle\right)$$

$$=\operatorname{Re}\left(\left\langle x \mid \frac{\partial \boldsymbol{U}(\theta)^{+}}{\partial \theta_{i}} \boldsymbol{Z} \boldsymbol{U}(\theta) \mid x\right\rangle\right) \tag{8.2.11}$$

由 3.7.1 节可知，使用哈达玛测试可求$\frac{\partial \boldsymbol{U}(\theta)}{\partial \theta_i}|x\rangle$和 $\boldsymbol{ZU}(\theta)|x\rangle$内积的实部，即

$$\operatorname{Re}\left(\left\langle x \mid \frac{\partial \boldsymbol{U}(\theta)^{+}}{\partial \theta_{i}} \boldsymbol{Z} \boldsymbol{U}(\theta) \mid x\right\rangle\right)=2P(0)-1 \tag{8.2.12}$$

由此得到

$$\frac{\partial \pi(\theta, b)}{\partial \theta_{i}}=2P(0)-1 \tag{8.2.13}$$

值得注意的是 $\boldsymbol{U}(\theta)$由多个量子门组成，每个量子门由不同的参数控制，不同量子门之间的参数不交叉。因此，要求 $\boldsymbol{U}(\theta)$对 θ_i 的偏导数，只需要求量子门 $\boldsymbol{U}_i(\theta_i)$对 θ_i 的导数，即

$$\frac{\partial \boldsymbol{U}(\theta)}{\partial \theta_{i}}=\boldsymbol{U}_{m-1}(\theta_{m-1}) \otimes \boldsymbol{U}_{m-2}(\theta_{m-2}) \otimes \cdots \frac{\mathrm{d} \boldsymbol{U}_{i}(\theta_{i})}{\mathrm{d} \theta_{i}} \cdots \boldsymbol{U}_{1}(\theta_{1}) \boldsymbol{U}_{0}(\theta_{0}) \tag{8.2.14}$$

例如，当 $\boldsymbol{U}_i(\theta_i)$为 $\boldsymbol{R}_y(\theta_i)$时，有

$$\begin{aligned}
\frac{\partial \boldsymbol{U}(\theta)}{\partial \theta_{i}} &=\boldsymbol{U}_{m-1}(\theta_{m-1}) \otimes \boldsymbol{U}_{m-2}(\theta_{m-2}) \otimes \cdots \frac{\mathrm{d} \boldsymbol{U}_{i}(\theta_{i})}{\mathrm{d} \theta_{i}} \cdots \boldsymbol{U}_{1}(\theta_{1}) \boldsymbol{U}_{0}(\theta_{0}) \\
&=\boldsymbol{U}_{m-1}(\theta_{m-1}) \otimes \boldsymbol{U}_{m-2}(\theta_{m-2}) \otimes \cdots \frac{\mathrm{d} \boldsymbol{R}_{y}(\theta_{i})}{\mathrm{d} \theta_{i}} \cdots \boldsymbol{U}_{1}(\theta_{1}) \boldsymbol{U}_{0}(\theta_{0}) \\
&=\boldsymbol{U}_{m-1}(\theta_{m-1}) \otimes \boldsymbol{U}_{m-2}(\theta_{m-2}) \otimes \cdots \boldsymbol{R}_{y}\left(\theta_{i}+\frac{\pi}{2}\right) \cdots \boldsymbol{U}_{1}(\theta_{1}) \boldsymbol{U}_{0}(\theta_{0}) \\
&=\boldsymbol{U}_{m-1}(\theta_{m-1}) \otimes \boldsymbol{U}_{m-2}(\theta_{m-2}) \otimes \cdots \boldsymbol{U}_{i}\left(\theta_{i}+\frac{\pi}{2}\right) \cdots \boldsymbol{U}_{1}(\theta_{1}) \boldsymbol{U}_{0}(\theta_{0})
\end{aligned} \tag{8.2.15}$$

虽然随机梯度下降是常用的优化方法，但其学习过程有时会很慢。动量方法旨在加速学习。本节使用带动量的随机梯度下降更新参数 θ 和偏置 b。由于该方法为经典算法，这里不再给出具体的算法描述，感兴趣的读者可参见文献[27]。

带动量的小批量随机梯度下降法总结如下：

带动量的小批量随机梯度下降法

输入：学习率 η，动量参数 γ，初始化速度 v，初始化参数 θ 和偏置 b。
过程：迭代 l 次：
(1) 从训练集采样一组小批量样本 $D_k=\{\boldsymbol{x}_i,\boldsymbol{y}_i\}_{i=1}^{r}$；
(2) 计算梯度：$\frac{1}{r}\sum_{i=1}^{r}\nabla l(\theta,b)$；
(3) 更新动量：$v\leftarrow\gamma v-\eta\,\nabla l(\theta,b)$；
(4) 更新参数 θ 和 b：$(\theta,b)\leftarrow(\theta,b)+v$。
输出：参数 θ 和偏置 b。

8.2.4 实现

本实验旨在使用量子神经网络对有标签的数据进行训练，得到参数化量子线路中合适的参数，进而能够对输入样本进行正确分类。实验使用的数据集为归一化的四维 Iris 数据集。该数据集中共有 100 个样本，选取 75 个样本作为训练集，25 个样本为测试集。作为示例，式(8.2.16)给出部分样本。$\boldsymbol{X}$ 的每列为一个样本，每行为一个特征，所有样本对应的标签构成向量 $\boldsymbol{y}$。

$$\boldsymbol{X}=\begin{pmatrix}0.803 & 0.714 & 0.776 & 0.860 & 0.690\\ 0.551 & 0.266 & 0.549 & 0.440 & 0.321\\ 0.220 & 0.618 & 0.307 & 0.248 & 0.607\\ 0.031 & 0.191 & 0.032 & 0.057 & 0.226\end{pmatrix},\quad \boldsymbol{y}=\begin{pmatrix}0\\1\\0\\0\\1\end{pmatrix}^{\mathrm{T}} \tag{8.2.16}$$

量子神经网络由经典算法和量子算法两部分组成。量子算法主要包括参数化量子线路和计算$\dfrac{\partial \pi(\theta,b)}{\partial \theta_i}$的量子线路两部分内容。经典算法使用的是带动量的小批量随机梯度下降法，对参数化量子线路中的参数进行训练。在带动量的小批量随机梯度下降法中，设置学习率 $\eta=0.01$，动量参数 $\gamma=0.9$，初始化速度 $v=0$，偏置 $b=0.01$，参数化量子线路中的参数随机初始化。在训练过程中，每次从训练集中采样的小批量样本的数量为 5。

下面对量子神经网络中的参数化量子线路，以及计算$\dfrac{\partial \pi(\theta,b)}{\partial \theta_i}$的量子线路进行具体的介绍。

图 8.8 是参数化量子线路图，对应代码的 109～118 行。这部分代码由两步组成：第一步用 encodeData(qc, qreg, angles)将样本数据制备到量子态中，在代码的 114 行，encodeData(qc,qreg,angles)的定义在代码的 18～23 行。第二步用 generateU(qc,qreg, params)实施参数化量子线路 $\boldsymbol{U}(\theta)$，这里 $\boldsymbol{U}(\theta)$共有五层，在代码的 115 行，generateU(qc,qreg,params)的定义在代码的 68～71 行。值得注意的是第二步使用的 $\boldsymbol{R}_y$ 门不是系统自带的 $\boldsymbol{R}_y$ 门，而是由代码的 26～39 行自定义的酉矩阵 $\boldsymbol{G}$。这里使用自定义的 $\boldsymbol{G}$ 门，而不是系统自带的 $\boldsymbol{R}_y$ 门，主要是因为参数化量子线路并不固定，采用自定义的酉矩阵 $\boldsymbol{G}$ 使得线路可以不受 qiskit 框架的限制，便于定义其他酉矩阵，形成不同的参数化量子线路。

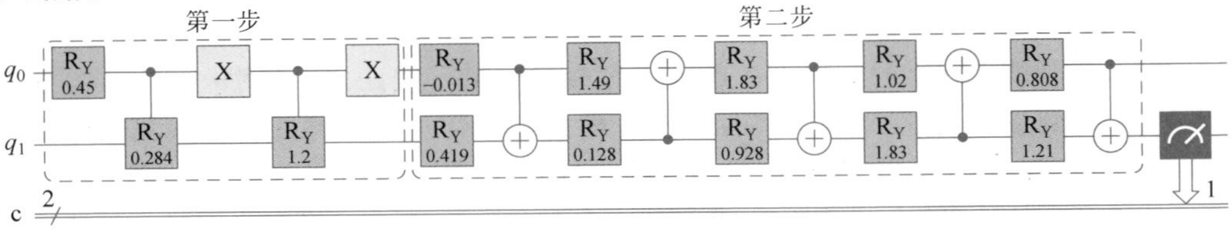

图 8.8 量子神经网络的参数化量子线路

图 8.9 为计算

$$\frac{\partial \pi(\theta,b)}{\partial \theta_i}=\mathrm{Re}\left(\langle x \mid \frac{\partial \boldsymbol{U}(\theta)^+}{\partial \theta_i}\boldsymbol{ZU}(\theta) \mid x\rangle\right)$$

的量子线路，也就是要求解$\frac{\partial \boldsymbol{U}(\theta)}{\partial \theta_i}|x\rangle$和$\boldsymbol{ZU}(\theta)|x\rangle$内积的实部，在代码的 121～135 行。在哈达玛测试中，要受$|1\rangle$控制和受$|0\rangle$控制分别制备$\frac{\partial \boldsymbol{U}(\theta)}{\partial \theta_i}|x\rangle$和$\boldsymbol{ZU}(\theta)|x\rangle$。这里$\frac{\partial \boldsymbol{U}(\theta)}{\partial \theta_i}|x\rangle$和$\boldsymbol{ZU}(\theta)|x\rangle$都含有$|x\rangle$，因此在制备$|x\rangle$时，既不受$|1\rangle$控制也不受$|0\rangle$控制。

在图 8.9 中，首先制备量子态$|q_0q_1q_2\rangle=|000\rangle$。

第一步，使用 $\boldsymbol{H}$ 门作用于q_0 得到量子态

$$|\varphi\rangle_0=\frac{1}{\sqrt{2}}(|0\rangle+|1\rangle)|00\rangle$$

第二步，使用量子门作用于 q_1q_2 制备$|x\rangle$，则$|\varphi\rangle_0$ 演化为

$$|\varphi\rangle_1=\frac{1}{\sqrt{2}}(|0\rangle+|1\rangle)|x\rangle$$

$|x\rangle$是训练集中的一个样本，根据 3.1 节给出的量子态制备过程，制备不同样本时所使用旋转门参数不同。图 8.9 中制备的是样本[0.80377277　0.55160877　0.22064351　0.0315205]。

第三步，当辅助量子比特 q_0 为$|1\rangle$态时，使用算子 $\boldsymbol{ZU}(\theta)$作用于 q_1q_2，得到

$$|\varphi\rangle_2=\frac{1}{\sqrt{2}}(|0\rangle|x\rangle+|1\rangle\boldsymbol{ZU}(\theta)|x\rangle)$$

第四步，当辅助量子比特 q_0 为$|0\rangle$态时，使用算子$\frac{\partial \boldsymbol{U}(\theta)}{\partial \theta_i}$作用于 q_1q_2 得到

$$|\varphi\rangle_3=\frac{1}{\sqrt{2}}\left(|0\rangle\frac{\partial \boldsymbol{U}(\theta)}{\partial \theta_i}|\psi\rangle+|1\rangle\boldsymbol{ZU}(\theta)|\psi\rangle\right)$$

第五步，使用 $\boldsymbol{H}$ 门作用于q_0 得到量子态

$$|\varphi\rangle_4=\frac{1}{2}\left(|0\rangle\left(\frac{\partial \boldsymbol{U}(\theta)}{\partial \theta_i}|\psi\rangle+\boldsymbol{ZU}(\theta)|\psi\rangle\right)+|1\rangle\left(\frac{\partial \boldsymbol{U}(\theta)}{\partial \theta_i}|\psi\rangle-\boldsymbol{ZU}(\theta)|\psi\rangle\right)\right)$$

最后对辅助量子比特 q_0 进行测量，可得

$$\mathrm{Re}\left(\langle x \mid \frac{\partial \boldsymbol{U}(\theta)^+}{\partial \theta_i}\boldsymbol{ZU}(\theta) \mid x\rangle\right)=2P(0)-1$$

在实验中，对 $\boldsymbol{U}(\theta)$中每一个参数 θ_i 都要求对应的偏导数，在代码 138～150 行定义的函数 computeGradien 就是用来求 θ_i 的偏导数。

综上，量子神经网络的流程为在运行一次参数化量子线路之后，测量 q_1 为$|0\rangle$态的概率，可以得到参数化量子线路的输出，然后根据参数化量子线路的输出使用经典算法对参数进行更新；再次得到参数化量子线路的输出，并使用经典算法进行更新；循环进行，最后得到合适的参数。在使用经典算法对参数进行更新的过程中使用量子算法求解参数的偏导数。训练完成之后，将其余 25 个样本作为测试集进行验证，实验结果如下：

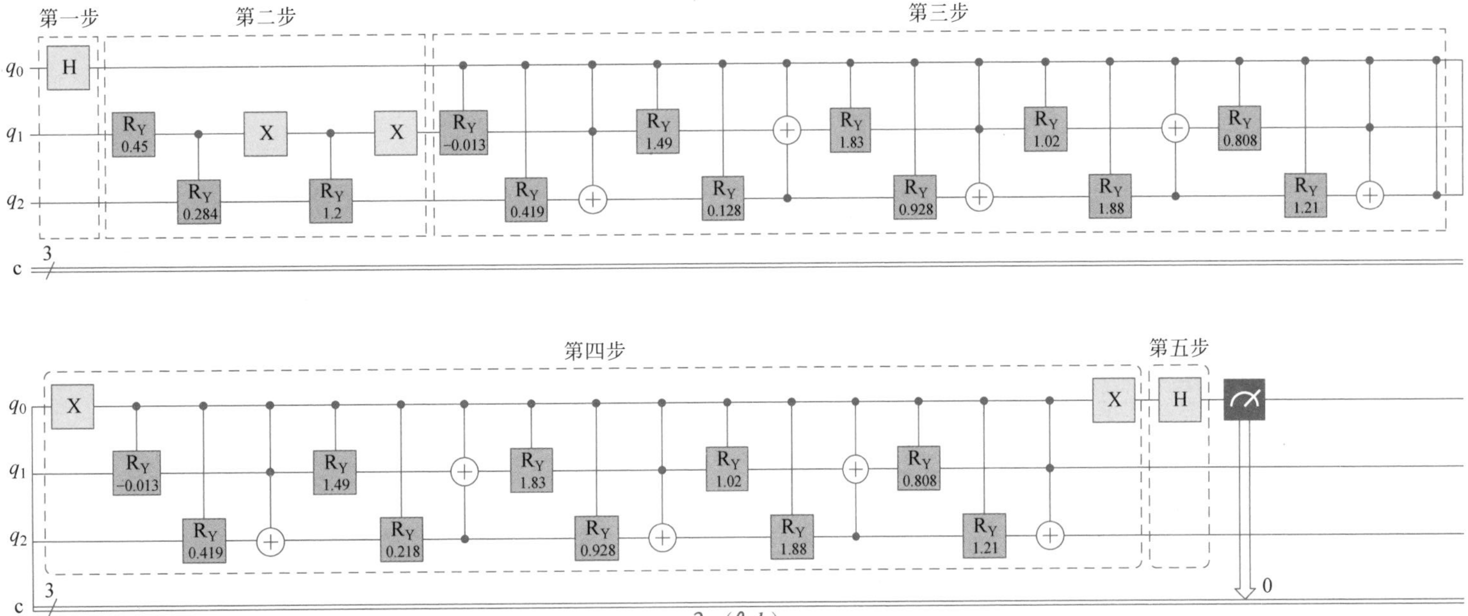

图 8.9 计算 $\frac{\partial\pi(\theta,b)}{\partial\theta_i}$ 的量子线路图

Data:[0.72766159 0.27533141 0.59982915 0.18683203]　Label：1　Prediction：1
Data:[0.69385414 0.29574111 0.63698085 0.15924521]　Label：0　Prediction：0
Data:[0.77867447 0.59462414 0.19820805 0.02831544]　Label：1　Prediction：1
Data:[0.71578999 0.34430405 0.57988050 0.18121266]　Label：1　Prediction：1
Data:[0.69193502 0.32561648 0.60035539 0.23403685]　Label：0　Prediction：0
Data:[0.80327412 0.55126656 0.22050662 0.04725142]　Label：0　Prediction：0
Data:[0.82699754 0.52627116 0.19547215 0.03007264]　Label：0　Prediction：0
Data:[0.69417746 0.30370264 0.60740528 0.23862350]　Label：0　Prediction：0
Data:[0.72712585 0.26661281 0.60593821 0.18178146]　Label：0　Prediction：0
Data:[0.69589887 0.34794944 0.57629125 0.25008866]　Label：0　Prediction：0
Data:[0.69052512 0.32145135 0.60718588 0.22620651]　Label：1　Prediction：1
Data:[0.80779568 0.53853046 0.23758697 0.03167826]　Label：0　Prediction：0
Data:[0.67054118 0.34211284 0.61580312 0.23263673]　Label：0　Prediction：0
Data:[0.71491405 0.30207636 0.59408351 0.21145345]　Label：1　Prediction：1
Data:[0.69052512 0.32145135 0.60718588 0.22620651]　Label：1　Prediction：1
Data:[0.76578311 0.60379053 0.22089897 0.01472660]　Label：0　Prediction：0
Data:[0.82225028 0.51771314 0.22840286 0.06090743]　Label：0　Prediction：0
Data:[0.76693897 0.57144472 0.28572236 0.06015208]　Label：1　Prediction：1
Data:[0.69594002 0.30447376 0.60894751 0.22835532]　Label：1　Prediction：1
Data:[0.80373519 0.55070744 0.22325977 0.02976797]　Label：0　Prediction：0
Data:[0.80533308 0.54831188 0.22275170 0.03426949]　Label：1　Prediction：1
Data:[0.73122464 0.31338199 0.56873028 0.20892133]　Label：0　Prediction：0
Data:[0.71653899 0.33071030 0.57323119 0.22047353]　Label：1　Prediction：1
Data:[0.71718148 0.31640359 0.58007326 0.22148252]　Label：0　Prediction：0
Data:[0.77964883 0.58091482 0.22930848 0.04586170]　Label：0　Prediction：0

可以看出，测试集的预测标签(Prediction)与样本真实标签(Label)一致。因此，量子神经网络能够完成分类任务。

量子神经网络的代码如下：

```
from qiskit import QuantumRegister, ClassicalRegister
from qiskit import Aer, execute, QuantumCircuit
from qiskit.extensions import UnitaryGate
import numpy as np

#将一个数据的四维归一化特征转换为三个特征角度
def convertDataToAngles(data):
    prob1 = data[2] ** 2 + data[3] ** 2
    prob0 = 1 - prob1
    angle1 = 2 * np.arcsin(np.sqrt(prob1))
    prob1 = data[3] ** 2 / prob1
```

```
    angle2 = 2 * np.arcsin(np.sqrt(prob1))
    prob1 = data[1] ** 2 / prob0
    angle3 = 2 * np.arcsin(np.sqrt(prob1))
    return np.array([angle1, angle2, angle3])

#使用三个特征角度在两个量子比特上编码
def encodeData(qc, qreg, angles):
    qc.ry(angles[0], qreg[1])
    qc.cry(angles[1], qreg[1], qreg[0])
    qc.x(qreg[1])
    qc.cry(angles[2], qreg[1], qreg[0])
    qc.x(qreg[1])

#定义 G 门
def RyGate(qc, qreg, params):
    """
    [cos(α), sin(α)]
    [-sin(α), cos(α)]
    """
    u00 = np.cos(params[0]/2)
    u01 = np.sin(params[0]/2)
    gateLabel = "Ry({})".format(
        params[0]
    )
    RyGate = UnitaryGate(np.array(
        [[u00, -u01], [u01, u00]]
    ), label=gateLabel)
    return RyGate

#由 G 门组成的训练层
def GLayer(qc, qreg, params):
    for i in range(2):
        qc.append(RyGate(qc, qreg, params[i]), [qreg[i]])

#由 CG 门组成的训练层
def CGLayer(qc, qreg, anc, params):
    for i in range(2):
        qc.append(RyGate(
            qc, qreg, params[i]
        ).control(1), [anc[0], qreg[i]])

#由 CX 门组成的训练层
def CXLayer(qc, qreg, order):
    if order:
        qc.cx(qreg[0], qreg[1])
    else:
        qc.cx(qreg[1], qreg[0])

#由 CCX 门组成的训练层
def CCXLayer(qc, qreg, anc, order):
    if order:
```

```
        qc.ccx(anc[0], qreg[0], qreg[1])
    else:
        qc.ccx(anc[0], qreg[1], qreg[0])

#由G层和CX层组成的量子神经网络
def generateU(qc, qreg, params):
    for i in range(params.shape[0]):
        GLayer(qc, qreg, params[i])
        CXLayer(qc, qreg, i % 2)

#量子神经网络训练线路
def generateCU(qc, qreg, anc, params):
    for i in range(params.shape[0]):
        CGLayer(qc, qreg, anc, params[i])
        CCXLayer(qc, qreg, anc, i % 2)

#测量预测结果的概率
def getPrediction(qc, qreg, creg, backend):
    qc.measure(qreg[0], creg[0])
    job = execute(qc, backend = backend, shots = 1000)
    results = job.result().get_counts()
    if '1' in results.keys():
        return results['1'] / 1000
    else:
        return 0

#根据预测结果的概率对其进行分类
def convertToClass(predictions):
    return (predictions >= 0.5) * 1

#计算损失函数
def cost(labels, predictions):
    loss = 0
    for label, pred in zip(labels, predictions):
        loss += (pred - label) ** 2
    return loss / 2

#求准确率
def accuracy(labels, predictions):
    acc = 0
    for label, pred in zip(labels, predictions):
        if label == pred:
            acc += 1
    return acc / labels.shape[0]

#计算神经网络向前传播的结果
def forwardPass(params, bias, angles, backend):
    qreg = QuantumRegister(2)
    anc = QuantumRegister(1)
    creg = ClassicalRegister(1)
    qc = QuantumCircuit(qreg, anc, creg)
```

```python
    encodeData(qc, qreg, angles)
    generateU(qc, qreg, params)
    qc.z(qreg[0])
    pred = getPrediction(qc, qreg, creg, backend) + bias
    return pred

#求解梯度的量子线路
def computeRealExpectation(params1, params2, angles, backend):
    qreg = QuantumRegister(2)
    anc = QuantumRegister(1)
    creg = ClassicalRegister(1)
    qc = QuantumCircuit(qreg, anc, creg)
    encodeData(qc, qreg, angles)
    qc.h(anc[0])
    generateCU(qc, qreg, anc, params1)
    qc.cz(anc[0], qreg[0])
    qc.x(anc[0])
    generateCU(qc, qreg, anc, params2)
    qc.x(anc[0])
    qc.h(anc[0])
    prob = getPrediction(qc, anc, creg, backend)
    return 2 * (prob - 0.5)

#求解量子线路参数的梯度
def computeGradient(params, angles, label, bias, backend):
    prob = forwardPass(params, bias, angles, backend)
    gradients = np.zeros_like(params)
    for i in range(params.shape[0]):
        for j in range(params.shape[1]):
            newParams = np.copy(params)
            newParams[i, j, 0] += np.pi / 2
            gradients[i, j, 0] = computeRealExpectation(
                params, newParams, angles, backend
            )
            newParams[i, j, 0] -= np.pi / 2
    biasGrad = (prob + bias - label)
    return gradients * biasGrad, biasGrad

#更新量子线路的参数
def updateParams(params, prevParams, grads, learningRate, momentum,v1):
    v1 = momentum * v1 - learningRate * grads
    paramsNew = np.copy(params)
    paramsNew = params + v1
    return paramsNew, params,v1

#训练网络的过程
def trainNetwork(data, labels, backend):
    np.random.seed(1)
    numSamples = labels.shape[0]
    #取前 75 个作训练数据集,后 25 个作验证数据集
    numTrain = int(numSamples * 0.75)
```

```
    #将 100 个原始数据打乱
    ordering = np.random.permutation(range(numSamples))
    #训练数据集
    trainingData = data[ordering[:numTrain]]
    trainingData = trainingData.astype(np.float32)
    #验证数据集
    validationData = data[ordering[numTrain:]]
    validationData = validationData.astype(np.float64)
    #训练集数据标签
    trainingLabels = labels[ordering[:numTrain]]
    #验证集数据标签
    validationLabels = labels[ordering[numTrain:]]
    #确定神经网络参数个数,从而确定神经网络层数,这里为 5 层
    params = 2 * np.random.sample((5, 2, 1))
    #偏移量
    bias = 0.01
    prevParams = np.copy(params)
    prevBias = bias
    #每一次训练的数据量
    batchSize = 5
    #定义动量
    momentum = 0.9
    v1 = 0
    v2 = 0
    #学习率
    learningRate = 0.02
    #进行 15 次迭代
    for iteration in range(15):
        #每一次迭代训练数据的起始位
        samplePos = iteration * batchSize
        #每一次迭代训练数据集(5 个)
        batchTrainingData = trainingData[samplePos:samplePos + batchSize]
        #每一次迭代训练数据集标签(5 个)
        batchLabels = trainingLabels[samplePos:samplePos + batchSize]
        #记录此批次的梯度集
        batchGrads = np.zeros_like(params)
        #记录此批次偏移量
        batchBiasGrad = 0
        for i in range(batchSize):
            #求解梯度与偏移量
            grads, biasGrad = computeGradient(
                params, batchTrainingData[i], batchLabels[i], bias, backend
            )
            #求五次的平均梯度与平均偏移量
            batchGrads += grads / batchSize
            batchBiasGrad += biasGrad / batchSize
        #更新网络参数
        params, prevParams, v1 = updateParams(
            params, prevParams, batchGrads, learningRate, momentum, v1
        )
```

```
            #更新偏移量
            temp = bias
            v2 = v2 * momentum - learningRate * batchBiasGrad
            bias += v2
            prevBias = temp
            trainingPreds = np.array([forwardPass(
                params, bias, angles, backend
            ) for angles in trainingData])
            #打印此批次训练的损失值
            print('Iteration {} | Loss: {}'.format(
                iteration + 1, cost(trainingLabels, trainingPreds)
            ))
        #使用验证数据集进行验证,保留量子测量结果
        validationProbs = np.array(
            [forwardPass(
                params, bias, angles, backend
            ) for angles in validationData]
        )
        #根据测量结果进行分类
        validationClasses = convertToClass(validationProbs)
        #求平均准确率
        validationAcc = accuracy(validationLabels, validationClasses)
        prevalidationData = X[ordering[:numTrain]]
        intValidationLabels = [0 for i in range(len(validationLabels))]
        for i in range(len(validationLabels)):
            intValidationLabels[i] = int(validationLabels[i])
        print('Validation accuracy:', validationAcc)
        for x, y, p in zip(prevalidationData, intValidationLabels, validationClasses):
            print('Data:', x, '  Label:', y, '  Prediction:', p)
        return params,data[0]

#从附件中取数据集
data = np.genfromtxt("processedIRISData.csv", delimiter=",")
#从数据集中取特征
X = data[:, 0:4]
#对特征进行角度转换
features = np.array([convertDataToAngles(i) for i in X])
#取标签
Y = data[:, -1]
backend = Aer.get_backend('qasm_simulator')
#开始训练
params,angles = trainNetwork(features, Y, backend)
```

8.3 量子生成对抗网络

生成对抗网络(Generative Adversarial Network,GAN)是由两部分神经网络组成的,分别为生成器和判别器。量子生成对抗网络(Quantum GAN,QGAN)的基本原理与经典的 GAN 基本相同,区别在于量子算法中的生成器和判别器是由量子线路构成的。本节首先给出生成对抗网络的基本原理,然后给出量子生成对抗网络中的单层参数化量

子线路,最后给出量子生成对抗网络算法。

8.3.1 生成对抗网络原理

生成对抗网络由 Goodfellow 等于 2014 年提出,主要功能是生成伪造的样本。它能够迫使生成样本与真实样本在统计学原理上几乎无法区分,从而生成相当逼真的人造样本。

生成对抗网络示意图如图 8.10 所示,主要由生成器和判别器两部分组成,二者训练的目的都是打败彼此。生成器 G 的输入为一个随机向量 $\boldsymbol{z}$,输出为一个生成样本 $G(\boldsymbol{z})$。判别器 D 的输入为一个真实的或生成的样本 $\boldsymbol{x}$,输出为对该样本的判断,当输入真实样本 $\boldsymbol{x}$ 时,判别器的输出为 $D(\boldsymbol{x})$,当输入生成样本 $G(\boldsymbol{z})$时,判别器的输出为 $D(G(\boldsymbol{z}))$。

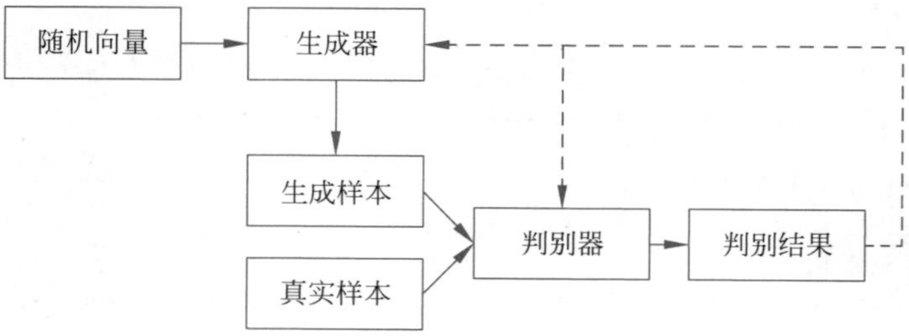

图 8.10 生成对抗网络示意图

训练生成器的目的是使其能够欺骗判别器,随着训练的进行,它能够逐渐生成越来越逼真的样本,以至于判别器无法区分生成样本和真实样本。与此同时,判别器也在不断适应生成器所生成的越来越逼真的样本,鉴别能力逐渐提高。

生成器 G 和判别器 D 都是神经网络。判别器 D 希望能对训练样本进行正确的分类:如果输入的是真实样本 $\boldsymbol{x}$,判别器的输出就要尽可能接近或等于 1,即 $D(\boldsymbol{x})$接近或等于 1;如果输入的是生成样本 $G(\boldsymbol{z})$,判别器的输出就要尽可能接近或等于 0,即 $D(G(\boldsymbol{z}))$ 接近或等于 0。也就是说,判别器希望最大化 $D(\boldsymbol{x})$和 $1-D(G(\boldsymbol{z}))$。生成器 G 希望最小化 $D(\boldsymbol{x})$ 和 $1-D(G(\boldsymbol{z}))$。因此,GAN 的优化目标函数可以表示为

$$\min_G \max_D \{E_{\boldsymbol{x}\sim p(\boldsymbol{x})}[\log D(\boldsymbol{x})]+E_{\boldsymbol{z}\sim p(\boldsymbol{z})}[\log(1-D(G(\boldsymbol{z})))]\} \tag{8.3.1}$$

式中:$E_{\boldsymbol{x}\sim p(\boldsymbol{x})}[\log D(\boldsymbol{x})]$为当所有 $\boldsymbol{x}$ 取遍所有来自分布为 $p(\boldsymbol{x})$ 的真实样本时 $\log D(\boldsymbol{x})$ 的期望;$E_{\boldsymbol{z}\sim p(\boldsymbol{z})}[\log(1-D(G(\boldsymbol{z})))]$为 $\boldsymbol{z}$ 取遍所有来自分布为 $p(\boldsymbol{z})$ 的随机向量时 $\log(1-D(G(\boldsymbol{z})))$的期望。

由于判别器的输出为接近(或等于)0 或 1,因此对于 $D(\boldsymbol{x})$ 和 $1-D(G(\boldsymbol{z}))$ 来说,取值范围定义为 0 到 1,为了方便计算,需要在不改变函数趋势的情况下增加取值范围,因此对 $D(\boldsymbol{x})$ 和 $1-D(G(\boldsymbol{z}))$ 取对数。

训练过程中固定一方,更新另一方的网络参数,交替迭代,使得对方的错误最大化。最终,生成器 G 能估测出样本数据的分布也就是能生成更加真实的样本。

8.3.2 参数化量子线路

8.2.2 节介绍了参数化量子线路，主要由单量子比特旋转门与双量子比特纠缠门组成。事实上，没有固定形式的参数化量子线路。本节介绍一种新的参数化量子线路，用于量子生成对抗网络。

如图 8.11 所示，量子生成对抗网络所用的参数化量子线路主要由旋转层、叠加层和纠缠层三部分组成。与 8.2.2 节介绍的参数化量子线路相比，本线路中多了一个叠加层。这主要是现有量子资源和设备的限制，退相干会导致系统内部的相互作用关系发生变化，影响系统的纠缠程度，进而影响 QGAN 中生成器和判别器的功能，而增加叠加层可以减少这种影响。

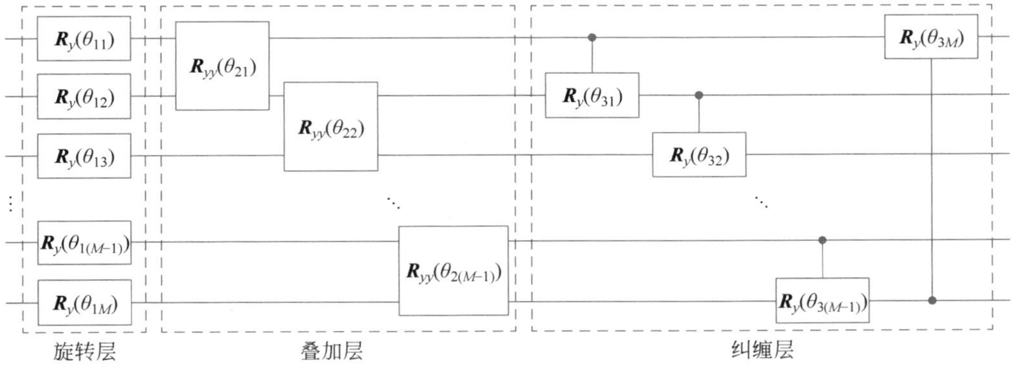

图 8.11 量子生成对抗网络的参数化量子线路

旋转层由旋转门 $\boldsymbol{R}_y(\theta)$ 组成。叠加层使用的是双量子比特门 $\boldsymbol{R}_{yy}(\theta)$，其矩阵形式为

$$\boldsymbol{R}_{yy}(\theta)=\begin{pmatrix}\cos\frac{\theta}{2} & 0 & 0 & \mathrm{i}\sin\frac{\theta}{2}\\ 0 & \cos\frac{\theta}{2} & -\mathrm{i}\sin\frac{\theta}{2} & 0\\ 0 & -\mathrm{i}\sin\frac{\theta}{2} & \cos\frac{\theta}{2} & 0\\ \mathrm{i}\sin\frac{\theta}{2} & 0 & 0 & \cos\frac{\theta}{2}\end{pmatrix} \tag{8.3.2}$$

纠缠层使用受控旋转门形成环形连接的方式。

参数化量子线路中样本的存储和制备方式不同于 3.1 节给出的方法，对于具有 M 个特征的单个样本 $\boldsymbol{x}_i=(x_{1i}\quad x_{2i}\quad\cdots\quad x_{Mi})^{\mathrm{T}}$，QGAN 分别使用 M 个量子比特表示 M 个特征，每个特征用一个量子比特表示，用一个旋转门 $\boldsymbol{R}_y(\theta_{ji})(j=1,2,\cdots,M)$ 来制备，其中 θ_{ji} 取值为 $\theta_{ji}=2\arcsin(\sqrt{x_{ji}})$。

因为一个样本有 M 个特征，则生成对抗网络的参数化量子线路共需要 M 个量子比特。又由于旋转层和纠缠层中每一层都有 M 个参数，叠加层有 $M-1$ 个参数，因此参数

化量子线路中共有 $3M-1$ 个参数。

8.3.3 量子生成对抗网络算法

量子生成对抗网络通过训练参数化量子线路中的参数生成逼真的样本，线路图如图 8.12 所示。它由两部分组成：一部分是量子判别器 D；另一部分是量子生成器 G 或制备真实样本的线路。量子判别器 D 和量子生成器 G 都采用图 8.11 的参数化量子线路。QGAN 通过经典计算机和量子计算机之间的迭代切换，找到参数化量子线路的最优参数。

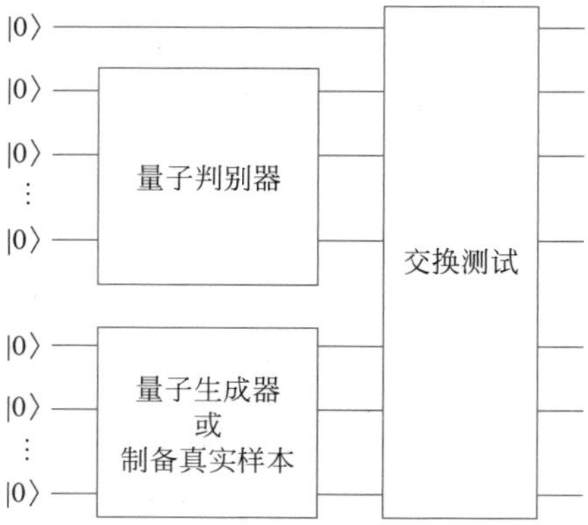

图 8.12 量子生成对抗网络线路

QGAN 的目标函数与 GAN 的目标函数不完全相同，QGAN 将量子判别器的输出和量子生成器的输出，以及量子判别器的输出和真实数据之间的保真度作为目标函数。如图 8.12 所示，假设经过量子判别器之后量子态为 $|\delta_1\rangle$，经过量子生成器之后量子态为 $|\gamma\rangle$，则经过交换测试之后可得二者之间的保真度为 $|\langle\gamma|\delta_1\rangle|^2$；假设经过量子判别器之后量子态为 $|\delta_2\rangle$，真实样本的量子态为 $|\xi\rangle$，则经过交换测试之后可得二者之间的保真度为 $|\langle\xi|\delta_2\rangle|^2$。保真度信息在 0～1 之间，保真度 $|\langle\gamma|\delta_1\rangle|^2$ 要尽量接近于 0，保真度 $|\langle\xi|\delta_2\rangle|^2$ 要尽量接近于 1。则训练量子判别器时要最小化 $-\log(1-|\langle\gamma|\delta_1\rangle|^2)$ 和 $-\log(|\langle\xi|\delta_2\rangle|^2)$，训练量子生成器时要最小化 $-\log(|\langle\gamma|\delta_2\rangle|^2)$。

量子生成对抗网络首先训练量子判别器，然后训练量子生成器，再训练量子判别器和量子生成器，依次进行下去直到满足给定的迭代次数。下面给出具体过程。

1. 训练量子判别器

在训练量子判别器模型时，量子生成器的模型参数要保持不变。首先使用生成样本对判别器进行训练，然后使用真实样本对判别器进行训练。

在使用生成样本对量子判别器进行训练时，首先随机生成 $3M-1$ 个数据作为量子生成器的初始参数和 $3M-1$ 个数据作为量子判别器的初始参数；然后让量子生成器的参数保持不变，找到判别器的最优参数。

将量子判别器记为 $\boldsymbol{U}(\theta_{D_1})$，则经过量子判别器之后得到的量子态为 $|\delta_1\rangle=$

$\boldsymbol{U}(\theta_{D_1})|0\rangle^{\otimes M}$。经过量子生成器之后得到的量子态为$|\gamma\rangle$。则经过交换测试之后得到的损失函数为

$$\text{loss}_{D_1}=-\log(1-|\langle\gamma|\delta_1\rangle|^2)=-\log(1-\langle\gamma|\boldsymbol{U}(\theta_{D_1})|0\rangle^{\otimes M})\quad(8.3.3)$$

式中：$|\langle\gamma|\delta_1\rangle|^2=2P_1(0)-1$，$P_1(0)$表示此时对图8.12的第一个量子比特测量得到0的概率。更新量子判别器参数的方法为使用经典梯度下降法使量子判别器损失函数达到最小，即

$$\theta_{D_1}\leftarrow\theta_{D_1}-\eta\nabla\text{loss}_{D_1}\quad(8.3.4)$$

式中：η为学习率；∇loss_{D_1}为包含损失函数loss_{D_1}对所有参数θ_{kl}的偏导数，loss_{D_1}对θ_{kl}的偏导数为[13]

$$\frac{\partial\text{loss}_{D_1}}{\partial\theta_{kl}}=\frac{1}{2}\left(\text{loss}_{D_1}\left(\theta_{kl}+\frac{\pi}{2}\right)-\text{loss}_{D_1}\left(\theta_{kl}-\frac{\pi}{2}\right)\right)$$

然后在上述量子判别器参数的基础上使用真实样本对量子判别器进行训练。此时，将量子判别器记为$\boldsymbol{U}(\theta_{D_2})$，则经过量子判别器之后得到的量子态为$|\delta_2\rangle=\boldsymbol{U}(\theta_{D_2})|0\rangle^{\otimes M}$。真实样本的量子态为$|\xi\rangle$。则经过交换测试之后得到的损失函数为

$$\text{loss}_{D_2}=-\log(|\langle\xi|\delta_2\rangle|^2)=-\log(\langle\xi|\boldsymbol{U}(\theta_{D_2})|0\rangle^{\otimes M})\quad(8.3.5)$$

式中：$|\langle\xi|\delta_2\rangle|^2=2P_2(0)-1$，$P_2(0)$表示此时对图8.12的第一个量子比特测量得到0的概率。

更新量子判别器参数的方法为使用经典梯度下降法使量子判别器损失函数达到最小，即

$$\theta_{D_2}\leftarrow\theta_{D_2}-\eta\nabla\text{loss}_{D_2}\quad(8.3.6)$$

式中：η为学习率；∇loss_{D_2}包含损失函数loss_{D_2}对所有参数θ_{kl}的偏导数，loss_{D_2}对θ_{kl}的偏导数为

$$\frac{\partial\text{loss}_{D_2}}{\partial\theta_{kl}}=\frac{1}{2}\left(\text{loss}_{D_2}\left(\theta_{kl}+\frac{\pi}{2}\right)-\text{loss}_{D_2}\left(\theta_{kl}-\frac{\pi}{2}\right)\right)$$

2. 训练量子生成器

对量子判别器训练完成之后，固定量子判别器的模型参数对量子生成器的参数进行训练。此时将量子生成器记为$\boldsymbol{U}(\theta_G)$，则量子判别器之后得到的量子态为$|\gamma\rangle=\boldsymbol{U}(\theta_G)|0\rangle^{\otimes M}$。则经过交换测试之后得到的损失函数为

$$\text{loss}_G=-\log(|\langle\gamma|\delta_2\rangle|^2)=-\log(\langle 0|^{\otimes M}\boldsymbol{U}(\theta_G)^{+}|\delta_2\rangle)\quad(8.3.7)$$

式中：$|\langle\gamma|\delta_2\rangle|^2=2P_3(0)-1$，$P_3(0)$表示此时对图8.12的第一个量子比特测量得到0的概率。

更新量子生成器参数的方法为使用经典梯度下降法使量子判别器损失函数达到最小，即

$$\theta_G\leftarrow\theta_G-\eta\nabla\text{loss}_G\quad(8.3.8)$$

式中：η为学习率；∇loss_G包含损失函数loss_G对所有参数θ_{kl}的偏导数，loss_G对θ_{kl}的偏导数为

$$\frac{\partial \text{loss}_G}{\partial \theta_{kl}}=\frac{1}{2}\left(\text{loss}_G\left(\theta_{kl}+\frac{\pi}{2}\right)-\text{loss}_G\left(\theta_{kl}-\frac{\pi}{2}\right)\right)$$

量子生成对抗网络训练算法总结如下：

量子生成对抗网络训练算法

输入：学习率 η_1 和 η_2，参数初始化设置 $\theta^0=\text{Random}(0,1)\times\pi$，迭代次数 T，数据集 X。

过程：

(1) 对于 $t=1,2,\cdots,T$；

(2) 训练判别器：

　　对于生成样本 $\boldsymbol{z}\in p(\boldsymbol{z})$；

　　　　求梯度 g_{D_1}；

　　　　更新参数 $\theta_{D_1}\leftarrow\theta_{D_1}-\eta_1\nabla\text{loss}_{D_1}$；

　　对于真实数据 $\boldsymbol{x}_k\in X$；

　　　　求梯度 g_{D_2}；

　　　　更新参数 $\theta_{D_2}\leftarrow\theta_{D_2}-\eta_1\nabla\text{loss}_{D_2}$；

(3) 训练生成器：

　　　　求梯度 g_G；

　　　　更新参数 $\theta_G\leftarrow\theta_G-\eta_2\nabla\text{loss}_G$。

输出：生成网络 G。

8.3.4 量子生成器后处理

生成对抗网络的一个重要目标是使用生成器生成和真实样本几乎一样的样本。但是，量子生成器最后得到的是量子态，需要通过后处理才能得到近似于真实样本的生成样本。

由于制备真实样本 $\boldsymbol{x}_i=(x_{1i}\quad x_{2i}\quad\cdots\quad x_{Mi})^{\mathrm{T}}$ 时，它的每个特征都对应一个旋转门 $\boldsymbol{R}_y(\theta_{ji})(j=1,2,\cdots,M)$，其中 θ_{ji} 取值为 $\theta_{ji}=2\times\arcsin(\sqrt{x_{ji}})$。对于一个特征 x_{ji} 来说，其对应的量子态为

$$\begin{aligned}\boldsymbol{R}_y(\theta_{ji})|0\rangle&=\boldsymbol{R}_y(2\arcsin(\sqrt{x_{ji}}))|0\rangle\\&=\begin{pmatrix}\cos(\arcsin(\sqrt{x_{ji}}))&-\sin(\arcsin(\sqrt{x_{ji}}))\\\sin(\arcsin(\sqrt{x_{ji}}))&\cos(\arcsin(\sqrt{x_{ji}}))\end{pmatrix}\begin{pmatrix}1\\0\end{pmatrix}\\&=\begin{pmatrix}\cos(\arcsin(\sqrt{x_{ji}}))\\\sin(\arcsin(\sqrt{x_{ji}}))\end{pmatrix}\\&=\cos(\arcsin(\sqrt{x_{ji}}))|0\rangle+\sin(\arcsin(\sqrt{x_{ji}}))|1\rangle\\&=\cos(\arcsin(\sqrt{x_{ji}}))|0\rangle+\sqrt{x_{ji}}|1\rangle\end{aligned}\tag{8.3.9}$$

由式(8.3.9)可以看出，得到$|1\rangle$的概率为 x_{ji}。因此，将量子生成器得到$|1\rangle$的概率

作为生成样本的特征。图 8.13 给出一个示例，图 8.13(a)中的量子生成器经过测量之后，每个量子比特测量得到 1 的概率构成图 8.13(b)所示的一组数据，这组数据(0.4 0.6 0.3 … 0.9 1)就是一个生成样本。

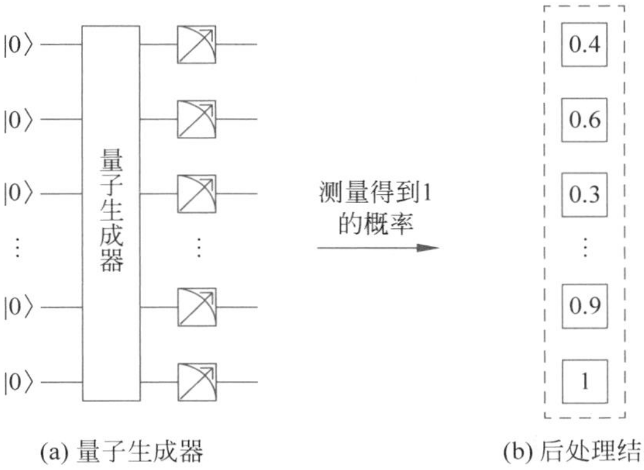

图 8.13 生成器后处理

8.3.5 实现

本实验使用量子生成对抗网络生成一个带有数字 3 或 9 的图片。真实图片由 MNIST 数据集中的 3 和 9 组成，图片为 28×28 的矩阵。为方便起见，首先使用经典主成分分析算法对图片进行降维，将 28×28 的矩阵降维成 1×2 的向量，使得图片信息能够存储在两个量子比特中。加载经典数据的过程，以及降维算法在代码 24～50 行。

完整的量子生成对抗网络主要包含四个量子线路：使用生成图片训练判别器的量子线路(代码 71～86 行)，使用真实图片训练判别器的量子线路(代码 89～102 行)，基于判别器训练生成器的量子线路(代码 71～86 行)，以及生成逼近真实图片的量子线路图(代码 105～112 行)。值得注意的是，使用生成图片训练判别器的量子线路和基于判别器训练生成器的量子线路是一样的，但是训练判别器时生成器所在的线路保持不变，训练生成器时判别器所在的线路保持不变。

图 8.14 为使用生成图片训练判别器的量子线路图(代码 71～86 行)。图中：q_0 为

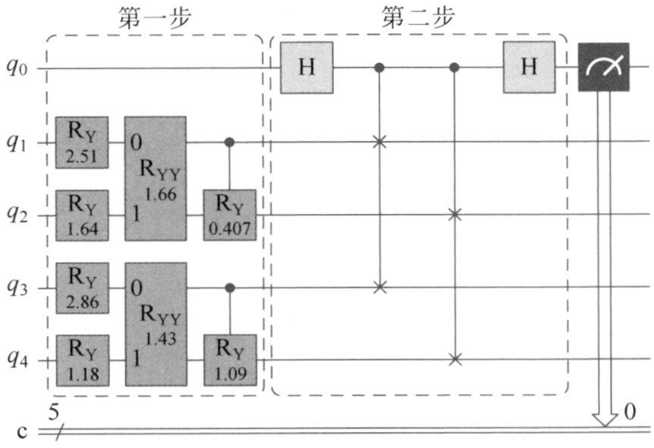

图 8.14 使用生成数据训练判别器的量子线路图

辅助量子比特；用于计算判别器和生成器的保真度；q_1 和 q_2 为判别器所在的量子比特，用于训练判别器模型；q_3 和 q_4 为生成器所在的量子比特。在第一次训练判别器时 q_3 和 q_4 上量子门的线路是随机生成的。训练判别器时，生成器的参数保持不变。第一步设置判别器和生成器的量子线路，第二步使用交换测试计算判别器输出和生成器输出的保真度，用于更新判别器的参数。调用该量子线路，使用生成图片训练判别器的代码在122～145行。

图 8.15 为使用真实数据对判别器的参数进行训练的量子线路图（代码 89～102 行）。与图 8.14 不同的是，此时 q_3 和 q_4 用于制备真实图片。调用该量子线路，使用真实数据训练判别器的代码在 147～170 行。

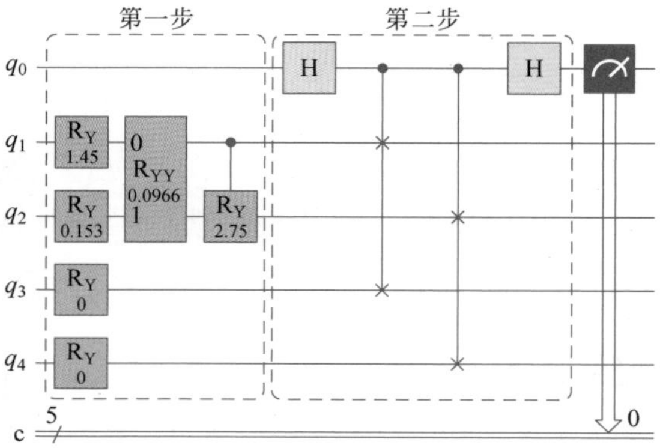

图 8.15 使用真实数据训练判别器的量子线路图

图 8.16 是训练生成器的量子线路图（代码 71～86 行）。图中：q_0 为辅助量子比特，用于计算判别器和生成器的保真度；q_1 和 q_2 为判别器所在的量子比特，训练生成器时，该线路上的参数保持不变；q_3 和 q_4 为生成器所在量子比特。调用该量子线路，训练生成器的代码在 172～193 行。

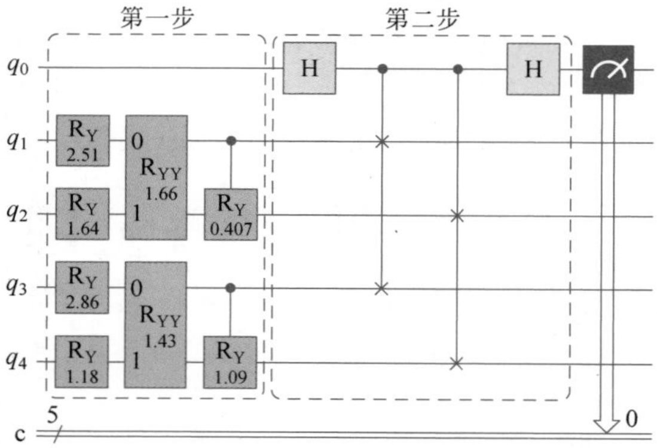

图 8.16 训练生成器的量子线路图

生成对抗网络是交替训练判别器和生成器的模型，将上述过程重复 50 次，可以得到生成器模型的参数。图 8.17(a)是最终得到的生成器模型（代码 105～112 行）。在算法的最后，使用经典的逆主成分分析算法，将得到的测量结果转换为图片。生成图片如图 8.17(b)所示，可以看出，在第 1 行的第 1、3 列与第 2 行第 1、2 列生成了数字 3 的字样，其余生成数字 9 的字样。

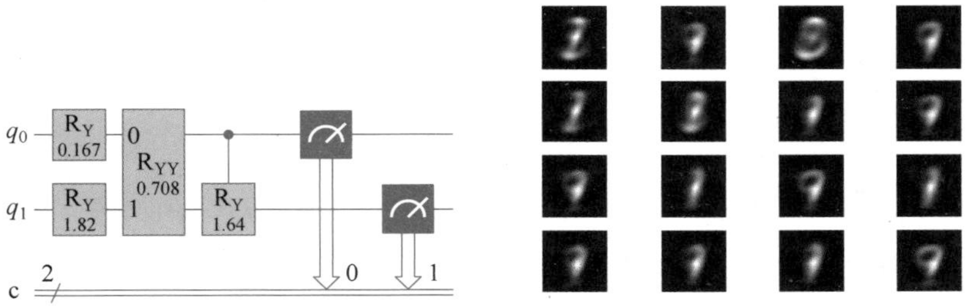

(a) 最终的生成器量子线路图　　(b) 生成图片

图 8.17　最终的量子生成器和生成图片

量子生成对抗网络的代码如下：

```
%matplotlib inline
import random
import numpy as np
import matplotlib.pyplot as plt
import seaborn as sns
from sklearn import datasets
from qiskit import QuantumRegister, ClassicalRegister
from qiskit import QuantumRegister
from qiskit import QuantumCircuit
from qiskit import Aer, execute
from qiskit.providers.aer import QasmSimulator
from math import pi
from qiskit import *
import tensorflow as tf
from sklearn.decomposition import PCA
import time
import pandas as pd
import numpy as np
import matplotlib.pyplot as plt
import matplotlib.patheffects as PathEffects
from qiskit import IBMQ

#数据准备
test_images,test_labels = tf.keras.datasets.mnist.load_data()
train_images = test_images[0].reshape(60000,784)
train_labels = test_images[1]
labels = test_images[1]
train_images = train_images/255
k = 2
pca = PCA(n_components = k)
pca.fit(train_images)
pca_data = pca.transform(train_images)[:10000]
train_labels = train_labels[:10000]
```

```
t_pca_data = pca_data.copy()
pca_descaler = [[] for _ in range(k)]
for i in range(k):
    if pca_data[:,i].min() < 0:
        pca_descaler[i].append(pca_data[:,i].min())
        pca_data[:,i] += np.abs(pca_data[:,i].min())
    else:
        pca_descaler[i].append(pca_data[:,i].min())
        pca_data[:,i] -= pca_data[:,i].min()
    pca_descaler[i].append(pca_data[:,i].max())
    pca_data[:,i] /= pca_data[:,i].max()
pca_data_rot = 2 * np.arcsin(np.sqrt(pca_data))
valid_labels = None
valid_labels = train_labels == 9
valid_labels = train_labels == 3
pca_data_rot = pca_data_rot[valid_labels]
pca_data = pca_data[valid_labels]

#利用特征重构图像
def descale_points(d_point, scales = pca_descaler, tfrm = pca):
    for col in range(d_point.shape[1]):
        d_point[:,col] *= scales[col][1]
        d_point[:,col] += scales[col][0]
    reconstruction = tfrm.inverse_transform(d_point)
    return reconstruction
learning_rate = 0.01

#初始化判别器和生成器参数
thetaD = [np.random.rand() * np.pi for i in range(4)]
thetaG = [np.random.rand() * np.pi for i in range(4)]
#定义数组分别保存更新后判别器和生成器的参数
thetaD_new = [0,0,0,0]
thetaG_new = [0,0,0,0]
#保存被加载的真数据
data = [0,0]

#定义使用生成数据训练判别器和训练生成器的量子线路
circuit = QuantumCircuit(5,5)
for i in range(1,3):
    circuit.ry(thetaD[i - 1],i)
circuit.ryy(thetaD[2],1,2)
circuit.cry(thetaD[3],1,2)
for i in range(1,3):
    circuit.ry(thetaG[i - 1],i + 2)
circuit.ryy(thetaG[2],3,4)
circuit.cry(thetaG[3],3,4)
circuit.barrier(0,1,2,3,4)
circuit.h(0)
for i in range(1,3):
    circuit.cswap(0,i,i + 2)
circuit.h(0)
```

```
circuit.measure(0,0)
circuit.draw(output = 'mpl', plot_barriers = False)

#定义使用真实数据训练判别器的量子线路
circuit1 = QuantumCircuit(5,5)
for i in range(1,3):
    circuit1.ry(thetaD[i - 1],i)
circuit1.ryy(thetaD[2],1,2)
circuit1.cry(thetaD[3],1,2)
circuit1.ry(data[0],3)
circuit1.ry(data[1],4)
circuit1.barrier(0,1,2,3,4)
circuit1.h(0)
for i in range(1,3):
    circuit1.cswap(0,i,i + 2)
circuit1.h(0)
circuit1.measure(0,0)
circuit1.draw(output = 'mpl', plot_barriers = False)

#定义生成器线路,便于得到训练后生成的数据
circuit2 = QuantumCircuit(2,2)
circuit2.ry(thetaG[0],0)
circuit2.ry(thetaG[1],1)
circuit2.ryy(thetaG[2],0,1)
circuit2.cry(thetaG[3],0,1)
circuit2.measure(0,0)
circuit2.measure(1,1)
circuit2.draw(output = 'mpl')
value1 = 0
value2 = 0
f_diff = 0
b_diff = 0
backend = Aer.get_backend('qasm_simulator')
for epoch in range(0,50):
    print(f'第 -- {epoch} -- 次训练')
    par_shift = 0.5 * np.pi
    # 通过 circuit 线路,使用生成图片训练判别器
    for i in range(1):
        for j in range(0,4):
            thetaD[j] += par_shift
            job_sim1 = execute(circuit,backend,shots = 2000)
            sim_result1 = job_sim1.result()
            measurement_result1 = sim_result1.get_counts(circuit)
            value1 = 2 * (measurement_result1['00000']/2000 - 0.5)
            if value1 <= 0.005:
                value1 = 0.005
            f_diff = - np.log(1 - value1)
            thetaD[j] -= 2 * par_shift
            job_sim1 = execute(circuit,backend,shots = 2000)
            sim_result1 = job_sim1.result()
            measurement_result1 = sim_result1.get_counts(circuit)
```

```
136.            value2 = 2 * (measurement_result1['00000']/2000 - 0.5)
137.            if value2 <= 0.005:
138.                value2 = 0.005
139.            b_diff = - np.log(1 - value2)
140.            thetaD[j] += par_shift
141.            df = 0.5 * (f_diff - b_diff)
142.            if abs(df) > 1:
143.                df = df/abs(df)
144.            thetaD_new[j] = thetaD[j] - learning_rate * df/10
145.        thetaD = thetaD_new
146.     # 使用circuit1线路训练判别器
147.     for index, point in enumerate(pca_data_rot):
148.         data[0] = point[0]
149.         data[1] = point[1]
150.         for j in range(0, 4):
151.            thetaD[j] += par_shift
152.            job_sim = execute(circuit1, backend, shots = 1000)
153.            sim_result = job_sim.result()
154.            measurement_result = sim_result.get_counts(circuit1)
155.            value1 = 2 * (measurement_result['00000']/1000 - 0.5)
156.            if value1 <= 0.005:
157.                value1 = 0.005
158.            f_diff = - np.log(value1)
159.            thetaD[j] -= 2 * par_shift
160.            job_sim = execute(circuit1, backend, shots = 1000)
161.            sim_result = job_sim.result()
162.            measurement_result = sim_result.get_counts(circuit1)
163.            value2 = 2 * (measurement_result['00000']/1000 - 0.5)
164.            if value2 <= 0.005:
165.                value2 = 0.005
166.            thetaD[j] += par_shift
167.            b_diff = - np.log(value2)
168.            df = 0.5 * (f_diff - b_diff)
169.            thetaD_new[j] = thetaD[j] - learning_rate * df/10
170.        thetaD = thetaD_new
171.     # 通过circuit线路,利用判别器训练生成器
172.     for i in range(len(pca_data_rot)//10):
173.         for j in range(0, 4):
174.            thetaG[j] += par_shift
175.            job_sim = execute(circuit, backend, shots = 1000)
176.            sim_result = job_sim.result()
177.            measurement_result = sim_result.get_counts(circuit)
178.            value1 = 2 * (measurement_result['00000']/1000 - 0.5)
179.            if value1 <= 0.005:
180.                value1 = 0.005
181.            f_diff = - np.log(value1)
182.            thetaG[j] -= 2 * par_shift
183.            job_sim = execute(circuit, backend, shots = 1000)
184.            sim_result = job_sim.result()
185.            measurement_result = sim_result.get_counts(circuit)
186.            value2 = 2 * (measurement_result['00000']/1000 - 0.5)
```

```
            if value2 <= 0.005:
                value2 = 0.005
            thetaG[j] += par_shift
            b_diff = - np.log(value2)
            df = 0.5 * (f_diff - b_diff)
            thetaG_new[j] = thetaG[j] - learning_rate * df * 5
        thetaG = thetaG_new
    data = []
    n_results = 2
    #使用训练好的生成器生成数据并使用逆 PCA 生成图像
    for _ in range(16):
        job = execute(circuit2, backend, shots = 20)
        results = job.result().get_counts(circuit2)
        bins = [[0,0] for _ in range(n_results)]
        for key, value in results.items():
            for i in range(n_results):
                if key[ - i - 1] == '1':
                    bins[i][0] += value
                bins[i][1] += value
        for i,pair in enumerate(bins):
            bins[i] = pair[0]/pair[1]
        data.append(bins)
    data = np.array(data)
    new_info = descale_points(data[:16])
    new_info = new_info.reshape(new_info.shape[0],28,28)
    print(f"Epoch {epoch} Generated Images")
    for i in range(new_info.shape[0]):
        plt.subplot(4, 4, i + 1)
        plt.imshow(new_info[i, :, :], cmap = 'gray')
        plt.axis('off')
    plt.show()
```

8.4 量子受限玻耳兹曼机

受限玻耳兹曼机(Restricted Boltzmann Machine,RBM)是一种"基于能量"的神经网络模型,能量最小化时网络达到理想状态,因此网络的训练就是最小化能量函数。常见结构如图 8.18 所示,其神经元分为显层和隐层,显层用于表示数据的输入,隐层可视为特征提取器,显层和隐层通过权重来连接。

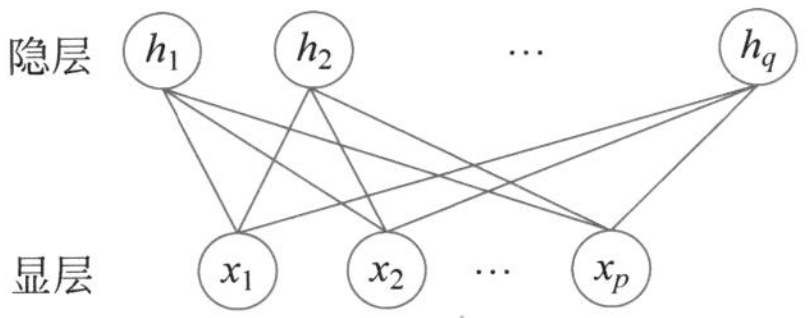

图 8.18　受限玻耳兹曼机

本节介绍受限玻耳兹曼机的量子版本。首先介绍量子受限玻耳兹曼机的参数化量子线路,然后介绍参数更新。

8.4.1 参数化量子线路

与经典受限玻耳兹曼机不同，量子受限玻耳兹曼机以显层为输入，以隐层为输出。量子受限玻耳兹曼机的参数化量子线路图如图 8.19 所示。对于由 M 个特征组成的样本 $\boldsymbol{x}_i=(x_{0i} \quad x_{1i} \quad \cdots \quad x_{(M-1)i})^{\mathrm{T}}$ 来说，其量子态形式为 $|x_i\rangle=\sum_{j=0}^{M-1} x_{ji}|j\rangle$，因此显层的量子比特数量为 $m=\log M$；隐层用于输出，量子比特数量和样本类别数量有关，可以使用 K 个量子比特表示 K 个类别，也可以使用 $\log K$ 个量子比特表示 K 个类别。例如，对于二分类来说，隐层可以用 1 个量子比特，测量结果为 $|0\rangle$ 时表示一类，测量结果为 $|1\rangle$ 时表示另一类；隐层也可以用 2 个量子比特，使用测量结果 $|00\rangle$、$|01\rangle$、$|10\rangle$、$|11\rangle$ 中的任意两个表示类别。图中 $\boldsymbol{U}$ 用于制备样本，旋转门 $\boldsymbol{R}_y(\theta_{lk})(l=1,2,\cdots,m;\ k=1,2,\cdots,K)$ 中的参数为要训练的参数。

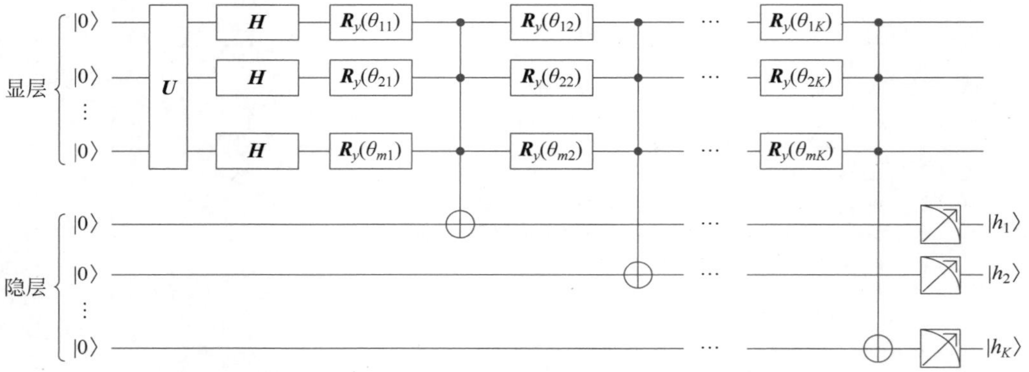

图 8.19 量子受限玻耳兹曼机的参数化量子线路

8.4.2 参数更新

量子受限玻耳兹曼机也是一个量子-经典混合算法，根据量子线路的输出，用经典算法更新参数化量子线路中的参数。在图 8.19 中，量子线路的输出 $|h_k\rangle(k=1,2,\cdots,K)$ 可以表示为

$$|h_k\rangle=\cos\left(\phi_k+\frac{\pi}{4}\right)|0\rangle+\sin\left(\phi_k+\frac{\pi}{4}\right)|1\rangle \tag{8.4.1}$$

式中

$$\phi_k=\arcsin\left(\prod_{i=1}^{p}\sin\left(\theta_{ik}+\frac{\pi}{4}\right)\right)$$

对式(8.4.1)进行测量得到量子态 $|1\rangle$ 的概率为

$$P_k=\sin^2\left(\phi_k+\frac{\pi}{4}\right) \tag{8.4.2}$$

因此，量子玻耳兹曼机的自由能为

$$\mathrm{FE}(\theta)=\frac{1}{4}\sum_{k=1}^{q}(\widetilde{P}_k-P_k)^2 \tag{8.4.3}$$

式中：$\widetilde{P}_k$ 为期望得到的概率；P_k 为测量得到的概率；θ 包含所有的 θ_{lk}。

FE(θ)越大，网络的鲁棒性越差，鲁棒性差意味着对样本的变化比较敏感。为了更新 θ 的参数，本节采用梯度下降法最小化 FE(θ)，即

$$\theta \leftarrow \theta-\nabla \mathrm{FE}(\theta) \tag{8.4.4}$$

式中

$$\nabla \mathrm{FE}(\theta)=\left(\frac{\partial \mathrm{FE}(\theta)}{\partial \theta_{11}},\frac{\partial \mathrm{FE}(\theta)}{\partial \theta_{21}},\cdots,\frac{\partial \mathrm{FE}(\theta)}{\partial \theta_{mK}}\right)$$

其中：$\frac{\partial \mathrm{FE}(\theta)}{\partial \theta_{lk}}$表示 FE($\theta$)对参数 θ_{lk} 的偏导数，且有

$$\frac{\partial \mathrm{FE}(\theta)}{\partial \theta_{lk}}=-\sum_{k=1}^{q}(\widetilde{P}_k-P_k)P_k\cos\left(2\left(\phi_k+\frac{\pi}{4}\right)\right)S_kT_k \tag{8.4.5}$$

其中

$$S_k=\frac{1}{\sqrt{1-\sin^2\phi_k}},\quad T_k=\sin\phi_k\sum_{i=1}^{p}\cot\left(\theta_{lk}+\frac{\pi}{4}\right)$$

8.4.3 实现

本实验使用有标签数字样本 6 和 9 对量子受限玻耳兹曼机对进行训练，使得训练好的模型能够对 6 和 9 进行分类。辅助量子比特的输出作为 6 和 9 的标签，使用测量结果 $|01\rangle$和$|10\rangle$表示 6 和 9：当输出为$|01\rangle$的概率高时，表示 6；当输出为$|10\rangle$的概率高时，表示 9。式(8.4.6)中矩阵的每一列对应一个样本的两个特征，式(8.4.7)表示式(8.4.6)中的样本对应的数字，式(8.4.8)表示式(8.4.6)中的样本对应的标签，这里依然使用 $\boldsymbol{R}_y(\theta)$制备样本的特征向量，因此式(8.4.9)表示样本对应的 θ。

$$\begin{pmatrix}0.352 & 0.358 & 0.342 & 0.987 & 0.988 & 0.985 & 0.374 & 0.367 & 0.350 & 0.987 & 0.987 & 0.985\\ 0.936 & 0.934 & 0.940 & 0.161 & 0.156 & 0.174 & 0.927 & 0.930 & 0.937 & 0.161 & 0.161 & 0.174\end{pmatrix} \tag{8.4.6}$$

$$(6\quad 6\quad 6\quad 9\quad 9\quad 9\quad 6\quad 6\quad 6\quad 9\quad 9\quad 9) \tag{8.4.7}$$

$$(|01\rangle\quad |01\rangle\quad |01\rangle\quad |10\rangle\quad |10\rangle\quad |10\rangle\quad |01\rangle\quad |01\rangle\quad |01\rangle\quad |10\rangle\quad |10\rangle\quad |10\rangle) \tag{8.4.8}$$

$$(2.422\quad 2.409\quad 2.444\quad 0.323\quad 0.314\quad 0.349\quad 2.374\quad 2.391\quad 2.426\quad 0.323\quad 0.324\quad 0.349) \tag{8.4.9}$$

图 8.20 为量子受限玻耳兹曼机的线路图，第一步为制备样本，第二步为参数化量子线路。图 8.21 为测试数据的实验结果：图 8.21(a)给出特征向量为(0.354　0.935)的测试样本 6 的测量结果，得到$|01\rangle$的概率最高，分类正确；图 8.21(b)给出特征向量为(0.987　0.164)的测试样本 9 的测量结果，得到$|10\rangle$的概率最高，分类正确。

量子线路对应于代码的 20～41 行，其余部分为使用经典的梯度下降法更新参数化量子线路中的参数得到最优参数。当对新样本进行预测时，只需执行代码的 20～39 行

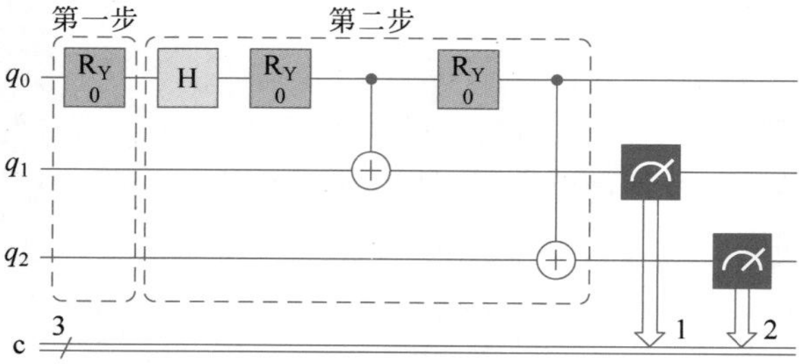

图 8.20　单层量子受限玻耳兹曼机的线路图

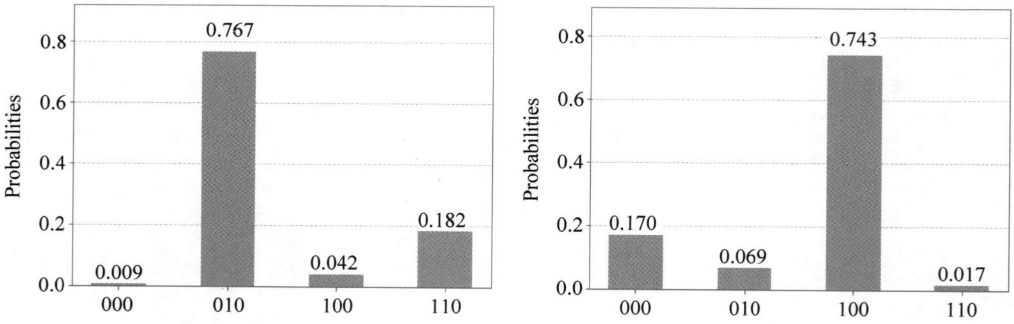

(a) 测试样本6的实验结果　　　　　　　　(b) 测试样本9的实验结果

图 8.21　实验结果

即可。

训练量子受限玻耳兹曼机的代码如下：

```
1.    % matplotlib inline
2.    from qiskit import QuantumCircuit, ClassicalRegister, QuantumRegister
3.    from qiskit import execute
4.    from qiskit import Aer
5.    from math import pi
6.    import math
7.    import random
8.    from qiskit.tools.visualization import plot_histogram
9.
10.   #12个训练数据,即式(8.4.6)中最后一行的数据
11.   train = [69.39 * pi/90,69 * pi/90,70 * pi/90,9.249 * pi/90,9 * pi/90,10 * pi/90,68 *
      pi/90,68.5 * pi/90,69.5 * pi/90,9.26 * pi/90,9.28 * pi/90,10 * pi/90]
12.   #数据标签,[0,pi/2]即式(8.4.6)中的01,[pi/2,0]即10
13.   ex_hk_theta = [[0,pi/2],[0,pi/2],[0,pi/2],[pi/2,0],[pi/2,0],[pi/2,0],[0,pi/2],[0,
      pi/2],[0,pi/2],[pi/2,0],[pi/2,0],[pi/2,0]]
14.
15.   #随机产生两个初始训练参数
16.   theta1 = random.random()
17.   theta2 = random.random()
```

```

#量子受限玻耳兹曼机的线路
def QBM(tra):
    circuit = QuantumCircuit(3,3)
    #第一步
    circuit.ry(tra,0)
    #第二步
    circuit.h(0)
    circuit.ry(theta1,0)
    circuit.cx(0,1)
    circuit.ry(theta1,0)
    circuit.cx(0,2)
    circuit.barrier()
    #测量
    circuit.measure(1,1)
    circuit.measure(2,2)
    #绘制线路图
    backend = Aer.get_backend('qasm_simulator')
    job_sim = execute(circuit, backend, shots = 4096)
    sim_result = job_sim.result()
    #绘制结果图
    measurement_result = sim_result.get_counts(circuit)
    res = []
    p = {}
    #统计保存运行结果
    if '000' in measurement_result:
        p['000'] = measurement_result['000']/4096
    else:
        p['000'] = 0
    if '100' in measurement_result:
        p['100'] = measurement_result['100']/4096
    else:
        p['100'] = 0
    if '010' in measurement_result:
        p['010'] = measurement_result['010']/4096
    else:
        p['010'] = 0
    if '110' in measurement_result:
        p['110'] = measurement_result['110']/4096
    else:
        p['110'] = 0
    res.append((p['000'] + p['100']))
    res.append((p['010'] + p['110']))
    res.append((p['000'] + p['010']))
    res.append((p['100'] + p['110']))
    return res

#更新训练参数
def updata_theta(j):
    global theta1
    global theta2
```

```
69.        res = QBM(train[j])
70.        phi1 = math.asin(math.sin(theta1 + pi/4))
71.        phi2 = math.asin(math.sin(theta2 + pi/4))
72.        td1 = ((math.sin(ex_hk_theta[j][0])) ** 2 - res[1]) * res[1] * (res[0] - res[1]) *
    (1/(math.sqrt(1 - (math.sin(phi1)) ** 2))) * math.sin(phi1) * (1/math.tan(phi1))
73.        td2 = ((math.sin(ex_hk_theta[j][1])) ** 2 - res[3]) * res[3] * (res[2] - res[3]) *
    (1/(math.sqrt(1 - (math.sin(phi2)) ** 2))) * math.sin(phi2) * (1/math.tan(phi2))
74.        td = td1 + td2
75.        theta1 = theta1 + td
76.        theta2 = theta2 + td
77.
78.  if __name__ == "__main__":
79.        for i in range(50):
80.            for j in range(len(train)):
81.                updata_theta(j)
82.  print("theta1: % f, theta2: % f" % (theta1,theta2))
```

8.5　量子卷积神经网络

卷积神经网络(Convolutional Neural Network,CNN)是一种具有局部连接、权值共享等特点的深层前馈神经网络。它是一种自带特征提取和分类功能的深度学习模型,最初由 Yann LeCun 于 1989 年提出,是目前应用最广泛的神经网络模型之一。量子卷积神经网络(Quantum CNN,QCNN)利用量子计算的优势,结合 CNN 强大的特征提取能力,可以完成机器学习中的分类任务。本节首先介绍卷积神经网络的基本原理,然后介绍量子卷积神经网络。

8.5.1　卷积神经网络原理

如图 8.22 所示,以手写数字图像的特征提取和识别为例介绍 CNN 原理。网络输入是原始的 32×32 的手写数字图像,输出是识别结果。卷积神经网络主要通过卷积、池化等一系列操作自动地提取相关特征信息。卷积层的主要作用是通过卷积操作进行特征信息的提取。池化层用来降低数据的维度,例如把一个 1×4 的向量从中间分成两个 1×2 的向量,然后取两个向量的最大值作为一个新的向量。池化操作不仅能有效减少模型的参数量,进而减少训练和测试时间,而且在一定程度上能防止过拟合的发生。全连接层中的每个神经元都与前一层的所有神经元进行全连接,以此来将前面提取的特征进行综合。

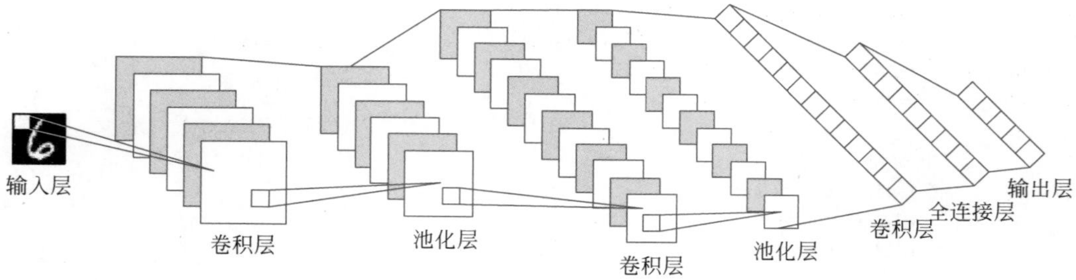

图 8.22　卷积神经网络结构示意图

8.5.2 量子卷积神经网络原理

与经典卷积神经网络的结构类似，量子神经网络由量子卷积层、量子池化层和量子全连接层组成。而量子卷积层、量子池化层和量子全连接层又分别由量子卷积单元、量子池化单元和量子全连接单元组成。

已有的 QCNN 中，不管是完整的量子卷积神经网络还是最小的组成单元都没有固定的模型。图 8.23 是一个 10 量子比特的量子卷积神经网络示例，在量子线路中量子卷积层和量子池化层交替放置分别实现特征提取和特征降维，之后通过量子全连接层进行特征综合。在量子卷积神经网络的最后所提取的特征信息保留在输出量子比特的量子态中，需要通过量子测量进行提取利用。

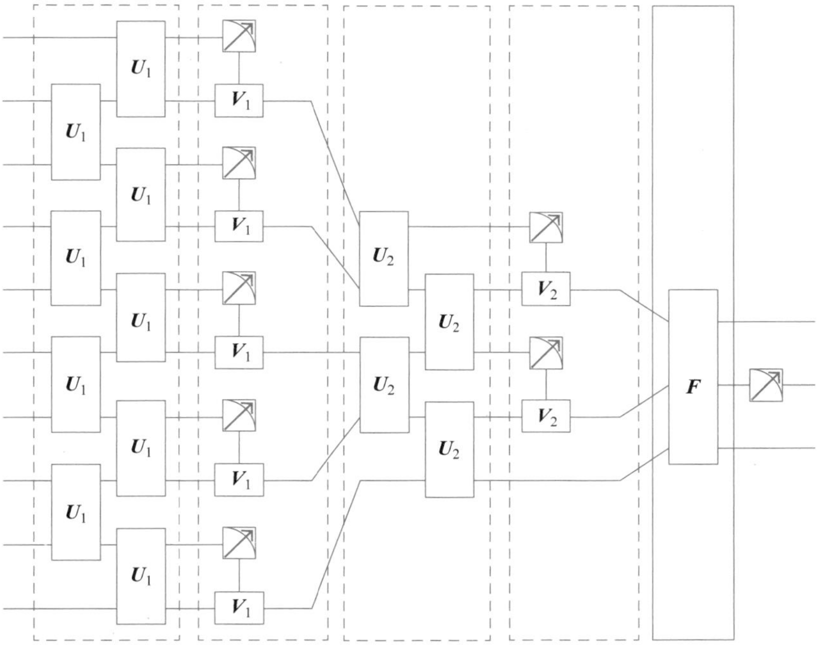

图 8.23 量子卷积神经网络示例

下面分别对量子卷积层、量子池化层和量子全连接层进行介绍。

1. 量子卷积层

在图 8.23 所示的量子卷积神经网络模型中，第 i 个量子卷积层由多个完全相同的两量子比特卷积单元 $\boldsymbol{U}_i\ (i=1,2)$ 组成。$\boldsymbol{U}_i$ 类似于经典卷积神经网络中的卷积核，各个 $\boldsymbol{U}_i$ 作用于相邻的量子比特上，实现当前量子比特与其周围量子比特的纠缠。因此 $\boldsymbol{U}_i$ 主要由受控非门和参数化量子门组成，图 8.24 是量子卷积单元的一种形式。

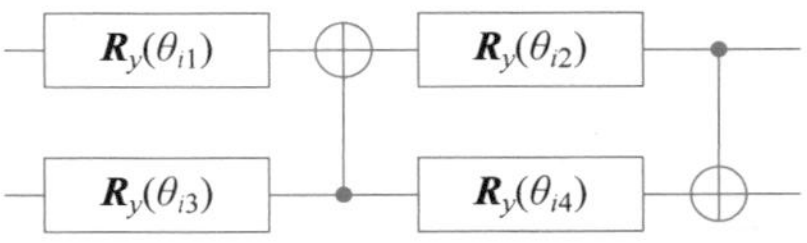

图 8.24 量子卷积单元 U_i 的线路图

在量子卷积层内部，量子门作用于相邻的两个量子比特上，对量子态的部分振幅做变换，体现局部连接的特点；同一卷积层内所有 $\boldsymbol{U}_i$ 具有相同的参数，则体现权值共享的特点。因此，量子卷积层保留了经典卷积层中局部连接和权值共享的重要特点。

2. 量子池化层

与经典池化层降低维度的作用类似，量子池化层是对量子卷积层所提取的特征进行降维。该降维主要是通过测量完成的，量子测量使得被测量子比特坍缩，量子卷积神经网络中的相干量子比特数量减少，量子态维度缩减，能够有效地实现特征降维，达到与经典池化层相同的效果。

量子池化层由量子池化单元，即受控 $\boldsymbol{V}_i$ 组成，量子池化单元是由测量以及受测量结果控制的量子门组成。图 8.25 是量子池化单元的一种形式，这里 $\boldsymbol{G}_{i1}$ 和 $\boldsymbol{G}_{i2}$ 是由参数化量子门组成的模块。

3. 量子全连接层

量子全连接层和经典全连接层相似，出现在网络模型的最后。经过量子池化层降维运算，量子系统中相干量子比特的数量减少。当数量足够少时，对剩余量子比特施加量子全连接层，将特征进行综合并分类。量子全连接层起到了分类器的作用，与 8.2 节量子神经网络中的参数化量子线路(图 8.6)的设计目标是一样的，因此其线路结构也是类似的。图 8.26 是一个全连接层的量子线路，它由通用参数化量子门和 CNOT 门组成。

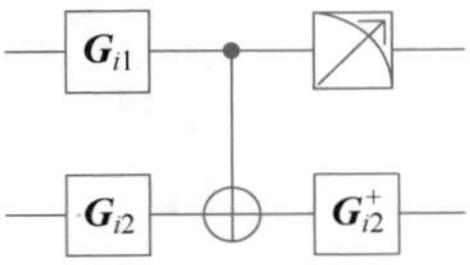

图 8.25　量子池化单元受控 $\boldsymbol{V}_i$ 的线路图

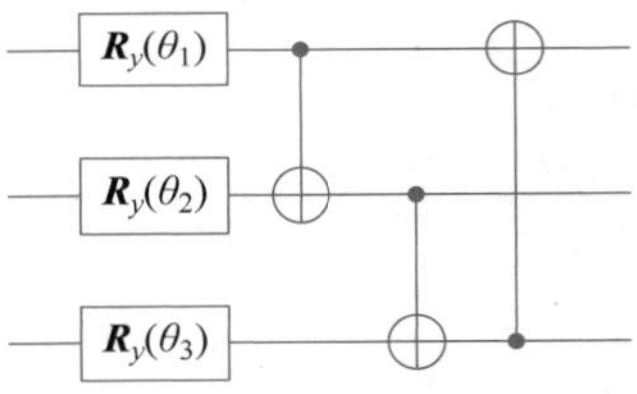

图 8.26　量子全连接层 $\boldsymbol{F}$ 的线路图

8.6 量子图神经网络

欧几里得空间数据的特点就是结构规则，例如图片，像素排列整齐，而且每个像素的数据类型和范围也都一致。但是现实生活中有很多不规则的数据结构，称为非欧几里得数据。图结构(或称拓扑结构)就是一种典型的非欧几里得数据结构，可以用来描述社交网络、化学分子结构、知识图谱等。7.3.1 节给出了图论中的相关概念，并给出了图论中常用的拉普拉斯矩阵的定义，经典图神经网络的核心就是使用拉普拉斯矩阵推导出其频域上的拉普拉斯算子，再类比频域上的欧几里得空间中的卷积，推导出图卷积的公式。

量子图神经网络和经典图神经网络大为不同，因此不再具体介绍经典图神经网络。下面举例给出量子图神经网络算法。

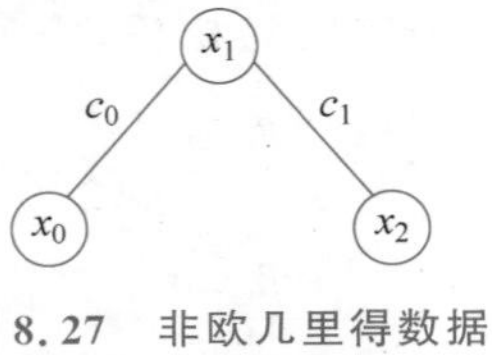

图 8.27　非欧几里得数据组成的无向图

图 8.27 是由非欧几里得数据组成的一个无向图，该图中

共有三个节点 x_0、x_1 和 x_2，两条边 c_0 和 c_1，x_0 和 x_1 的连接边为 c_0，x_1 和 x_2 的连接边为 c_1，x_0 和 x_2 之间没有连接。两个顶点之间有边连接表示两个节点之间存在关系，没有连接表示没有关系。

本节以图 8.27 为例介绍量子图卷积神经网络（Quantum Graph Neural Network，QGNN）。与量子卷积神经网络类似，量子图卷积神经网络由量子图卷积层和量子图池化层组成。

1. 量子图卷积层

图卷积神经网络与卷积神经网络模型不同的是，有节点和边两种类型的数据，相应的，量子图卷积神经网络中的量子比特也被分为两部分，分别用于存储节点和边。为了将图 8.27 中的无向图表示出来，需要用 3 个量子比特表示节点，分别是 $|x_0\rangle$、$|x_1\rangle$ 和 $|x_2\rangle$，用 2 个量子比特表示边，分别是 $|c_0\rangle$ 和 $|c_1\rangle$。

图 8.28(a)给出图 8.27 对应的量子图卷积层的线路图。在图 8.28(a)中，若两个节点之间有边连接，则使用图 8.24 所示的量子门 $\boldsymbol{U}_1$ 作用于表示这两个节点的量子比特上，并且 $\boldsymbol{U}_1$ 受到相应边的 $|1\rangle$ 控制，来实现两个节点的图卷积操作。例如，节点 x_0 和 x_1 由边 c_0 连接，则在量子线路中使用 $\boldsymbol{U}_1$ 作用于 $|x_0\rangle$ 和 $|x_1\rangle$，且 $\boldsymbol{U}_1$ 受到 $c_0=1$ 的控制。无向图中有几条边，在量子图卷积层中就有几个受控的量子门 $\boldsymbol{U}_1$。

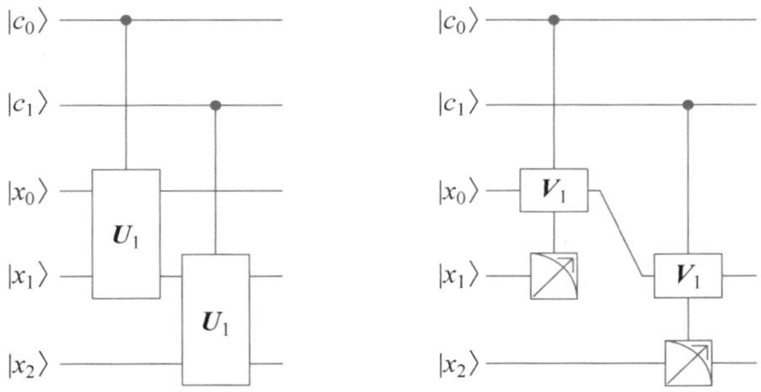

(a) 量子图卷积层　　(b) 量子图池化层

图 8.28　构成量子图卷积神经网络的两种线路层

2. 量子图池化层

量子图池化层与量子池化层类似，可以通过引入量子测量和受控量子门来减小节点特征映射的维度。池化操作同量子图卷积层一样也受边的控制。无向图中有几条边，在量子图池化层中就有几个受控量子门和测量操作。

图 8.28(b)是图 8.27 中图数据的量子图池化层线路图。受边 c_0 的控制，对节点 x_0 和 x_1 做池化操作，并对 $|x_1\rangle$ 进行测量。图 8.28(b)中的 $\boldsymbol{V}_1$ 与量子卷积神经网络中的量子池化单元一样。经过上述步骤之后，节点 x_1 的信息坍缩到 x_0 所在的量子线路上。

经过量子图池化层后，被测量的量子比特发生坍缩，不再参与后续运算，但是其测量结果会影响表示相邻节点的量子比特，有效地降低了节点特征映射的维度。例如，对 $|x_1\rangle$ 测量之后，$|x_1\rangle$ 不再参与后续运算，但测量结果会影响 $|x_0\rangle$。

经过量子图卷积和量子图池化层之后，对剩余量子比特进行量子测量以获得期望值，并将其映射到模型输出以得到最终的判别结果。图 8.27 所对应的量子图卷积神经网络的线路图如图 8.29 所示。

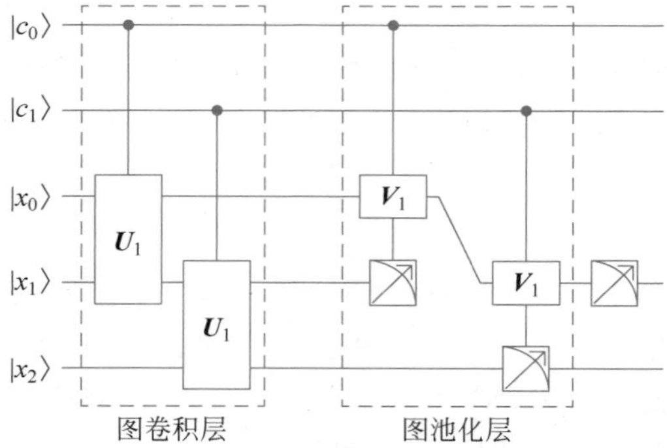

图 8.29 量子图卷积神经网络的线路图

8.7 本章小结

本章介绍了量子神经网络，从最简单的量子感知机模型到通用的量子神经网络模型，对量子神经网络模型做了介绍。尤其是量子神经网络一节，不仅给出了量子神经网络的模型，也对其目标函数与优化过程进行了详细描述，并且给出了具体的实现过程。

此外，对量子受限玻耳兹曼机、量子卷积神经网络以及量子图卷积神经网络三种广泛使用的量子神经网络模型进行了介绍。

除了量子感知机之外，本节介绍的量子神经网络模型皆是基于参数化量子线路的模型。事实上，还有一些其他的结构，如量子点神经网络、周期性激活函数的简单量子神经网络、量子霍普菲尔德神经网络等，感兴趣的读者可参见文献[25-26]。

参考文献

第9章 量子强化学习

强化学习(Reinforcement Learning,RL)是能与环境进行交互的一种机器学习方法。强化学习中的智能体每做出一次判断,就会获得环境的奖励,奖励可以是正的也可以是负的,学习的目标是让奖励最大化。量子计算的发展使其与强化学习的融合成为可能,出现了量子强化学习技术。在该技术研究中,一方面是将智能体量子化,利用量子特性对传统强化学习的智能体的效率进行改进;另一方面是将环境量子化,进而将智能体同环境间的交互量子化,设计更加高效的量子强化学习框架。因此本章主要分成强化学习原理、基于经典环境的量子强化学习和基于量子环境的量子强化学习三部分内容。

9.1 强化学习原理

强化学习强调如何基于环境而行动,以取得最大化的预期利益。强化学习可建模为马尔可夫决策过程。本节首先介绍强化学习的基本问题,然后介绍马尔可夫决策过程,再介绍值函数,最后介绍强化学习算法。

9.1.1 基本问题

强化学习的基本思想是通过试错来学习。在强化学习中,学习者和决策者统称为智能体。除了智能体自身外,智能体打交道的任何东西都可以称为环境。智能体通过与环境的交互,感知当前环境的状态,决策当前要采取的动作,以达到最大化收益的预期目标。

本节以猫抓老鼠的例子来说明强化学习的基本概念。

如图 9.1(a)所示,假设要训练一只机器猫,猫从迷宫左上角的初始位置出发,规避用黑色格子表示的障碍物,移动到老鼠所在位置。图 9.1 中有 25 个格子,将格子从上到下、从左到右依次编码为{1,2,…,25},如图 9.1(b)所示。环境的状态由猫所在的位置 S_t 确定,这里 t 表示当前时刻。假设从 $t=0$ 开始记录,猫的起始位置为 $S_0=1$。在该例子中,猫可以向上、下、左、右四个方向移动,也就是说猫有四个动作。机器猫的任务是以移动次数最少的方式抓到老鼠,因此对猫的动作设置奖励:移动到老鼠的位置时,奖励为 $R_t=10$;移动到障碍物位置时,奖励为 $R_t=-10$;其他情况每移动一步奖励为 $R_t=0$。结束条件:猫移动到老鼠的位置或者障碍物的位置则结束。

(a) 迷宫　　(b) 格子编号

图 9.1　猫抓老鼠的例子

图9.2为强化学习的基本结构模型。智能体能够感知当前的环境状态 S_t。强化学习的目标是为智能体学习一个策略 Π，由其确定智能体在当前状态下要选择的动作 A_t，完成 A_t 后，状态转移概率 P 使得环境从当前状态按照某种概率转移到另一个状态；状态转移的同时，环境会反馈给智能体一个奖励 R_{t+1}；智能体观察到新的状态 S_{t+1}。则得到一个"状态、动作、奖励"的序列，即

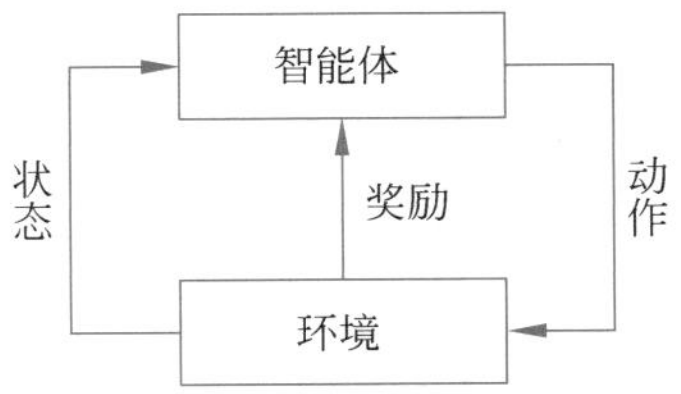

图9.2 强化学习的基本结构模型

$$\{S_0,A_0,R_1,S_1,A_1,R_2,\cdots,S_t,A_t,R_{t+1},S_{t+1},A_{t+1},\cdots,S_T,A_{T-1},R_T,S_T\} \tag{9.1.1}$$

式中：S_T 为终止状态；T 为终止时刻。

式(9.1.1)这样的序列是智能体在与环境的交互过程中产生的，强化学习的任务是在这种交互过程中学习得到智能体的最优策略。

9.1.2 马尔可夫决策过程

在智能体同环境交互过程中，若智能体的某个动作导致环境反馈正的奖励值，则智能体接下来采用该动作的策略会加强；反之，采用该动作的策略将减弱，以此来不断获得更高的累积奖励值，从而经过迭代获得最佳策略。

强化学习依据的一个重要假设是马尔可夫性，也就是说后续状态 S_{t+1} 只与当前状态 S_t 有关，与以前的状态无关，状态转移概率满足

$$P(S_{t+1} \mid S_0,S_1,\cdots,S_{t-1},S_t)=P(S_{t+1} \mid S_t) \tag{9.1.2}$$

在这种假设下，强化学习求解的大部分问题可以建模为马尔可夫决策过程(Markov Decision Process，MDP)。

【定义9.1.1】 马尔可夫决策过程。一个MDP由一个五元组$(S,A,R,P_{ss'}^a,\gamma)$构成。其中：$S=\{s^{(1)},s^{(2)},\cdots\}$表示状态集合；$A=\{a^{(1)},a^{(2)},\cdots\}$表示在任意状态下智能体可采取的所有动作的集合；$R:S\times A\to\mathbf{R}$ 为奖励函数，$R(s,a)=E(R_{t+1}|S_t=s,A_t=a)$为在状态 $S_t=s$ 执行动作 $A_t=a$ 后智能体获得的奖励；$P_{ss'}^a:S\times A\times S\to[0,1]$表示状态转移概率函数，即 $P_{ss'}^a=P(S_{t+1}=s'|S_t=s,A_t=a)$表示在状态 $S_t=s$ 下执行动作 $A_t=a$，环境跳转到状态 $S_{t+1}=s'$的概率；$\gamma\in[0,1]$表示折扣因子，属于超参数。

对于一个由MDP建模的过程，最主要的是为智能体确定一个策略。策略是智能体的行动函数，将状态映射为行为，即在 $S_t=s$ 的条件下，确定智能体的动作 $A_t=a$。策略函数定义为

$$\Pi(a \mid s)=P(A_t=a \mid S_t=s) \tag{9.1.3}$$

该策略说明在 $S_t=s$ 条件下 A_t 取动作 a 的概率。

在猫抓老鼠的例子中，一种简单的策略是猫在任意状态以等概率向4个方向移动，

则其策略函数为

$$\Pi(上 \mid s)=\Pi(下 \mid s)=\Pi(左 \mid s)=\Pi(右 \mid s)=\frac{1}{4}, \quad s=1,2,\cdots,24 \tag{9.1.4}$$

9.1.3 值函数

在一个给定策略 Π 下，从一个状态 $S_t=s$ 出发，智能体做出一个又一个动作，每做一个动作，都能够获得环境的奖励，这些奖励按照下式的计算方法累积得到累积奖励 G_t：

$$G_t=R_{t+1}+\gamma R_{t+2}+\cdots+\gamma^{T-t-1}R_T=\sum_{k=0}^{T-t-1}\gamma^k R_{t+k+1} \tag{9.1.5}$$

累积奖励又称为 S_t 的返回值。

值函数是累积奖励 G_t 的数学期望，分为状态值函数 $V_\Pi(s)$ 和状态-动作值函数 $Q_\Pi(s,a)$ 两种方式。$V_\Pi(s)$ 表示从状态 s 出发，使用策略 Π 所带来的累积奖励的数学期望，定义为

$$V_\Pi(s)=E_\Pi(G_t \mid S_t=s)=E_\Pi\left(\sum_{k=0}^{T-t-1}\gamma^k R_{t+k+1} \mid S_t=s\right) \tag{9.1.6}$$

$V_\Pi(s)$ 越大，说明奖励越多，意味着策略越好。

进一步，式(9.1.6)可以表示为

$$V_\Pi(s)=\sum_{a\in A}\Pi(a \mid s)\left(R(s,a)+\gamma\sum_{s'\in S}P_{ss'}^{a}V_\Pi(s')\right) \tag{9.1.7}$$

该式为贝尔曼方程的一种。这里不给出具体的证明过程，感兴趣的读者可以参见文献[1]。

$Q_\Pi(s,a)$ 表示从状态 s 出发，执行动作 a 后，再使用策略 Π 带来的累积奖励的数学期望，定义为

$$Q_\Pi(s,a)=E_\Pi\left(\sum_{k=0}^{T-t-1}\gamma^k R_{t+k+1} \mid S_t=s,A_t=a\right) \tag{9.1.8}$$

与状态值函数类似，式(9.1.8)可表示为

$$Q_\Pi(s,a)=\sum_{s'\in S}(R(s,a)+\gamma P_{ss'}^{a}V_\Pi(s')) \tag{9.1.9}$$

强化学习的目标是获得最多的奖励，也就是最大化值函数。

9.1.4 强化学习算法

对于一个强化学习问题，可以给出很多的策略 Π，每种策略对应不同的状态值函数 $V_\Pi(s)$。强化学习的目的是要找到最优策略 Π^* 使得状态值函数或动作-状态值函数最大，也就是

$$\begin{aligned} V_*(s)&=\max_\Pi V_\Pi(s) \\ &=\max_\Pi\left(\sum_{a\in A}\Pi(a \mid s)(R(s,a)+\gamma\sum_{s'\in S}P_{ss'}^{a}V_\Pi(s'))\right) \end{aligned} \tag{9.1.10}$$

$$Q_*(s,a)=\max_{\Pi}Q_{\Pi}(s,a)$$
$$=\max_{\Pi}(\sum_{s'\in S}(R(s,a)+\gamma P_{ss'}^{a}V_{\Pi}(s'))) \tag{9.1.11}$$
$$=\sum_{s'\in S}(R(s,a)+\gamma P_{ss'}^{a}V_*(s'))$$

在强化学习中最优策略可能不止一个，但是最大的状态值函数或动作-状态值函数只有一个。

根据五元组$(S,A,R,P_{ss'}^{a},\gamma)$中的元素是否均为已知的，可以将强化学习算法分为有模型学习和免模型学习，有模型学习是指五元组元素均已知，免模型学习是指环境的转移概率$P_{ss'}^{a}$和奖励函数R是未知的。下面首先介绍有模型学习——值函数迭代，再介绍免模型学习算法——时序差分算法。

1. 值函数迭代

值函数迭代不考虑策略，直接迭代计算最优的值函数。由值函数和动作-状态值函数的定义可知

$$V_*(s)=\max_{a\in A}Q_*(s,a) \tag{9.1.12}$$

将式(9.1.11)代入式(9.1.12)可得

$$V_*(s)=\max_{a\in A}\left(R(s,a)+\gamma\sum_{s'\in S}P_{ss'}^{a}V_*(s')\right) \tag{9.1.13}$$

由式(9.1.13)可以看出，如果已知$V_*(s')$，就可以求出$V_*(s)$。但是，$V_*(s')$是未知的，因此利用迭代算法。值函数迭代利用式(9.1.13)的形式将迭代函数写为

$$V_{k+1}(s)=\max_{a\in A}\left(R(s,a)+\gamma\sum_{s'\in S}P_{ss'}^{a}V_k(s')\right) \tag{9.1.14}$$

由文献[2]可知，存在唯一的最优值函数V_*，使用这个值函数可以得到最优策略Π_*。

2. 时序差分算法

时序差分算法是强化学习的核心算法之一，与值函数迭代算法不同，它是一种免模型学习算法，不知道模型的参数。由于模型参数未知，状态值函数和动作-状态值函数是通过实际记录得到的估计函数，它们是随机的，分别记作$V(s)$和$Q(s,a)$。即在当前状态s下选择了一个动作a，获得一个奖励r，进入下一个状态s'，并选择下一个动作a'，就可以更新$V(s)$和$Q(s,a)$。时序差分算法的状态值函数和动作-状态值函数的迭代公式分别为

$$V(s)\leftarrow(1-\eta)V(s)+\eta(R(s,a)+\gamma V(s')) \tag{9.1.15}$$
$$Q(s,a)\leftarrow(1-\eta)Q(s,a)+\eta(R(s,a)+\gamma Q(s',a')) \tag{9.1.16}$$

式中：η为学习率。

9.2 基于经典环境的量子强化学习

基于经典环境的量子强化学习是将智能体量子化，以提高强化学习的效率。本节介绍的算法是使用Grover搜索算法中的振幅放大算子，通过测量得到量子强化学习的动

作策略，只有智能体的动作是量子的。

9.2.1 算法

智能体要从所有可能的动作中选择一个，因此首先要把所有的动作以量子态的形式存储。以 9.1.1 节猫抓老鼠的例子为例，猫可以向上、下、左、右四个方向移动。相应地，在量子强化学习算法中，把猫的这四个动作定义为特征动作，作为一组基，则所有动作可以叠加存储为

$$\alpha_0 \mid 左\rangle + \alpha_1 \mid 上\rangle + \alpha_2 \mid 右\rangle + \alpha_3 \mid 下\rangle \tag{9.2.1}$$

式中：$|\alpha_0|^2 + |\alpha_1|^2 + |\alpha_2|^2 + |\alpha_3|^2 = 1$。

更一般地，有下面的定义。

【定义 9.2.1】 量子强化学习的特征动作对应于希尔伯特空间的一组标准正交基。

在量子强化学习中，N 个特征动作对应于 $N=2^n$ 维标准正交基$\{|0\rangle, |1\rangle, \cdots, |2^n-1\rangle\}$，因此任意动作$|a^{(n)}\rangle$都可以表示成特征动作的线性组合，即

$$\mid a^{(n)}\rangle = \sum_{i=0}^{2^n-1} \alpha_i \mid i\rangle \tag{9.2.2}$$

式中：$\sum_{i=0}^{2^n-1} \mid \alpha_i \mid^2 = 1$。

量子强化学习算法与经典强化学习算法一样，最主要的步骤是选择能使得利益最大化的动作。由于特征动作都叠加存储在$|a^{(n)}\rangle$中，因此要搜索到使得利益最大化的特征动作，必须对式(9.2.2)进行测量。

对于所有的特征动作$|0\rangle, |1\rangle, \cdots, |2^n-1\rangle$来说，如果直接对其进行测量，那么得到所有特征动作的概率都是不一样的。为了以较高的概率得到特征动作$|\beta\rangle$，需要使用 Grover 搜索算法中的振幅放大算子增加得到特征动作$|\beta\rangle$的概率。下面给出具体的算法：

首先，使用 n 个 $\boldsymbol{H}$ 门作用于初始态$|0\rangle^{\otimes n}$上得到 n 个特征动作的叠加态

$$\mid a^{(n)}\rangle = \boldsymbol{H}^{\otimes n} \mid 0\rangle^{\otimes n} = \frac{1}{\sqrt{2^n}} \sum_{i=0}^{2^n-1} \mid i\rangle = \sin\theta \mid \beta\rangle + \cos\theta \mid \beta^{\perp}\rangle \tag{9.2.3}$$

式中：$\sin\theta = \frac{1}{\sqrt{2^n}}$，即 $\theta = \arcsin\frac{1}{\sqrt{2^n}}$；$|\beta^{\perp}\rangle$表示$|a^{(n)}\rangle$中除特征动作$|\beta\rangle$之外其余特征动作的组合。

然后，构造式(9.2.4)所示的振幅放大算子用于放大得到特征动作$|\beta\rangle$的概率

$$\boldsymbol{G} = \boldsymbol{H}^{\otimes n}(2 \mid 0\rangle\langle 0 \mid - I)\boldsymbol{H}^{\otimes n}(I - 2 \mid \beta\rangle\langle\beta \mid) \tag{9.2.4}$$

经过 L 次振幅放大算子之后，式(9.2.3)演化为

$$\mid a_1^{(n)}\rangle = \sin(2L\theta + \theta) \mid \beta\rangle + \cos(2L\theta + \theta) \mid \beta^{\perp}\rangle \tag{9.2.5}$$

式中：$L = O(\sqrt{2^n})$，这里 L 取值可参考 Grover 搜索算法 3.2.4 节的算法分析，经过振幅放大算子之后，得到$|\beta\rangle$的概率由 $\sin^2\theta$ 放大到 $\sin^2(2L\theta+\theta)$。

测量之后可以以大于$\frac{1}{2}$的概率得到特征动作β。注意，测量之后特征动作为经典形式。将特征动作β作用于当前状态s，并产生奖励r，使用时序差分方法，状态值函数由$V(s)$变为$V(s')$。

量子强化学习与经典强化学习一样，同样需要智能体在环境中进行实际交互，将智能体从开启到结束的过程称为一次试验。正如前面所介绍的那样，一次试验可以由T步完成，则这样的一次试验称为一幕。基于经典环境的量子强化学习算法只有动作是量子的，其余步骤皆为经典的。

基于经典环境的量子强化学习算法总结如下：

基于经典环境的量子强化学习算法

输入：所有动作的线性组合$|a^{(n)}\rangle=\sum_{i=0}^{2^n-1}\alpha_i|i\rangle$，状态值函数$V(s)$，任意$\varepsilon$。

过程：对于每幕试验，重复下列过程，直到$|\Delta V(s)|\leqslant\varepsilon$，结束这幕试验。

对于所有的状态s：

(1) 使用振幅放大算子放大$|a^{(n)}\rangle$中$|\beta\rangle$的振幅；

(2) 测量$|a^{(n)}\rangle$得到动作$|\beta\rangle$；

(3) 执行$|\beta\rangle$，得到状态$|s'\rangle$和奖励R；

(4) 更新状态值$V(s)$。

输出：最优策略

该量子强化学习算法主要依靠振幅放大算子，通过测量得到量子强化学习的动作策略。但是，该算法在状态值函数更新方面并未结合量子计算特性，依然采用传统更新方法，对于大规模的状态空间收敛效果会变差。

9.2.2 实现

本节以猫抓老鼠的例子为例，使用量子强化学习算法寻找最优策略，也就是找到奖励最大的一条路径。如图9.1(b)所示，要寻找一条从位置1到位置25的路径，使得奖励最大。下面给出在该图中运动时的限制：

(1) 当走到边界时，会退回来。比如，当前位置为1，当向上或向左运动时，会退回到1的位置。

(2) 位置4、7、14和23为障碍物，当运动到这些位置时，奖励为−10，终点奖励为10，其余奖励皆为0。

量子强化学习算法是一个量子-经典混合算法，只有动作使用量子算法。将上、下、左、右四个动作存储在量子态中，即

$$\frac{1}{2}(|00\rangle+|01\rangle+|10\rangle+|11\rangle) \tag{9.2.6}$$

式中：$|00\rangle$表示动作“左”；$|01\rangle$表示动作“上”；$|10\rangle$表示动作“右”；$|11\rangle$表示动作“下”。

使用振幅放大算子放大相应动作的振幅(代码11～64行)，比如，图9.3中第一步是

制备式(9.2.6)的量子态，第二步为放大$|11\rangle$振幅的量子线路图(代码 53～64 行)，放大之后，通过测量得到向下移动的动作。最后使用经典算法找到奖励最多的路径。

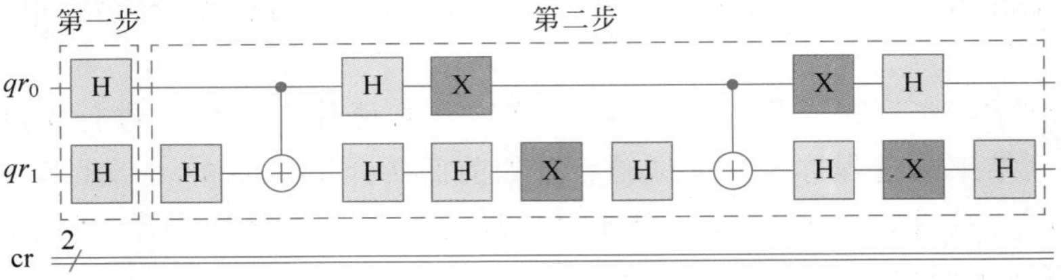

图 9.3　放大$|11\rangle$振幅的量子线路图

图 9.4 是算法输出结果，即一个策略。其中一共有两个关键词“now”和“next”，“now”是指猫当前所处的位置，“next”是指猫下一步的位置。以第一行的第一个“now：1，next：2”为例，它表示猫当前的位置为 1，下一步的位置为 2。

```
now:1,next:2   now:6,next:11   now:2,next:3   now:3,next:8   now:8,next:9   now:7,next:8   now:12,next:7   now:11,next:12
now:16,next:11   now:4,next:5   now:9,next:10   now:10,next:15   now:5,next:10   now:15,next:20   now:20,next:25   now:19,next:20
now:24,next:25   now:23,next:24   now:17,next:12   now:21,next:22   now:22,next:17   now:14,next:15
```

图 9.4　算法输出结果

由图 9.4 可以看出，奖励最大的一条运动路径如图 9.5 所示。

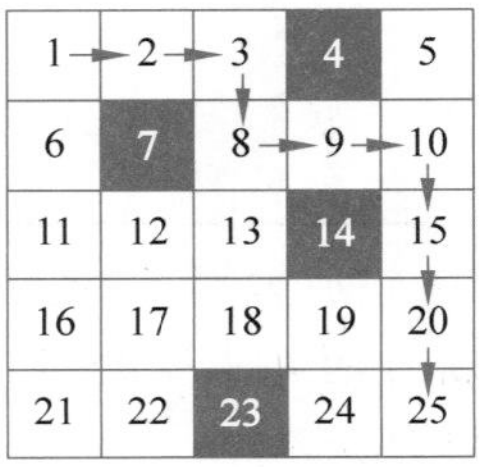

图 9.5　最优路径

量子强化学习算法的代码如下：

```
1.    %matplotlib inline
2.    from qiskit import QuantumCircuit, ClassicalRegister, QuantumRegister
3.    from qiskit import Aer
4.    from qiskit import execute
5.    from collections import defaultdict
6.    from collections import namedtuple
7.    import numpy as np
8.    import itertools
9.
10.   #四种 Grover 量子搜索算法线路
11.   def gIteration00(qc, qr):
12.       qc.s(qr)
13.       qc.h(qr[1])
14.       qc.cx(qr[0], qr[1])
15.       qc.h(qr[1])
16.       qc.s(qr)
```

```
    qc.h(qr)
    qc.x(qr)
    qc.h(qr[1])
    qc.cx(qr[0], qr[1])
    qc.h(qr[1])
    qc.x(qr)
    qc.h(qr)
    return qc, qr
def gIteration01(qc, qr):
    qc.s(qr[0])
    qc.h(qr[1])
    qc.cx(qr[0], qr[1])
    qc.h(qr[1])
    qc.s(qr[0])
    qc.h(qr)
    qc.x(qr)
    qc.h(qr[1])
    qc.cx(qr[0], qr[1])
    qc.h(qr[1])
    qc.x(qr)
    qc.h(qr)
    return qc, qr
def gIteration10(qc, qr):
    qc.s(qr[1])
    qc.h(qr[1])
    qc.cx(qr[0], qr[1])
    qc.h(qr[1])
    qc.s(qr[1])
    qc.h(qr)
    qc.x(qr)
    qc.h(qr[1])
    qc.cx(qr[0], qr[1])
    qc.h(qr[1])
    qc.x(qr)
    qc.h(qr)
    return qc,qr
def gIteration11(qc, qr):
    qc.h(qr[1])
    qc.cx(qr[0], qr[1])
    qc.h(qr[1])
    qc.h(qr)
    qc.x(qr)
    qc.h(qr[1])
    qc.cx(qr[0], qr[1])
    qc.h(qr[1])
    qc.x(qr)
    qc.h(qr)
    return qc, qr

class GridworldEnv:
    def __init__(self):
```

```
        #定义格子地图
        self.grid = [[ 1,  2,  3,  4,  5],
                     [ 6,  7,  8,  9, 10],
                     [11, 12, 13, 14, 15],
                     [16, 17, 18, 19, 20],
                     [21, 22, 23, 24, 25]]
        #初始位置
        self.state = [0, 0]
        self.position = 1
        #四个运动方向 left, up, right, down
        self.actions = [0, 1, 2, 3]
        self.states = 25
        #终点
        self.final_state = 25
        #奖励
        self.reward = [[ 0,  0,   0, -10,  0],
                       [ 0, -10,  0,   0,  0],
                       [ 0,  0,   0, -10,  0],
                       [ 0,  0,   0,   0,  0],
                       [ 0,  0, -10,   0, 10]]
        #结束标志
        self.done = False
    def reset(self):
        self.state = [0, 0]
        self.position = 1
        self.done = False
        return self.position
    def step(self, action):
        if action == 0:
            self.state[1] -= 1
        elif action == 1:
            self.state[0] -= 1
        elif action == 2:
            self.state[1] += 1
        elif action == -1 or action == 3:
            self.state[0] += 1
        if self.state[0] < 0:
            self.state[0] = 0
        elif self.state[0] > 4:
            self.state[0] = 4
        elif self.state[1] < 0:
            self.state[1] = 0
        elif self.state[1] > 4:
            self.state[1] = 4
        elif self.state[1] == 2 and (self.state[0] == 2 or self.state[0] == 3):
            if action == 0:
                self.state[1] = 3
            elif action == 1:
                self.state[0] = 4
            elif action == 2:
                self.state[1] = 1
```

```
            elif action == -1 or action == 3:
                self.state[0] = 1
        self.position = self.grid[self.state[0]][self.state[1]]
        reward = self.reward[self.state[0]][self.state[1]]
        if self.position == self.final_state:
            self.done = True
        return self.position, reward, self.done

def groverIteration(eigenAction, qr, action, reward, nextStateValue):
    L = int(0.2 * (reward + nextStateValue))
    if(L > 1):
        L = 1
    if(action == 0):
        for x in range(L):
            eigenAction, qr = gIteration00(eigenAction, qr)
    elif(action == 1):
        for x in range(L):
            eigenAction, qr = gIteration01(eigenAction, qr)
    elif(action == 2):
        for x in range(L):
            eigenAction, qr = gIteration10(eigenAction, qr)
    elif(action == 3):
        for x in range(L):
            eigenAction, qr = gIteration11(eigenAction, qr)
    return eigenAction, qr
def collapseActionSelectionMethod(eigenAction, qr, cr):
    eigenAction.measure(0,0)
    eigenAction.measure(1,1)
    backend = Aer.get_backend('qasm_simulator')
    job_sim = execute(eigenAction, backend, shots = 1)
    sim_result = job_sim.result()
    measurement_result = sim_result.get_counts(eigenAction)
    if '00' in measurement_result:
        return 0
    elif '01' in measurement_result:
        return 1
    elif '10' in measurement_result:
        return 2
    elif '11' in measurement_result:
        return 3
EpisodeStats = namedtuple("Stats",["episode_lengths", "episode_rewards"])
def q_learning(env, num_episodes, discount_factor = 0.9, alpha = 0.8):
    memory = defaultdict(list)
    stats = EpisodeStats(episode_lengths = np.zeros(num_episodes),episode_rewards = np.zeros(num_episodes))
    for i_episode in range(num_episodes):
        #重置
        eigenState = env.reset()
        for t in itertools.count():
            if eigenState in memory:
                memList = memory[eigenState]
```

```
                #获取 memory 中的 action 和当前奖励以及下一步的位置
                action = memList[0]
                stateValue = memList[1]
                nextState = memList[2]
                #获取下一步的奖励
                if nextState in memory:
                    nextStateValue = memory[nextState][1]
                else:
                    nextStateValue = 0.0
                reward = memList[3]
                qr = QuantumRegister(2, 'qr')
                cr = ClassicalRegister(2, 'cr')
                eigenAction = QuantumCircuit(qr, cr)
                eigenAction.h(qr)
                #根据 action、reward 以及 nextStateValue 选择对应的 grove 线路
                eigenAction, qr = groverIteration(eigenAction, qr, action, reward, nextStateValue)
            else:
                qr = QuantumRegister(2, 'qr')
                cr = ClassicalRegister(2, 'cr')
                eigenAction = QuantumCircuit(qr, cr)
                eigenAction.h(qr)
                stateValue = 0.0
            #测量量子线路,返回 action
            action = collapseActionSelectionMethod(eigenAction, qr, cr)
            #更新下一步位置和奖励
            nextEigenState, reward, done = env.step(action)
            if nextEigenState in memory:
                memList = memory[nextEigenState]
                nextStateValue = memList[1]
            else:
                nextStateValue = 0.0
            #计算更新后的状态奖励
            stateValue = stateValue + alpha * (reward + (discount_factor * nextStateValue) - stateValue)
            memory[eigenState] = (action, stateValue, nextEigenState, reward)
            stats.episode_rewards[i_episode] += (discount_factor ** t) * reward
            stats.episode_lengths[i_episode] = t
            if done:
                break
            eigenState = nextEigenState
    return stats, memory
env = GridworldEnv()
stats, memory = q_learning(env, 500)
#输出当前位置和下一步的位置
print(memory)
i = 0
for state in memory:
    i += 1
    print("now: %d,next: %d" % (state,memory[state][2]),end = "    ")
    if(i % 8 == 0):
        print()
```

9.3 基于量子环境的量子强化学习

量子环境下的强化学习，即将任务环境量子化，让智能体在量子化的环境中学习，利用量子交互提高其效率。目前关于量子环境的强化学习的研究尚在初期，本节给出智能体同量子环境交互的框架。

假设量子化的智能体和量子化的任务环境的状态可以分别由希尔伯特空间$\mathcal{H}_A$和$\mathcal{H}_E$表示。图9.6是智能体和环境交互的量子框架。这里智能体和环境共用一个通信寄存器R_C，又有各自的私有寄存器R_A和R_E。智能体和环境轮流作用在通信寄存器R_C和各自的私有寄存器上，得到映射序列$\{\boldsymbol{M}_1^A,\boldsymbol{M}_2^A,\cdots,\boldsymbol{M}_t^A\}$和$\{\boldsymbol{M}_1^E,\boldsymbol{M}_2^E,\cdots,\boldsymbol{M}_t^E\}$。其中$\{\boldsymbol{M}_i^A\}$为作用在通信寄存器$R_C$和智能体寄存器$R_A$上的酉变换，改变智能体的动作，使得新动作存储在通信寄存器R_C上。$\{\boldsymbol{M}_i^E\}$为作用在通信寄存器R_C和环境寄存器R_E上的酉变换，改变环境状态，使得新状态存储在通信寄存器R_C上。

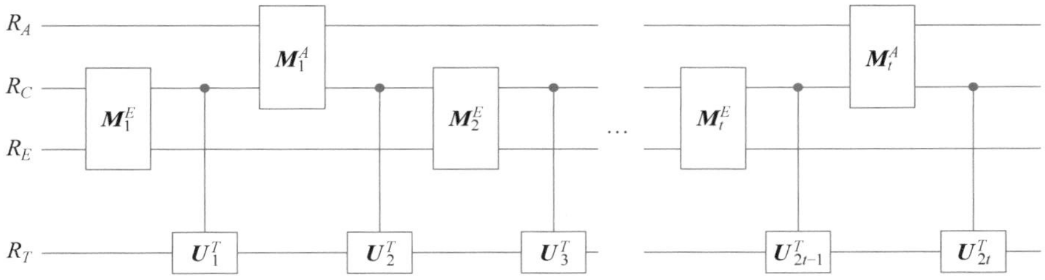

图 9.6 智能体和环境交互的量子框架

该交互过程的一个核心步骤是每次实施酉变换$\boldsymbol{M}_i^A$和$\boldsymbol{M}_i^E$之后，对通信寄存器上的量子态进行记录。记录方法为增加一个测试寄存器R_T，并用受控操作$\boldsymbol{U}_i^T$作用于寄存器R_T上。这里$\boldsymbol{U}_i^T$是一个测量算子，测量之后将相关信息以经典形式存储。

最后根据测量得到的信息判断序列$\{\boldsymbol{M}_1^A,\boldsymbol{M}_2^A,\cdots,\boldsymbol{M}_t^A\}$和$\{\boldsymbol{M}_1^E,\boldsymbol{M}_2^E,\cdots,\boldsymbol{M}_t^E\}$的好坏。假设测量得到$h_t=(a_1,s_1,\cdots,a_t,s_t)$，则$\mathrm{Rate}(h_t)$越大越好，$\mathrm{Rate}(\cdot)$表示关于$h_t$的值函数，可是状态值函数，也可以是状态-动作值函数。

9.4 本章小结

量子强化学习作为强化学习和量子计算的交叉研究领域，利用量子计算并行性提供的强大算力来实现对强化学习过程的加速。本章介绍了基于经典环境的量子强化学习方法和基于量子环境的强化学习方法。基于经典环境的量子强化学习方法只有智能体是量子的，而基于量子环境的强化学习方法智能体的动作和环境变化都是量子的，并且交互方式也是量子的。但是，这两种方法中值函数迭代都是经典的。

除了本节介绍的量子强化学习，目前也有其他一些量子强化学习方法。比如经典环境下基于量子玻耳兹曼机的强化学习、量子环境下基于元学习的量子强化学习、深度量子强化学习等。由于篇幅有限，且模型完全不同，本书不再对这些算法进行介绍，感兴趣的读者可参见文献[4-5]。

参考文献

附录A 谱定理

谱定理给出了矩阵可以对角化的条件,也提供了一个矩阵所作用的向量空间的标准分解,称为谱分解或特征值分解。下面介绍谱定理。

【定理 A.1】 向量空间 $\boldsymbol{V}$ 中的任意正规矩阵 $\boldsymbol{A}$,在 $\boldsymbol{V}$ 的某组标准正交基下可对角化。反之,任意可对角化的矩阵都是正规的。

证明:假设向量空间 $\boldsymbol{V}$ 的维数为 d,下面使用数学第二归纳法证明正规算子 $\boldsymbol{A}$ 在 $\boldsymbol{V}$ 的某组标准正交基下可对角化。

$d=1$ 的情况是平凡的。下面证明不平凡的情况。

令 λ 是算子 $\boldsymbol{A}$ 的一个特征值,$\boldsymbol{P}$ 是映射到 λ 特征空间的投影,$\boldsymbol{Q}$ 是到正交补的投影,于是

$$\boldsymbol{A}=(\boldsymbol{P}+\boldsymbol{Q})\boldsymbol{A}(\boldsymbol{P}+\boldsymbol{Q})=\boldsymbol{PAP}+\boldsymbol{QAP}+\boldsymbol{PAQ}+\boldsymbol{QAQ} \tag{A.1}$$

由于投影算子是幂等算子,即 $\boldsymbol{P}^n=\boldsymbol{P}$,因此 $\boldsymbol{PAP}=\lambda\boldsymbol{P}$。又因为 $\boldsymbol{A}$ 把子空间 $\boldsymbol{P}$ 映射到其自身,故 $\boldsymbol{QAP}=\boldsymbol{0}$。

此外,令 $|\varphi\rangle$ 是子空间 $\boldsymbol{P}$ 的元素,则

$$\boldsymbol{AA}^+|\varphi\rangle=\boldsymbol{A}^+\boldsymbol{A}|\varphi\rangle=\boldsymbol{A}^+(\lambda|\varphi\rangle)=\lambda(\boldsymbol{A}^+|\varphi\rangle)$$

所以 $\boldsymbol{A}^+|\varphi\rangle$ 的特征值为 λ,是子空间 $\boldsymbol{P}$ 中的元素,因此 $\boldsymbol{PA}^+\boldsymbol{Q}=\boldsymbol{0}$,对此式取伴随,可得 $\boldsymbol{PAQ}=\boldsymbol{0}$。

所以 $\boldsymbol{A}=\boldsymbol{PAP}+\boldsymbol{QAQ}$。

下面证明 $\boldsymbol{QAQ}$ 是正规的。由于

$$\boldsymbol{QA}=\boldsymbol{QA}(\boldsymbol{P}+\boldsymbol{Q})=\boldsymbol{QAQ},\quad \boldsymbol{QA}^+=\boldsymbol{QA}^+(\boldsymbol{P}+\boldsymbol{Q})=\boldsymbol{QA}^+\boldsymbol{Q},\quad \boldsymbol{Q}^2=\boldsymbol{Q}$$

并且 $\boldsymbol{A}$ 是正规的,因此

$$\boldsymbol{QAQQA}^+\boldsymbol{Q}=\boldsymbol{QAQA}^+\boldsymbol{Q}=\boldsymbol{QAA}^+\boldsymbol{Q}=\boldsymbol{QA}^+\boldsymbol{AQ}=\boldsymbol{QA}^+\boldsymbol{QAQ}=\boldsymbol{QA}^+\boldsymbol{QQAQ} \tag{A.2}$$

所以 $\boldsymbol{QAQ}$ 是正规的。

由归纳假设,$\boldsymbol{QAQ}$ 对子空间 $\boldsymbol{Q}$ 的某个标准正交基是可对角化的,而 $\boldsymbol{PAP}$ 对 $\boldsymbol{P}$ 的标准正交基是可对角化的,所以 $\boldsymbol{A}=\boldsymbol{PAP}+\boldsymbol{QAQ}$ 对于全空间在某个标准正交基下是可对角化的。

显然,可以根据矩阵对角化的定义和式(2.5.9)来证明。

由定理 A.1 可以看出正规矩阵 $\boldsymbol{A}$ 是可对角化的,也就是说存在正交矩阵 $\boldsymbol{B}$ 使得

$$\boldsymbol{B}^{-1}=\boldsymbol{B}^{\mathrm{T}} \tag{A.3}$$

成立,其中 $\boldsymbol{\Lambda}$ 为对角矩阵,对角矩阵的元素记为 $\lambda_i(i=0,1,\cdots,N-1)$。把 $\boldsymbol{B}$ 用其列向量表示为 $\boldsymbol{B}=(\boldsymbol{v}_0\quad \boldsymbol{v}_1\quad \cdots\quad \boldsymbol{v}_{N-1})$,则

$$\boldsymbol{AB}=\boldsymbol{A}(\boldsymbol{v}_0\quad \boldsymbol{v}_1\quad \cdots\quad \boldsymbol{v}_{N-1})=(\boldsymbol{A}\boldsymbol{v}_0\quad \boldsymbol{A}\boldsymbol{v}_1\quad \cdots\quad \boldsymbol{A}\boldsymbol{v}_{N-1}) \tag{A.4}$$

$$\boldsymbol{B\Lambda}=(\boldsymbol{v}_0\quad \boldsymbol{v}_1\quad \cdots\quad \boldsymbol{v}_{N-1})\begin{pmatrix}\lambda_0 & & & \\ & \lambda_1 & & \\ & & \ddots & \\ & & & \lambda_{N-1}\end{pmatrix}=(\lambda_0\boldsymbol{v}_0\quad \lambda_1\boldsymbol{v}_1\quad \cdots\quad \lambda_{N-1}\boldsymbol{v}_{N-1}) \tag{A.5}$$

由于 $\boldsymbol{AB}=\boldsymbol{B\Lambda}$，由式(A.4)和式(A.5)可知，对于 $i=0,1,\cdots,N-1$ 都有 $\boldsymbol{A}\boldsymbol{v}_i=\lambda_i\boldsymbol{v}_i$，因此，$\lambda_i$ 是 $\boldsymbol{A}$ 的特征值，而 $\boldsymbol{v}_i$ 是相应的特征向量。由式(A.3)可得

$$\begin{aligned}\boldsymbol{A}&=\boldsymbol{B\Lambda B}^{-1}=\boldsymbol{B\Lambda B}^{\mathrm{T}}\\&=(\boldsymbol{v}_0\quad\boldsymbol{v}_1\quad\cdots\quad\boldsymbol{v}_{N-1})\begin{pmatrix}\lambda_0&&&\\&\lambda_1&&\\&&\ddots&\\&&&\lambda_{N-1}\end{pmatrix}\begin{pmatrix}\boldsymbol{v}_1^{\mathrm{T}}\\\boldsymbol{v}_2^{\mathrm{T}}\\\vdots\\\boldsymbol{v}_{N-1}^{\mathrm{T}}\end{pmatrix}\\&=\sum_{i=0}^{N-1}\lambda_i\boldsymbol{v}_i\boldsymbol{v}_i^{\mathrm{T}}\end{aligned}\tag{A.6}$$

在量子计算中，$\boldsymbol{v}_i$ 的量子态形式为 $|v_i\rangle$，$\boldsymbol{v}_i^{\mathrm{T}}$ 的量子态形式为 $\langle v_i|$，因此式(A.6)可以转换为

$$\boldsymbol{A}=\boldsymbol{B\Lambda B}^{\mathrm{T}}=\sum_{i=0}^{N-1}\lambda_i|v_i\rangle\langle v_i|\tag{A.7}$$

附录B 量子数学运算算法

数学上很多运算都可以利用泰勒展开式写成加法和乘法的组合。量子计算是可以实现加法和乘法的，因此可以实现很多数学运算。本节介绍如何在量子计算机上实现量子乘加法器(Quantum Multiply-Adder，QMA)，并在此基础上给出了正弦函数等数学运算的量子实现方法。

B.1 量子乘加法器

假设 a,b,c 是实数，且 $a,b,c\in[0,1)$。a,b,c 的二进制表示形式为 $a=0.a_1a_2\cdots a_m$，$b=0.b_1b_2\cdots b_n$ 和 $c=0.c_1c_2\cdots c_{m+n+1}$。进而能够用量子形式表示为 $|a\rangle=|a_1a_2\cdots a_m\rangle$，$|b\rangle=|b_1b_2\cdots b_n\rangle$ 和 $|c\rangle=|c_1c_2\cdots c_{m+n}c_{m+n+1}\rangle$，其中 $a_i,b_j,c_k\in\{0,1\}(i=1,2,\cdots,m;\ j=1,2,\cdots,n;\ k=1,2,\cdots,m+n+1)$。

量子计算中，存在酉变换 $\boldsymbol{\Pi}_{m,n}^{\pm}$ 使得下式成立：

$$\boldsymbol{\Pi}_{m,n}^{\pm}|a\rangle|b\rangle|c\rangle=|a\rangle|b\rangle|c\pm ab\rangle \tag{B.1}$$

$\boldsymbol{\Pi}_{m,n}^{\pm}$ 就是量子乘加法器，a 和 b 先相乘，再和 c 相加(减)。下面具体介绍 $\boldsymbol{\Pi}_{m,n}^{\pm}$ 的构造，先介绍 $2^{-l}\boldsymbol{\Sigma}_{m,n}^{\pm}$ 模块，在此基础上给出 $\boldsymbol{\pi}_{m,n}^{\pm}$，最后构成量子乘加法器 $\boldsymbol{\Pi}_{m,n}^{\pm}$。

图B.1给出 $2^{-l}\boldsymbol{\Sigma}_{m,n}^{\pm}$ 的量子线路，其中 $|\phi(c)\rangle=\mathbf{QFT}|c\rangle$ 表示 $|c\rangle$ 的量子傅里叶变换，因此 $|\phi_k(c)\rangle$ 为

$$|\phi_k(c)\rangle=\frac{1}{\sqrt{2}}(|0\rangle+\mathrm{e}^{2\pi\mathrm{i}c2^{m+n-k}}|1\rangle),\quad k=1,2,\cdots,m+n+1 \tag{B.2}$$

$2^{-l}\boldsymbol{\Sigma}_{m,n}^{\pm}$ 能够实现的功能是

$$2^{-l}\boldsymbol{\Sigma}_{m,n}^{\pm}(|b\rangle|\phi(c)\rangle)=|b\rangle|\phi(c\pm2^{-l}b)\rangle \tag{B.3}$$

之所以能实现这个功能，在于图B.1中 $\boldsymbol{R}_k^{\pm}$ 的设计。$\boldsymbol{R}_k^{\pm}=|0\rangle\langle0|+\mathrm{e}^{\pm2\pi\mathrm{i}/2^k}|1\rangle\langle1|$，有 $\boldsymbol{R}_k^{\pm}|0\rangle=|0\rangle$，$\boldsymbol{R}_k^{\pm}|1\rangle=\mathrm{e}^{\pm2\pi\mathrm{i}/2^k}|1\rangle$，$k=1,2,\cdots,l+n+1$。图B.1中每一个虚线框的作用都是将 $|\phi_k(c)\rangle$ 演化为 $|\phi_k(c\pm2^{-l}b)\rangle$。第一个虚线框中的操作将 $|\phi_{m+n+1}(c)\rangle$ 演化为 $|\phi_{m+n+1}(c\pm2^{-l}b)\rangle$，下面给出具体的演化过程：

对 $|\phi_{m+n+1}(c)\rangle=\frac{1}{\sqrt{2}}(|0\rangle+\mathrm{e}^{2\pi\mathrm{i}c2^{-1}}|1\rangle)$ 执行受 $|b_1\rangle$ 控制的 $\boldsymbol{R}_{l+2}^{\pm}$ 操作可得

$$\begin{aligned}|\phi_{m+n+1}(c)\rangle_2&=\frac{1}{\sqrt{2}}(|0\rangle+\mathrm{e}^{2\pi\mathrm{i}c2^{-1}}\mathrm{e}^{\pm2\pi\mathrm{i}b_12^{-l-2}}|1\rangle)\\&=\frac{1}{\sqrt{2}}(|0\rangle+\mathrm{e}^{2\pi\mathrm{i}(c\pm2^{-l}b_12^{-1})2^{-1}}|1\rangle)\end{aligned} \tag{B.4}$$

对 $|\phi_{m+n+1}(c)\rangle_2$ 执行受 $|b_2\rangle$ 控制的 $\boldsymbol{R}_{l+3}^{\pm}$ 操作可得

$$\begin{aligned}|\phi_{m+n+1}(c)\rangle_3&=\frac{1}{\sqrt{2}}(|0\rangle+\mathrm{e}^{2\pi\mathrm{i}(c\pm2^{-l}b_12^{-1})2^{-1}}\mathrm{e}^{\pm2\pi\mathrm{i}b_22^{-l-3}}|1\rangle)\\&=\frac{1}{\sqrt{2}}(|0\rangle+\mathrm{e}^{2\pi\mathrm{i}(c\pm2^{-l}b_12^{-1}\pm2^{-l}b_22^{-2})2^{-1}}|1\rangle)\end{aligned} \tag{B.5}$$

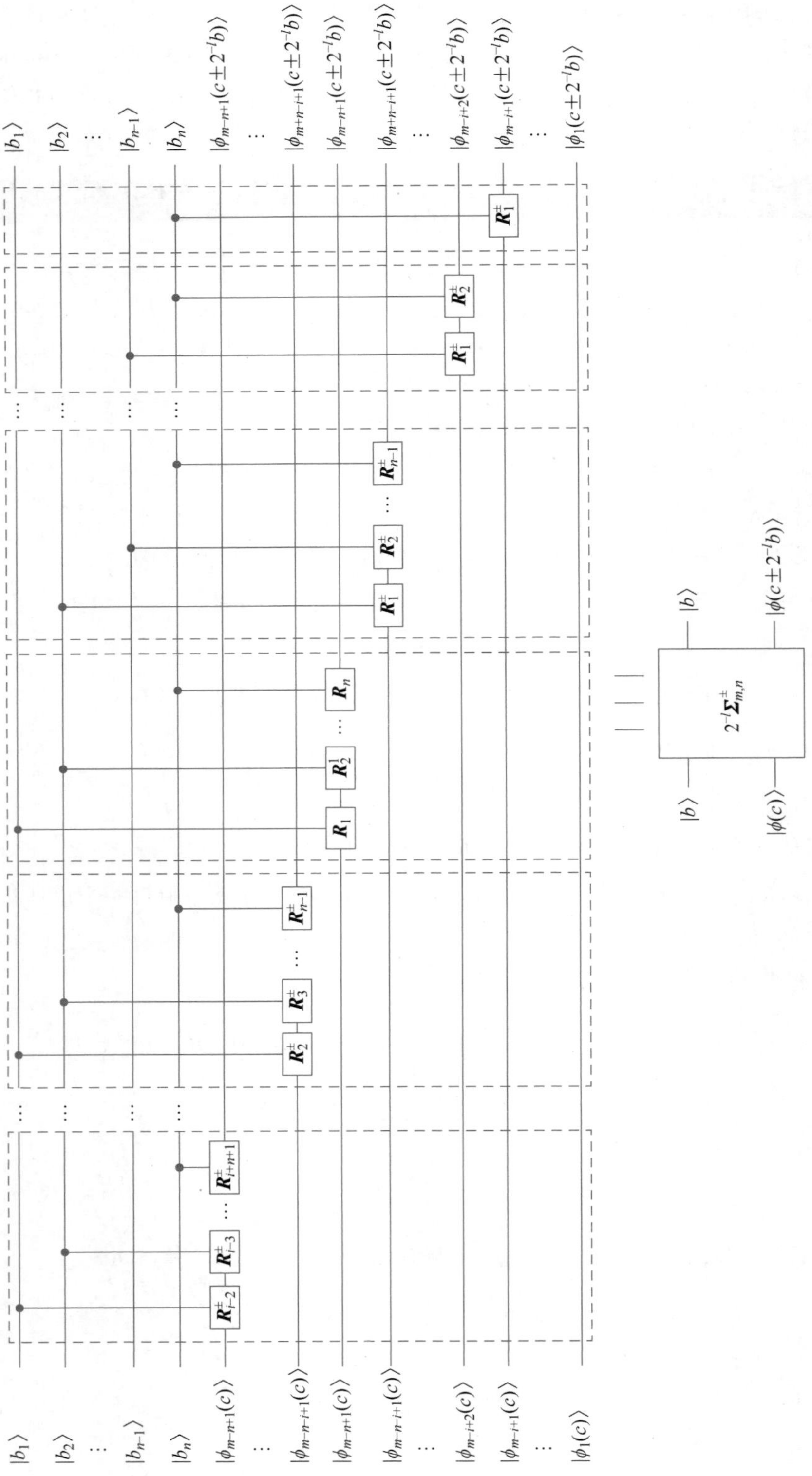

图 B.1 $2^{-l}\boldsymbol{\Sigma}^{\pm}_{m,n}$ 的量子线路

依次执行受控 $\boldsymbol{R}_{l+4}^{\pm}$、受控 $\boldsymbol{R}_{l+5}^{\pm}$，直到受控 $\boldsymbol{R}_{l+n+1}^{\pm}$ 可得

$$\frac{1}{\sqrt{2}}(|0\rangle+\mathrm{e}^{2\pi\mathrm{i}(c\pm2^{-l}b_1 2^{-1}\pm2^{-l}b_2 2^{-2}\pm\cdots\pm2^{-l}b_n 2^{-n})2^{-1}}|1\rangle)$$

$$=\frac{1}{\sqrt{2}}(|0\rangle+\mathrm{e}^{2\pi\mathrm{i}(c\pm2^{-l}b)2^{-1}}|1\rangle)=|\phi_{m+n+1}(c\pm2^{-l}b)\rangle \tag{B.6}$$

可以看出，将 $|\phi_{m+n+1}(c)\rangle$ 演化为 $|\phi_{m+n+1}(c\pm2^{-l}b)\rangle$ 依次执行的是受 $|b_j\rangle$ 控制的 $\boldsymbol{R}_{l+j+1}^{\pm}$ 操作 $(j=1,2,\cdots,n)$。

以此类推，将 $|\phi_{m+n-l+1}(c)\rangle$ 演化为 $|\phi_{m+n-l+1}(c\pm2^{-l}b)\rangle$ 需要执行的是受 $|b_j\rangle$ 控制的 $\boldsymbol{R}_{j+1}^{\pm}$ 操作 $(j=1,2,\cdots,n)$。

由于执行的是 $2^{-l}\boldsymbol{\Sigma}_{m,n}^{\pm}$，因此 $|\phi_{(m+n+1)-(l+1)}(c)\rangle=|\phi_{m+n-l}(c)\rangle$ 往下部分的对 $|\phi_p(c)\rangle=\frac{1}{\sqrt{2}}(|0\rangle+\mathrm{e}^{2\pi\mathrm{i}c2^{m+n-p}}|1\rangle)(p\leqslant m+n-l)$ 操作时，不再受 $|b_{m+n-l+1-p}\rangle$ 以上的量子比特的控制。例如 $|\phi_{m+n-l-1}(c)\rangle=\frac{1}{\sqrt{2}}(|0\rangle+\mathrm{e}^{2\pi\mathrm{i}c2^{l+1}}|1\rangle)$ 不再受 $|b_1\rangle$ 的控制。

图 B.2 给出的线路利用 m 个受控 $2^{-l}\boldsymbol{\Sigma}_{m,n}^{\pm}$ 操作完成 $|a\rangle|b\rangle|\phi(c)\rangle\rightarrow|a\rangle|b\rangle|\phi(c\pm ab)\rangle$，将其记为 $\boldsymbol{\pi}_{m,n}^{\pm}$。如图 B.2 中第一个操作所示，使用受控 $2^{-m}\boldsymbol{\Sigma}_{m,n}^{\pm}$，控制位为 $|a_m\rangle$，可得

$$|\phi(c)\rangle\rightarrow|\phi(c\pm a_m 2^{-m}b)\rangle \tag{B.7}$$

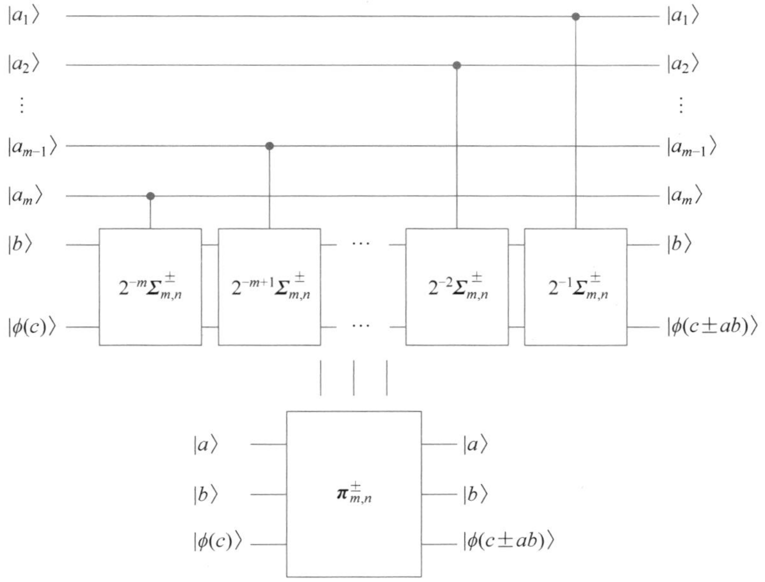

图 B.2 $\boldsymbol{\pi}_{m,n}^{\pm}$ 的量子线路

所有 m 个受控 $2^{-m}\boldsymbol{\Sigma}_{m,n}^{\pm}$ 综合作用，可得

$$|\phi(c\pm a_m 2^{-m}b\pm\cdots\pm a_1 2^{-1}b)\rangle \tag{B.8}$$

当 $2^{-l}\boldsymbol{\Sigma}_{m,n}^{\pm}$ 中的 $\boldsymbol{R}_k^{\pm}=|0\rangle\langle 0|+\mathrm{e}^{\pm 2\pi \mathrm{i}/2^k}|1\rangle\langle 1|$ 全部使用 $\boldsymbol{R}_k^{+}=|0\rangle\langle 0|+\mathrm{e}^{+2\pi \mathrm{i}/2^k}|1\rangle\langle 1|$ 时，式(B.8)为 $|\phi(c+a_m 2^{-m}b+\cdots+a_1 2^{-1}b)\rangle=|\phi(c+ab)\rangle$

当 $2^{-l}\boldsymbol{\Sigma}_{m,n}^{\pm}$ 中的 $\boldsymbol{R}_k^{\pm}=|0\rangle\langle 0|+\mathrm{e}^{\pm 2\pi \mathrm{i}/2^k}|1\rangle\langle 1|$ 全部使用 $\boldsymbol{R}_k^{-}=|0\rangle\langle 0|+\mathrm{e}^{-2\pi \mathrm{i}/2^k}|1\rangle\langle 1|$ 时，式(B.8)为

$$|\phi(c-a_m 2^{-m}b-\cdots-a_1 2^{-1}b)\rangle=|\phi(c-ab)\rangle$$

也就是说 $\boldsymbol{\pi}_{m,n}^{\pm}$ 能够完成 $|a\rangle|b\rangle|\phi(c)\rangle\rightarrow|a\rangle|b\rangle|\phi(c\pm ab)\rangle$。

由于 $\boldsymbol{\pi}_{m,n}^{\pm}$ 实现的操作为 $|a\rangle|b\rangle|\phi(c)\rangle\rightarrow|a\rangle|b\rangle|\phi(c\pm ab)\rangle$，因此要想由 $|a\rangle|b\rangle|c\rangle$ 演化为 $|a\rangle|b\rangle|c\pm ab\rangle$，只需先将恒等变换 $\boldsymbol{I}$ 作用于 $|a\rangle$ 和 $|b\rangle$，并且将量子傅里叶变换作用于 $|c\rangle$ 得到 $|a\rangle|b\rangle|\phi(c)\rangle$；然后使用算子 $\boldsymbol{\pi}_{m,n}^{\pm}$ 得到 $|a\rangle|b\rangle|\phi(c\pm ab)\rangle$；最后将恒等变换 $\boldsymbol{I}$ 作用于 $|a\rangle$ 和 $|b\rangle$，并且将量子逆傅里叶变换作用于 $|\phi(c\pm ab)\rangle$ 得到 $|a\rangle|b\rangle|c\pm ab\rangle$ 即可。因此，量子乘加法器 $\boldsymbol{\Pi}_{m,n}^{\pm}$ 为

$$\boldsymbol{\Pi}_{m,n}^{\pm}=(\boldsymbol{I}\otimes\boldsymbol{I}\otimes\mathbf{QFT}^{+})\,\boldsymbol{\pi}_{m,n}^{\pm}(\boldsymbol{I}\otimes\boldsymbol{I}\otimes\mathbf{QFT}) \tag{B.9}$$

其量子线路图如图 B.3 所示。

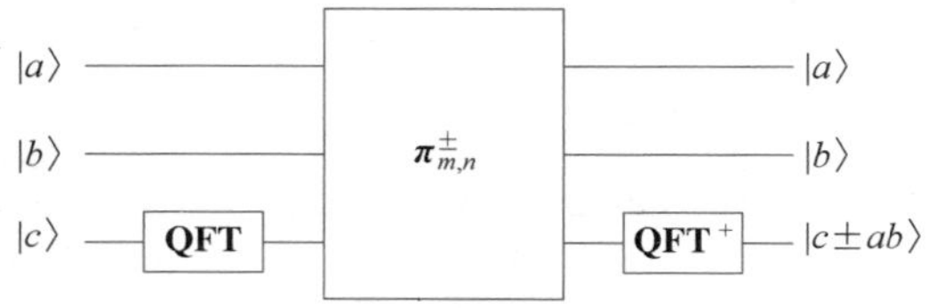

图 B.3 量子乘加法器的量子线路

由图 B.1 可以看出 $2^{-l}\boldsymbol{\Sigma}_{m,n}^{\pm}$ 的复杂度为 $O((m+n)n)$，因此 $\boldsymbol{\pi}_{m,n}^{\pm}$ 门的复杂度为 $O((m+n)mn)$。此外，量子傅里叶变换的复杂度为 $O((m+n)^2)$，因此量子乘加法器的复杂度为 $\max\{O(mn^2),O(m^2n)\}$。

B.2 正弦函数的量子实现

在量子算法中，要计算正弦函数 $\sin\pi x$，可以使用泰勒展开式将 $\sin\pi x$ 展开，再使用量子乘加法器进行计算。

$\sin\pi x$ 的泰勒展开式为

$$\sin\pi x=\pi x-\frac{(\pi x)^3}{3!}+\frac{(\pi x)^5}{5!}-\cdots+(-1)^t\frac{(\pi x)^{2t+1}}{(2t+1)!}+(-1)^{t+1}\frac{\cos\pi z(\pi x)^{2t+3}}{(2t+3)!} \tag{B.10}$$

其中最后一项是余项。舍去余项，则式(B.10)可重写为

$$\begin{aligned}\sin\pi x&\approx\pi x-\frac{(\pi x)^3}{3!}+\frac{(\pi x)^5}{5!}-\cdots+(-1)^t\frac{(\pi x)^{2t+1}}{(2t+1)!}\\&=\pi x-\frac{\pi^3}{3!}x^3+\frac{\pi^5}{5!}x^5-\cdots+(-1)^t\frac{\pi^{2t+1}}{(2t+1)!}x^{2t+1}\end{aligned} \tag{B.11}$$

因此，要计算 $\sin\pi x$，要先得到 $\pi x,x^3,x^5,\cdots,x^{2t+1}$，并制备好常量 $\frac{\pi^3}{3!},\frac{\pi^5}{5!},\cdots,\frac{\pi^{2t+1}}{(2t+1)!}$。然后使用量子乘加法器由 πx、x^3 和 $\frac{\pi^3}{3!}$ 得到 $\pi x-\frac{\pi^3}{3!}x^3$，再次使用量子乘加法器由 $\pi x-$

$\frac{\pi^3}{3!}x^3$、x^5 和 $\frac{\pi^5}{5!}$ 得到 $\pi x-\frac{\pi^3}{3!}x^3+\frac{\pi^5}{5!}x^5$，依次进行下去，直到得到式(B. 11)。量子线路图如图 B. 4 所示。为方便起见，图 B. 4 及下文用到的 $\boldsymbol{\Pi}_{m,n}^{\pm}$ 和 $\boldsymbol{\pi}_{m,n}^{\pm}$ 省略了下标 m 和 n，分别记为 $\boldsymbol{\Pi}^{\pm}$ 和 $\boldsymbol{\pi}^{\pm}$。

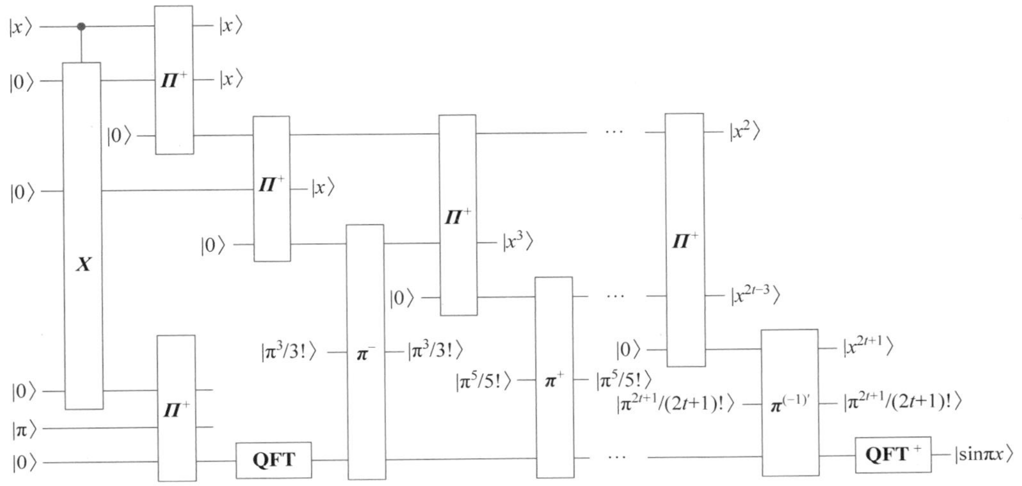

图 B. 4　正弦函数的量子线路

B. 3　其他数学运算的量子实现

其他数学运算，如余弦函数 $\cos\pi x$、$f(x)=\frac{1}{1+\mathrm{e}^{-x}}$ 等也可以像 $\sin\pi x$ 那样，利用泰勒展开式以及量子乘加法器来实现。这里仅给出它们的量子线路图，如图 B. 5 和图 B. 6 所示，感兴趣的读者可参见第 5 章文献[23-24]。

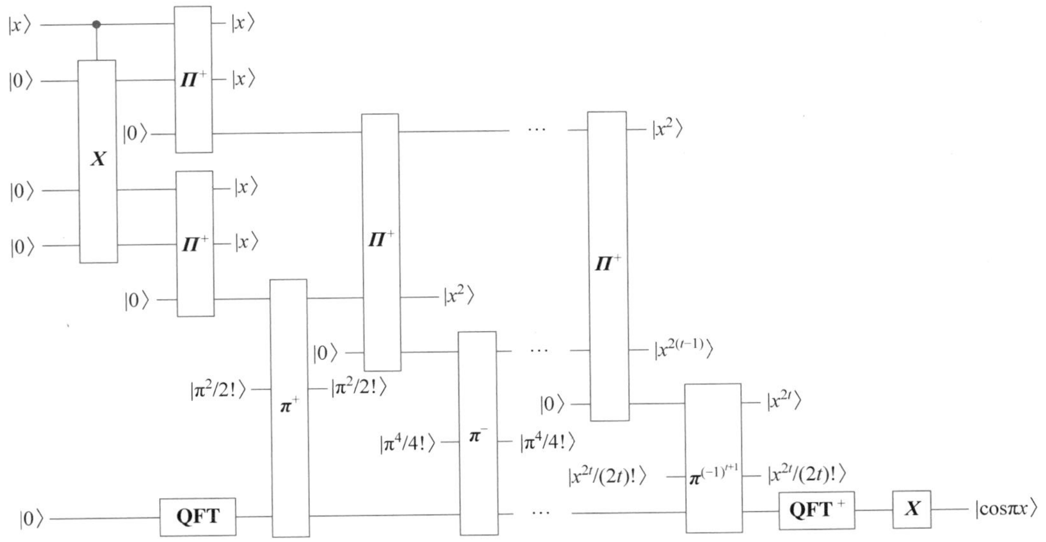

图 B. 5　余弦函数的量子线路

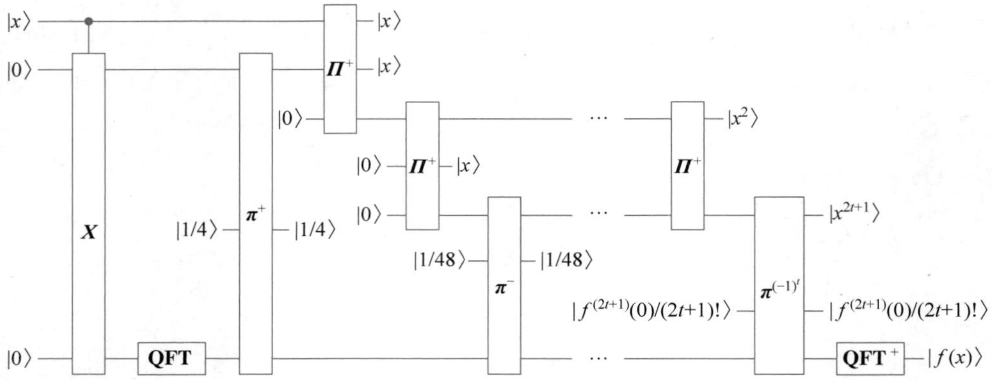

图 B.6　$f(x)=\frac{1}{1+e^{-x}}$的量子线路

【定理 B.1】　在量子算法中，基本函数 f 可以以误差小于 ε 来实现。也就是说，存在 $\varepsilon\geqslant 0$，使得变换

$$|a\rangle|0\rangle\rightarrow|a\rangle|y\rangle \tag{B.12}$$

成立，其中 y 是 $f(x)$ 的近似，满足 $|y-f(x)|\leqslant\varepsilon$。(详细证明可参见第 2 章文献[8])

附录 C 函数对向量和矩阵求导

在机器学习中经常会遇到多元函数对向量或者矩阵求导的情况。假设有一个标量函数 $f(\boldsymbol{x})$，自变量 $\boldsymbol{x}=(x_1,x_2,\cdots,x_m)^{\mathrm{T}}$ 是一个向量，$f(\boldsymbol{x})$ 对 $\boldsymbol{x}$ 求导的结果是

$$\frac{\mathrm{d}f(\boldsymbol{x})}{\mathrm{d}\boldsymbol{x}}=\left(\frac{\partial f}{\partial x_1},\frac{\partial f}{\partial x_2},\cdots,\frac{\partial f}{\partial x_m}\right) \tag{C.1}$$

可见，一个函数对于一个向量求导得到一个向量。这个向量的每一维是这个函数对这个向量的每一维上的变量的导数，本质上就是求了 $f(\boldsymbol{x})$ 对 $\boldsymbol{x}$ 的梯度 $\nabla f(\boldsymbol{x})$。

类似地，可定义函数对矩阵求导，若

$$\boldsymbol{A}=\begin{pmatrix} a_{11} & \cdots & a_{1m} \\ \vdots & \ddots & \vdots \\ a_{n1} & \cdots & a_{nm} \end{pmatrix}$$

中每个 $a_{ij}\,(i=1,2,\cdots,n;\ j=1,2,\cdots,m)$ 都是变量，$f(\boldsymbol{A})$ 对 $\boldsymbol{A}$ 的导数定义为

$$\nabla f(\boldsymbol{A})=\frac{\mathrm{d}f(\boldsymbol{A})}{\mathrm{d}\boldsymbol{A}}=\left(\frac{\partial f}{\partial a_{ij}}\right)_{n\times m} \tag{C.2}$$

即一个函数对于一个矩阵求导，得到一个矩阵。这个矩阵的每一个元素是这个函数对这个矩阵的每一位置上的变量的导数。

对于向量 $\boldsymbol{w}$、$\boldsymbol{x}$ 和矩阵 $\boldsymbol{A}$，机器学习中常见的函数有 $\boldsymbol{w}^{\mathrm{T}}\boldsymbol{x}$、$\boldsymbol{x}^{\mathrm{T}}\boldsymbol{A}\boldsymbol{x}$、$\boldsymbol{A}\boldsymbol{x}$ 等。如果变量是 $\boldsymbol{x}$，这些函数对变量 $\boldsymbol{x}$ 的导数，即梯度分别为

$$\frac{\mathrm{d}(\boldsymbol{w}^{\mathrm{T}}\boldsymbol{x})}{\mathrm{d}\boldsymbol{x}}=\boldsymbol{w} \tag{C.3}$$

$$\frac{\mathrm{d}(\boldsymbol{x}^{\mathrm{T}}\boldsymbol{A}\boldsymbol{x})}{\mathrm{d}\boldsymbol{x}}=(\boldsymbol{A}+\boldsymbol{A}^{\mathrm{T}})\boldsymbol{x} \tag{C.4}$$

$$\frac{\mathrm{d}(\boldsymbol{A}\boldsymbol{x})}{\mathrm{d}\boldsymbol{x}}=\boldsymbol{A}^{\mathrm{T}} \tag{C.5}$$

当 $\boldsymbol{A}$ 是对称矩阵时，有

$$\frac{\mathrm{d}(\boldsymbol{x}^{\mathrm{T}}\boldsymbol{A}\boldsymbol{x})}{\mathrm{d}\boldsymbol{x}}=2\boldsymbol{A}\boldsymbol{x} \tag{C.6}$$

如果变量是 $\boldsymbol{A}$，$\boldsymbol{x}^{\mathrm{T}}\boldsymbol{A}\boldsymbol{x}$ 对矩阵 $\boldsymbol{A}$ 的导数为

$$\frac{\mathrm{d}(\boldsymbol{x}^{\mathrm{T}}\boldsymbol{A}\boldsymbol{x})}{\mathrm{d}\boldsymbol{A}}=\boldsymbol{x}\boldsymbol{x}^{\mathrm{T}} \tag{C.7}$$

$$\frac{\mathrm{d}(\boldsymbol{A}\boldsymbol{x})}{\mathrm{d}\boldsymbol{A}}=\boldsymbol{x}^{\mathrm{T}} \tag{C.8}$$

另外，对于矩阵 $\boldsymbol{A}$ 和 $\boldsymbol{B}$ 有

$$\frac{\mathrm{d}(\ln|\boldsymbol{A}|)}{\mathrm{d}\boldsymbol{A}}=(\boldsymbol{A}^{-1})^{\mathrm{T}} \tag{C.9}$$

$$\frac{\mathrm{d}(\mathrm{tr}(\boldsymbol{A}^{\mathrm{T}}\boldsymbol{B}))}{\mathrm{d}\boldsymbol{A}}=\boldsymbol{B} \tag{C.10}$$

$$\frac{\mathrm{d}(\mathrm{tr}(\boldsymbol{A}\boldsymbol{B}\boldsymbol{A}^{\mathrm{T}}))}{\mathrm{d}\boldsymbol{A}}=\boldsymbol{A}(\boldsymbol{B}+\boldsymbol{B}^{\mathrm{T}}) \tag{C.11}$$

$$\frac{\mathrm{d}(\mathrm{tr}(\boldsymbol{A}^{\mathrm{T}}\boldsymbol{B}\boldsymbol{A}))}{\mathrm{d}\boldsymbol{A}}=(\boldsymbol{B}+\boldsymbol{B}^{\mathrm{T}})\boldsymbol{A} \tag{C.12}$$